U0182119

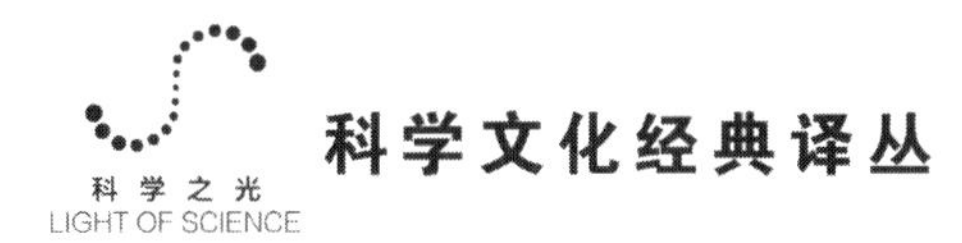

科学文化经典译丛

美国技术与社会

从17世纪至今

TECHNOLOGY AND AMERICAN SOCIETY

[美] 加里·克罗斯　[加] 瑞克·绍斯塔克　著
蔡思捷　郑中天　罗兴波　译
叶资奕　罗兴波　校译

中国科学技术出版社
·北　京·

图书在版编目（CIP）数据

美国技术与社会：从 17 世纪至今 /（美）加里・克罗斯，（加）瑞克・绍斯塔克著；蔡思捷，郑中天，罗兴波译．—北京：中国科学技术出版社，2023.01
（科学文化经典译丛）
书名原文：Technology and American Society
ISBN 978-7-5046-9880-3

Ⅰ. ①美… Ⅱ. ①加… ②瑞… ③蔡… ④郑… ⑤罗… Ⅲ. ①技术史—美国 Ⅳ. ① N097.12

中国版本图书馆 CIP 数据核字（2022）第 209718 号

Technology and American Society 3rd Edition / by Gary Cross and Rick Szostak

总 策 划　秦德继
策划编辑　周少敏　李惠兴　郭秋霞
责任编辑　李惠兴　汪莉雅
封面设计　中文天地
正文设计　中文天地
责任校对　焦　宁
责任印制　马宇晨

出　　版　中国科学技术出版社
发　　行　中国科学技术出版社有限公司发行部
地　　址　北京市海淀区中关村南大街 16 号
邮　　编　100081
发行电话　010-62173865
传　　真　010-62173081
网　　址　http://www.cspbooks.com.cn

开　　本　710mm × 1000mm　1/16
字　　数　413 千字
印　　张　31
版　　次　2023 年 1 月第 1 版
印　　次　2023 年 1 月第 1 次印刷
印　　刷　河北鑫兆源印刷有限公司
书　　号　ISBN 978-7-5046-9880-3 / N・300
定　　价　128.00 元

（凡购买本社图书，如有缺页、倒页、脱页者，本社发行部负责调换）

前 言

这本书讲述了自殖民时代至今，美国的科技和社会是如何相互影响的。尽管篇幅有限，我们仍以非常宽广的视角看待科技，不仅关注工业领域的创新，还关注家庭、办公室、农业、运输、建筑、服务和媒体的创新。我们同时考虑了技术变革的原因，以及其产生的影响。虽然按时间顺序撰写各章，但我们并不局限于逐年的事件记录。相反，每一章都对一个特定的技术趋势进行了全面和综合的处理。因此，有些章节所涉及的时间跨度会有重合，长度也不尽相同。

虽然必须将各个主题分开，但我们认识到，技术进步是相互依存的。现代汽车不仅是内燃机改进的结果，而且还依赖于新的工厂机械和工作组织，以及复杂的电子和塑料部件。我们还强调，技术变革的进程看起来不可避免，但事后看来，创新必然充满了不确定性。有许多不同的路摆在创新者面前。通常，相互竞争的技术会取得一定程度的商业成功（例如，交流电与直流电、蒸汽与电动和汽油汽车）。一系列的文化、经济、法律和心理因素可能会决定哪条创新之路通向成功。有时，创新过程中的早期的决定导致了所采取的路线。这好比打字机（以及后来的电脑）键盘的布局，最常见的字母往往放在旁边。因此，即使最初的需求（在这种情况下，为避免机械部件的冲突而设计的按键布局）不再适用，我们仍然保留了旧的键盘布局。这就是所谓的“路径依赖（path dependence）”。正是因为技术变革的过程绝非不可避免，我们才会花时间来讨论为什么人们会做出特定的选择。我们努力证明，技术和社会一直在相互影响，而不是一方决定另一方。

我们不应该有这样的印象：所有的技术决定都是由私人作出的。政府所做的远远不止制定法律规则。政府在军事技术方面的作用是无处不在的，而且这些技术经常外溢至民间。在农业、交通和卫生领域，政府直接鼓励创新。从 20 世纪开始，在许多领域，政府对科学的支持都促进了技术进步。

我们还认为，不能只单独考察美国的技术。虽然在 20 世纪的大部分时间里，美国一直是许多领域的技术领导者，但美国并非总占领导地位。18 世纪和 19 世纪美国的大部分技术进步都涉及对欧洲技术的借用——即使美国人改进了这些创新，使其适应美国环境。只有将美国技术置于全球背景下，我们才有希望理解其技术领导地位的变化。由于篇幅有限，我们暂时没有关注美国技术对世界其他地区的影响。

也许这本书最重要的特点是，努力将创新与社会变革联系起来。历史上，技术总是产生赢家和输家，变革总会有支持者和反对者。机器一再取代熟练的手工艺人，许多批评者反对新技术造成的污染、新技术的军事用途，及其导致的生活方式和审美的改变。不管是过去还是现在，技术变革的进程和速度都受制于社会的权力分配。谁为创新提供资金？创新者认同社会的哪些部分？法律环境是有利于现状还是变革？

我们特别关注技术创新与美国社会中性别角色变化之间的联系。技术塑造了所有人家庭内和家庭以外的生活。它让男人和女人放弃家庭生产，转而在工厂和办公室工作。然而，创新本身并没有塑造社会角色。文化期望（例如,“女人应该待在家里”的普遍意识形态）影响了技术的发展（例如，对发明家用电器的高度重视）。

在美国历史的不同阶段，公民对技术的态度有很大不同。虽然大多数人可能认为，在大部分时候，创新都是有益的，但大量的美国人已经注意到创新的负面影响，特别是在20世纪。这些相互冲突的态度和它们的起源也是我们故事的一部分。

本书的两位作者是二十年前在澳大利亚新南威尔士大学的一次会议上认识的。我们都希望能让对方展示出最好的一面。虽然两位作者都采取了跨学科的方法，但一位专注于社会文化问题，另一位则专注于我们的主题所引发的经济问题。将我们以前的研究合在一起，可以囊括本书所研究的大部分时间段。我们经常是彼此最严厉的批评者。加里·克洛斯主要负责第1—2章、6—8章、11章、15—17章和20章，里克·绍斯塔克负责第5章、9章、10章、12—14章、18章和19章。我们对第3、4章和21章进行了分工。尽管如此，我们还是努力确保各章之间的文字流畅。合著是对友谊的最大考验，我们很高兴——友谊仍完好无损。

事实上，友谊超越了距离和时间的限制，让我们能够撰写该书的第三版。我们试图通过对新文献的彻底梳理和系统的编排来更新该书，以提高第二版的准确性及措辞的严谨性。我们也认识到，我们需要增加关于全球定位系统（GPS）和人工智能等主题的新内容，并重新整理汽车和媒体的话题。我们希望读者会喜欢阅读这本书，就像我们喜欢写这本书一样。

目　录

第 1 章

工业化前美国与欧洲的土地耕种

美国人常对技术及其在美国历史中的作用持不同看法。特别是，许多人怀念工厂和大城市建立前的世界，认为那是一个人与自然和谐相处、社区联系紧密、工作虽然辛苦但令人满足的时代。自从工业化开始，人们常常抱着浪漫的想法，冲动地在过去寻找失去的天堂。另一类人的看法完全相反，但也同样古老。这些“现代主义者”认为传统世界是不安全的，对绝大多数人来说是贫穷的。传统世界的人们为了生存需要不断劳作，且偏执而迷信。

这些差异体现了人们对现代世界的矛盾感受。对传统社会浪漫积极的看法往往对应着人们为现代科技所付出的代价：自然之美的丧失，与熟人交往的减少，再也没有从头开始制作东西的乐趣，以及不再保持看似自然的生活节奏。工艺史学家埃里克·斯隆（Eric Sloane，1955）描绘了这样一个浪漫的殖民时期景象：“近处有小道，有拱形的树冠。房子像人一样，有自己的个性特点。从远处看，这一切都像一床拼缝的被子。一片片农场是布料，石头围栏是粗糙的缝合线。但是，所谓的‘进步’公然对这一遗留景观的大部分进行了粗暴的处理。”

与之相反，现代主义者认为科技进步预兆着更高个人舒适程度与安全程度。人们更加自由，经济更繁荣，社会更平等。科技进步是人类创造力的载体，是纯粹的奇迹。大部分人可能同意每一种观点的部分内容，尽管可能会更倾向于某一种观点。然而，历史学家的任务是试图透过这些浪漫主义和现代主义的意识形态，提出一个更不易察觉的——希望是更准确的——关于科技如何塑造当今美国社会的图景。要做到这一点，我们必须从美国人在现代机械和技术出现之前，如何工作以及应对环境开始说起。

为了了解早期的美国科技，我们必须认识到它起源于欧洲的旧世界①（Old World of Europe）。在北美定居的欧洲人不仅带来了旧世界的科技和工作模式，而且在他们到达很久之后，这些移民和他们的孩子仍在使用欧洲的耕作和生产制造方法。除了明显的特例，在早期工业化过程中，定居者仍依赖于欧洲的技术创新。在 18 世纪 90 年代，罗德岛的塞缪尔·斯莱特（Samuel Slater）直接复制照搬了英国的纺织机器，而不是发明新的机器。当时，欧洲人和许多美国人都认为，新大陆是一个科技落后之地。欧洲人只能从那里获得棉花和木材等原材料，来满足他们的工业需求。北美注定不适合生产商品，最多只能生产出满足当地需要的产品。只有在 1800 年以后，美国人才开始改变对欧洲的依赖。即使在那时，创新也往往是一种跨大西洋的现象——美国的技术史不能与欧洲的技术史分离。

但是，美国人却渐渐偏离了欧洲先人们开拓的道路。从殖民时代（colonial times）开始，殖民者们要面对与欧洲截然不同的自然条件：独特而陌生的地形，不同的水、矿物和土壤资源，以及气候条件等。殖民者们从当地人那里学会了如何适应这个陌生的新环境。殖民者都是主动移民的欧洲人，他们有着独特的期望和技能。这些因素导致新大陆经济增长和

---

①“旧世界”与“新世界”的说法，在 1492 年哥伦布发现美洲大陆之后逐渐产生，即美洲为当时所认知的欧洲、非洲、亚洲之后的新大陆，随着美洲大陆的移民不断增加，这一说法变得较为普遍。

创新的途径十分特别。但是，殖民地人口稀少且分散，因此找到合适的工人，或者将产品运送到市场并不容易。这阻碍了这一时期的经济发展。这些独特的机会和挑战意味着美国人会沿着特殊的道路走向现代工业化。然而，美国人往往容易过分强调，他们继承了“扬基人[①] 独特的聪明才智（Yankee Ingenuity）”。如果我们认识到这些遗产和与欧洲的联系，我们就能更好地理解为什么、何时以及在何种程度上美国人在技术创新方面与外面的世界不同（有时甚至领先）。

农作物、动物和工具：欧洲祖先

在调查美国历史上的技术变革时，我们必须先简要介绍一下它的源头：欧洲农业。欧洲农业的核心是谷物种植，特别是黑麦、燕麦、大麦，当然还有小麦的种植。虽然意大利部分地区也种植水稻（到 17 世纪末，美国卡罗来纳南北两州也种植了水稻），但水稻仅仅被当作喂饱饥饿穷人的应急食品。欧洲的蔬菜种类很少：英国人种植各种豌豆和豆类[②]、芜菁（turnip）和欧防风（parsnip）。这些都是对谷物的补充，提供廉价的蛋白质，而且可以保存很长一段时间。然而，农民们并不专一种植某种作物，他们种植的大部分东西都是自己食用的。他们不得不经常应对虫灾和真菌的暴发，这些暴发会导致植物的疾病。欧洲人总体上是“谷物民族”（peoples of grain）。他们围绕着这些谷物的种植，发明了种植、耕作、收获、储存、磨粉，甚至运输的技术。这些技术依赖于大量不同种类谷物和蔬菜的种植。

---

① “扬基”（Yankee）一词最早发源于美洲的英属殖民地新英格兰，起初该词为对新英格兰居民的嘲讽，但随着美国人的国家独立意识的崛起，美国人开始自豪地称自己为“扬基人”。

② 特指欧洲传统作物中，比豌豆更依赖温暖气候的豆类。

欧洲人也是“肉食者”。在 13 世纪，当中国正在建立基于一年两次的低地水稻收成文明时，欧洲贵族们正在大口吃牛肉、猪肉和鸡肉。即使是穷人，也可以偶尔享受肉类，虽然他们更多地从奶酪中摄入蛋白质。因此，欧洲人要更高大、更强壮。但是这种“优势”需要付出高昂的代价：肉类为主的饮食结构，严重限制了欧洲人口增长。中国集约利用土地种植水稻，使得人口众多成为可能。而欧洲将稀缺的土地“浪费”在动物草场和谷物饲料上，减少了潜在的家庭规模。

与亚洲的水稻种植技术或中美洲的玉米农业相比，小麦种植的效率比较低。14 世纪到 17 世纪，每粒小麦种子可收获 3—7 粒小麦；与之相比，在 17 世纪的墨西哥，每粒玉米种子可以产出 70—150 粒玉米。而现在，美国的麦田产量是播种数量的 40—60 倍。在旧世界，需要定期休耕以让土壤恢复，因为种植小麦会迅速让土壤变得贫瘠。人们经常翻耕这些休耕地，以使土壤通气，人们还会用粪便施肥。这样，土地就能重获重要的养分。动物和谷物争夺土地，这可能促使欧洲人从 15 世纪开始在西半球和南半球的温带地区，包括在后来的美国，寻找未被开发的土地。

欧洲人登陆新大陆之后，植物与动物的“哥伦布大交换”①（Columbian Exchange）十分重要。欧洲探险家们很快发现了“印第安玉米”的优点。它起源于美国西南部，并且被原住民广泛种植。蔗糖在中世纪欧洲人的饮食中十分少见。到 17 世纪末，从西印度群岛和巴西进口蔗糖的利润非常丰厚。这也导致了非洲人被大规模地奴役——到甘蔗种植园干苦力（图 1.1）。来自加勒比的烟草同样十分重要。它在哥伦布到达美洲大陆不久之后，由西班牙人引入欧洲。17 世纪初，弗吉尼亚州詹姆斯敦②（Jamestown，

① “哥伦布大交换”，是一场由地理大发现导致的东半球与西半球之间农作物、人种、文化、传染病及其他方面的交流。这一概念由历史学家艾弗瑞·克罗斯比（Alfred W. Crosby）在其 1972 年著作中首次提出。

② 詹姆斯敦，英国在北美洲成功建立并发展的第一个殖民地。

图 1.1　约翰 · 辛顿（1749）绘制的一幅英国平版印刷画，描绘了西印度群岛的一个甘蔗种植园以及奴隶们压榨甘蔗和熬制糖的情景

资料来源：美国国会图书馆印刷品和照片部。

Virginia）的殖民者们靠它赚取了大量金钱。18 世纪以前，欧洲农民还在抵制另一种新大陆的食物：西红柿。有些人担心它有毒。只有在相当的聪明才智下（大部分来自美国农民和厨师），它才成为大西洋两岸沙拉和意大利面的主要食材。马铃薯是另一种来自新大陆的食物，源于南美洲的安第斯山脉。尽管它在 1660 年左右被引入欧洲，但农民一直抵制种植它。直到 18 世纪 90 年代，马铃薯才成为越来越多贫穷农民的食物。这种生长在地下的“变态茎”[①]（modified stem）最初是有毒的，但安第斯山脉的“印第安人”逐渐培育出可安全食用的品种。对欧洲农民来说，马铃薯非常重要：它们可以在谷物成熟之前的三个月被收获。对马铃薯的过度依赖导致了 19 世纪 40 年代的爱尔兰大饥荒，当时那里种植的马铃薯染上了病害。

① 变态茎，指由于功能改变引起的形态和结构都发生变化的茎。

此外，美洲的重要出口产品还有红薯（对中国非常重要）、南瓜和许多品种的豆类。

欧洲与西半球之间的食物哥伦布大交换也由东向西进行：欧洲人把猪、羊、牛和马以及小麦和大米引入了新大陆。猪繁殖和成熟的速度都很快。牛可以吃草（对人类来说草是无法食用的），不仅为早期殖民者提供了乳制品和肉，还提供皮革和许多其他东西。马最早在 16 世纪由西班牙人引入美洲，对欧洲殖民者十分重要。它们也改变了平原地区原住民的生活。

尽管欧洲农业的产出效率比较低，而且来自新大陆的作物在旧世界适应较慢，但欧洲农业有许多优点。这些优点使西方文明比东方（和美洲的原住民）更具优势。畜牧业对西方文明至关重要，它不仅提供了蛋白质、兽皮、做衣服用的纤维以及耕作用的肥料，而且还节省劳动力。小麦耕作一般需要耕畜（特别是马和牛）来犁地和耙地。虽然也有从中国和印度引进的水牛和马，但它们在稻田里比较少见。18 世纪的一位观察员声称七个人拉动的重量与一匹马拉的一样多。马提高了欧洲人（和其他人）的流动能力，让他们更容易参与贸易以及战争。到 17 世纪，动物育种学繁育出了专门用于工作、比赛或其他用途的马匹。到 1800 年，欧洲大概有 1400 万匹马和 2400 万头牛。畜力节省了大量的人类劳动，尽管必须占用土地来饲养这些动物。

西方的另一个优势是人们很容易获得木材，及木制品的盛行。北欧文明是从森林中产生的。这些人依靠木材来取暖，把它当作做饭的燃料，并将木材用于住房建设、制造大多数机械（包括水轮甚至钟表）、船舶和马车，甚至作为冶炼和锻造金属所需的燃料。对于“低能耗的文明”来说，木材是一种理想的原材料：它很容易被切割、塑形和与其他东西相连接以制造工具；被用于达成许多不同的目标时，它比石头更坚固、更轻、更有可塑性；而且运输木材的费用也十分廉价：它可以通过漂浮在水面上运输。

然而，木材是易燃物，作为燃料时效率较低。它耐久性差，抗拉强度低，尤其在作为机器中的移动部件，或作为犁或槌等切割或击打工具时。

更大的问题是，使用木材造成了人们滥伐森林。这使煤炭有潜力代替木材，成为加热和冶炼的燃料。特别是在 1590 年后的英国，普通的木制建筑被砖和石头取代。再后来，在作为机器零件时和在其他用途中，铁将取代木材，但这需要经过很长的时间。17 世纪特种木材的短缺，特别是船桅的短缺，使欧洲人在新大陆的森林中寻找新的木材来源。

在整个 18 世纪，欧洲文明及其在美洲的“前哨站”[①] 是围绕着谷物、动物和木材建立起来的。简单的木制工具对农业十分重要：犁、耙、镰刀、连枷和磨石早在古埃及和古罗马已有使用。牛或马拉犁——一种相对复杂的工具，它可以挖开土壤，翻沟起垄，从而使土壤通气以便播种（图 1.2）。田地首先被犁头向下切开，然后铧在犁沟切面下进行水平切割。铧式犁的后面是一个宽大的模子，以一定的角度翻开犁沟，并掩埋旧的残茬。但是直到 18 世纪末，小农场的农民仍在使用锄头、铲子等。

图 1.2　18 世纪中期犁地，播种，耙地和翻地

资料来源：狄德罗《百科全书》，1771 年版。

接下来，农夫使用耙子耙地。这种工具通常是一个钉着尖木棍的三角形或长方形的框架。人们用耙子来耙之前犁过的地，以清理杂

① 此处的“前哨站”（outpost）是将 18 世纪的美洲比作欧洲由于军营驻扎或贸易点建立而形成的偏远村落。

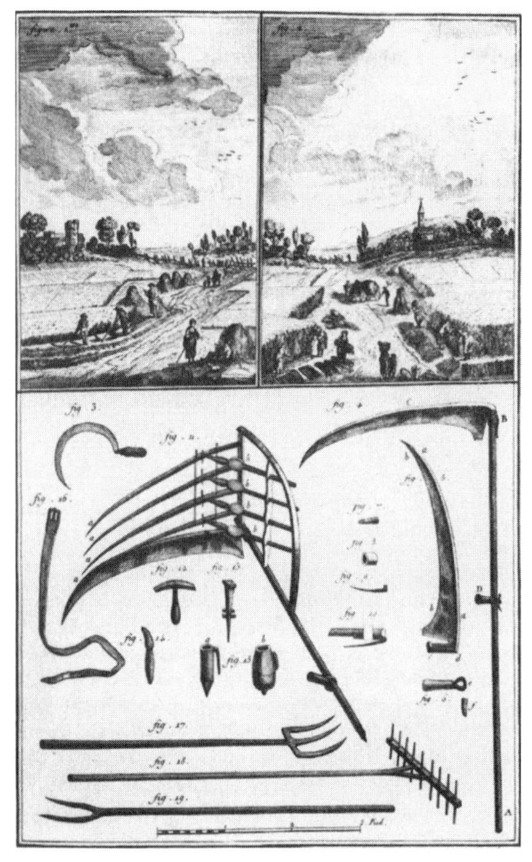

图 1.3 收割用的工具，包括镰刀以及 18 世纪法国割草装置。注意田里的妇女

资料来源：狄德罗《百科全书》，1771 年版。

草，粉碎结块的土壤，并为了之后的播种把土地表面变得平整。播种通常是简单地大范围地撒种子。但是，从 17 世纪开始，农民们越来越多地采用浪费较少（但更耗时）的“点播法”（dibbling）。这种方法是将种子种在一个由带有尖头的手持杆“钻”出来的洞里。这使种子被播种在一条直线上，并减轻了耗时的除草工作。

对农夫来说，收获谷物可能是最困难的。没有什么比收割作物、脱粒，还有从谷物上将谷粒分离出来更关键。收割是一项非常耗时的活动，尤其是收割小麦。在谷物干瘪或掉到地上浪费之前，只有几周时间可以完成这项工作。降雨或刮风的威胁总是使这项工作更加紧迫。直到 18 世纪，镰刀的弯刃仍几乎是切割谷物茎秆的最普遍的工具。使用镰刀，一个农民每天可以收割大约三分之一英亩[①]的粮食（图 1.3）。

农民们把地上的秸秆堆在一起，以便于运到谷仓并进行脱粒。脱粒通常使用连枷——一种简单的工具，由一长一短两根木棒组成，皮绳松散地

① 1 英亩 =4046.86 平方米。

将它们连在一起（图 1.4）。将收割的麦秆在谷仓地板上排成一排，然后农民用连枷打麦穗，直到麦粒脱离出来，碎秆能被扫走。脱离的麦粒必须被再次处理，以吹走仍然附着在麦粒上的碎草或糠秕。一般通过这样的步骤：将一篮子麦粒和糠的混合物抛到风中，较轻的糠能被吹走，谷物能“干净”地落回篮子里。一个人一天可以用这种方式脱粒和处理大约 7 蒲式耳[①]的小麦。在较大的农场里，牛或马会“踩”麦穗。这使脱粒的速度提高了约四倍，但也要付出代价，即会压碎和浪费粮食。在任何情况下，脱粒都很可能花费数周时间。

收割玉米的工作没有那么紧迫，因为直到初冬，这种作物都可以留在田间的秸秆上。但收割玉米也不容易：玉米穗或秸秆（用于饲料）必须用手工收获。同样费力的任务是给玉米穗剥皮和脱粒（美国殖民时期用贝壳脱粒）。

图 1.4　18 世纪谷仓中的打谷场景。注意连枷的使用

资料来源：狄德罗《百科全书》，1771 年版。

① 1 蒲式耳 =27.216 千克。

虽然做农活通常是日出而作，日落而息，但也随着季节的变化而变化。在新英格兰殖民地，农民每年的循环周期从 3 月下旬开始，首先是排水、耕地和耙地，然后是种植。闲暇时，农民可以修理工具和栅栏，清理土地，剪羊毛。到 5 月下旬，打干草的季节到来了。在接下来的田间劳作间隙，人们经常制作奶酪（妇女在这种工艺中发挥了重要作用）。谷物还有土豆等根茎作物在8月初到10月被收割。秋天时的工作最紧张，工作时间也最长。收获需要尽可能多的劳动力，包括儿童、妇女，甚至富人。等这些作物都被收割完了，在冬季结冰前的剩余几周，人们会采摘和加工水果（尤其是苹果）和蔬菜，并宰杀动物作为食物。

当然，工作的季节周期随着作物和气候的不同而变化。美国南部的主要作物，如烟草、棉花和水稻，自然需要人们完成不同的任务，以及使用一套完全不同的劳动组织方式，这是那里采用奴隶制的原因之一。例如，烟草在生产的各个环节都需要非常谨慎。这促使种植园主采用一种严密监督的“班组分工制”[①]。相比之下，在棉花种植园，有很长一段时间是相对清闲的（12 月到 3 月之间，以及夏季，还有收获之前）。这使得种植园主可以将他们的庄园交给工头，甚至是信任的奴隶来管理。直到美国内战结束，这种劳动密集型农业一直阻碍着南方的机械化和技术创新。

尽管农民长时间在田间工作，他们也通过其他方式获得另外的收入。在美国，农民们诱捕和狩猎动物以获取肉类或毛皮；更重要的是，他们伐木和生产木材副产品。有些人兼职做矿工。在欧洲和北方殖民地，农民的家庭成员们经常在家里纺纱，制作鞋子、钉子或廉价家具。在一个通常被称为“包出制度”（putting out system）的经济组织中，流动的商人给农村工作者提供原材料，商人们也会收集成品在市场上出售。

季节性的农闲使英国农民可以参加传统宗教和民间节日。常见的节日

---

① 种植园奴隶制下的一种剥削形式，依据劳动能力强弱而将奴隶分成多个“班组”，达到对能力强者进行最大化剥削的分工制。

有大斋节（Lent）前的忏悔星期二（Shrove Tuesday）、耶稣受难日、圣灵降临日（也叫五旬节），亦有6月24日的仲夏节、9月29日的米迦勒节，当然还有圣诞节。有些传统的欧洲节日在美国殖民地消失了，但殖民时期的农民在农闲时举办集市、集体狩猎出行、举行选举和宗教奋兴（revivals）。最重要的是，是天气和季节，而非机器或者市场，主导着工作的节奏和特点。

农业生产力低下的后果和原因

工业化以前的农场生活无疑有其魅力。美国殖民地的农业生产了足够的食物，使人口迅速扩张。这一情况却和他国不同。在欧洲，农民严重受制于相对微薄的收成。由于西方谷物的生产力低下，轻微的减产就会导致毁灭性的影响。特别潮湿的夏天和寒冷的冬天，像17世纪90年代在西欧常见的那样，意味着作物的反复歉收。只要生产的粮食与种子的比率从4∶1下降到3∶1，穷人的食物就会严重短缺。微薄的收成导致面包价格的急剧上涨，购买面包需要花费穷人90%甚至更多的收入。在城镇，微薄的收成通常会使手工业不景气，因为普通人几乎没有收入来买鞋或布。在危机中，穷人也会转向食用次级谷物——荞麦或黑麦——或靠用栗子做的汤和面包维持生活。欧洲落后地区的穷人只能吃稀粥和汤；面包每两个月才出炉一次，而且非常硬，有时不得不用斧头劈开食用。

在17世纪和18世纪，由于作物轮作和其他方面的新进步，英国和欧洲大陆大多数地区的产种比上升到近10∶1。交通运输的进步也改善了作物歉收地区的饥荒。然而，直到19世纪中叶，粮食供应仍然决定着欧洲大陆的经济和政府的稳定。

我们应该注意到，谷物的种植使得人口密度远远超过了人们狩猎动物和采集蔬菜、水果和种子时的水平。人类学家估计，在农耕时代的前夕——大约公元前 10000 年——地球上的人口不超过 2000 万。到 1750 年，在现代工业化的前夕，可能有多达 7.5 亿人。在整个人类历史上，农业社会的人口通常以每年 0.5%~1.0% 的速度增长。

但是，这种增长经常被饥荒和疾病带来的死神所遏制。仅仅是在歉收之后的一个春季和夏季，死亡率可能从每千人 30 至 40 人上升到每千人 150 人，甚至每千人 300 人。从 1347 年到 18 世纪 20 年代，鼠疫和霍乱等疾病经常在村庄和城市暴发。尽管富人和权贵们可以获得食物和所谓的“药品”，但他们也没能躲过瘟疫。例如，1628 年、1635 年和 1638 年的饥荒和瘟疫年（加上战争）导致中欧人口减少了四分之一。在托马斯·马尔萨斯（Thomas Malthus）的观察中，这一历史事实得到了总结，即食物供应不充足总是遏制人口增长。

饥荒对儿童、孕妇和哺乳期的母亲以及体弱者的影响尤其大。即使在“正常”时期，20%~30% 的婴儿往往活不过第一年。同时，20 多岁的人和今天 60 多岁的人一样有可能死亡。这减少了处于生命中最多产的年龄的人口的比例。工业化前的欧洲社会是由非常年轻的人主导的：从三分之一到多达一半的人口都在 15 岁以下。低水平的生产力根本不允许这些人享受充满游戏的童年。孩子们必须工作。

出于同样的原因，很少有人能远离肥沃的土壤而生活。在大多数国家，80%~90% 的人口至少靠农业维持部分生活。很少有人住在城镇，也很少有城镇能容纳 2 万名居民以上。在困难时期，即使是首都也在萎缩：在 17 世纪初，有狼群在巴黎游荡。即使在相对较小和充满活力的美国殖民地城镇，死亡率也很高（尽管在 18 世纪有所下降）。在 18 世纪 50 年代，每年每 1000 个费城人中有 50 人死亡；现代美国的死亡率约为每千人中有 8 人。到 18 世纪末，农业创新（如作物轮作）开始降低西欧和美国的死亡率。但在其他地方，进步却很缓慢。

为什么农民创新缓慢？有时他们拒绝改进（如犁或播种机），因为这些设备成本高，或者用于他们必须耕种的丘陵地（hilly land）上时，效果比较差。小块土地和耕畜的缺乏意味着用锄头和铲子耕种有时是唯一可行的耕作方法。

农业创新的一个核心障碍是运输。陆路旅行缓慢而昂贵，减少了任何扩大市场的动力，以及专业化或创新的动力。问题不仅在于对步行和骑行的依赖，而是自罗马时代以来，筑路技术几乎没有任何改进（见第 2 章）。在欧洲大部分地区和美洲殖民地，从村庄到集镇的道路几乎都是牛道。对于许多产品，特别是重型产品来说，河流运输以及沿海水域运输是唯一可行的运输方式。较轻或高价值的产品，如糖、盐和烟草，尽管运输成本较高，但几乎可以运到任何地方；奢侈品也可以。这些产品的销售市场通常由海洋相连，这一现象并不是偶然，通过海洋运输货物比通过陆地运输要便宜得多。从 17 世纪末开始，西欧人开始挖掘运河，将城镇和河流系统连接起来，以促进粮食和其他货物在城镇和河流系统之间的流动，并促进运输专门化。然而，在大多数地方，高额的运输费用导致了相对种类有限的和本地化的市场。这虽然保证了自给自足，同时也导致效率低下。

最后，不确定的收成也使保守的做法更加持久，这些做法在现代读者看来令人费解。农民们通常会种植多种农作物，希望能分散失败的风险。即使土地可能适合某种专门的作物，他们照样会种植多种作物。农民抵制技术或畜牧业的变化，宁愿选择他们已知的“魔鬼”也不愿意选择他们未知的“天使”。所有这些都阻碍和延迟了创新。

新大陆与旧技术

虽然殖民地农民从欧洲家园带来了很多东西，但他们在美国土地上耕种的经验极大地改变了他们的生活。定居的最初几年（1607 年在詹姆斯敦和 1620 年在普利茅斯）是艰难的。虽然除了最初几年，殖民者都没有经历过饥荒，但他们在技术上仍然很落后，而且他们适应新环境的速度很慢。事实上，朝圣的清教徒移民们在抵达新英格兰后的 12 年里都没有使用过犁。英国的斧头是直柄的，这导致其使用效率低下，而且其笨重的斧头的柄在寒冷的天气里经常折断。尽管如此，它们仍被使用了一个世纪。一个多世纪后，殖民者才开始使用一种较小、较轻、平衡的斧头，并采用了常见的弯曲手柄。

第一批殖民者带着传统的期望和技能来到这里，但这些期望和技能往往不能适应新的环境。新英格兰的早期定居者缺少有关枪支和狩猎的知识（这是欧洲贵族才有的技能）。通常，他们会继续使用不适合美国自然环境的建筑方法。尽管美国没有英国那样频繁的降雨，这些定居者还是像在英格兰南部那样，用茅草做屋顶。这使得他们的房子常常有火灾隐患。在后来成为弗吉尼亚州的詹姆斯敦，追逐金钱的殖民者们没有成为高产农民，也没有足够的动力战胜未见过的亚热带疾病。所有这些都导致了 17 世纪最初十年的“饥饿时代”。

殖民者在住房的建造、规模和复杂程度上远远落后于英国人。17 世纪弗吉尼亚州和马里兰州的房屋都是单层的，只有一到两个房间，但常常住着大家庭。迟至 1798 年，宾夕法尼亚州中部 67% 的住宅面积不足 400 平方英尺[①]（相比之下，当今美国新住宅平均面积接近 2700 平方英尺）。即使在相对更开化的波士顿，在 1750 年以前，在较富裕的人中，有地基的两层楼房和带烟囱的砖制壁炉也不常见。尽管 1690 年后，石头建筑和砖头建筑在英国变得很普遍，但它在美国的发展却很缓慢。

最终，定居者从他们的周围环境中，特别是从他们遇到的原住民那里学习。在 1607 年建立詹姆斯敦后不久，约翰·史密斯（John Smith）发现

① 1 平方英尺 =0.0929 平方米。

原住民已经开垦了许多田地，用来种植玉米和其他作物。新英格兰定居者从原住民那里学会了如何制作玉米面和玉米粉。印第安人教他们种植的技术，比如在幼苗周围堆放土壤以支撑幼苗，以及把玉米秆当作爬架，供种植在玉米田里的豆子攀爬。殖民者还学习了原住民焚烧森林和灌木丛的习惯，为耕种开辟土地（尽管他们主要是通过砍伐森林来开辟土地）。种植烟草的关键技术是从西班牙人那里学来的（西班牙人是从西印度群岛的原住民那里学到的）。来到宾夕法尼亚州的德国移民通过深耕、轮作和施肥等方式改进了英国农业技术。

最重要的是，殖民者开发利用了这一片富饶的土地。在此过程中，他们打破了原住民部落长期以来所保持的生态平衡。新英格兰和弗吉尼亚的定居者都对可捕获的野禽和可采摘的植物数量感到惊讶。马萨诸塞州的清教徒发现了野草莓和多达 500 只的野火鸡群，而弗吉尼亚州的殖民者则发现了大量的鹿和鱼。经过一段时间的调整，一个殖民时期开发边疆的家庭只需劳动一个多月，就可以满足他们食用玉米、猪肉和鸡肉的需求，而一年中的其余时间则可以用来开垦土地、保存食物，甚至是兼职制造。

从定居者的角度来看，原住民没有利用好土地。他们将耕作（主要由妇女完成）和狩猎（主要由男性完成）混合在一起。他们很少储存剩余的食物，更不用说积累财富了。这使原住民不得不经常迁移，以寻找未开垦的田地和更多的猎物，这也导致了原住民数量很少。欧洲定居者对土地采取了非常不同的态度。他们长期定居，认为自己拥有土地的所有权，并彻底开发土地。殖民者认为“印第安人”没有对土地的权利，因为他们没有“改善”土地。原住民逐渐采用了欧洲定居者的许多做法，包括大量猎杀海狸和其他动物，以在毛皮市场上出售它们的毛皮（使得这些动物的数量减少）。

在殖民地，人们必须狩猎（以清除田间的小动物和作为食物来源之一），这创造了现代美国人热爱狩猎和枪械的基础。1797 年的一天，一群来自肯塔基州的猎人归家，吹嘘他们已经捕获了 7941 只松鼠。在流行的“围猎”中，持有武器的人们包围一大片区域，逐渐逼近他们可以捕获的所有动物。最终，这导致了野生动物的消失（例如，对数百万只北美旅鸽的屠杀，最终导致了它们的灭绝）。同样的，定居者种植的一些经济作物会耗费大量的土壤养分。南方种植的烟草耗尽了土壤中的氮和钾，迫使早期的种植者仅在三四年后就要转移到新的土地。

虽然定居者破坏了他们到来之前的生态平衡，但他们也创造了一个新的环境，使他们比在英国时更健康、更富有。美国殖民者比欧洲人更占优势，不是因为他们有高超的技术，或因他们特别勤奋地工作，而是因为新大陆自然资源丰富，人口较少。起初，这种优势并不明显。17 世纪上半叶，弗吉尼亚和其他南方殖民地的预期寿命往往低于英国（主要原因是伤寒、疟疾和痢疾）。奴隶制的主要理由之一是非洲人（与白人相比）在卡罗来纳南北两州的亚热带条件下，对热带疾病的耐力更强，他们被安排在稻田中工作。

渐渐地，土地富饶这一优势凸显出来。到 1650 年，在新英格兰，一个 20 岁的男性预计可以活到 45 岁以上。到 1700 年，优越的自然资源使南北殖民地的人口迅速增长，大约每 25 年翻一番。这一增长很大程度上是因为超常的高出生率和早婚。在 18 世纪，新英格兰平均 1000 个人可生育 40 至 60 人，而英国平均 1000 人里有 35—40 人出生。殖民地妇女在 20—23 岁之间结婚，而在英国则是在 26 岁左右。虽然奴隶的死亡率高于白人，但比起新大陆的其他地方，新英格兰的奴隶死亡率要低得多。到 1720 年，由于奴隶的出生率与白人的一样高，英国殖民地的奴隶人口开始增长。

新的土地有其优势，也带来了挑战，它迅速塑造了基本技艺。虽然来自英国的殖民者习惯养羊，但新英格兰没有“老英格兰”那样的草场，而草场对放牧来说是必需的。在任何情况下，牧羊都是一项耗时的工作，并需要高价聘请专家——而新英格兰没有这样的专家。殖民者学会了改变。显然，猪是其他食物的替代品，因为它能在森林中自由觅食。美国农民采取了许多其他方法，以适应这片土地。很快，富起来的土地使殖民者放弃了英国式的农业村落，而建造了分散孤立的农庄。对于造价低廉的建筑物，殖民地农民们用了一种独特方式将其布局。谷仓和鸡舍等也建在这些建筑旁边。

来自森林被砍伐的英格兰南部的定居者们，在新大陆发现了广阔的森林。新环境中，最费时费力的是清除土地上的树木以耕种。人们需要完成砍伐树木和清除树桩的艰巨任务。一个普通农民每年清理的土地很难超过四、五英亩。但这一情况的好处是，在殖民时期的"木材时代"，木材是高价值的产品。木材给农民带来的收入往往多于谷物或牲畜。农民有时将木材卖掉，提供给需要烧木炭的炼铁炉。这些活动甚至早于农民的西进拓土；铁炉对木炭这种重要能源的需求，为可获利耕作铺平了道路，尽管其后果往往是不经考虑地砍伐森林。木炭来自木材，它也是制作火药、印刷油墨、油漆、药品，甚至是高速路面和牙膏的必需品！

美国的木材被出口后，用于制造船桅、木桶板，以及用在建筑工程中。许多农民收集树木烧毁后的木灰，用它们煮钾碱和碱液。这些副产品对制造玻璃、肥皂和火药十分关键。在18世纪，通过出售从清除的木材中获得的钾碱，往往可以收回一半的土地成本。松树胶被制成松香（用于制作油漆和松节油）。煮过的树焦油是填塞船体接缝的必需材料。获得这些木材副产品只需要"低技术"。在松树新的边材外层切开一个口子，可以收集制作松香（用于胶水、清漆和墨水）的松树胶，松脂也从那里流出。慢慢燃烧覆盖着泥土的天然松木，可以得到焦油。焦油在造船中是必不可少的。这样处理卡罗来纳州的松树十分浪费，但这是农民处理树木的廉价方式。

为了防止猪和牛逃到野外或破坏庄稼，木栅栏在新大陆变得非常重要。栅栏必须“结实到经得起猪拱，比马还高”。建造围栏是一项耗时长、费用高的工作，其建造成本往往与围起来的土地的价值一样高。美国人也逐渐改变了他们的建房技术。殖民者们再次适应了他们的特殊环境。在北方，定居者最终用木瓦代替了茅草；他们利用木材廉价这一优势，建造了更大的壁炉，这些壁炉通常既可以取暖也可以做饭；他们还增加了窖池，用于保存根茎或蔬菜。到 1700 年，木屋变得常见；建造它花费的时间，比建造更庄严的英国砖瓦建筑要少得多，而且它比普通的英国木板房更保暖。由于木材很便宜，而聘请木匠很贵，许多农户都自己建造房屋。1638 年来自瑞典的定居者将木屋引入特拉华河地区，到 1700 年，来自苏格兰和爱尔兰的定居者在中部殖民地复制了这种木屋。建一座木屋大约需要 80 根原木，原木用凹槽（没有金属固件）相连接，以形成墙壁。原木之间的缝隙用黏土或苔藓填充。天花板由木杆或木板建成，为一个可以睡觉的阁楼提供了地板。通过一个有凹槽的原木梯子，可以到达阁楼。窗户没有镶嵌玻璃，而是被油纸或百叶窗覆盖。几乎所有的农民都可以用从土地上清除的树木建造一个木屋，反正这些树木无论如何都要被清理。尽管木屋可能是创新的，但对欧洲人来说，它仍然象征着殖民地生活的落后性。它也反映了定居者需要将稀缺的时间和金钱用于确保家庭舒适以外的活动（图 1.5）。

直至美国革命时期，近 90% 的殖民者仍然通过耕种、伐木和打猎赚钱，以维持至少一部分生计。贸易主要局限于海军物资、造船用的木材和烟草。诚然，宾夕法尼亚州因粮食种植和钢铁生产的成功变得繁荣，但这些产品大多用于当地消费。它们在出口方面没有竞争力。

美国殖民时期的农业展现了一个复杂的情况：与英国人相比，定居者几乎没有什么技术优势，他们在开垦土地、修建道路、适应新的自然资源和气候条件方面遇到了许多额外的困难。大多数殖民地美国人的生

图 1.5　19 世纪早期的原木屋，可以看到原木之间的缺口和填充物

资料来源：美国国会图书馆印刷品和照片部。

活是艰苦的。然而，鉴于美国有大片肥沃的土壤，许多白人拥有土地或有机会拥有土地。所有这些都塑造了美国人对技术的态度。他们重视能够减少劳动时间的工作方法和工具，即使它们明显会浪费大量资源。美国人在创新方面没有优势，事实上，他们缺乏技术变革的主要动力，即专门化经济。但他们很快适应了新环境。许多美国人逐渐将技术变革与繁荣联系起来，而不是将其视为对现状的威胁。然而，通过几代人的努力，这些态度才能实现其全部影响力；它们被其他因素抵消了，这些因素减缓了美国的创新步伐。在关于工业化前的手工业的下一章中，这一点会变得更清晰。

第2章

工业化前在作坊里和家庭中工作的男人和女人们

如果让我们想象工业化前（preindustrial）的工匠，我们中的许多人会想起故事书中的屠夫、面包师和烛台制造者。而我们可能不会想到女性纺纱工，以及她们高超的技艺。在史密森尼（Stmithsonian）的美国国家历史博物馆、殖民地威廉斯堡历史博物馆（Colonial Williamsburg）、旧世界威斯康星历史博物馆（Old World Wisconsin），或许多优秀的州和城市历史博物馆中花一天时间，可以更好地感受使用工业化之前的工具的世界是什么样的。比起我们通常所想象的，那种传统的生活方式更有竞争力和活力，手工艺工作更复杂和艰巨。虽然美国人从欧洲那里继承了手工艺传统，但他们也根据新大陆的环境调整了他们的技术。尽管与现代工厂的工人相比，工匠的社会世界相对静态，现代工业依旧由工匠的工作发展而来。此外，虽然手工业通常按性别划分工作，男性和女性从事的工作往往都是技术性的，也是劳累的。本章从讨论主要是男性从事的手工业开始，对男性及女性手工业进行探讨。

西部边疆社会中的男性手工业

17 世纪和 18 世纪男性手工业最明显的特点就是工具简单，这意味着工作往往既需要技巧又累人。几个世纪以来，普通手工工具的形状和功能并没有什么变化。从公元 500 年至今，铁匠的锤子、钳子和铁砧的样子基本保持不变。即使是石器时代的斧头，无论形状还是功用，都很像美国殖民时期的斧头。工匠们经常自己制作工具。在 19 世纪 50 年代之前，木匠一直自己制作量具甚至是刨子。虽然铁匠们购买铁砧，但他们通常自己制作钳子和锉刀。

也有一些动力工具。“车削”木头的基本工艺可以追溯到公元前 6 世纪。木头被固定在旋转的主轴上高速转动，人们用凿子打磨它，使其成为一个圆柱形的部件（例如桌腿）。古代的车床是通过拉动缠绕在主轴上的绳索来转动的，在中世纪时被改进为杆式车床。这种设备通过脚踏板和绳索操作，把动力通过机械杆传递给主轴。其他类型的车床由踩踏、手摇甚至是马力驱动。

更重要的是，需要有经验的人来确定什么温度最适合铁成型，制作家具的木材需要刨削到什么深度。对于那些需要安装在一起的部件，很少有它们的样本或模型，可以参考制作其复制品。现在，我们仍然好奇如何手工制作小提琴和其他复杂的乐器，以及它们的声音为何比用现代工业方法制作的乐器更好听。工匠的工作往往是艰苦和重复的。即使工匠师傅们经常把重复性的繁重工作交给学徒，在铁砧上似乎永无止境地敲打铁器，或在纸上压制墨字，一定会使漫长的一天显得更加漫长。

现在，让我们简单看看 1600 年后的两个世纪中常见的男性手工艺。几乎每个村庄都有一个铁匠。他用铁来制造农场、商店和家庭用到的基本工具。他制作犁铧、马车的铁“轮胎”、壁炉用具和永远必不可少的马蹄铁。铁匠们在壁炉的炭火旁工作。在那里，风箱使炉火更旺，让铁变成炽热的红色。在铁砧上，铁匠从一系列锤子、凿子和切割机中，选择打铁的工具。要知道何时将铁从火中取出，如何用铁条制作链条，以及何时和如何使金属硬化或退火（软化），都需要一定的技巧。边疆铁匠的工作很少像英国铁匠那样专业化；相反，从修理枪支到制作简单的烛台，他们什么都做。

铁匠的技术是相对复杂的枪械制造工艺的基础。枪机，作为开火装置的一部分，需要由许多部件拼成。必须对这些部件钻孔、锉削和攻丝，以便用螺钉安装在一起。枪管是用一个长长的“制管钢板”制成的：一块厚厚的铁板在烧炭的锻炉中加热，并在一个称为芯轴的专用铁砧上折叠。然后，枪管必须光滑而精准，球或子弹从里面穿过。在制作枪托或枪的木质部分时，可能需要最多技巧。人们会用凿子、刨子和圆凿来制作枪托，以适应特定的枪栓和枪管，每次只能做一把枪（图 2.1）。

图 2.1　一个铁匠在锻打，他的学徒在拉风箱

资料来源：美国国会图书馆印刷品和照片部。

与铁匠几乎同样重要的是村里的皮匠。皮革不仅是做衣服和鞋子的基本材料，还会用于制作马具甚至机器上的传送带。首先，制革者在大桶中粉碎和调制树皮，然后将动物皮浸泡在其中，以制造皮革。像许多工艺一样，“科尔多瓦”[①] 或制鞋要用到少量工具。科尔多瓦鞋匠的脚下踩着皮革箍筋，他们用其将皮革固定住。然后用锥子刺破皮革，用刮刀和小刀切割和塑造要缝合的皮革。鞋底被粘在不同尺寸的木制“鞋楦”（last）上，当鞋帮被缝在鞋底上时，它能保持鞋底的形状不变。在英国，掌握这种工艺需要 5 到 7 年的学徒期，但许多美国鞋匠显然没有受过良好的训练。虽然 1800 年后，制鞋业越来越集中在新英格兰的城镇，如马萨诸塞州的林恩（Lynn，Massachusetts），制鞋家族仍然在被称为“十英尺”的后院商店工作，使用纯粹的手工艺方法来制作鞋子。只有在 19 世纪 50 年代，随着缝纫机的引入，制鞋技术才有所改变。

林业工具也同样简单。英国式的斧头很重，斧刃必须经常磨从而变得锋利。人们用阔斧，或像锄头一样的较小的扁斧，把伐倒的树木加成方形的粗木。木板和较重的横梁放在地上，由两个人用垂直的“坑锯”切割，其中一个人站在坑中操作[②]。

坑锯注释图

① 科尔多瓦（cordwainning）是制鞋行业较为古老的说法，指用新皮革制造新鞋。——译者注

② 坑锯如图所示。

建造房屋需要柱梁结构方面的技巧。大的方形木材被用（直角切法的）榫固定在一起，这些榫被放在相邻梁的榫眼（或方孔）中。沉重的框架由木钉，而不是钢钉，固定在一起；直到 18 世纪末，钢钉都很稀缺和昂贵。制作木板护墙板和室内镶板，需要敲打木槌以及与其相连的宽大铁刃（即劈板斧），将粗糙的木材切成片状。熟知木材品种至关重要，同样，风干木材以减少翘曲和收缩的专业知识也很重要。

随着殖民者得到更多的财富，对砖匠的需求也越来越大。砖匠将黏土和稻草放入铁模具中，将铁模具放入专门的窑（炉）中烧制（加热）。石匠也是非常重要的工匠。他不仅用石头铺设地基和地窖，而且通常用简单的独轮车，来完成采石和运输石料的繁重工作。另一项重要的木工技术是制桶。自罗马时代起，这项技术几乎没有变化。殖民时期的制桶工人用橡木做桶板（的侧边部分），用山核桃木做桶的盖子。这些容器能够容纳 60 加仑或更多的面粉、啤酒，以及几乎所有大量运输的物品。橱柜制造商是木匠中的翘楚。从连接木板和木头车削，到饰面、清漆和木纹的知识，都是他们的技能。特别是在城镇，橱柜制造商还必须跟上风格变化的潮流，以便与进口家具竞争。

对容器和窗户玻璃的普遍需要，使玻璃吹制者成为重要的工匠。同样，这是一种古老的工艺，可以追溯到公元 1 世纪。在一个装有木炭的炉子里，玻璃工将沙子、钾盐和石灰的混合，煮成熔化的玻璃。然后，他将熔化的玻璃放到一根长管子上，用力向里面吹气，形成一个罐子或瓶子形状的空洞。做这项工作需要耐力，以及动作轻柔。直到 1825 年，随着机械玻璃压制的发展，玻璃吹制工艺才开始慢慢衰退（图 2.2）。

水力与铁炉

对于刚才描述的大多数工艺，基本上是由人力完成的。但殖民者也继

图 2.2　18 世纪中叶的英国，男子将玻璃吹成罐子的形状并制作平板玻璃
资料来源：美国国会图书馆印刷品和照片部。

承了中世纪欧洲的水力技术。

13 世纪，欧洲人重新开始使用垂直水车（由罗马人首先发明，但很少被使用）。这种机械构造简单，但动力强大。轮轴用水力驱动，与一个齿轮相交，将旋转的平面从水到水车的垂直平面，转移到可以将小麦磨成面粉的磨石这一水平平面上。此外，与水车相连的曲柄（crank）使垂直锯可以往复运动，切割木材。与水车相连的还有凸轮（cam）。随着凸轮的转动，重型锤子的轴上升和下降（在铁的锻造中特别有价值），木块敲打布匹以压平和收紧织物。水车为风箱提供动力，将空气注入熔炼金属的高炉，还能驱动泵，使之排干矿井。

水车的建造者被称为“水磨匠”。他们决定在哪里用石头、木材和泥土筑坝，以引导和增加推动水车的水流。水磨匠会建造导流水渠（有时长达 1

英里[①]），水在流向水车的途中流经这些轨道（图 2.3）。

图 2.3 “下射”式水车动力锯的剖面图。其他水车将水倒在轮子上（“上射”式）

资料来源：美国国会图书馆印刷品和照片部。

① 1 英里约为 1.61 千米。

水车是工匠时代和工业时代之间的一个重要纽带。从 18 世纪 90 年代起，美国的水车开始为新发明的纺纱机提供动力，这些纺纱机是第一次工业革命的核心（见第 4 章）。现代工业自动化也始于水车。18 世纪 90 年代，水车为特拉华州奥利弗·埃文斯（Oliver Evans）的自动化磨坊提供动力，该磨坊用一系列的传送带，将谷物送到磨盘上，然后磨成面粉。

显然，水车的运行成本很低；对于磨面粉和锯木材这样的艰巨任务，水车能减少 90% 的工作时间。到 19 世纪 20 年代，每 142 个纽约人就有一个水力驱动的木材厂，使他们住上木板房而非小木屋。

尽管磨坊无处不在，它们有严重的局限性。磨坊需要流动的水，因此往往要在乡下选址，有时离市场很远。而且，在寒冷的气候区，水磨不能在冬天运作；干旱也会使它们停工。使用几年后，水磨的木制活动部件必须更换。也许我们不应该对烧煤的蒸汽机最终取代水车感到惊讶——虽然，特别是在美国，这需要很长的时间。

水车和美国殖民地时期的许多其他东西一样，是一种基于木材的技术。但金属也是必不可少的。采矿业与农业和木材业密切相关。在早期殖民时期，农民在闲暇时用铲子和镐从沼泽地和接近地表的露头处挖掘铁矿石。铁少量用于农具、钉子、切割工具、马蹄铁以及木材无法满足需求的机器部件。对铁制品的需求如此之小，以至于铁的冶炼和锻造长期以来一直是农村本地的一种手工艺。当然，武器是个例外。但即使是军事，对金属的需求也是断断续续的，因为武器技术发展缓慢（见第 11 章）。因此，建造大型炼铁厂或锻造厂的动力不足。

炼铁大多是在靠近矿石和木炭供应的农村的小炉子里进行的。用马车运输矿石的成本很高，而且木炭在运输过程中会粉碎，因此无法集中生产木炭。作为燃料的木炭可能是炼铁的关键：必须小心翼翼地将 25 至 40 根原木装入一个覆盖着湿叶和蕨类植物的土堆，土堆的顶部中央开有一个洞口。土堆持续慢慢燃烧数天，其间需要高超的技术来保持正好合适的温度，确保所有木头均匀地变成木炭。

最古老的炼铁方法是块炼铁。这是一个耗时的过程，需要反复加热和敲打糊球状的铁矿石（或块铁）。渐渐地，杂质（尤其是碳）被除去，产生了一种可塑性强的锻铁，主要用于制造农具和马蹄铁。更多的铁是在高炉中生产的。高炉最早于 16 世纪在德国发展起来，在美国殖民地时期十分常见。这些石炉的形状像扁平的金字塔，通常有 15 至 30 英尺高。在炉子的顶部，人们倒入铁矿石、木炭燃料和石灰石（作为熔剂，带走矿石中的杂质）。炉轴逐渐变宽成碗状，盛放熔化的混合物；这又通向一个被称为坩埚的狭窄通道，该通道用来接收熔化的铁和液体杂质或炉渣。坩埚底部的一个小孔连接着一个由水车驱动的风箱，该风箱运用强劲的空气流，过热内容物。相对较轻的熔渣上升到顶部，并通过坩埚上的一个孔被抽走。熔化的金属聚集在炉子的底部。偶尔，熔化的金属会被导出，并流入砂模。这些金属块的外形让前现代的人们想起了在母亲胸前吮吸的小猪，因此，这种铁被称为“猪”或生铁（pig iron）。

当然，这个过程比块炼铁要快得多（一周内生产 7 吨或更多铁）。但高炉铁硬而脆，来自木炭燃料的碳含量高（高达 4%）。这种“铸铁”或生铁适用于模具铸造的锅、水壶和火盆。但是，用于制造工具的铁需要有韧性及坚硬，而这是铸铁所缺乏的。这就需要进一步精炼（类似于块炼铁），以去除大部分的碳，并重组铁的构成元素，使其变得更坚硬。1700 年，世界 10 万吨铁的产量中只有约 1500 吨是在美国殖民地生产的。到 1775 年，这个数字上升到世界总产量 21 万吨中的 3 万吨。

钢既稀有又昂贵。钢是锻铁的一种变体，含有极少但不可或缺的碳元素，对于制造切割工具的锋利边缘至关重要。殖民者不得不满足于用锻铁制成的小块钢条，镀在铁的表面。这些铁片被放置在含有木炭粉的封闭的黏土容器中，并被加热至熔化。这个过程非常昂贵，需要持续 11 天的高热度。

尽管烧炭高炉比块炼铁有优势，但这些高炉严重限制了对黑色金属有需求的产业的增长。它们依赖于昂贵的木炭，并且只能在农村生产。然而，在英国人采用煤基焦炭炉之后，美国人仍然坚持使用这种技术。美国木材的廉价可能是主要原因。美国的铁产量长期滞后于英国（见第 5 章）。有些人认为，依赖木材作为燃料和制成机器零件，实际上减缓了美国的工业化。

运输货物和人员

然而，经济增长的一个更大的障碍是美国殖民地时期高昂的运输费用。这是个老问题，可以很好地解释为什么新大陆的手工业长期以来一直没有专业化。陆路旅行缓慢而繁琐，其成本可能很快超过生产成本。因此，既没有动力将产量扩大到眼前的市场之外，也没有动力推动专业化或采用新技术在更广泛的市场上获得成本和价格优势。

陆路运输尤其困难和昂贵。起初，殖民者沿着原住民开辟的道路和动物迁徙的道路前进。然而，这些小路对马车来说太窄了，因为它们往往位于山脊上（那里树木较稀疏，便于旅行）。

在东海岸，直到 18 世纪，驮马和骡子一直是陆路旅行的主要方式，而在西部边疆地区，这种方式的持续时间更长。即使是平原上的道路，也往往只是从森林中开辟出的小道，宽度只够两辆马车通过。

18 世纪的美国道路状况差到路面还留着树桩。事实上，1804 年俄亥俄州的一项法律规定，这些树桩的高度不得超过 1 英尺。人们借助于一排排的木头（木排路）来渡过低洼地、沼泽地和浅流。有时人们会在木桥上盖东西，以减少腐坏，但与英国的石桥相比，它们没有那么结实。在 18 世纪中期，从纽约到波士顿的马车需要行驶 6 天，每天 18 小时。

只有到 18 世纪 90 年代，才出现了私人拥有的收费公路。最好的公路用石头做地基，用碎石铺造。兰开斯特收费公路从费城开始，到宾夕法尼亚州的兰开斯特结束。它激励了一系列类似道路的修建，这些道路带来了利润，也促进了进步。直到 1808 年，联邦政府才同意资助坎伯兰公路（后来的国家公路首先是在波托马克河和俄亥俄河之间），但该公路在 1850 年才到达圣路易斯。大部分问题是政治性的：州际竞争，抵制政府融资阻碍了这些项目。但是，全国性公路系统需要完成大规模土方工程，这些工程确实很艰巨。建设者们依靠于牛拉的木制刮路机和手推车（用于挖掘和运输）。

定居地点之间的距离很远，需要措施来削减筑路成本。有时，美国人用贝壳、木炭、甚至玉米芯来代替昂贵的路石。但美国人也学习了英国的创新，即碎石路。碎石路由一层层碎石组成，上面有小石头和细密的石灰石，在道路中心堆积。这使得路面坚硬、光滑，能排水。19 世纪 40 年代，美国人还将剩余的木材用于道路建设。他们建造了“木板路”，下有木柱支撑，上面铺设了厚厚的木板。木板路的建造成本比石子和砾石的收费公路更低。但它们必须每五年更换一次，因此被证明无利可图，并在 1857 年后消失了。

这些道路上最常见的交通工具是康内斯托加式宽轮篷车（Conestoga wagon）。这种由英国农用马车改造的美国马车大约在 1716 年首次出现在宾夕法尼亚州兰开斯特附近。康内斯托加式宽轮篷车以其长而深的车床而闻名，车床中部较低，当在山丘或不平坦的道路上运输重物时，可防止车辆翻倒。它的车轮有六英寸[①]宽，使康内斯托加式宽轮篷车能够通过泥土路上常见的车辙。这种马车很好地适应了美国糟糕的道路。它的派生后裔——“草原篷车”，在 19 世纪 40 年代和 50 年代沿着俄勒冈小道蜿蜒前进的马车队伍中做着同样的工作。

在殖民时代，对大西洋沿岸的城镇来说，陆路运煤 10 里格[②]（约 30 英

---

① 1 英寸 =25.4 毫米。

② 1 里格约等于 4.8 千米。

里），比海路运煤 1000 英里的成本更高。但是，河流上的旅行并不容易。殖民者模仿本地人，用桦树皮独木舟在浅水道上旅行。新英格兰地区缺少向海洋流动的河流，这限制了波士顿的发展。相比之下，纽约市拥有向北的水上高速公路，从哈德逊河流向奥尔巴尼河和莫霍克河，再继续流向乔治湖和尚普兰湖。特拉华和切萨皮克湾流域很广，它们通过特拉华河和萨斯奎哈纳河，将中部殖民地的海岸与内陆连接起来。再往南，波托马克河、詹姆斯河和萨凡纳河都能促进种植园经济中的货物流通。但殖民地之间的交通必然依赖于沿海的船只，这一情况减缓了西部扩张的步伐（图 2.4）。

甚至在蒸汽船发明之前，俄亥俄河和密西西比河的河道系统就已经能运输大件货物。这些大件货物的陆路运输成本过高。平底船结合了浅水船结构和相对较大的载货量。然而，从匹兹堡到新奥尔良的下游航程可能需要两个月或更长时间。当然，上游的航程需要更长的时间（长达 6 个月），而且更加艰辛。在一些地方，人们不得不用长杆插入河床，以推动船只，或者用牲口从岸边的小路拖船。尽管道路的改善和良好的河道系统促进了

图 2.4　一辆类似于 19 世纪初使用的康内斯托加式宽轮篷车

资料来源：美国国会图书馆印刷品和照片部。

经济增长，但只有蒸汽动力船和火车才使大陆经济成为可能，并使手工业转向现代工厂。

手工艺文化

对工匠时代的评价不能仅限于工具和工作方法。我们还需要考虑工匠的生活和文化，以及这如何影响了对技术变革的态度。大多数男性工匠的工作时间很长，往往从日出到日落。由于生产力低下，缩短工作时长基本不可能。但是，工作时间不是固定的，任务多少决定了工作时间。大多数工作从客户下订单时开始，在季节性高峰期，工匠可能工作到晚上，但在生意不景气时，他可以腾出几天甚至几周的时间来耕种或打猎。特别是熟练的工匠可以花较少时间工作，每月花部分时间做“副业”。美国手工业者找到了打破常规工作的方法。没有流水工作线，或被利润驱动的老板可以阻碍他们偶尔的休息，可以随自己的意愿去看一场街头拳击赛或与朋友一起喝酒。19 世纪初，纽约造船厂的工人在上午 8:30 和 10:30 有吃糖果和蛋糕的休息时间。杂货店以及酒吧在手工业区出售“烈性酒”，那里的工匠经常每天在工作中喝下一整夸脱[①]的杜松子酒。工匠们为自己的技能感到自豪，不愿意把自己仅仅看作是出卖时间的劳动者；相反，他们认为自己是“独立承包商”，即使是在雇主的店里。

尽管如此，我们还是很容易将前工业化的工作文化及其自由浪漫化。恶劣的天气和难以预料的市场，意味着许多工匠不得不做其他工作，来补充他们的手工艺收入，如在农村地区耕种甚至打猎，以维持生存。特别是在城市，许多工匠休息时没有工资，因债务而不得不过度工作。他们在这样年复一年的循环中勉强维持着非常贫穷的生活。

---

① 在美国，1 夸脱等于 0.946 升。

工匠们的收入和社会地位差别很大。像银匠保罗·里维尔（Paul Revere）这样的城市大师工匠，往往是教会和社区生活中的领军人物。城市建筑行业中的工匠，可以从收入微薄的木匠学徒工开始做起，到最后成为雇用几十个人建造房屋和企业的富有承包商。然而，许多工匠的生活比低收入的穷人好不了多少。那些需要较低技能或较少工具的行业，或者妇女占多数的行业，工资尤其低。普通裁缝处于经济和社会的底层，只需要针和线就可以做他们的工作。其他地位低下的手工艺是制鞋和制蜡烛。本杰明·富兰克林（Benjamin Franklin）拒绝从事他父亲的低级职业——肥皂匠，而选择了更有利可图、更有声望的印刷业。这些行业的男性工匠往往靠家庭成员的劳动来维持微薄的生活。许多服装行业的人在家里工作，依靠商人提供材料，这些商人通过提供低价的计件工资（一种被称为“血汗制”的制度）占他们的便宜。

即使是地位较高的工匠也不能与商人或律师相提并论。银匠、家具制造商和裁缝都依赖于挑剔的富人的赞助，那些富人坚持要模仿欧洲的最新风格。甚至肖像画家也被这些绅士视为纯粹的体力劳动者。的确，艺术家和工匠之间的界线很模糊。查尔斯·威尔森·皮尔（Charles Willson Peale）是著名的“画匠”或乔治·华盛顿（George Washington）的肖像画家，他先后做过鞍具制造商、室内装潢师和银匠。工匠们在南方的日子特别不好过，那里种植园经济占主导地位，许多成品都是进口的。白人手工业者有时不得不与技术熟练的奴隶竞争（尽管很少有黑人被允许学习印刷等高地位的行业）。

北方发展手工艺的条件更好。在那里，家庭农业和海外贸易产生了对手工业的需求，北方和南方的这种差异在很大程度上解释了北方工业化较早的原因。即便如此，与英国人相比，北方的殖民者还是缺少技艺和专业性。正如我们所看到的，部分原因是美国人会因为农村社区特别分散，工匠稀缺，而把自己变成“百事通”。学徒们经常设法逃避他们的义务（就像

17 岁的本杰明·富兰克林一样，他从哥哥在波士顿的商店里跑出来，去费城追寻更多的工作机会）。有时，身为工匠的父亲发现自己在与年轻的成年儿子竞争。劳动力的短缺（和丰富的土地）给年轻的工匠提供了机会，使他们无法接受技术专家所需的长期培训。

但是，手工业者这种看似不稳定和落后的状况，也易于产生对工作和商业的独特个人主义态度。这可能是早期美国工匠经常被观察到的适应性的起源。奥利弗·埃文斯虽然接受的是制造马车的培训，但他很容易就变成了造水车木匠，并由此开始发明节省劳动力机器的职业生涯。他的各种经验使他能够将现有技术的各种元素综合到新的发明中。在这一点上，他与其他人，如伊莱·惠特尼（Eli Whitney）、约翰·菲奇（John Fitch）和赛勒斯·麦考密克（Cyrus McCormick）几乎没有区别。即兴创作和实用性，比对细节的关注和高质量的结构更受重视。美国的工匠精神催生了一批发明家，他们在一个急于创造财富的国家里，执着地寻求减少劳动和节省时间的方法。这将产生大量的浪费（正如我们将在后面的章节中指出的那样）。但它也创造了一种重要的技术灵活性。

许多美国工匠与富兰克林有同样的、根深蒂固的工作准则："浪费时间的人，实际上就是挥霍金钱的人……时间就是金钱。"年轻时的辛勤工作，将在中年时得到经济上和社会地位上的回报（正如富兰克林所做的那样）。而且，即使这个目标在 19 世纪变得越来越遥不可及，对许多人来说，这个梦想仍然存在。扎根于前工业世界的工匠在创造即将到来的机械化工业时代中，发挥了重要作用——抵制这种变化的人被淘汰了。

殖民地妇女的工作和真正的"传统家庭主妇"

如果让我们想象工业化之前妇女的工作，我们大多数人都会想象年轻姑娘在纺车旁，母亲在照顾成群的孩子，认为她们的工作和男性手工业及农业不沾边。与我们对男性工匠的印象一样，我们对工业化前妇女工作的思考被后来的工业经验所扭曲，并被故事书的内容所影响。从殖民地妇女在家庭的工作经验中，可以看到更复杂、更有趣的画面。

前工业社会中妇女的作用的核心是“一家人”的概念，或“家庭”经济。这意味着工作是在家庭成员和他们的仆人中组织安排的，大多数工作是在家里或附近进行的。首先，这意味着妇女的工作通常是在家进行的，因为妇女必须把家庭责任（照顾孩子）和生产商品的工作结合起来，以维持家庭以及赚钱。这通常意味着她们很少有时间，用来把家庭打造成家庭团聚和舒适的中心——许多人把这一活动与“传统家庭主妇”的角色联系起来。真正的传统家庭主妇是完全融入家庭企业的，无论是耕作还是制铁。第二，家庭经济不允许工作、家庭和休闲之间有明显的空间或时间分隔。纺纱、做饭、社交和照顾孩子经常在同一个房间里同时进行。很少有人通勤上下班。第三，劳动的性别分工并不像工业化后那样明显。妇女有时与男子一起收割谷物或照料（甚至宰杀）猪，但这只是因为劳动力稀缺而让她们临时替补。即使如此，妇女的工作往往与男子的工作密切相关。像印刷商本杰明·富兰克林这样的工匠，在他们旅行或在印刷厂或锻造厂工作时，依赖于他们的妻子来照顾商店（甚至记账）。妇女的工作和她们照顾孩子的责任是如此重要，以至于当丈夫去世时，或者当男人外出打仗或做生意时，妻子们有时会接管丈夫的农场和交易。殖民时期的妇女从事今天我们认为与私人生活有关的家庭工作，如做饭、育儿和打扫房间。但她们也从事带来收入的工作，如生产黄油出售或在家里经营酒吧，销售她们酿造的啤酒。当这些工作被转移到工厂和独立企业后，她们的生活也不那么孤立和私人化（图 2.5）。

图 2.5　对殖民时期厨房和小屋的描绘。注意壁炉的大小和各种活动
资料来源：美国国会图书馆印刷品和照片部。

妇女工作种类的多样性及其工具

让我们简单了解一下殖民时代的妇女工作。女性需要完成最主要的，而不是仅仅是“次要的”家务劳动。种植和保存食物的工作优先于烹饪。婴儿的出生和照料，必然优先于训练和培养儿童。只有在 1800 年以后，随着工业化的发展，对大多数妇女来说，这种情况才会有所改变；而对于边疆农民的妻子来说，这些优先权会持续更久。

妇女工作和家庭生活的核心是炉灶。殖民地时期的壁炉通常比英国常见的壁炉大一倍。充足的木材供应，使得烟囱低效而宽大。妇女可以站进这些壁炉里，同时照看几个火堆。直到 19 世纪 30 年代，火柴一直很稀缺，所以妇女们必须熟练地在打火匣中使用燧石和铁来“保持家里的炉火正旺”。一根拉杆横跨宽大的壁炉口。人们用这根杆子串起各种钩子和链子，将深锅、大锅和平底锅吊在上面。这样就可以同时，为不同目的，保持几个不同大小和温度的火堆燃烧。格子锅和长柄煎锅用来煎肉和餐饼，而烤炉则用来烤大块的猪肉和牛肉。壁炉也为房间供暖，需要许多由男人砍伐的木材。但妇女必须清理壁炉，用壁炉的灰和动物脂肪来制作肥皂。

一个关键的改进是在 18 世纪末开始逐步引入生铁炉（cast iron stove）。起初，它只不过是一个被插入壁炉的铁盒，后来逐渐成为独立的“锅盖式炉子”。生铁炉由来自北欧（而不是英国）的移民引进，是美国早期工业化的支柱。它被广泛生产，以提高家庭的舒适度和便利性。炉子不仅能辐射热量，温暖大房间，而且比壁炉浪费的热量要少得多，因为壁炉的热量很快就从烟囱中散发出去。炉子也能用煤做燃料，逐渐淘汰了浪费的木材。然而，妇女需要技术来控制温度（并保持火势），以及使用控制空气流动的进风口。打扫炉子也需要花费很多精力。

妇女还提供照明。在秋季屠宰猪和牛之后，开始制作蜡烛。妇女收集动物脂肪，在水中煮沸，制成动物油脂。蜡烛芯蘸上半液态动物油脂，然后被挂起来晾干，成为蜡烛。殖民地妇女逐渐调整了欧洲烹饪食物的方式，使其适用于美国的环境。南瓜泥和波士顿烤豆都是从当地人那里学来的。她们将“印第安玉米”捣成粉末，来做早餐糊，或者做成蛋糕和面包。从现代品味来看，殖民地妇女烹饪根茎类蔬菜（通常认为生的蔬菜只适合猪吃）时会过度加热。她们经常把任何可用的肉类和蔬菜放在一起炖煮，因为做饭只能用一个锅，且只能花很少的精力调节明火的温度。慢慢地，肉和蔬菜才被分开烹制和食用。

发酵的面包特别难烘烤。许多殖民地的人们，和西部边远地区的家庭用煎饼替代面包。一些妇女用放在壁炉里的铁盒烤箱来烤小面包条。只有相对富裕的人，才在壁炉中建有砖炉来制作面包。从发酵的啤酒中收集的酵母，或从早先烤制的面团中收集的酵母，与水和面粉混合，制成生面包团。只有在炉子被烧热了，并且灰烬被清除了之后，才能烤制生面团。

早期的殖民者从耗时地制作奶酪（在英国是蛋白质的基本来源）转向养猪，因为养猪不需要花很多精力。在深秋时节，妇女们常常杀猪，把整只猪放在水中煮，以便剥皮。然后，女性要做的“不淑女”的工作是取出猪的内脏（留着肠子做香肠肠衣），切大块直接烤，剩下的用酒和香料腌制。妇女们还将猪肉浸入盐水中，对肉进行腌制。许多早期的美国人喜欢盐渍、熏制或腌制的肉，而不是新鲜的，认为这种加工过的猪肉或牛肉比新鲜的肉“更有味道”或更有营养。

这可能是迫不得已而为之。如何保存按季节收获的食物，这是个核心问题。一个常见的解决方案是妇女种植硬蔬菜，如芜菁、欧防风、硬豌豆、豆子和土豆，并用它们做成餐食。这些食物在干燥、凉爽的“根窖”中可以保存几个月。多叶或柔软的蔬菜（如生菜和西红柿）很快就会腐烂，并且对许多农妇来说，种植它们需要太多精力。果园提供了制作苹果酒和白兰地的基本原料，这是“储存”水果的一种有效方式。

殖民时期的农妇也经常酿制啤酒。她们通常购买麦芽酒（由附近的熟手发芽和干燥的大麦），在加热到略低于沸点的水中把它们“捣碎”，并加入草药和啤酒花。最后，将冷却后的溶液与酵母混合发酵。妇女还用农场周围的树木和植物制作各种根汁啤酒或桦树汁啤酒（无酒精）。

妇女和较大的孩子给奶牛挤奶。由于一年中只有部分时间能挤奶，大多数牛奶被制成盐渍黄油，可以保存几个月。搅动黄油的工作包括让柱塞上下运动，以将奶油凝结成黄油，这是很累人的工作。到18世纪末，带有旋转曲柄的新桶式搅拌器，甚至是依靠狗或羊踩踏车来转动的搅拌器，让少数幸运的妇女从这项苦差事中解放。

妇女最困难的工作之一是洗衣服。她们常常在“蓝色星期一”[①]（Blue

---

①“蓝色星期一”为指代18世纪至19世纪洗衣机普及之前美国家庭惯例的洗衣日（星期一），词源可能来自当时的蓝色洗衣剂，也有可能源于当时妇女例行洗衣工作的艰难及周一通常为休息日，没有经济来源而引发的忧郁（Blue）。

Monday）洗衣服，大概是为了在污垢堆积在织物之前清洗珍贵的周日服装。在没有室内水管的情况下，将几加仑的水（每加仑重 8.34 磅）从泉水边或室外水泵运到放在炉子或壁炉上的水壶里是一项艰苦的工作。一般要先用洗衣板把衣服上沾的泥土弄得松散，然后把衣服放在锅里煮，与此同时用一根木制的洗衣棒搅动。接下来，要先漂洗（有时还要“蓝化”，或者漂白和上浆）洗好的衣服，再把湿衣服拖到外面晾干。要花几个小时的时间熨烫，尤其是容易起皱的亚麻布。沉重的、通常是专门用于熨烫的熨斗在火上加热，或者放在热灰中加热。衣服很容易被烧焦或被灰弄脏。这项工作会让人汗流浃背，尤其是在夏天。

妇女的领域，特别是农场，离房子有一段距离。厨房是家庭住宅的中心房间，但它往往靠近一系列的附属建筑：例如，鸡舍、水房乳品制作间。妇女要完成和准备食物有关的各种农业任务。这些工作包括园艺，制作乳制品，以及猪肉、家禽肉和鸡蛋的生产。通常这些过程和任务是交织在一起的。妇女们从鸡舍里收集羽毛，制作床上用品。

通常情况下，男人和女人的工作密切相关，甚至混合在一起。例如，男人喂养并照料奶牛，女人则挤牛奶。劳动的性别分工往往不以体力或耐力为基础。男人砍伐和搬运木材，但大多数妇女从井里或小河里取水供家庭使用。妇女可能是在家庭里工作，男人在田间生产，但没有妻子的劳动，很少有男人能生存下去。与后来的“传统家庭主妇”相比，妻子更多的是经济伙伴（图 2.6）。

妇女在制造纺织品和服装方面至关重要的工作，是她们经济地位的重要体现。生产制作亚麻布的亚麻是妇女必不可少的工作。农场妇女通常用四分之一英亩的土地来种植这种作物，并在仲夏负责收获。妇女将种子（用于亚麻油）取出，并将亚麻秆铺在湿地上或池塘里使其腐烂或“浸软”。软化后的秸秆被梳子“梳理”，以消除木质材料并拉直纤维。妇女将较短的纤维［或“短麻屑”（tow）］纺成纱线，用于制作劣质布或“毛巾”。她们

图 2.6　殖民时代一起工作的妇女
资料来源：美国国会图书馆印刷品和照片部。

把更好的长纤维［有时称为“软麻布”(lint)］制成纱线，用于制作亚麻衣服、盖子和床单。

只有在冬天，妇女们才有时间将亚麻纺成亚麻纱。在这个时候，她们也准备羊毛纺纱，这是一个复杂过程，包括清洗羊毛，用有刚毛(bristle)的木梳子梳羊毛(梳理)。这就产生了一条条适合纺纱的拉直的纤维或粗纱。

大多数纺车由一个大轮子组成，大轮子由一个脚踏板转动。连接在旋转轮上的绳索拉动纺锤。在纺纱人拉长粗纱的同时，纺锤将纤维捻成纱或线。新出现的纱线被连接到固定在 U 形锭翼的钩子上，锭翼在纺锤的四周。这个简单而巧妙的装置在纺纱时将纱线缠绕在纺锤上。妇女负责纺纱并不是偶然的。对经常面对孩子们不断要这要那的母亲来说，这是一项完美的任务，因为它可以随意停止和开始。织布也是如此。

美国殖民地时期，将纱线或细线织成布的织布机比纺车要少得多。织布机很昂贵，占很多空间，需要繁重的体力劳动。有时，织布者是专业的男性。织工的手在织布机的框架上来回移动，悬挂经纱。每根经纱都系在木条上的绳索或金属丝上。织工用脚踏板，抬起或放下被称为“综丝”（harness）的装置，形成“梭口”（shed）。经线还通过金属或藤条做的筘的窄槽，被其分成更细的线。在梭子每次通过后，织工用这根筘将纬纱编入紧密织造的布匹中。熟练使用梭子和不同颜色的纬线可以产生不同的图案。这是一项痛苦的、耗费时间的工作。操作梭子尤其累人（图 2.7）。

图 2.7　在美国殖民地时期常见的英式纺车

资料来源：美国国会图书馆印刷品和照片部。

纺织只是众多步骤中的一个。布匹还必须用木棍填充（打纬），以压平织物，并减少其中的缝隙。布料还经常被染色。而所有这些工作仅仅是在那个还没有纸样和缝纫机的时代制作服装的初步工作。许多妇女在有能力的情况下将这项工作交给其他人也不足为奇，特别是当她们需要制作男士裤子或大衣时。许多妇女只缝制最简单的衣服，或宁愿修补和改裁家里人的服装，而不是制作新衣服。

虽然这些工作大多是为了直接满足家庭的需要，但殖民时期的妇女往往至少为当地市场生产商品（如酿造啤酒）。一些中部殖民地 / 州的妇女为西印度群岛生产黄油。少数妇女，特别是城镇妇女，建立了自己的服装制造店，贝特西・罗斯（Betsy Ross）就是这样做的。

尽管要没完没了地做各种各样的工作，但殖民地妇女确实找到了方法，来摆脱做家务带来的孤独感。事实上，分担工作和交换物品的传统已被纳入前工业的经济体系。例如，由于缺乏足够的冷藏设备，农场主妇必须与邻居分享鲜肉，而邻居如果有多余的牛肉，也会报答她们的帮助。无休止的孤独工作可以通过在缝纫或制作蜡烛的“欢乐活动”中的社交来缓解。十几个，甚至更多妇女，下午聚集在一起，边聊天边做被子。擅长制作奶酪的妇女，与在编织这一困难任务方面有天赋的妇女交换产品。分担工作是必不可少的，特别是在北方，奴隶和契约佣工没有南方那么普遍。但是，通过与亲戚和邻居的社交，妇女们也在寻找机会来摆脱在农场的孤立状态——尽管妇女的休息时间经常需要做生产工作。

生育和养育儿童

决定妇女工作任务的一个主要原因是她的生理功能——生育。在那个时代，这往往在妇女的生活中占据十分重要的位置。一般来说，绝经之前一个已婚的殖民地妇女每 20 至 30 个月怀孕一次。有证据表明，一些美国妇女试图减少生育。到 1750 年左右，贵格会（Quaker）的夫妇至少会通过禁欲（也许还有体外射精）来避免意外怀孕。这种“低技术”的避孕措施使这些妇女能够延长生育间隔时间，甚至在比以前更早的年纪时不再生育。然而，对大多数人来说，机械的，或其他“人工”的避孕措施出现得更晚（20 世纪）。无论如何，在这个前工业化的世界里，家庭人口多不一定是缺点。部分家庭成员可以相对较早地投入到工作中。庞大的家庭往往是防止贫穷和老年时孤独的保障。毕竟许多婴儿都活不到成年。

分娩完全由妇女掌握。与现代无菌但单独一人的、由医生（通常是男性）接生的医院分娩经历不同，在美国殖民地时期，分娩是一个社区妇女参与的公共事务。一位邻里助产士，通常由另一位助产士培训，会指导分娩，而十几位女性亲属和邻居将参加并“指导”孕妇。助产士用黄油或猪油来帮助分娩。通常情况下，妇女在分娩时蹲在助产士的分娩椅上，由另外的妇女用大腿面顶住。男人，包括准爸爸，都不受欢迎。只有在 18 世纪 50 年代之后，才有男性医生开始帮助分娩——18 世纪 70 年代外科手术产钳的发明加快了这一进程。

妇女需要花很多时间做别的事情，这极大地限制了她们照顾婴儿的时间。摇篮必须放在厨房里，母亲在做许多其他事情时，照顾婴儿的任务可以更轻松。较大的孩子经常被委以照看小孩子的简单任务。生育使妇女被限制在家中，从事能经常被家庭需要打断的工作。然而，照顾孩子的时间和照看的质量，还是受到妇女完成其他任务的限制。

通常，儿童被迫较早地进入工作生活中。孩子们受到严厉的训练和打骂以确保他们无条件满足父母的要求。母亲们教她们 5 至 10 岁的女儿纺纱、搅拌、缝纫和挤牛奶。青少年时期的女孩有时被派到其他家庭工作。现代学校的暑假起源于父母对子女参与劳动的需求。

1800 年时改变的迹象

渐渐地，许多原本由殖民地妇女为家人生产的用品和提供的服务，开始由市场和政府提供。在 18 世纪，更多富裕的殖民者购买亚麻床单和餐具。妇女们很快开始用机械钟，来规划她们的日程。这些消费品和服务的引入标志着一个漫长过程的开始：市场商品取代了家庭制造，医疗和教育机构取代了家庭护理和培训。这意味着许多妇女不再需要在家中做一些传统的工作。最终，妇女在家中的工作也发生了变化。首先，随着农民越来越富裕，以及手工业者能将做生意的地方和住的地方分开，妇女参与丈夫经济活动的情况减少了。其次，妇女逐渐从主要做家务劳动，变成仅仅完成家务劳动。她们最终退出了酿酒房、猪圈、亚麻田，甚至分娩室。在从前，这些都是她们重要的延伸工作领域。她们越来越多地将纺纱、织布和缝纫工作交给熟手，最终交给工厂。相反，特别是如果她们是中产阶级，她们把家庭变成了一个舒适、娱乐、消费和养育的中心。大多数妇女可能更愿意从制皂和杀猪的脏活，以及照看火堆的耗时劳动中解脱出来。但殖民地妇女的一些特殊技能和活动却消失了。无论如何，随着这种变化，出现了“传统家庭主妇”的现代观念，她们的工作在市场之外，而且往往依赖丈夫的收入。对比较富裕的人来说尤其如此。其他妇女，尤其是贫穷的妇女，至少在结婚之前，她们在纺织厂、商店和办公室从事家庭以外的工作。

与男性工匠一样，殖民地妇女从事的工作，无论多么艰巨和重复，往往都是需要技巧的。但是，铁匠铺的手工技术，和农妇在家庭经济中的多种技能，都逐渐退出了舞台。我们将在下面的章节中看到，工业化改变了一切。

第3章 工业化的起源

从工匠和农业社会，转向以制造业和机器制造的商品为主的经济社会，这一复杂事件传统上称为工业革命。它始于英国，但这些革命性的变化将跨越大西洋，在一代人中展现出特别的美国特征。已经有很多人讨论过，我们是否应该谈论18世纪下半叶和19世纪上半叶的“工业革命”。“工业”一词过于狭隘，因为这一时期的变化不仅影响到制造业，也影响到家庭和农场。尽管如此，这一时期的主要特征之一是，一半的英国人口开始在农业之外的领域工作。到18世纪末，英国的工业实力使其可以从其他国家进口食品。很久以后，在19世纪末，工业部门会发明机械化设施和化学肥料，极大地提高农业生产力。之前，农业部门在经济中占主导地位，但从工业革命时期开始，工业部门取而代之。

有些人不想用“革命”这个词来形容历时一个多世纪的变革。但可以肯定的是，直到19世纪，人均收入等经济指标才出现了巨大的变化。然而，即使是政治革命也需要很多年才能有充分的效果。这场革命对世界的影响是巨大的。我们在前几章已经描述了工业革命以前世界的静止般的缓慢。虽然有创新出现，收入也增加了，但它们的速度太慢了，以至于人们在死的时候，这个世界和他出生时候的世界几乎一样。在英国、北美和其他地方，人均收入将在今后的几代人中增加一倍以上。

工业革命之后，人们开始期待（有时也害怕）持续而又快速的技术革新，以及由此产生的收入、就业机会、技能水平、社会关系、消费可能性和许多其他因素的变化。即使美国人不断向西扩张，反对一成不变的世界观，但工业革命还是彻底改变了人们对周围世界的看法。

最重要的是，工业革命使创新速度大幅提高，而且不仅仅是狭义的技术创新。我们将在下一章讨论最重要的组织型创新——工厂。在接下来两章中，我们还将讨论一些出现创新的主要领域——纺织领域、钢铁领域和蒸汽机领域。值得牢记的是创新涉及许多领域；例如，约西亚·韦奇伍德（Josiah Wedgwood）对制造陶器的改造。

在这一章中，我们试图了解为什么这场革命在那一时间，那一地点发生。在此之前，欧洲如何为工业革命铺平了道路？为什么英国最先实现工业化？在 1800 年还人口稀少、以农业为荣的美国，是如何在 1860 年成为一个伟大的工业强国的？最后，美国人是如何创造出独特的工业化道路的？

1750 年以来越来越快的创新速度

尽管技术创新本身很难衡量，但毫无疑问的是，1750 年后创新的速度加快了。这种转变正是从英国开始的。让我们首先考虑总体趋势，然后具体关注为什么英国会领先。要判断研究工作和成功的创新是否增加，一个好方法，尽管并不完美，是看 1750 年后专利的激增。另外，回顾一下 18 世纪后期的重要进展：詹姆斯·瓦特（James Watt）发明的蒸汽机，詹姆斯·哈格里夫斯（James Hargreves）、理查德·阿克莱特（Richard Arkwright）和塞缪尔·克朗普顿（Samuel Crompton）发明的纺织机，氯漂白剂和圆筒印刷术的引入，亨利・科特（Henry Cort）通过搅炼和轧制来制造铁的工艺；以及约西亚・韦奇伍德的陶器制造革命。然而，为什么创新的速度会如此之快，而且出现在如此广泛的领域?

一种解释是这与制度有关。英国政府早在 16 世纪便建立了专利制度，也是最早建立专利制度的国家之一（这一概念在 15 世纪由意大利人开创）。如果发明者证明他们生产了一种新的设备，他们至少有可能获得对其发明进行利用的垄断权，为期数年。然而，其他人往往无视专利垄断。像詹姆斯・哈格里夫斯这样的英国创新者的权利几乎不可能得到保护，尽管王室已经逐渐使专利的规则更严格。不过，英国政府在之前的几个世纪里已经确保了土地和动产的私有产权。在欧洲大陆的其他地方，财产被随意没收的风险要高得多。财产所拥有的保护鼓励了英国国民投资和积累财富，从而也鼓励了他们将时间和精力投入到创新中去。[①] 即使没有专利保护，人们仍然有创新和投资的动力。因为比起想抄袭的人，创新者更熟悉自己的创新。

对宗教和少数族裔群体来说，财产安全尤为重要。英国在过去的几个世纪里接纳了来自许多国家的犹太难民，以及来自法国的新教难民。这些人在当时是技术知识的重要来源。尽管工业革命期间，大多数创新者都是英国圣公会的成员，但我们确实发现新教人士和犹太人发挥了一些作用。例如，贵格会的炼铁师发明了许多关键的炼铁新技术。尽管政府并没有阻碍这些群体获得福祉，但他们很难通过当公务员或参军获得较高地位。这种歧视可能导致了鼓励经济上的成功的行为准则。这些少数族裔社区中最优秀和最聪明的人不得不在商业世界中寻求名利。许多人自然而然地想到创新。

---

① 更深层次的考虑因素是，自 1066 年以来，英国没有经历过严重的军事入侵（尽管在 17 世纪发生过一次漫长的内战，在 18 世纪中期发生过一次雅各宾派入侵）。欧洲大陆的企业家们则有更多的理由担心流动的军队的抢掠。

另一个可能鼓励创新的因素是城市化。自 14 世纪中期的黑死病以来，人口密度不断扩大。这无疑增加了人与人之间的接触，这非常重要，因为创新很少是孤独天才的成果。在欧洲，越来越多创新产生于城市中心，在那里创新者可以利用许多专业工匠的专业知识。一些人进一步认为，人口压力是推动创新的关键原因。相反，也有人认为，人口增长降低了工资，减少了使用节省劳动力的技术的积极性。在 18 世纪，随着食物的逐步充足，人口同步增加。新的农业轮作和交通的改善使人们的饮食更加多样化。因此，创新者可以将更多的精力，也许还有更多的才智投入到他们的活动中。

还有人认为，宗教信仰和知识变革在鼓励创新方面发挥了作用。16 世纪和 17 世纪的宗教改革使自然界不再神秘。新教徒和天主教徒的信仰越来越基于内在的精神体验，而不是混淆超自然力量与物质世界的传统宗教观念。美国的基督教思想脱胎于英国，既有着新教中激进的清教的影子，又融合了具有独立思想的贵格会、浸礼会和卫理公会等教派的思潮。17 世纪的英国思想家弗朗西斯·培根（Francis Bacon）促进了英国的经验主义和功利主义传统。他强调对实验的洞察力高于传统理论研究，并坚持认为“知识就是力量”——学习应该加强人类对自然的掌控。这些文化创新在多大程度上反映了经济和人口的变化，现在还不清楚。许多人认为，宗教的发展反映了社会经济的变化。

的确，农业生产力在工业革命期间有所提高。正如第 1 章所述，低水平的农业生产力使几乎所有人都要从事农业工作。只有当农业生产盈余时，才会出现一个重要的工业或服务部门。不过，我们应该注意到，农业产出的增加往往是对经济中其他方面的变化的反应。当农民有了市场和对其商品的需求时，他们的产量会增加。因此，工业革命之前不是必须要有一场农业革命。在英国，与 17 世纪和 19 世纪相比，18 世纪的农业生产力的增长似乎很迟缓。因此，虽然英国受益于相对繁荣的农业部门，但工业革命并不是由农业的进步引发的。

在工业革命前的三个世纪里，欧洲的工业从城镇转移到了农村，而不是像人们常常以为的，从农村转移到城镇。工人们可能在家里生产商品，在市场上销售。更常见的是，企业家将工作分配给大量的工人，他们在自己的农村房屋中劳动。这种安排通常被称为“包出制度”（putting out system），而工作本身则被称为“家庭经济”。商人们被廉价的农村劳动力吸引，希望摆脱城市里行业协会的控制。一些学者认为，由于这些传统组织规范行业准入、产品质量、机构规模和生产方式，它们对创新起到了很大的阻碍作用。将工作转移到不受行业协会管理的农村，企业家们就可以自由地试用新产品、新工具，并提高劳动力的专业化程度。然而，最近的学术研究表明，行业协会在培养学徒和保证产品质量方面发挥了重要作用，可能并没有限制技术创新①。

在这几个世纪里，工业和农业的专门化程度都相当高。这意味着比起之前每个地区自给自足的时候，现在的一些地区，人们能清楚地看到特定工作领域改进的潜力。此外，地区专门化让公司扩大规模，促进劳动分工。如果每个工人都要完成许多工作，将其中一项工作机械化的好处可能不大。当工人执行其他任务时，机器会在大部分时候闲置。但是，一旦工人只执行一项任务，就更容易看到机器可以如何完成这项工作，并看到机械化的好处。

刚才概述的变化都带有渐进性质，因此它们不足以解释 1750 年之后的事情。所有这些变化都可能促进了创新，但我们不得不怀疑，18 世纪初的一些更戏剧性的变革也一定发挥了作用。在解决这个问题时，我们必须强调，工业革命首先发生在英国，后来才传播到其他国家。因此，我们应该寻找是什么使 18 世纪的英国与众不同。

---

① Epstein, S. R. “Craft Guilds, Apprenticeship and Technological Change in Preindustrial Europe,” *Journal of Economic History*, September 1998, 684-713.

为什么英国最先？

为什么英国的工业革命比其他国家早几十年？虽然 1750 年，美国殖民地各州之间联系松散，处于农业社会阶段。但其他欧洲国家，比如法国，似乎与英国有很多共同之处。一个世纪后，欧洲学者意识到英国在技术上占有优势，并思考它是如何产生的。历史学家早就认识到，如果能解释为什么是英国，而不是法国（或其他欧洲国家）开始了工业革命，就可以洞察创新的源泉。

有些人指出了英国在原材料方面的优势。英国拥有丰富的煤炭、铁矿石，以及广阔的适合养羊生产羊毛的土地。然而，这一情况并不普遍。英国一半的铁矿石都是进口的——主要从瑞典，而且所有的钢都是用进口矿石制造的。英国所有的棉花都是进口的，许多其他必需原料也是如此。广阔的帝国只给了英国微小的优势，因为它的欧洲大陆竞争对手能够几乎以相同的价格获得棉花等材料。英国在美洲殖民地建立种植园之前，已经从中东进口了几十年的棉花。在随后的几个世纪里，我们看到许多国家在资源并不丰富的情况下实现工业化。日本和瑞士就是最好的例子。资源优势这一观点并不成立。与其他大多数欧洲国家相比，英国的人口更早地应对木材短缺带来的压力。这促使英国人探索煤炭作为燃料的潜力。1750 年，英国的人均煤炭消费量比其他地方高得多。在技术上，煤炭具有更大的潜力，因此，英国反而从资源短缺中获得了优势。然而，虽然使用煤炭有利于炼铁和蒸汽机的运转，但对纺织品和陶器的创新并不重要。那么，我们顶多可以总结，木材短缺只是一部分原因。此外，尽管国家统计资料显示英国是主要的煤炭消费国，但欧洲大陆的一些其他地区也使用煤炭，并有类似的木材短缺。

如果资源优势的原因不够充分，或许英国人有文化方面的优势。然而，在科学和教育方面，英国与其他领先的欧洲国家相比，似乎没有优势。那个时代许多最杰出的科学家，如安托万·洛朗·拉瓦锡（Antoine-Laurent Lavoisier）和克劳德－路易·贝托莱（Claude-Louis Berthollet），都是法国人。无论如何，这一时期技术创新发生的地方，都远离科学前沿所在地。有人认为，英国科学家比其他人更注重实践。然而，法国皇家学院赞助了一套关于工业技术的多卷丛书，认为只有首先了解技术，才能对其进行改进。贝托莱在进行氯气实验时，无疑关注了漂白的问题。如果英国的创新者更熟悉科学知识（或在当时可能更有用的东西——精准记录的科学试错实验法），那是因为他们有更大的动力去了解大多数西欧人轻松获得的信息。

与许多邻国相比，英国不太愿意监管工业。就像之前讨论的行业协会一样，政府监管可能是创新的重要阻碍。并不是英国的法规不多，只是它没有严格执行现有的法规。这就提出了一个因果关系的问题。也许英国在面临大量创新时，被迫放弃了执行法规。在变化较缓慢的国家，政府可能发现，保护被机器威胁的工作是有利的，这能维持和平。在英国，这种要求可能是行政部门无法管理的。尽管 18 世纪，欧洲大陆政府的作风比英国政府更家长式，英国政府更愿意让其臣民承受创新带来的失业，但 19 世纪的英国政府会通过增加法规的数量和执行力度来应对战争、贸易扩张以及工业化和城市化带来的不良影响。

也许英国人只是比其他人更有创业精神。对比其他国家，英国有更多的族裔和宗教少数群体向上层社会流动。同时，在英国，那些在商业或工业中赚很多钱的人更容易获得社会地位。在法国，较高的社会地位，仍然属于拥有土地或头衔的人。然而，在这两个国家，土地和头衔往往被富有的商人购买。此外，有人认为，英国人的理想是成为富有的，但不需要辛苦工作的绅士。这一理想并不利于创新。英国人更有创业精神，这一观点的问题在于，人们只记录了成功的企业家。如果在 18 世纪，法国的企业家数量较少，我们无法确定这在多大程度上反映了企业家的短缺，而不是机会的短缺。鉴于英国在工业革命之前或之后都没有明显的创业优势，我们可能会怀疑是后者。

到目前为止，没有一个论点能解释为什么工业化在那个时候发生。如果我们想解释工业革命发生的时间和地点，我们需要找出一个本身就在 18 世纪经历了重大变化的因素。这可能就是运输系统。地理条件使英国在这方面具有天然的优势，但仍有许多工作要做。直到 17 世纪末，英国的道路一直由当地教区负责，当地农民被要求每年在道路上工作数天。由于他们没有受过训练，也没有报酬，这些农民尽可能地少干活；因为没有维修经费，一场大雨就能毁掉他们的工作成果。这些道路不适合轮式车辆全年行驶。为了改善道路状况，人们建立了收费高速公路，以支付道路建设和改善的费用[①]。到18世纪中叶，英格兰（以及威尔士和苏格兰的部分地区）拥有全天候的公路网络，将每个城镇与其他城镇连接起来。1650 年至 1750 年间，为改善河道交通而成立的公司使可通航的水路长度增加了一倍。一旦河流达到了改善的上限，它们就会修建运河来连接最近通航的河流的上游。虽然英国没有官方的土木工程师培训学校，但私营公司能够雇佣一群自学成才的人。约翰·劳顿·麦克亚当（John Loudon MacAdam）和托马斯·特尔福德（Thomas Telford）发明了建造砾石路的新技术，使路面可以更好地承重和适应恶劣的天气。詹姆斯·布林德利（James Brindley）设计的运河，涉及建造大量的隧道和长渠，是当时的工程奇迹之一。18 世纪土木工程的进步促进了铁路的修建。到 1770 年，主要的工业区、原料产地和市场都通过水路运输联系起来。水路每吨每英里的运输成本要低得多，而公路赢在速度、可靠性和其能到达的地方。世界上没有任何一个国家的运输系统可以与英国在工业革命前几十年建立的运输系统相提并论。

---

① 被委任建造收费公路的公司（Turnpike trusts）还被授予另外两项重要的权利。他们可以贷款来支撑建筑工程，也可以征用首选路线上的土地（有补偿）。

法国政府采取了完全不同，且并不成功的运输策略。地方道路（包括许多在英国会成为收费高速的道路）仍然无偿地由农民建造——臭名昭著的徭役（corvée），构成法国大革命的主要民愤。长途道路由政府道路和桥梁部严格把关。一支训练有素的工程师队伍将大量资金用于建造丰碑式的桥梁，却没有任何资金用于维护；他们建造的道路，也常在一年中的大部分时间里处于糟糕的状态。在当时，旅行日记里充斥着关于车辙、岩石和狭窄通道的恐怖故事；法国公共马车的行驶速度几乎只有英国的一半。类似的故事也在水域中展开：法国政府准备在 19 世纪启动一项重大的运河建设工作，但却没有事先清理运河所连接的河流中的石头和沙堤。他们当然具备必要的工程能力：17 世纪的米迪运河（Canal du Midi）将地中海和大西洋连接起来，这一工程创造了种种奇迹，其中包括第一次用炸药开凿隧道。

交通的改善大大加快了英格兰的区域专门化和城市化进程。它们也导致了个人旅行大量增加。在 18 世纪初，如果一个人要从伯明翰到伦敦，他在动身之前先写下遗嘱是很正常的。半个世纪后，旅行变得更快、更舒适、更可靠，个人旅行已成为普遍现象。此外，公司现在面临着更激烈的竞争，因此对新的想法更感兴趣，也更开放。区域专门化不仅确保了某一地区的人们非常了解特定行业的需求和潜力，而且城镇的发展使那些有想法的人很容易与能够为他们制造机器的工匠互动交流。因此，理查德·阿克莱特利用诺丁汉的机械制造商，将他对水车的构想变成现实。因此，交通的改善以各种方式促进了不同背景、不同专长和不同想法的创新者之间的互动，这对创新是非常重要的。

18 世纪初，商人以及制造商每年要花三分之一的时间，带领一队驮马前往市场和集市出售商品。带队所需的技能，所涉及的危险性、不确定性和交易量，使得这项任务不能被轻易委托给下属。随着收费高速路的出现，英格兰有了专业的承运服务。相应的，在 18 世纪中叶前后的几十年里，制造商们改变了他们的销售方式。他们派出推销员或分发价格目录。承运人帮助制造商发货，也帮他们收钱。因此，公司的所有者可以将注意力集中在生产方面的问题上。这样做的一个结果是，企业主更有可能将工人聚集在一个工厂里（我们将在下一章讨论工业革命期间工厂兴起的原因，以及这对创新过程的巨大影响）。总的来说，那些不用花大量时间和精力去销售他们的产品的工业家，自然会更加关注生产过程中创新的可能性。

分销方式的变化还产生了进一步的重要影响：18 世纪早期的企业家可以销售一系列商品从中获利。而那些依靠销售人员推销样品，或分发商品目录的企业家，只能生产标准化的产品来满足客户需求，因为顾客希望能收到与样品一模一样的商品。工匠们在自己家里很难，甚至根本不可能生产出高度标准化的产品。因此，希望能利用新销售方法的企业家们，便有了把工人集中到工厂，并推动生产机械化的强大动力。

随着工业集中在特定地区，这些地区的工人自然会专门从事某项工作。这些工作更容易被机械化。在炼铁业，以前的做法是小规模的炼铁厂向钉子和针的制造商提供铁棒，后者将铁棒加热并进行一系列加工，来制造钉子和针。从 18 世纪中叶开始，滚切机和制作金属线的机器被制造出来，向工人提供粗细适合制作钉子和针的铁丝。同时，制钉或制针所涉及的二十多种不同的工作被分给不同的工人，专门的工具也因此发展起来。交通的改善加快了劳动分工，对创新的速度产生了进一步的影响。

因此，我们看到，在 18 世纪的英国，交通的改善从不同方面创建了一个有利于创新的环境。没有任何一个国家拥有类似的公路和水路运输网络，而且英国的运输系统在 18 世纪早期经历了如此巨大的改变，这一事实似乎至少可以解释工业革命发生地点和时间的部分原因。

美国的落后及其对变化的接受程度

在 1800 年，很少有人预料到美国将在半个世纪内超过英国，成为世界领先的工业创新国。正如我们在第 1 章中所说，几乎所有促进英国机械化的市场和运输优势，这个新的共和国都没有。1790 年，美国仅有 390 万人口，其中 18% 是奴隶，三分之二是自耕农。此外，这么少的人占据了一个和法国（约有 2800 万居民）一样大的国家——当然美国很快就会变得更大。17 世纪 90 年代，土地的价格几乎等于白送（土地公司每英亩只花了半美分），这使农业人口进一步分散。少量的人口很难为工业产品的销售提供大规模市场。1840 年，新英格兰的人口密度只有英格兰的 12%。较低的人口密度似乎会使工业一直保持地方性和非专业性，农民将继续自给自足。分散的农场和城镇只会增加运输成本。在 18 世纪 90 年代，如果面粉在弗吉尼亚山上运输 80 英里，那它的价格就会增加近三分之一。运输成本往往抵消了机械化和专门化生产带来的经济优势。许多富裕的美国人都喜欢进口的欧洲商品，因为欧洲商品质量上乘，品种丰富。

1800 年，美国还缺乏工业化所需的资本和技能熟练的劳动者。投资流向了房地产投机或海外贸易。这使能用于工业的资本很少。此外，按照英国的标准，美国劳动者的技能不熟练。年轻人的家庭被农场或手工业带来的独立生活所吸引，潜在的工业劳动力去向了西部边疆。

1800 年，美国技术落后的迹象随处可见。美国人开始使用蒸汽动力、采用焦炭炼铁、甚至开采煤层的时间都很晚。充足的水力、木炭和木材燃料供应解释了这种明显的惰性。许多美国人对他们的国家是一个农业国家感到满意。托马斯·杰斐逊（Thomas Jefferson）赞颂独立的自耕农，并谴责制造业城市不可避免地带来的腐败和贫穷。他的对手亚历山大·汉密尔顿（Alexander Hamilton）呼吁将工业作为国家强大的关键。但美国人不得不在欧洲学习铁路工程，并吸引欧洲技工来建造他们的工厂。

然而，在 1851 年的伦敦博览会上，美国的发明家带来的挂锁、收割机和大规模生产的枪支——对所有人来说就是奇迹。1854 年，一个英国观察代表团前往美国（就像美国人在 20 世纪 80 年代去日本一样），以发现“美国制造业”的秘密。为什么会发生这些变化？在接下来的三章中，我们将探讨这一转变的各种因素，但在这里可以先谈谈一些总体趋势。

美国实现工业化的一个关键是这个国家惊人的人口增长。美国从 1800 年的约 500 万人口增加到 1860 年的约 3000 万（图 3.1）。这种增长创造了家庭用品和农具的需求。欧洲的人口也在增长，但工资增长比不上生产速度的加快和土地租金的上涨。这意味着旧世界对制成品的需求增长缓慢，19 世纪 40 年代的粮食短缺（如在爱尔兰）严重破坏了经济。相比之下，在美国，人口的增长与边境的扩张并行不悖。大量的可耕地意味着更高的工资和相对便宜的食物，这使得更多的家庭收入可以用于购买工业品。

尽管国内市场分散，美国生产商与英国产品竞争时，还是在一定程度上受广阔的大西洋的保护。拿破仑时代的战争（1799—1815）也帮助新兴美国工业家从英国人手中赢得了美国的国内市场（尤其是 1807 年美国对英

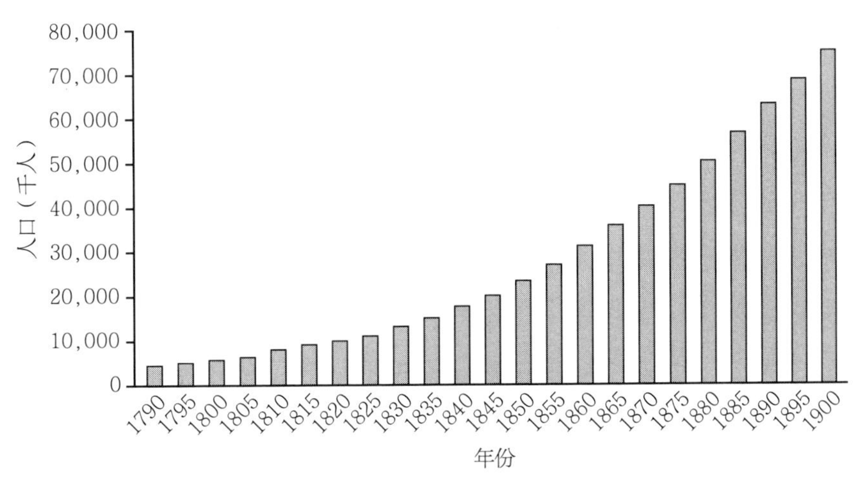

图 3.1　美国指数级的人口增长

国商品实施禁运时）。1816 年征收的关税，使这一优势进一步增加，该关税保护了新生的纺织业。如果美国内陆的发展没有与建造收费公路、运河、汽船和铁路的“运输革命”同时进行，这一切都不会有什么意义（见第 5 章）。这些改进使大陆经济走向一体化，并促使零散的农业经济转变为全国性的市场经济。

同时，美国开始以鼓励创新的方式促进资本、劳动力和材料的发展。商业历史学家经常强调工业化需要新的机构和法律来调动资本。从 18 世纪 80 年代开始，美国人模仿英国银行、保险公司和企业的做法，为商业和制造业投资聚集资金。美国各州政府在公司法方面尤为创新。1811 年，纽约州取消了从英国学来的旧规则，即要求新公司从立法机构获得特许权。这一措施很快被其他州所效仿，使成立制造业公司变得更加容易。各州立法机构很快开始提供破产救济，债务豁免逐渐取代了因债务而被监禁。到 18 世纪中叶，各州政府引入了“有限责任”（limited liability），这是一项法律原则，使公司的投资者承担的公司义务，不用超出个人投资价值。这些变化使人们更勇于承担风险。与英国一样，美国法律倾向于开发商而不是土地继承人。例如，从 19 世纪 20 年代开始，各州授予公路公司征用权，迫使土地所有者出售土地，而不是阻止必要的道路项目。州政府有时也会补贴制造商，并从 18 世纪末开始创办学校来培训工人。从 1787 年起，国家政府开始寻求获得英国纺织专利技术的机会。

最关键的法律创新可能是 1790 年的《专利法》。专利，而不是赏金或政府补贴，成为政府鼓励工业发展的主要方式。专利通过提供对一项发明的法律垄断来促进创新（起初是自颁发之日起 14 年，后来是自申请之日起 20 年）。美国的专利制度保护发明者，并鼓励他们许可专利机器或工艺的生产，或将其出售。同时，对专利申请的审批十分严格，（在理论上）确保只有新的和有用的想法才能得到保护。尽管如此，由于专利持有者很难在侵权诉讼中获胜（正如伊莱·惠特尼在试图起诉其轧棉机的复制者时发现的那样），发明很快就进入了竞争市场。总的来说，美国的法律环境有利于工业资本的发展和创新。

尽管工业化的倡导者（如汉密尔顿）经常抱怨美国高价而稀缺的劳动力，但这种劣势也带来了优势。在南方，奴隶制解决了白人劳动力稀缺的问题，并创造了种植园经济。而北方的劳动者工资很高，促使制造商用机器代替昂贵的工人。稀缺的劳动力对北方制造商还有其他好处。人口数量较少，而土地质量很好，因而出现了一大批富裕的家庭农场主，特别是在中西部的上部地区。他们既不是自给自足的生产者（像在欧洲那样），也不是依靠高额租金和廉价劳动力或奴隶的贵族。这些农民拥有相对广阔和肥沃的土地，而且产品越来越容易进入市场，但他们缺乏廉价或可靠的劳动力来开发他们的土地。因此，他们有强烈的动机去使用节省劳动力的机器，最大限度地扩大他们可以耕种的土地数量。这显然促进了农业工具的制造，以及食品和原材料加工行业（如面粉和木材加工）的发展。

劳动力稀缺的另一个影响是，相比欧洲的熟练工，美国的工人不那么抵制机械化。英国和欧洲大陆的工人有时会因为担心失去工作而破坏机械，但美国人不会这样做。有时机械会增加美国稀缺劳动力的工资，而不是取代他们。在任何情况下，被蒸汽机或谷物收割机淘汰的美国工人往往可以找到其他的工作——即使经济萧条频繁地扰乱他们的生活。美国工人相对来说更愿意流动，他们经常在自营职业和被雇佣之间转换。因此，与英国工人相比，他们并不特别依赖于任何特定的技能，包括制作工具的技能，因为英国工人通常在一个行业中工作终生。此外，美国“全能型”的工人在遇到创新时比英国手工业者更灵活，因为他们不固定在单一的工作岗位上。出于所有这些原因，美国工人适应甚至发起创新并不令人惊讶。例如，在19世纪20年代和30年代，临时从事运河建设的美国农民开发了一种马匹驱动的推土机。这让英国观察家们大吃一惊，因为他们见惯了那些试图放慢工作节奏以延长雇佣期的劳工。最后，1840 年后，新一批没有土地的贫穷的移民劳工（特别是爱尔兰移民）被投入到机器工作。之前从事手工业的、土生土长的美国人经常在监督工作，或机器建造和维护方面找到工作。

美国在原材料供应方面也有很大优势。一个突出的例子是绿籽棉十分廉价，特别是 18 世纪 90 年代轧棉机出现后。轧棉机能高效地分离种子和纤维。1815 年，新英格兰制造商购买美国棉花的价格是他们英国竞争对手的一半。

美国在自然资源方面占有优势。有时，为了节省劳动力成本和提高速度，这一优势会导致浪费。一个很好的例子是美国的圆锯，它浪费了很多木材（在锯末中），但比起老式的坑锯或垂直磨锯，它的速度要快得多，需要的工人也少得多。早期，圆盘锯在英国根本不划算，因为那里的木材非常稀缺。廉价的原材料加上昂贵的劳动力和运输成本，使美国人在木材，运输和通讯方面开发出了省时省力的技术（例如，汽船和电报）。

有时，自然资源鼓励美国人保留“落后的”技术。美国比起英国来说，有溪流和河流流动速度快的优势。正如我们所看到的，这种水力驱动了美国殖民地农村地区的许多省力机械。但在 1790 年后的 60 多年里，除了有来自英国的蒸汽机，水也为从特拉华州到新罕布什尔州的重要制造业中心提供了动力。多年来，水轮更便宜。由于同样的成本优势，美国人在建筑和铁炉中，放弃使用木材的速度很慢（如坚持使用木炭而不是焦炭）。然而，总的来说，美国人很快就采用了欧洲的技术，并在经济因素鼓励的情况下进行创新，特别是在木材、运输和通信行业。

美国人对创新的接受程度，还能用文化方面的原因来解释。美国人之所以经常发明机器，可能仅仅是因为他们不拘泥于传统的生活方式，而愿意使用任何实用的东西。本杰明·富兰克林的言论是典型的实用主义：“如果一项发明……对任何事都没有帮助，那它就一无是处。”[1] 他发明了嵌入壁炉式的炉子[2]，简单实用，还节省了燃料，提高了房间的供暖效率。他发明的避雷针减少了火灾的发生。托马斯・杰斐逊也因其注重方便实用的观点而出名，包括淘汰古老而复杂的英国硬币系统，在全国范围内采用十进制货币系统。在 18 世纪 90 年代，亚历山大・汉密尔顿甚至招募了英国工匠并引进了英国的纺织技术，认为模仿英国的工业化是确保未来美国独立和伟大的唯一途径。这种实用的观点使美国人发展了一个广泛的初级教育系统。到 1850 年，美国白人儿童上学的比例远远高于其他地方。

19 世纪初，美国人有很大的优势。美国土地资源丰富，且人口持续增加，这为工业产品创造了市场；法律和政治制度促进了资本家的发展，并鼓励他们去冒险；美国的劳动者没有阻碍，有时甚至促进机械化发展；美国文化对创新是友好的。

然而，美国的工业化并不容易，也离不开其他方面的助力。首先，只有交通的巨大改善才使美国的工业化成为可能。正如我们在第 2 章所指出的，一些美国人拥有可用区域水路系统这一优势。这些水道将海岸和内陆连接起来，从北方的哈德逊河和莫霍克河延伸到南方的波托马克河和萨凡纳河。俄亥俄河和密西西比河流系统，使人们能在最初的 13 个殖民地以外的广阔土地进行早期殖民，并促进了全国市场的发展。但是，与英国一样，只有建立区域间的公路系统，修建运河，使用蒸汽驱动河船这一创新，当然还有修建铁路，美国才能完全实现工业化。

此外，我们不能忽视新共和国——从欧洲学来的技能和技术知识。来自英国的移民带来了许多对美国工业化至关重要的技术知识（包括成为水

---

① *The Ingenious Dr. Franklin* (selected letters), edited by Nathan Goodman (Philadelphia, 1931), 19.

② 又称“富兰克林炉”或“宾夕法尼亚炉”，现代嵌入式壁炉的前身，通过将半开放的炉子以嵌入式结构安装至原有开放式壁炉，从而减少了火灾隐患。

车工匠和机械师的知识）。在 19 世纪 20 年代宾夕法尼亚州的采煤业中，英国专家起到了至关重要的作用。早期的美国化学和制药工业的发展归功于瑞士、英国和德国的移民。这些刚来美国的人们，也有着利于创新的思想态度。他们自己选择移民，愿意放弃旧的家庭和社会关系，只因为看到了在共和国早期仍然原始的条件下，能够获得个人利益的前景。这些人特别容易接受和参与工业创新。

最后，美国人和其他后来加入工业革命的人一样，有可以学习创新者经验这一优势。在 19 世纪的前十年，美国制造商定期访问英国，以获得有关纺织技术的信息。19 世纪 30 年代，他们也做了同样的事情，以了解机车的构造。这种借鉴学习显然节省了研究和开发成本。此外，作为第二代工业化国家，美国可以从更先进的技术开始，比如纺织业。

第一次工业化在很大程度上是英国人发起的。然而，美国很快将其传承了下去。在这一过程中，美国虽然借鉴了欧洲的经验，但也有自己的特殊创新形式。

第4章

工厂的诞生

现代工厂在人类历史上是前所未有的。在18世纪末之前，没有任何建筑物能容纳成排的机器，在工人的帮助下生产出成千上万的、一模一样的产品。工厂的起源可以追溯到纺织业，尽管在同一时间，其他行业也出现了工厂。工厂自然而然地从新技术中发展起来，但集中的工作场所却有不同的起源。对许多欧洲人和美国人来说，纺织厂象征着一个新时代。它带来了无限的经济增长，但也有可能剥夺人们工作的尊严。由于家庭生活基于家庭成员的共同劳动，它也有可能破坏家庭生活的凝聚力。但是，即使这些早期的工厂像农业和手工业社会海洋中的机械化孤岛，它们也与传统的工作和家庭世界有联系。这些工厂起源于英国，但很快被美国人应用——尽管带着美国早期独有的特点。

简单的机器，惊人的成品：18世纪英国的棉纺织品

纺织业，尤其是棉纺织业，是许多国家最早实现机械化的行业之一，包括工业革命时期的英国。这是由于相关技术较为简单，以及即使在较贫

穷的国家，也有纺织品的市场。即使是最基本的纺织产品，在原材料变成最终产品之前，也必须经过一些工序。在初步清洗和分类后，必须梳理棉花，以将其纤维拉直，然后并排摆放。然后，纤维被进一步拉直，成为“粗纱”，然后纺纱，粗纱被拉动，扭在一起，形成结实的线。然后，线被编织、漂白，通常在出售前被染色或印花。[①] 我们在第 2 章讨论了美国殖民地时期采用的传统纺织方法。在 18 世纪下半叶，每个加工阶段都取得了重大进步。这些技术刺激英国棉花工业迅速发展，使英国和外国消费者能买到成本更低、质量更高的棉制品。几十年内，羊毛和亚麻行业使用了大部分本来为棉花创造的纺织技术。尽管这些纤维的特性和这些更传统行业工人的抵制都阻碍了技术进步。

正如我们所看到的，传统的梳棉工作是一只手拿着一张有金属刺的板，另一只手拿着另一块同样的板，将棉花放在两板之间来回拉动。第一个改进是将其中的一块板固定在桌子上，这样一个工人就可以一只手操作。18 世纪初，人们认识到，将带刺的板固定在一个旋转的圆筒上，工人就能一次操作四或五对。就在 18 世纪中叶，人们首次在这种圆筒上尝试了完全机械化。第一批机器在商业上并不成功，但许多发明家进行了微小的改进。棉花生产集中在英国兰开夏郡，而梳理工作则集中在附近的卡尔德河谷，这大大促进了思想的相互交流。在 18 世纪 70 年代，理查德·阿克莱特总结了这些改进，并增加了驾驶室和曲柄，用于从机器上取下棉絮，这使连续作业成为可能。

任何一个领域的创新都会降低最终产品的价格，因此自然而然地刺激其他领域的创新（就像运输和分销的成本降低一样）。历史学家通常认为，纺纱取得进步是因为 18 世纪中期织布技术的进步（尤其是手动织机上号称

① 最终成品可能需要一些进一步的加工来生产。应该注意的是，成衣在 19 世纪末才出现；在 18 世纪，大多数衣服是家庭生产的。

“飞梭”的东西)。挑战与回应理论[①]认为，织造成本的降低使纺纱业成为生产链条的瓶颈。不过，瓶颈不可能永远持续下去，因为最终会有更多的工人被训练成纺纱工，以满足对纺纱的更多需求(男性在织布领域占优势，女性在纺纱领域占优势，这阻碍了工人的工作领域转移)。纺纱的创新是许多人几十年努力的结果，我们不能将这种努力完全归因于其他领域创新的冲击。

事实上，在飞梭被广泛用于织布之前，就有人尝试用机器纺纱。刘易斯·保罗(Lewis Paul)在 18 世纪中叶之前就已经试验过用滚轴[②]代替纺车轮；他在 1738 年申请了专利。一对相隔几英寸的滚轴，以不同的速度移动，可以拉伸纤维；将绕线筒调整成一定的角度，就可以将纤维捻在一起。这个想法出现得很早，但应用起来却很困难。使用传统的纺纱轮，熟练的操作人员可以调整速度，使不同厚度的粗纱同时被拉伸和加捻。如果使用滚轴，则需要直径均匀的粗纱。只有在梳理这项工序被改进之后，滚筒纺纱机才变得实用。

至于用于梳理的机器，几十年来，它经历了许多微小的改进。同样，阿克莱特总结了这些改进。他将滚轴放置在合适的距离，使线既能被拉长又不会断裂，他增加了滚轴的重量，使线在被捻起来时不会经过滚轴(如果纤维在通过滚轴时被加捻，则更容易断裂)。(图 4.1)阿克莱特花了 1.2 万多英镑来改进他的“水力纺纱机”，如果当地的制造商没有看到他的设备的潜力，他不可能筹集到这笔钱。阿克莱特的纺纱机在 1769 年获得了专利；到 1780 年，有 20 家水力纺纱厂。在阿克莱特的专利于 1785 年到期后，这一数字在 1790 年增长到 150 家。

尽管阿克莱特的纺纱机可以在村舍中使用，可以由人工驱动，但他只授权纺纱机在可以用水驱动的工厂中使用。它只适用于处理最结实的棉

---

① 英国历史学家阿诺德·J. 汤因比(Arnold J.Toynbee)解释文化的存续及毁灭的理论。

② 又译作“辊”“罗拉”“滚轮”，为纺制纱线的重要工具。

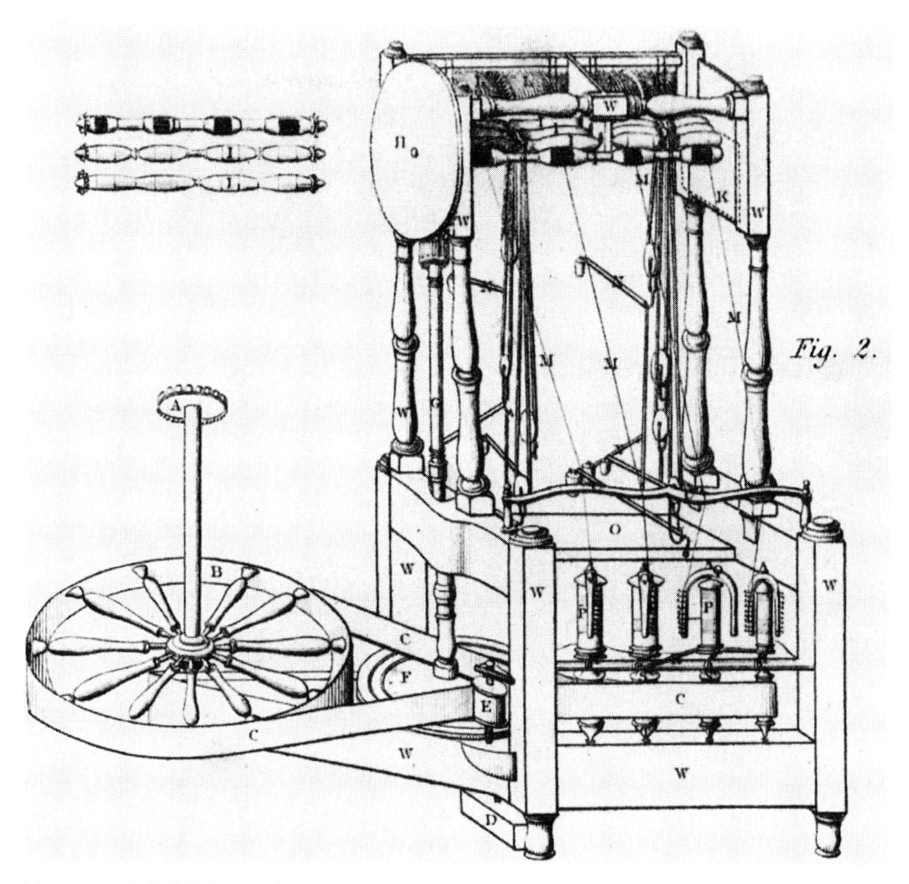

图 4.1　阿克莱特的纺纱机（1769）。注意顶部的滚轴（辊）

资料来源：美国国会图书馆印刷品和照片部。

纤维。詹姆斯·哈格里夫斯发明珍妮纺纱机的时间比水力纺纱机早了几年（于 1764 年发明）。它仍然是唯一能够处理精细的棉花制品的机器。我们对珍妮纺纱机的发展知之甚少。但它尝试复制纺车，轮子被放在一侧，变得更小。只要接收纱线的线轴的移动速度比缠绕纱线的线轴快，纤维就会被拉长。哈格里夫斯发现，如果纱线以正确的方式绕在纺锤上，纺锤本身就能给线带来捻度。随着时间的推移，珍妮纺纱机上纺锤和轮子的数量从几个增加到数百个。

之后是塞缪尔·克朗普顿发明的“骡机”——水力纺纱机与珍妮机结合

形成的“走锭纺纱机”。纺锤装在一个来回移动的小车上，快速转动，并与几组滚轴共同捻线。由于纱线承受的压力很小，这种装置既可以用来纺制结实的粗线，也可以用来纺制便宜的细线。克朗普顿花了五年时间研究这一机器。在1779年发明完成时，它仍然是一件不完美的工艺品；在随后的几年里，许多人改进了它。克朗普顿的木质框架被换成了铁质框架，控制滚轴的齿轮系统也被加强。在18世纪的最后十年，每台机器的转轴数量增加了两倍。骡机在不断改良后，成为整个19世纪英国棉花工业的支柱（在几十年内也将取代珍妮机和水力纺纱机，用于纺羊毛）。

纺纱有了三个突破性的发展时，织造方面的改进却相对较少[①]。1738年推出的凯氏飞梭[②]，从18世纪60年代开始，已经在棉花和羊毛生产中被广泛应用。从原理上讲，织造很简单：经线交叉分为A、B两组，A组向上移动，而纬线则沿一个特定的方向通过；然后B组经线向上移动，A组经线向下移动而纬线则沿另一个方向通过。飞梭携带纬线，操作者可以通过踩脚踏板使其来回移动，从而使一个工人可以完成两个工人的工作（以前，通常雇用一个小男孩来回移动纬线）。

在18世纪末，许多人尝试用机器取代工人。然而，想让织布机自动处理棉花，必须克服另一个技术障碍：棉线在织造过程中往往会断裂，除非涂上某种黏性材料将纤维粘在一起。直到18世纪80年代，织机不得不因此而定期停机。在织造前给线头涂抹黏性材料的方法一经发现，发明全自动织机的积极性就会极大增加。埃德蒙·卡特赖特（Edmund Cartwright）在1787年生产了这样一台机器，但它很容易发生故障，每两台机器仍然需要一名操作员；之后历经几十年的改进，自动织机才能得到广泛的商业应用。

---

① 并非所有的纱线都是梭织的，有些是针织的，用来制作袜子。在这方面，机器也在18世纪末得到了极大的改进。袜业在阿克莱特的职业生涯中发挥了重要作用。

② 飞梭于1733年由约翰·凯发明，1738年推广范围更加广阔。

18 世纪初，纺纱和织布需要几个小时或几天，漂白棉布则需要 6 到 8 个月。织物被反复浸泡在漂白液中，然后挂在太阳下晾干。这既耗费时间又耗费土地，而漂白剂的短缺肯定很快就会阻止棉花工业的惊人崛起。18 世纪 50 年代，硫酸被引入漂白过程。硫酸是在使用铅制容器代替玻璃器皿的化工厂大规模生产的，将酸的成本降低至以前的几分之一。这使漂白时间缩短了一半。瑞典科学家卡尔·舍勒（Carl Scheele）在 1774 年发现了氯，法国科学家克劳德-路易·贝托莱在1785年发现了氯在漂白中的作用。此后，英国漂白工人做了一系列昂贵的试验。氯的使用将漂白时间从几个月缩短到几天。在 18 世纪末，漂白粉被发明出来，从此个人漂白者不再需要自己生产氯。

染色的成本往往比纺纱高，而且相对纺纱来说，需要的原材料更重。尽管染色仍依赖于天然物质，但在 18 世纪下半叶，从试错实验中发现了极好的红色、绿色和黄色染料。大多数棉制品图案都是印上去的，这一最后的加工阶段也经历了许多改进。随着印花业务规模的扩大，铜块取代了木块。但是，块状印花仍然很繁琐：一块 28 码长的布有 448 个地方需要精确地运用铜块。1785 年，第一台滚筒式印花设备取得了专利。这台机器是许多人多年实验成功的结果，还需要多年的努力，它才能被广泛使用。有了它，一个工人和一个男孩可以取代一百个工人。

从作坊到工厂：其原因和给英国带来的社会后果

我们很自然地怀疑，前一节中讨论的技术进步，为工厂的出现提供了诱因。随着机器变得越来越大，越来越复杂，并且由水力或蒸汽驱动，而不是由人工驱动，人们可能会认为，机器会被安置在集中的工作场所。作坊既没有足够的空间，也没有足够的动力；工人不得不跟随机器到工厂工作。当然，随着工业革命的进展，技术的发展将极大地促进工厂产量增加。

但很明显的是，在最重要的工业革命早期，第一批工厂使用的技术与家庭作坊使用的技术相似。这不仅表明一定有其他力量促成了工厂的出现，而且还表明技术创新可能更多的是工厂带来的结果，而不是工厂产生的原因。一旦有了工厂，创新者自然而然地将注意力转移到更强大的机器上，而这些机器在作坊中是不能使用的。大量的技术进步，来自将机器连接在一起，并将其连接到外部动力源的简单尝试。

可以肯定的是，1750 年之前，人们可以找到一些集中生产的例子。由于明显的技术原因，造船和炼糖不可能在家中进行（不过，许多铁器加工任务，如制钉，都在家里进行）。政府偶尔也会赞助一些生产高质量奢侈品，如法国的哥白林（Gobelins）挂毯，或生产军事用品的工厂。但这些企业的成功取决于政府的支持，而不是高生产效率。在 1750 年之前，几乎没有企业家能在没有政府支持的情况下建立起大规模的工厂，企业家不觉得工厂的产品可以比家庭生产的商品更便宜或更好。

1750 年后，在英国，不仅仅是在棉花产业，还有在金属制品、陶器和羊毛产业，许多企业家把工人聚集在一起工作。在哈格里夫斯发明珍妮纺织机、詹姆斯·瓦特发明独立的冷凝器蒸汽机、亨利·科特发明搅炼和轧制铁的方法之前几十年，这些工厂就已经遍布英国的乡村。

为什么企业家们在 1750 年后倾向于工厂生产——而且只在英国？一个传统的解释是，工厂使雇主能够更好地剥削工人。在工厂里，工人可能被迫长时间工作，工资却很低，而在自己家里，他们可以自由控制时间。可以肯定的是，工人们对放弃他们的自由犹豫不决，即使计件工资下降，许多人还是在他们的小屋工作了几十年。他们的子女才会在工厂工作。不过，村舍工人的生活不应该被理想化。我们不知道工人以前在家里工作了多少个小时，但有理由相信，在家里或在工厂工作的总时数没有什么不同。我们还必须进一步探讨，最早的企业家是如何诱导工人进入这种剥削关系的。一旦工厂在工业生产中占据主导地位，工人可能就没有什么选择了，但在一开始似乎并不是这样的。

一个更温和的说法是，工厂只是一种更有效的组织形式。那些在自己家里雇佣工人的企业家，在包出制度中，许多方面都受到了不好的影响：在把原材料运到家里和把货物运出的过程中产生了运输费用；工人们经常贪污收到的材料；分散的工人不能生产出标准化的产品；而且不可能对时尚的变化做出快速反应。因此，企业家选择工厂并不是想要剥削工人，而主要是为了能够更多地控制生产过程。然而，家庭作坊式生产也有它的优势：它更灵活，如果需求下降，可以随时削减产量（投入的资本很少，工人可以在其他部门寻求临时工作），而且雇主不必监督雇员或者为他们提供食物。

剥削论和效率论都没有解释工厂为什么出现在那一时间。如果工厂一直是有优势的，我们就会想，为什么家庭作坊式的生产能持续几个世纪。这并不是因为没有人想到过建造工厂，因为我们可以看到，在 1750 年之前就已经有许多工厂。企业家们之前没有建造类似现在政府资助的工厂，这一事实让我们必须怀疑，工厂在 1750 年之前是没有优势的。一定有什么东西发生了变化，使它们变得有优势。

我们已经讨论了英国运输系统在 18 世纪发生的巨大变化。如果我们想象一个“典型的”企业家试图在工厂和家庭生产之间做决定，在许多方面，运输的改进都能使他更倾向于工厂（我们在这里只讨论其中的几个）。在某些行业，更广阔的市场是一个重要的因素。随着运输成本的下降，人们可以使用更多种类的原材料。例如，纽扣制造商以前只使用铁和锡，但现在开始使用铜、黄铜、锌、玻璃和仿金银的合金。这使向工人运送材料变得更加困难，并严重加剧了工人贪污的问题。随着运输成本的下降，工业生产开始集中在特定地区，因为低成本的生产者能够侵占低效的地方市场。一个自然而然的结果是劳动分工。工人们开始专门从事一项工作，而不是从事许多不同的工作。企业家们现在被迫在家与家之间运送半成品。虽然按理说，运输成本的下降应该缓解向工人运输货物的问题，但在很大程度上它却使这个问题恶化。①

我们在前面指出，本质上，家庭作坊式生产更灵活。工厂经理最初还须考虑如何保持他的资本存量和稳定的工作队伍。但是，随着运输速度加快和可靠性的提高，原材料的储存数量也在下降。在产出方面，企业家们能够利用全国范围内专业承运人建立起的系统，随着能全年走马车的道路修建成功，该系统也随之出现。以前，企业家们要花几个月的时间在路上，带领马车前往集市和市场，而在 1750 年左右，他们开始发送目录或让销售人员推销样品，通过邮件接收订单，并通过承运人运送货物。这产生了两个影响：首先，它释放了企业家的时间，使其能够从事工厂所需的监督工作；②其次，它迫使企业家生产远方客户所期望的标准化产品，而村舍中的工人根本做不到这一点。

这些趋势促使早期的企业家建立集中的工作场所，这些场所采用的技术与家庭使用的技术完全相同。然而，一旦有了工厂，创新者往往想开发适合新环境的技术。一旦许多织布机被聚集在一栋楼里，它们就不可避免地被连接在一起，并与外部动力源（如水车或后来的蒸汽机）相连。毫不奇怪，创新者们以前的发明都是只适合家庭生产的技术。相反，一旦工厂因其他原因建成，这种新环境带来的技术潜力就会逐渐被挖掘出来。随着大型外部动力机械的重要性增加，工厂变得更加有优势。

集中的工作场所一开始并不是在大城市出现的。几个世纪以来，工业一直位于乡村，那里很容易找到水力和廉价劳动力。只有在工厂需要大量的熟练及非熟练劳动力，以及需要维修设施和其他服务之后，工厂才开始

---

① 在主要道路的改善比地方道路的改善更快时，这一情形尤为明显。

② 现代的中层管理是 19 世纪的产物。18 世纪的作家们，包括亚当・斯密，都确信人们不能相信代理人会诚实地或很好地完成任何任务，必须坚持最常规和最容易的检查。驮马销售和工厂管理都不符合这些标准。

集中在新的工业中心。更重要的是，工业动力源从农村水车到蒸汽机的转变，促进了曼彻斯特和伯明翰等工业城市的出现。破旧的工人住房围绕着这些工厂。在 19 世纪，像美国这样努力在技术上追赶英国的国家，也试图避免这些难看贫民窟的出现。

工厂改变了劳动的意义。即使在工厂和在家的工作时间大致相同，工薪族失去了对工作节奏和工作方法的控制。传说中，在家中工作的人会把周末喝酒的时间延长到“圣星期一”[①]，然后在一周剩下的时间里，疯狂地弥补工作。被持续监督也是一种新的体验，至少对户主来说是如此。尽管在第一批工厂里，一家人经常一起工作，但家庭团聚的氛围还是不如以前。很明显，为了吸引工人进入这种环境，工厂必须支付较高的工资。即使如此，大多数家庭工人（尤其是手织机织工，他们拥有最多知识）还是选择待在家里。特别是男性，在 19 世纪早期，他们大多避免在工厂工作。但随着工厂生产的增长，这些家庭工人的收入也随之减少。接下来的几代人会更倾向于选择工厂。

英国的工厂本身是黑暗的，灰尘很多，通风也不好。工厂集中在城市，而城市过度拥挤，且污染严重，因此成为传染病的天然温床。尽管人们不应该把农村贫困家庭工人的村舍生活浪漫化，但很明显，城市一直是不健康的，在工业革命期间更是如此。大多数放弃农村劳动而选择工厂生活的工人，以及他们家庭成员的预期寿命都缩短了。

创新的增加和工厂的出现，共同构成了工业革命，使英国人的人均收入在 1820 年后以前所未有的速度上升。然而，至少在 18 世纪，这场革命使大部分英国工人阶级的生活变得更糟。实际工资停滞不前，而工人们却牺牲了自由、健康和家庭。

这样的转变自然会影响政治领域。一直以来，在村舍里工作的工人的

---

① 圣星期一，可追溯至 17 世纪的工人星期一休假的传统。

政治力量相对薄弱。而聚集在工厂和城市中的他们不能被轻易忽视。他们很快就获得了集体身份的认同，并致力于改善他们的集体命运。[1] 工人的努力是19世纪一系列改革背后的主导力量，包括将投票权扩大到工人阶级男性；工会、罢工和集体谈判的合法化；以及工业安全和童工法。许多这些举措也随着工业革命的技术一起传播到其他国家，并帮助这些国家避免了英国工业化的一些不好的后果——大陆上各种意识形态的领导人都会为他们没有曼彻斯特的贫民窟而感到高兴。对英国工厂模式的敌意也使其他国家在某种程度上更难赶上英国，因为他们的工人和农民反对技术或组织的变化。

美国人参与竞争：从塞缪尔·斯莱特到洛厄尔纺织厂

从英国独立后不久，美国商人就梦想着能制造纺织品。跨大西洋贸易的经济回报在不断减少。随着国家的建立，大多数运往英国的产品，美国的出口商都要交进口税，新英格兰的托运人失去了他们在大英帝国的旧有特权地位。美国人在“借用”英国纺织技术方面没有什么困难。这些机器很简单，只需要木工技能即可，而美国有大量的木工。早在1774年，即哈格里夫斯发明珍妮纺纱机十年之后，一位英国移民在费城制造了两台纺纱机。托马斯·迪吉（Thomas Digges）是马里兰州一个富裕家庭的私生子，在革命期间曾从事过双重间谍活动，他把对阴谋诡计的嗜好转向了“技术走私”；他把大约20个英国纺织机制造商带到了美国，有好几个人后来为亚历山大·汉密尔顿工作。

然而，在向制造业的转变中，美国人处于劣势地位：1790年，美国只有2000枚纺锤，而英国有241万枚。美国人还没有采用复杂的水车动力

① 可参见E. P. Thompson，*The Making of the English Working Class*（New York：Vintage Books，1963）.

或用骡机驱动的技术。由于相对于其价值来说，英国的纺织品重量较轻，出口到美国的运输费用并没有贵到使其失去竞争力。因此，很少有美国制造商能阻挡过剩的英国商品在 1793 年至 1807 年涌入美国。

然而，塞缪尔・斯莱特（Samuel Slater，1768—1835）是一个例外。年轻的斯莱特出生于英国德比郡农村的纺织工业区，被当地的一家制造商看中，学习如何管理一家工厂。经过六年的培训，他于 1789 年移民，被纽约的一家工厂雇用来建造纺纱厂。此后不久，他看到了来自罗德岛普罗维登斯的威廉・阿尔米（William Almy）和摩西・布朗（Moses Brown）两位商人刊登的广告。这些投资者正在寻找一个能够运行一些旧的纺纱设备的机械师，以向当地织工提供纱线。斯莱特成功赢得了与阿尔米和布朗的合作。1793 年，他凭着记忆建造了水车和梳理机。在波塔基特的一个旧布店里，他的纺纱厂雇用了 9 名 7 至 12 岁的儿童。这些少年工人在冬季每天劳动 12 个小时，在夏季劳动 14—16 个小时。这种使用未成年工人的情况并不罕见。没有孩子的劳动，很少有家庭能生存或繁荣。

斯莱特十分注意遵循传统的雇用惯例。由于未成年工人的父亲们抵制在工厂工作（认为这是一种羞辱），斯莱特为他们提供了看门和建筑的工作，对于习惯在家庭外部自由劳动的男人，这两项工作被认为是得体的。只有这样，这些人才允许他们的孩子在工厂工作。斯莱特允许这些父亲行使家长权，参与他们参加工作的孩子的管教和保护。已婚妇女仍然留在家中。

尽管斯莱特带来了英国的技术，但随着时间的推移，他还是依靠当地工匠来制造和改进这些机器。因此，他受益于美国国内长期存在的纺织业和当地的机器制造能力。还要注意的是，斯莱特之所以去美国，然后去普罗维登斯，是看中了那里以前就存在的棉花工业。与英国一样，机械化纺纱的成功取决于梳理的机械化。斯莱特依靠当地的梳理机制造商普林尼・厄尔（Pliny Earle）来改进他的梳理机。

尽管斯莱特建立了一个棉和羊毛纺织工厂的商业帝国，他仍将这些工厂安置在当地农村劳动力住房附近的溪流旁。他为工人们提供居住的村舍和家庭用品，从每周的工资中扣除租金和采购费用。斯莱特建立了教堂，希望引导人们戒酒和对工作负责；主日学校教导人们要守时。在许多方面，这种家长式的做法缓解了从农村到工厂工作和生活方式的过渡。

他的工厂在很大程度上反映了 18 世纪 90 年代美国而非英国的情况。在 1786 年，英国曼彻斯特的纺织厂开始安装蒸汽机；但在美国的同行，如斯莱特，仍然使用水车和在农村建立工厂。美国纺织品的产量仍然很少（1810 年，英国拥有的纺锤数量是美国的 60 倍）。美国的纺织业依赖于农民在织布机上工作。农民这一劳动力较为分散，很少有人愿意全年工作。随着 1793 年伊莱·惠特尼发明的轧棉机使棉花纤维数量增加，这种情况很快就会改变（图 4.2）。一些工厂主开始强迫他们在村舍工作的织工到工厂工作，这样雇主可以控制他们的生产时间。但长期的解决方案是进一步的机械化。

图 4.2　伊莱·惠特尼发明的轧棉机
资料来源：伊莱·惠特尼博物馆。

美国纺织业工业化的第二个发展阶段在 19 世纪 10 年代的马萨诸塞州。其先锋是弗朗西斯·卡伯特·洛厄尔（Francis Cabot Lowell）。与以工厂为生的斯莱特不同，洛厄尔的职业生涯始于跨大西洋贸易，他是土地和大宗商品的投机者。在一次去英国的旅行中，他观察了机械织布机，可能详细记录下了他所看到的细节。回到波士顿后，他让当地的一名机械师制造了一台仿制品。1813 年，洛厄尔与其他 11 位投资者成立了波士顿制造公司（BMC），并生产出一种粗糙但廉价的布，对美国的边疆市场十分有吸引力。1816 年起，美国对进口纺织品征收 25% 的关税，这也有助于这个刚起步的波士顿制造公司与英国人竞争。1817 年洛厄尔去世后，BMC 出售了股票，并在 1821 年购买了梅里马克河沿岸土地和水的开发权以进一步扩张。结果 1817 年的股息为 17%，1824 年上升到 25%，1825 年为 35%。建于 1825 年的洛厄尔工厂镇成为美国大规模工业的典范。所有权和管理分离（与斯莱特的保守的家族管理相反）。到 1830 年，美国人的纺纱能力大约是英国人的三分之一，而且他们正在迅速缩小这一差距。

位于马萨诸塞州沃尔瑟姆的 BMC 工厂将纺纱工作和织布工作结合在一起（而这些工作在英国是分开的）。BMC 很快就雇用了斯莱特工厂的十倍的工人数量。每道工序——从清洗、梳理、纺纱到织布——都由机器在同一建筑内进行，并在监督员的密切监督下。这些马萨诸塞州的创新者放弃了斯莱特的儿童（和家庭）劳动制，转而雇用年轻的农场妇女。使用年龄更大的同质化的劳动力的原因，可能是机器运转更快了，以及希望消除父母对工厂儿童的潜在影响。与英国人继续使用走锭纺纱机（需要成年男子用力推拉）不同，美国的水力机械允许劳动力主要为年轻女性。到 1835 年，波士顿制造公司的工厂雇用了 6000 名妇女。

机器——以及市场——决定了工作的节奏和方法。同样重要的是，这些机器都集中在一个工厂里。这迫使织工们按照雇主安排的时间表工作，放弃了农活和其他影响正常织造的工作。一年 309 天，每天 12 小时的工作时长是很正常的。工厂通常有一个钟楼，钟楼下有一个严格控制进入工厂的大门。钟象征着对守时和时间纪律新的强调。工作是简单而重复的。工人在纺纱机上拼接断裂的纱线；织工也做同样的工作，并在线筒被缠满时将其换成新的（图 4.3）。

图 4.3　在动力织布机上工作的妇女，类似于在洛厄尔的工厂那样

资料来源：美国国会图书馆印刷品和照片部。

然而，19 世纪 30 年代和 40 年代的美国纺织厂可能比英国的更传统。越来越多的英国工厂由蒸汽驱动，且建立在城市，而美国的工厂仍然位于农村的河流旁。典型的是宾夕法尼亚州罗克戴尔（Rockdale）小村庄里的工厂，那里的工人都住在离厂主很近的地方。雇主们没有人们想象的那么争强好胜，技术水平也不高。拥有工厂的家庭往往是相互关联的；他们在工厂里为其社会阶层的失败成员找到了“位置”。经理们可能住在山上，而不是和工人们一起住在嘈杂的工厂附近，但他们往往和工人们去同一个教堂，而且他们往往互相认识。这为农村工厂的工作生活增加了一个家长式的维度，这种维度将随着更大的城市设施的出现而消失。例如，管理层努力解决工作中饮酒、赌博和吸烟的问题。家庭成员往往能为家里其他人找到工作，并彼此紧密合作。由于工人们的后代也在工厂工作，而且工厂主提供廉价的住房（以保证稳定的劳动力），工人们往往能够储蓄大量的工资。例如，在 1849 年，罗克代尔的一个家庭年收入 426.46 美元，能存下 122.49 美元。这意味着这些家庭有时可以在几年后逃离工厂，购买土地或作为独立的手工艺人从事某种行业。他们并不是卡尔·马克思（Karl Marx）所描述的那种一生都要被拴在机器上的无产者。

美国纺织厂的转型：妇女和移民（1810—1850）

从 19 世纪 20 年代到 19 世纪 40 年代，马萨诸塞州的纺织厂是美国工厂的象征，与英国的“黑暗魔鬼工厂”形成对比。“洛厄尔系统”创造了一支纪律严明但值得尊敬的劳动队伍。在一家工厂里，女工占总数的 85%，其中 80% 的人年龄在 15 至 30 岁之间。她们大多是相对温和且受人尊敬的农民的女儿，并不受欺压。她们的家庭似乎很少依靠女儿的收入来生存。大部分情况下，她们的储蓄会成为“嫁妆”——吸引未来雄心勃勃的丈夫。当她们在工厂工作时，这些年轻女性只是在适应单身女性之前在家庭或农场工作的旧习俗，以便为婚姻储蓄。对比之下，工厂的工资更高。在离开工厂和结婚后，这些洛厄尔妇女中的许多人从农场转移到城市行业。然而，大多数人并不是个人主义者——她们来到工厂并与其他亲戚一起工作。

欧洲游客常常赞赏未婚女工的整洁程度和文明举止，欣赏她们公司的宿舍。由于工厂远离人口密集区，这种寄宿安排是必不可少的。此外，这些年轻女性的父母坚持要求公司为她们的孩子提供一个受保护的环境。“工厂女工”宿舍的女管理员鼓励她们守时和努力工作，不鼓励喝酒和说脏话。她们每周都要去教堂。这些年轻妇女从家庭的义务中解脱出来，能够接受训练，以及按时工作。但宿舍式的生活安排鼓励女性着手接触社会文化——即使她们每周工作 73 小时。1842 年，查尔斯·狄更斯（Charles Dickens）对女性工人的图书馆、她们的杂志《洛厄尔报刊》（*The Lowell Offering*）中的诗歌以及她们的钢琴独奏会给予了高度评价。他将这些优越的条件与英国的工厂进行了比较，在这些英国的工厂中，儿童持续受到剥削。

但是，早在 19 世纪 30 年代，随着 BMC 专利保护的结束、竞争的加剧和人造布价格的急剧下降导致雇主削减工资。纺织工人在 19 世纪 40 年代面临着更大的工作量和更低的工资，他们加入了一场争取 10 小时工作制的运动。这导致了意想不到的结果——由年轻女工领导的一系列罢工。女罢工者为这种“不淑女”的行为辩解，试图唤起人们对祖先的回忆，即那些在革命战争中与贵族专制主义作战的农民。她们不认为自己是受压迫的无产阶级，而是“共和自由”的捍卫者。

为了应对劳工骚乱（以及对粗棉布需求的增加），新英格兰纺织业寻求新的劳动力来源。雇主们发现本地出生的妇女要求太高，而且数量不足，于是就从爱尔兰和法属加拿大寻找移民工人。一家公司中的移民比例从 1845 年的 8% 上升到 1860 年的 60%。寄宿宿舍的管理员旧式家长式作风慢慢变弱，直至最终消失。整个家庭为了微薄的工资工作，住在租来的公寓里。移民往往被安排在报酬低的梳理和纺纱工作中，而把更有利可图的纺织工作留给了美国当地人。人们希望年轻人将他们的工资交给他们的父母，以维持家庭的生存。到 19 世纪 60 年代，移民家庭的收入约有 65% 来自子女。女儿通常将十年的工资交给家庭，这是许多家庭冲突的根源。年轻人有时会因为需要用钱而离家出走，或与父母争吵。这些变化极大地改变了在美国工厂工作的意义。相比移民之前所在的环境，工厂环境可能更好，但到了 19 世纪 60 年代，美国的工厂变得更像狄更斯所谴责的英国工厂，而不是 19 世纪 20 年代的开明示范工厂。

然而，我们不应忘记，即使到了 1850 年，在英国和美国纺织厂工作也只是例外，而非惯例。去工厂工作似乎是未来的趋势，对许多人来说确实如此。但在 19 世纪初，大规模生产的商品种类很少。这种情况会慢慢改变，因为 19 世纪中叶以后出现了许多新技术，例如缝纫机，和基于钢铁的重工业。但是，只有在交通的改善为大众市场的专门化生产创造了条件之后，机械化制造才会盛行。这将是我们的下一个主题。

第5章

铁、蒸汽和铁轨

工业革命远不止纺织业的进步。炼铁和能源生产的变化也同样重要。这些变革也源于英国，但美国人很快就对其进行了改造。这些创新为巨大的变化创造了条件，包括铁制机器取代木质机器，用蒸汽驱动的工厂，以及可能最重要的，铁路的引入。

在18世纪的英国，煤炭取代了木炭，成为冶炼铁矿石的燃料。此外，鼓风机的改进使铁厂的平均规模在18世纪期间扩大了两倍。18世纪初发明的蒸汽机被改进到十分先进的程度，以至于它不仅在矿井和水厂被用来抽水，还取代了水轮机作为工业动力源。炼铁厂是最早使用蒸汽机的工业企业之一，因为蒸汽机使人们能在同一地点进行不同阶段的加工。

尽管美国的创新者们很快就应用了英国在纺织品方面的进步，但他们在很晚才开始使用焦炭炼铁或使用蒸汽机。在很大程度上，由于北美有丰富的木材用于炼铁，焦炭炼铁技术直到19世纪初都没有得到应用。美国有丰富的水力资源，几乎完全没有深矿，这意味着蒸汽机起初在美国几乎没有用武之地。和英国的制造商一样，美国的制造商最终会使用蒸汽动力，然后会发现在原材料产地附近，或更普遍地，在不断成长的商业中心市场附近选址，更加有利。

1800 年后不久，蒸汽机被发明出来，其功率之高足以驱动机车。蒸汽可以驱动船只和铁路列车。人们从一个地方到另一个地方，不再局限于由风或动物提供的这些变化无常的动力。美国拥有广阔的土地和漫长的河流，为应用这些新运输技术提供了有利的条件。因此，技术创新的舞台从英国转移到了美国。就汽船而言，大多数技术创新先在美国出现。就铁路而言，最早的创新确实发生在英国，但为了适应美国崎岖的地形，美国人很快改进了机车和轨道。

这些新的运输技术改变了美国的面貌。律师和政治家们努力修改法律条文。工业家和发明家努力利用新兴的国家市场。移动的便利性逐渐减少了地区之间、城镇与乡村之间的文化差异。由于蒸汽船和铁路的出现，美国将成为一个与之前大不相同的国家。

新铁器时代：18 世纪英国的煤炭和铁的大规模生产

1700 年，英国的炼铁炉很小，平均每年产铁量只有 300 吨。而且由于依赖木炭作为燃料，炼铁炉通常位于森林深处。正如第 2 章所讲的，木炭如果被运到很远的地方就会瓦解成灰渣，因此铁厂往往在木炭制造厂 10 英里到 15 英里的范围内。这样的炼铁厂只雇用少数工人，因此与当时大多数工业生产的特色小屋并没有什么不同。

第 2 章介绍了将矿石冶炼成生铁或铸铁的过程。虽然当时的炼铁师不知道，但生铁的含碳量大致为 4%。因为铁矿石与炉中木炭相接触而发生反应，小部分炉子产出的铁被灌入模具，制作锅碗瓢盆和炉箅（furnace grates）。大部分的铁会被敲打成农具、锉刀、餐具、针、锤子，或在这个依赖木材的社会中铁的最大用途——简陋的钉子。高碳含量使生铁太脆而无法加工。然后，生铁被运到锻造厂，在那里被重新加热和敲打，使碳被去除，形成熟铁。然后，它被敲打成棒的形状，供制造最终产品的村舍工人加工。

钢的碳含量为 2%。今天，几乎所有的产出的铁都被加工成钢（见第 9 章），因为钢不像生铁那么脆，也不像无碳熟铁那样无法保持刀锋。因此，钢对于制造农业、工业和家庭的切割工具至关重要。在整个 18 世纪，炼钢仍然很昂贵。因此，典型的做法是在熟铁制成的工具或器具上镀一层薄的钢边。

一些历史学家认为，英国的炼铁业转而使用煤炭作为燃料，是因为随着农田和城市化对森林的侵占，英国的木材价格在不断上涨。然而，更重要的是，由于运输的改善，这一时期的煤炭价格下降了。由于能进入更广阔的市场，许多煤矿修建了地下铁路，并通过扩大经营达到一定的经济规模。技术创新进一步削减了采矿业的成本（例如，炸药，以及用于抽水和将煤炭提升到地面的蒸汽机）。

用煤作燃料的实验开始于 17 世纪。实验者不知道的是，煤冶炼的生铁具有较高的硅含量，使碳含量无法在锻造过程中降至零。因此，亚伯拉罕・达比（Abraham Darby）在 1709 年成为第一个使用焦炭冶炼铁矿石并在商业上取得成功的铁匠，这并不令人意外。他从事的是铸造锅碗瓢盆的生意。从此以后，铁的坚硬程度不再是问题。此外，用煤比用木炭更容易达到高温。于是，达比能够生产出更均匀的铁，并能铸造出比以前更薄的铁片。

长期以来，历史学家们一直困惑于为什么过了几十年，英国熔炉才开始广泛使用煤炭作为燃料。问题在于铸铁的使用有限。随着时间的推移，少数熔炉开始专门从事铸造，并以煤炭为燃料。偶尔，这些熔炉中多余的生铁会被卖给锻造厂；如果将其与少量木炭冶炼的铁混合，就会产生可使用的熟铁。锻造师注意到煤，以及用煤冶炼的生铁价格下降，自然而然地将注意力转向研发新技术，使他们能够利用这些材料来生产更便宜的熟铁（图 5.1）。

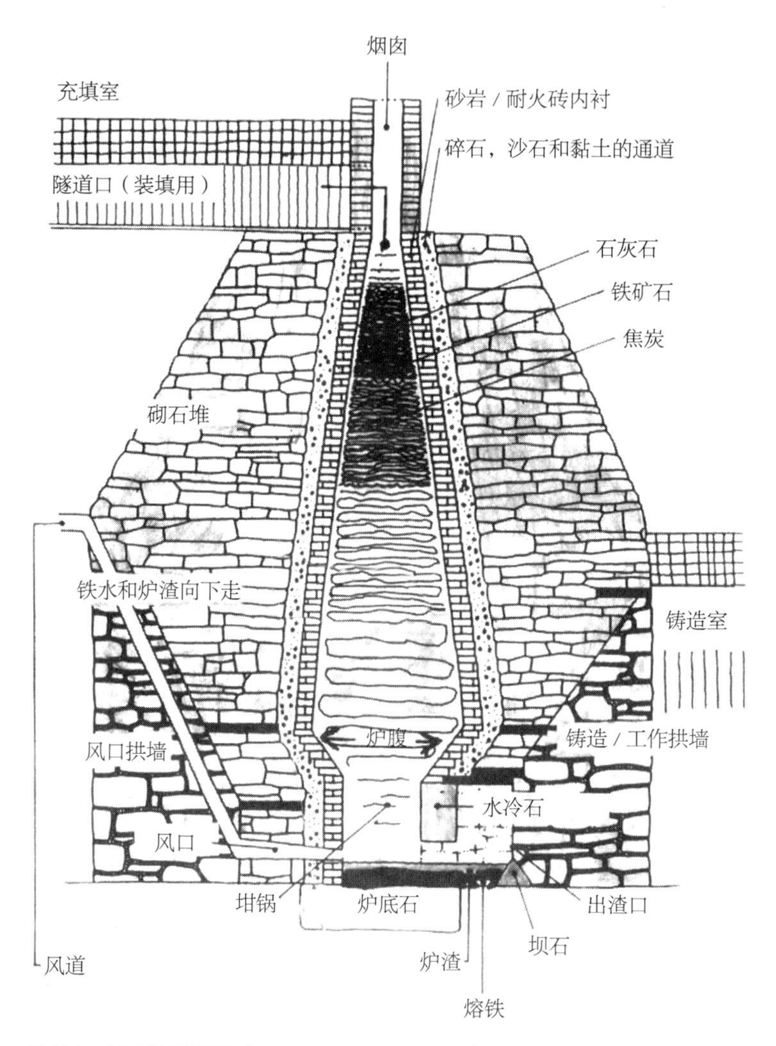

图 5.1　19 世纪炭铁炉（charcoal iron furnace）的横截面图
资料来源：罗兰・科廷（Roland Curtin）基金会。

新锻造技术的发展完美地说明了，重要的进步通常需要无数人付出几十年的努力。只有在一系列的改进之后，人们才有可能在熔炉中和锻造过程中使用煤。在传统锻造过程中的精炼或脱碳步骤之前，引入了一个单独的精炼阶段，成功地从生铁中去除硅等杂质（尽管锻造师并不知道该工序的确切作用）。另一个进步是反射炉（reverberatory furnace）。在精炼过程中，燃料和金属并没有接触并发生化学反应。相反，热量从炉壁上反弹回炉中。更高的温度使锻造师能够生产出更均匀的铁。这进一步刺激了棒材和板材制造工艺的进步。

1784 年，亨利 · 科特将这些进展结合其他进展总结为“搅炼和轧制”法。在反射炉中熔化和搅拌铁水的过程中，他增加了可调节滚轮。熔化的锻铁来回流动，以生产出所需尺寸的棒材和板材；正如他所承认的，这些也是其他英国工业中使用的。到 1800 年，在英国，在熔炉和锻造中使用木炭的做法已被淘汰。

煤炭的使用促进了熔炉和锻造厂规模的扩大——尽管美国在 19 世纪，澳大利亚在 20 世纪都建立了大规模的木炭厂，因为当时木材丰富，煤炭并不容易挖掘。风箱的改进也促使了熔炉和锻造厂规模的扩大。为了炉内能达到高温，必须持续有空气流入。也许是因为用煤可以达到更高的温度，亚伯拉罕 · 达比的后代在 1740 年代早期用木制风箱取代了皮革风箱。1757 年，约翰 · 威尔金森（John Wilkinson）获得了吹铁机的专利。随着时间推移，这些设备越来越多地由蒸汽机而不是水轮机驱动。以蒸汽为动力的风箱也使得炼铁的过程得以合并。在以前，烧炉和锻铁由不同的水力资源驱动。

在 18 世纪，炼钢技术的进步较少。但重要的是，炼钢工人直接精准地用生铁（通过去除碳）而不是用熟铁（通过添加碳）生产钢，以保证精准的含碳量（2%）。用煤作燃料是使生铁熔化的关键，这样整体的碳含量可以保持不变。钢铁制造商并不了解炼钢的化学反应。他们尝试了不同的配方，直到获得所需的产品。他们的产量很少。因此，钢铁仍然非常昂贵，在 18 世纪末，钢只占铁产量的 1% 到 2%。

随着熟铁价格的下降，以熟铁为原料的行业出现了各种创新。用于制造薄金属板的轧机在 17 世纪末被发明出来，并在此后得到逐步改进。其中一项创新是使用了可调节的滚轮。18 世纪初出现了滚切机，它为制造钉子的工匠们提供合适尺寸的棒材。为在家中工作的制针师提供同样服务的制线厂出现得稍晚一些。许多金属加工活动都集中在工作场所。在那里，人们引进了制造钉子和在针上钻孔的机器。最重要的是，通用的冲压和压制机器被发明出来并被逐步改进。由于这些不同的技术进步，铁制机器取代了整个英国工业中摇摇欲坠的木制机器，为技术发展开辟了全新的前景道路。

蒸汽机：从矿场到工厂

对很多人来说，蒸汽机是工业革命的象征。但是，令一些人想不到的是，蒸汽机在 18 世纪中期之前就已经发明了（甚至在詹姆斯・瓦特出生前），但直到 18 世纪末，蒸汽仍然只驱动了全部工业机械的一小部分。然而，就像煤炭将炼铁工人从农村的场地和有限的木炭供应中解放出来一样，蒸汽机使当时的工业摆脱了对水（或人力、畜力或风力）的依赖。随着英国工业在 19 世纪的扩张和机械化，水力工厂在寻找建厂地点上面临严重的问题。

蒸汽机最初是为矿场而不是为工厂开发的。随着煤炭（以及锡和铜）产量的增加，矿工们被迫在地球上越挖越深。在这个过程中，地下水是一个严重的问题。矿工们发现如果没有泵，就无法将水排出矿井隧道。将煤炭运送到地上的成本增加，这进一步为蒸汽动力提供了潜在机会。

在 17 世纪末，托马斯・萨维里上尉（Captain Thomas Savery）发明了一种蒸汽泵。有些人称其为发动机，但它并不依赖机械作用。相反，蒸汽凝结形成真空，将水吸进管道。然后，蒸汽的喷射会将水进一步向上吸。根据物理定律，这种装置的工作深度不能超过 30 英尺，因此随着矿井的深入，它将无法工作。此外，萨维里泵很危险，许多工人因设备爆炸而丧生。

托马斯・纽科门（Thomas Newcomen）在 1710 年左右走上了一条

更成功的道路。他的简单发动机遵循一个多世纪以来众所周知的科学原理，即大气会对真空产生压力。纽科门制造了一个周长数英尺的大圆筒，里面有一个活塞。由于当时不可能使活塞紧贴汽缸内侧，人们把浸过水的大麻纤维压实制成活塞，使密封更加紧密。缸体顶部是开放的，底部则是封闭的。活塞下面的区域装有水，这些水将被加热，直到变成蒸汽。然后蒸汽冷却并凝结（在冷水喷射流的帮助下），形成真空。活塞上方的大气压力将推动活塞向下，形成动力冲程。从某种意义上说，“蒸汽机（steam engine）”这个词是不够确切的，因为纽科门发动机和随后的瓦特蒸汽机都是“大气式发动机”（atmospheric engine），是大气提供了动力。只有在19世纪，理查德·特雷维西克（Richard Trevithick）和奥利弗·埃文斯才会利用蒸汽本身的扩张力为蒸汽机提供动力。

纽科门蒸汽机的设计目的是能让当地工匠在施工现场建造它们。黄铜、铜、铅和木材是早期常见的建筑材料。1725年，人们有能力在铁制气缸上钻孔；这些气缸的优点是能够承受的热度比黄铜高得多。在接下来的几十年里，镗孔装置有了许多改进。富有创造力的达比一家研发出了一种钻孔器，该装置由一根长杆组成，一段被固定住，可以切割出一个圆孔，但不是非常垂直。当杆子伸长时，钻孔器会下垂。约翰·威尔金森在1774年和1781年研发了两台新机器（第一台是大炮的一个衍生物）。第二台机器能在钻孔机转动时保持圆柱体静止不动，它能制成质量更好的圆柱体孔洞。

当纽科门蒸汽机用于煤矿排水时，它的引擎效率较低并不是一个严重的缺点。毕竟这些煤矿自然而然地会产生大量不值得运往市场的废煤。正因如此，即使在詹姆斯·瓦特开发出更好的蒸汽机后，煤矿业仍然坚持继续使用纽科门发动机数十年。然而，康沃尔郡的铜矿和锡矿离最近的煤田很远。城市自来水厂往往处于类似的情况。工厂也是一个更高效的蒸汽机的潜在市场。

纽科门蒸汽机效率低下的一个主要原因是，汽缸本身必须被轮流加热和冷却，以便在汽缸内形成真空。詹姆斯·瓦特的主要贡献是在 1776 年开发了独立的冷凝器。这个想法，同样，似乎很简单。汽缸和锅炉是分开的。如果打开一个阀门，锅炉中的蒸汽就会进入汽缸中。再打开另一个通向独立冷凝器的阀门，就能产生真空。汽缸本身不再需要被加热和冷却（图 5.2）。

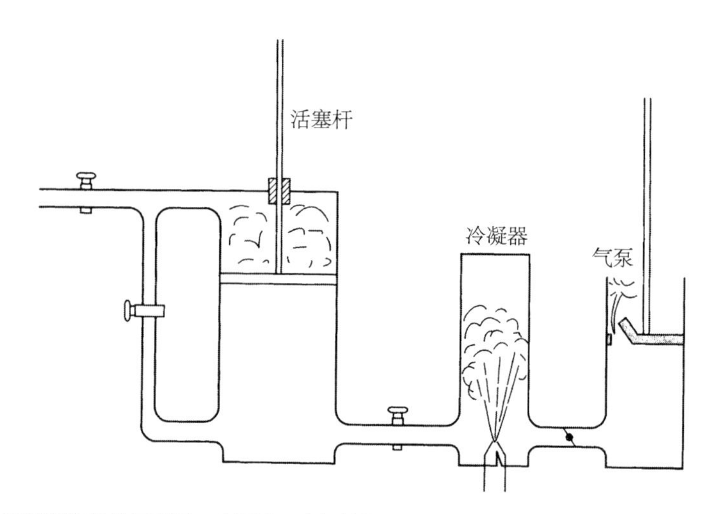

图 5.2 瓦特蒸汽机的原理图。冷凝器一直保持低温。因此，当它和汽缸之间的阀门被打开时，汽缸里的蒸汽就会在寒冷的环境中凝结，而冷凝器和汽缸都会保持一个良好的真空

资料来源：经作者许可，改编自 DSL Carwell，Technology，Science，and History，London，1972，87.

在几十年前，瓦特是不可能发明蒸汽机的。首先，该机器需要能够阻挡蒸汽的阀门，而精确制造这些阀门的技术较晚才被发明出来。其次，蒸汽机需要活塞和汽缸之间有更好的密封性。瓦特还应用了威尔金森[①]发明的第一台镗床（boring machine），当第二台镗床的镗孔精度达到 1 分硬币的厚度时，他十分高兴。他的蒸汽机还利用了另一个新发明，即调速器，当蒸汽压力接近危险水平时，该机制能降低温度。瓦特之所以成功，很大程

① 此处为英国铁匠约翰·威尔金森。

度取决于他的合伙人马修·鲍尔顿（Matthew Boulton），一位成功的纽扣制造商，提供的资金。通过多年以来很多花费高昂的实验，以及雇用熟练的工匠帮忙，瓦特才获得了成功。随着新的蒸汽机在许多工厂得到应用，瓦特（和其他人）开发了齿轮系统，将活塞的上下运动转化为机器所需的圆周运动（图 5.3）。

在 19 世纪初，蒸汽机技术取得了另一个重大进展。当时，英国的理查·特雷维西克和美国的奥利弗·埃文斯同时研发出了蒸汽提供动力的发动机。由于这种蒸汽机涉及高压，它的工程标准自然比瓦特发明的蒸汽机更严格。除其他方面之外，特雷维西克和埃文斯发动机的功率与重量之比

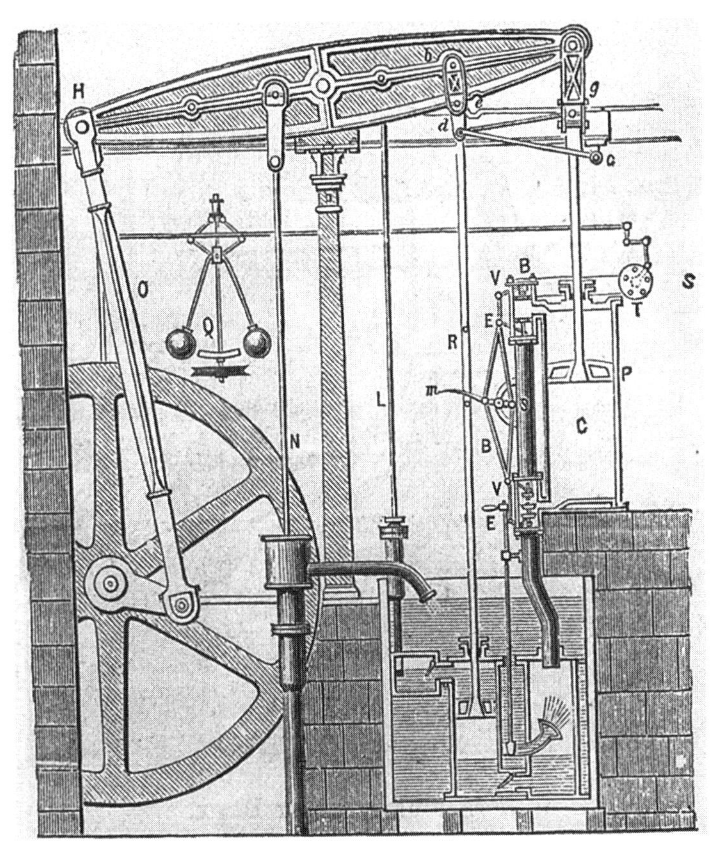

图 5.3　瓦特的蒸汽机。注意横梁、曲柄和汽缸

资料来源:《大众科学》，1877 年 12 月 140 号。

高于大气式发动机（即在相同重量下，发动机可以产生更大的功率）。这使铁路和蒸汽船所需的便携式动力成为可能。

技术转移？

在美国革命时期，美国的钢铁工业虽然使用的是小型炭火炉，但不仅供应国内市场，还向英国出口生铁和熟铁。此后不久，英国熔炉和锻造厂的技术进步使英国铁的价格下降，质量提高。美国生产商不仅失去了英国这个出口市场，而且发现自己需要与英国竞争。尽管美国通常能迅速应用欧洲技术，但其在应用英国新的炼铁技术时却非常缓慢。技术转移由两个部分组成。首先，知识从一个国家实际转移到另一个国家；之后，后者成功应用这一技术。正如前一章中所讲到的，知识很容易从英国转移到美国。为什么新技术没有被采用？一个明显的解释是，当时的美国拥有极大量的森林资源。现有的熔炉位于容易获得木炭的地方。既然有了廉价的进口铁，建立新铁厂的动力也就十分有限。19 世纪初，情况在许多方面变得更有利。匹兹堡[①]附近开辟了巨大的烟煤矿（bituminous coal），使英国新的炼铁技术能被应用。当时，一些熟悉焦炭炉，或搅炼和轧铁技术的英国工人移民到了美国，并与美国企业家合作，指导这种技术在美国资源条件下的应用。对进口产品征收关税也可能刺激了对体现新技术的美国铁厂的投资。大约从 1815 年开始，新技术在美国钢铁工业中变得越来越重要（尽管木炭炉将继续被使用几十年）。然而，直到 19 世纪末，美国最重要的炼铁厂仍然比欧洲的炼铁厂小得多，部分原因是运输基础设施的限制，部分原因是对木材和水力的依赖。

纽科门的蒸汽机在美国的应用，甚至比搅炼和轧铁的技术更慢。从纽

① 匹兹堡位于美国宾夕法尼亚州西南部，曾是美国著名的钢铁工业城市。

科门发明蒸汽机，到菲利普・斯凯勒（Philip Schuyler）在 1753 年决定使用纽科门的蒸汽机为他位于新泽西的铜矿排水，中间经历了 40 年的时间。他不仅引进了发动机，还引进了大量的零部件，雇用了英国最重要的蒸汽机制造家族之一的约西亚・霍恩布洛尔（Josiah Hornblower），来安装和维护这些机器。然而，这是蒸汽机在 18 世纪的美国发挥的唯一作用。殖民地有丰富的水力资源。那时候煤炭在美国刚开始使用，因此可以在接近地表的地方挖掘到，不需要对煤矿进行排水。斯凯勒的铜矿是唯一存在排水问题的铜矿。比起水能提供的动力，需要更稳定及更大动力的大规模工业机构，直到 19 世纪才会出现。因此，没有人模仿斯凯勒使用蒸汽机。

瓦特的蒸汽机在本世纪晚些时候经过完善，性能变得略好一些。19 世纪中期，蒸汽机使大型工业城市成为可能，不仅为工厂提供动力，还为有轨车辆提供动力，并为办公大楼供暖，但在 18 世纪，美国工业仍然建立在风景如画的农村中。19 世纪初的一个重要发展是利哈伊河（Lehigh River）的通航；一条允许缆车速度为 30 英里每小时的重力缆道将煤炭从峰山（Summit）矿区运到河边，再运到费城，最后通过铁路运到纽约。重力缆道成为一个旅游景点，像今天的过山车一样。对廉价的煤炭的渴求促使城市工厂使用蒸汽机。

然而，最重要的关注点在于以蒸汽为动力运输的可能性。在这一领域，美国为蒸汽机提供了一个巨大的潜在市场。美国人约翰・菲奇在 1785 年设计了一艘由纽科门发动机驱动的汽船。然而，笨重、低效的纽科门发动机根本不适合用于运输；菲奇和其他人因此将注意力转向了瓦特发动机。尽管瓦特发动机要好得多，但对运输来说，它的功率重量比还是太低了。这促进了高压发动机的发展。

正如我们所看到的，大西洋沿岸各殖民地之间，以及各殖民地内部的交通条件非常差。在美国独立后，这种状况持续了几十年。然而，正如我们在第 2 章中所看到的，在蒸汽船和铁路时代到来之前，陆路运输得到了改善。

从 17 世纪 90 年代开始，各州立法机构承认了收费公路和河流改善团体。宾夕法尼亚州补贴了一些收费公路的修建，但大多数州都像英国一样，完全依赖私人融资。拥有征用权的私营公司很快就在大部分东部沿海地区建造了一个全天候的公路系统。从 19 世纪 10 年代起，人们的注意力转向运河，建造运河的成本很高，通常由州政府提供补贴；但它们往往为定居开辟了广阔的新领域，增加了港口城市和制造业中心的业务。纽约州的伊利运河（1825 年开通）连接了伊利湖东部的布法罗和哈德逊河畔的奥尔巴尼，确保了五大湖和大西洋之间低廉的运输费用，保证了纽约市作为美国首要港口的地位。然而，许多试图效仿纽约州的成功的州都欠下了巨额债务，只建造了没有什么商业价值的运河。阿巴拉契亚山脉则是比宾夕法尼亚州政府所设想的更可怕的障碍，它的运河的承载量不及伊利河的一小部分。铁路后来成了更好的穿越山脉的方式。

尽管狂热地建造运河使一些州财政紧张，但其结果是，在铁路时代前夕，美国人口众多的地区拥有良好的公路网，水路连接着主要的农业和工业地区及市场。在铁路出现后，公路和水路将继续扩大，并在美国运输中发挥重要作用。尽管蒸汽船和铁路将是巨大的进步，特别是在开发西部方面，但将分散的美国人口联系在一起的过程已经在进行之中。

蒸汽船

在北美和欧洲，汽船的发明试验始于 18 世纪末。1804 年，英国的理查德·特雷维西克和美国的奥利弗·埃文斯几乎同时发明了高压发动机，终于给汽船设计师提供了一个合适的发动机。美国拥有广阔的河流网络。其中许多河流很长，并且没有激流。船闸的建造和运河的增加大大扩大了这个网络。因此，第一个商业上成功的蒸汽船运营出现在美国，这并不奇怪（图 5.4）。

图 5.4　哈里奥特号，亚拉巴马州蒙哥马利的一艘 19 世纪的汽船

资料来源：美国国会图书馆印刷品和照片部。

密西西比河系是蒸汽船计划的重要推动因素。如果船只能够在密西西比河及其支流上逆流而上，大陆的内部就可以开始通商。在使用蒸汽机之前，在密西西比河上，船只是被人力往上推的。工人们将一根杆子插入泥泞的河床，从船头走到船尾推动船只艰难前进（人们曾尝试过划桨、扬帆和从岸上拉动，但都被证明不可行）。在上游航行如此困难的情况下，美国内陆的商业受到了严重的限制。哈德逊河和切萨皮克湾地区位于东部沿海，它们也为蒸汽船技术提供了巨大的机会。

19 世纪蒸汽船的成功，是建立在 18 世纪许多失败实验的基础之上的。约翰 · 菲奇在经过多年努力争取必要的财政支持，和学习专业技术后，于 1790 年推出了“坚毅”号（the Perseverance）。菲奇的第一艘船是由悬挂在船舷上的桨来操作的，桨被活塞来回推动；后来他使用了悬挂在船尾的桨。虽然菲奇设计了一个带有无尽的桨链的模型，但他从未将这个“桨轮的前身”付诸实践。尽管他的船是以瓦特发动机为基础的，但他和他的伙伴们做了许多改进，特别是对锅炉。

另一位早期试图研究美国蒸汽船的是詹姆斯·拉姆齐（James Rumsey）。在本杰明·富兰克林的建议下，他建造了一些船只，用船尾喷出的水流提供推进力。他在将蒸汽机活塞与水轮机相连接方面做出了重要贡献，水轮机将水排出船外。这将是 19 世纪下半叶汽船的一个标准特征。1804 年，约翰·史蒂文斯（John Stevens）建造了一艘由“现代”驱动方式之一——螺旋桨驱动的船。由于结构做工粗糙，这艘船没有取得成功。

罗伯特·富尔顿（Robert Fulton）是第一个成功研发并运营美国汽船的人[威廉·赛明顿（William Symington）于 1802 年在苏格兰格拉斯哥附近短暂运营过世界上第一艘商业汽船“夏洛特·邓达斯”号]。他是宾夕法尼亚州爱尔兰移民的儿子，为了学习技能，他访问了欧洲，在此过程中学会了蒸汽船技术。事实证明，他的艺术才能不足以支撑他安逸地生活，他革新运河设计和引入潜艇战的计划没有产生任何影响，他在改进桥梁设计方面只取得了一点成功。然后，1801 年在巴黎时，他遇到了罗伯特·利文斯顿（Robert Livingston），罗伯特在纽约州拥有 20 年的蒸汽航行的垄断权。

1803 年在法国，在利文斯顿的资助下，富尔顿建造了一艘 6 马力的蒸汽船，该船依靠一个侧面安装的桨轮驱动。尽管这艘船有一些问题，但他还是订购了一个更大的 24 马力的瓦特发动机和许多其他部件，并在 1806 年返回时送到纽约。到 1807 年底，他已经建造了一艘 146 英尺长的汽船，每侧都有一个桨轮。该船使用当地丰富的木材，而不是昂贵的煤炭作为燃料。它被证明是非常可靠的，能够在 32 小时内从纽约到奥尔巴尼，而帆船则需要四天或更长时间。对帆船来说，哈德逊河是出了名的难行。富尔顿的蒸汽船的利润立即变得十分可观。

然后，富尔顿将注意力转移到广阔的大陆内部。他在匹兹堡设计并建造了一艘汽船，于 1811—1812 年成功地顺流而下，驶向新奥尔良。由于利文斯顿和富尔顿还获得了新奥尔良地区（今天的路易斯安那州）的汽船垄断权，这艘船也被证明是一个巨大的商业成功，是整个密西西比汽船舰队的先驱者。

虽然富尔顿在 1815 年突然去世，但他当时已经取得了巨大的成就。他使汽船在密西西比河和东部沿海地区，以及在纽约、波士顿和其他中心的跨河渡口得到运用。他指导了许多改进工作，包括调整发动机，加强船体，以及桨轮防护（部分是为了抵御来自嫉妒的帆船船长的“意外”攻击）。富尔顿有时被批评为没有真正做过什么“新的事情”。他的情况很像亨利·科特。正如科特是第一个认识到滚轮在制造均质铁棒和铁板方面的潜力一样，富尔顿也是第一个看到桨叶轮的未来的人。像科特一样，他把许多现有的想法汇集在一起，证明了蒸汽船在经济上是有利可行的。

蒸汽船得到了稳步改进，特别是随着更多的公司进入该行业，富尔顿的垄断地位受到挑战。到 19 世纪 50 年代，每小时 20 英里的速度已经很普遍。随着 19 世纪的发展，蒸汽机内部可以达到的压力越来越高，特别是在西部地区，高压机使人们得以利用泥泞河水，因此受到高度评价。虽然直到 1852 年美国国会对发动机的建造制定了严格的标准，爆炸事故仍然十分常见。在西部，船只被重新设计成最小吃水深度低于 3 英尺，以克服在树木丛生的浅水河中航行的问题。在 1850 年以前建造的所有西部汽船中，有 30% 因事故沉没，最常见的原因是撞上了水下的树干。

因为噪音很大，早期的汽船常常十分吓人。在蒸汽船被发明后的前几十年，爆炸和事故经常发生。然而，由于蒸汽船对经济发展非常重要，政府选择对其进行监管而不是禁止。

到 19 世纪中叶，铁壳船变得很普遍。从 19 世纪 40 年代开始，煤炭的相对价格下降和无烟煤（anthracite caused coal）燃烧方法的改进，使煤炭取代了木材作为燃料。特别是在东部，客运是蒸汽船的主要功能，因此蒸汽船的内部装饰被重视起来，直到这些船被称为“漂浮的宫殿”。桨船上的船员按种族分级，奴隶、前奴隶或移民从事最脏、最危险的工作。在 19 世纪末，除了在最浅的河流上，螺旋桨取代了桨轮。长期以来，螺旋桨一直被用于远洋运输，因为在波涛汹涌的海面上，桨轮经常不能接触水面。螺旋桨在美国河流上的应用较晚，这在一定程度上解释了为什么美国人尽管在内河蒸汽船上处于领先地位，但在 19 世纪的远洋汽船上却并没有取得什么进步。

1815 至 1860 年是蒸汽船的黄金时代。到 1830 年，它们主导了河流运输，特别是在西部地区。1817 年，有 17 艘蒸汽船在密西西比河系统中运营，总运力为 3290 吨。到 1820 年，这一数字为 69 艘和 13890 吨，到 1855 年，有 727 艘船，总运力超过 170000 吨。由于蒸汽船在这一时期的行驶速度越来越快，这些数字没能显示出蒸汽能力的迅速增长。从 1830 年到 1850 年，蒸汽船是该国最重要的运输方式。到 1860 年，蒸汽船在俄亥俄河的小支流上航行，并沿着密苏里州到达蒙大拿州的本顿堡，航程达 2200 英里。它们能够以前所未有的方式将美国广大地区连接在一起。渐渐地，它们被铁路所取代，但直到 20 世纪，它们仍然是一种重要的运输方式。

铁　路

约翰・菲奇，早期的蒸汽船实验者之一，在认识到任何类型的蒸汽马车都固有的问题之后，才将注意力转向了研发蒸汽船。船在平静的水面上行驶，更容易被驱动。美国不平坦的地形，以及区域间遥远的距离为陆路运输带来了特殊的工程问题。相对于蒸汽船而言，机车的尺寸受到限制，因此需要体积小但动力强的发动机。铁路是在蒸汽船之后出现的，但是，它将产生更深远的影响。蒸汽船仅用于可通航的河流和河口，而铁路则有可能到达任何地方（图 5.5）。

在铁路方面，美国人将追随英国的步伐。英国拥有更平坦的地形，更密集的人口，以及更多的技术支持和财政资源。成功建造一条铁路不仅需要建造机车，其财政和技术要求比蒸汽船要高得多。由于英国已经建立了运河网络，新技术的倡导者自然会把注意力转向这种新的运输方式。此外，

图 5.5　19 世纪 30 年代的一列火车（请注意对马车的改装）
资料来源：美国国会图书馆印刷品和照片部。

英国的煤矿长期以来一直使用马拉地下铁路运输，再加上英国在蒸汽机方面的专业知识，这些都为铁路发展提供了坚实的基础。

尽管第一台机车是由理查德·特雷维西克在 1803 年制造的，但第一条铁路，即斯托克顿到达灵顿的铁路，直到 1825 年才开通（在英格兰北部）。在这期间，蒸汽机和锅炉得到了很大的改进。

轨道也是如此。1810 年，理查德·特雷维西克的第三台机车因当时的轨道不结实而脱轨，此后，他将自己的才能投向了其他领域。利物浦和曼彻斯特铁路公司在 1829 年组织了选拔，以选择他们使用的机车。罗伯特·斯蒂芬森①（Robert Stephenson）的“火箭”轻松获胜。“火箭”有一个多管锅炉，并且是无齿轮直驱式，这将是未来几代机车的基础。这条铁路的发起人对它所吸引的流量，特别是乘客数量感到惊喜；其他的铁路很快就效仿了它。到 1841 年，英国有超过 1300 英里的铁路，议会在 1844 年和 1846 年之间批准了 400 条新线路。

---

① 罗伯特·斯蒂芬森，“铁路之父”乔治·斯蒂芬森的独子。

美国拥有广阔的领土，是最早追随英国的国家之一。甚至在斯托克顿和达灵顿铁路被建造之前，人们就已经有了相当大的兴趣。1812 年，约翰·史蒂文斯出版了一本受欢迎的小册子，主张铁路比运河更有优势。他获得了新泽西州的特许权，建造纽约和费城之间的铁路，但鉴于当时的技术，他无法继续下去。1830 年，巴尔的摩和俄亥俄公司开通了总线路的头 13 英里铁路（将于 1852 年到达俄亥俄河，并继续远远向前延伸），从而成为该大陆上的第一条商业铁路（第一条加拿大铁路于五年后开通）。其他线路迅速跟进；到 1840 年，轨道达到 2800 英里长，到 1860 年则超过 30000 英里。

事实上，到 1840 年，美国的铁路长度是欧洲的两倍，部分原因是人们需要一种新的运输方式来连接美国大陆。这一进程还得益于无须要跨越国界以及土地价格低廉的事实。据估计，英国铁路公司在 1868 年之前仅在土地上的花费就超过了美国铁路公司到那时在土地和建筑上的花费。

巴尔的摩和俄亥俄铁路及其他早期的美国铁路使用的是美国本地制造的机车。当“大拇指汤姆”（Tom Thumb）号在与一匹马的比赛中失利时，这些机车的局限性就显现出来了。尽管美国的发动机功率是足够的，但英国的发动机更胜一筹。第一批英国机车在 1829 年进口到美国。1829 年和 1830 年之间，新泽西州立法机构授予卡姆登和安博伊铁路公司（Camden and Amboy Railroad Company）在该国最重要的路线——纽约和费城之间的垄断权。该公司从斯蒂芬森[①]那购买了一辆机车，将其命名为“约翰·布尔”[②]。铁路公司技艺高超的机械师花了 10 天时间，才使这辆机车看起来和新泽西州的一样，他们以前从未见过机车。经过 300 多万美元的投资（每辆机车的成本为 12.4 万美元），这在当时是一个惊人的数字，这条铁路在 1832 年和 1833 年之间分节开通，立即取得了经济上的成功，其他铁路也

① 前文提到的罗伯特·斯蒂芬森。

② 约翰·布尔（John Bull）这个人名常用来指代英国人，这一说法源自英国文学作品。

纷纷效仿“约翰·布尔”。接下来的十年左右，美国又从英国订购了 120 台机车。

美国铁路改变了英国人铺设铁轨的方法。英国的铁轨是铺设在两条平行的石块线上。在美国，人们很快发现，冬季的霜冻会使这些石头移位，不在一条线上。经过大量的试验，现在人们所熟悉的方式被采用——木制轨枕铺设在砂砾路基上，这样水很容易被排出。轨道本身也发生了变化：以前人们在木质铁轨上贴上铁条，但这些铁条经常脱落，被吹入车厢，对乘客来说很危险。到 19 世纪 30 年代中期，人们接受了 T 形铁轨。丘陵地形和资金短缺也使美国铁路有更陡峭的坡度和更急的转弯。在英国，人们认为这些是很好的尝试。

一旦两个国家的轨道设计出现差异，机车设计自然也会产生分歧。到 1840 年，美国有 10 家专业机车制造商。其中，在 1831 年，费城的诺里斯机车厂雇用了 650 名工人，制造了 65 台机车。美国的发动机比英国的发动机更大、更有力，因此它们可以爬上更陡峭的坡度。它们还使用了转向车架，即四个可以独立旋转的引导轮，这是英国的一项发明，首先在美国被应用，以防火车在弯曲的轨道上脱轨。其他美国的改进包括车头的排障器，这是因为美国的铁路没有围栏；改进还有机车上的大型烟囱，以减少木材燃料在沿线引起火灾的可能性。1835 年美国只制造了 35 台机车，但 1845 年制造了 200 台，1855 年 500 台；19 世纪 40 年代，美国人就开始向欧洲出口机车并在海外设计铁路。

19 世纪下半叶，铁路在全国运输中的主导地位稳步提高。正如我们所预料的那样，许多技术创新促进了铁路的扩张。安全是一个关键领域，因为随着交通范围的扩大和速度的提高，在 1860 年，在早期的（一般是单轨）铁路上，每小时 30 英里的速度并不罕见，事故经常发生。19 世纪 60 年代的一位作者这样描述：

> 每天，死亡的记录都在增加。有时是碰撞，有时是火车头爆炸，有时又是整列火车突然冲下陡峭的路堤，或者冲进某条河流……每一个安全走出火车车厢的男人或女人都会有一种明显的如释重负的感觉。①

人们在 19 世纪 30 年代就已经开始使用手动信号系统，警告某一列车下一段轨道上有另一列火车。该系统的使用在 19 世纪 40 年代变得很普遍，但在 1872 年自动电子信号出现之前，仍有相当多的人为错误。其他防止事故的措施包括气闸和使用电报进行火车调度。因此，尽管机车变得更大更快，但事故率在该世纪的后几十年里有所下降。

19 世纪初，美国人在公路上建造了木质桁架桥（Wooden truss bridges），在铁很昂贵的地方，特别是在西部，木头将在整个世纪内持续被使用。第一座钢桥是 1867—1873 年在圣路易斯的密西西比河上建造的。约翰·罗布林（John Roebling）于 19 世纪 50 年代在尼亚加拉首次建造了悬索桥，十年后他又在纽约和布鲁克林之间建造了悬索桥。隧道盾构机能防止正在施工的隧道被水淹没。它在英国被研发出来，但美国人很快也使用了这种隧道施工技术。

铁路公司不仅取得了技术成就。在英国和美国，它们都是那个时代最大的公司。这些大型组织需要紧密的协调，以按计划行事和避免事故。就像技术革新本身一样，管理层的效率随着时间的推移，经历了无数的小改进而提高。在铁路发展之前，中层经理——监督经理并向其他管理者报告的人——基本上是不存在的（军队提供了一些关于如何管理一个大型组织的经验，并且有一些高级官员进入铁路管理部门）。铁路公司培养了这样的经理人，并通过公司的管理等级制度建立了职业发展机制，这种机制在 20

① In *Harper's Weekly*, 1865, cited in Brooke Hindle and Steven Lubar, *Engines of Change: The American Industrial Revolution 1790-1860*, 149.

世纪的美国工业中无处不在。[①] 许多铁路经理人——最引人注目的是钢铁制造商安德鲁·卡内基（Andrew Carnegie）——从铁路公司转到其他部门发展类似的组织结构。这些新的管理层次——正是因为所有权与管理权的分离——反过来又给公司带来了持久性，这在以前的家族企业中是很少见的。

政府在决定铁路公司的数量、规模和形式，以及铁路建设的时间和范围方面发挥了重要作用。由于铁路给经济带来的好处远远超过铁路本身赚取的利润，政府从一开始就对铁路项目进行补贴，就像他们以前对运河所做的那样。虽然出现了相当多的浪费和腐败，但这些政府补贴往往对有价值的铁路线的建设至关重要。一个关键的创新是向铁路沿线提供土地补助。

这种方法最初在铁路开发中西部的过程中被使用。然后，随着 19 世纪 60 年代横贯大陆的铁路建设，联邦政府为 18000 英里的铁路线授予了超过 1.3 亿英亩的土地。虽然铁路公司经常滥用他们的土地垄断权，但这些审批的用地有重要的好处。它们没有让财政拮据的政府付出任何金钱，而且它们额外激励了铁路公司去开辟新的领土，从而使他们的土地升值。

技术与法律：惠灵桥案

法律制度的演变反映了社会的变化和冲突。美国法律史学家通常认为，美国的法律制度异常灵活，倾向于支持技术带来的变革，而不是巩固既有利益。与许多（如果不是全部）欧洲国家相比，情况的确是这样的。然而，美国的创新者们经常不得不在法庭上进行斗争以达到目的。既得利益者有时会利用法律来阻止对他们构成威胁的技术变革。因此，法律可以影响创新的进程。

一个很好的例子是惠灵桥公司（Wheeling Bridge company）的案例，

① 文化态度也随之改变。杂志为中层管理需要处理的冒险和挑战欢呼，试图将其确立为具有“男子气概”的工作。

该公司在 19 世纪中期提议建造第一座横跨俄亥俄河的桥梁。虽然惠灵桥公司不隶属于任何铁路公司，但来自匹兹堡的蒸汽船利益集团将这座桥视为修建铁路的预兆，特别是当巴尔的摩和俄亥俄公司表示，一旦桥梁建成，他们就有兴趣架设渡河铁路。蒸汽船公司抱怨说，这座桥会阻碍他们在河上的航行。他们显然也担心与铁路竞争。蒸汽船公司发起了漫长的法庭斗争以阻止大桥的建设。宾夕法尼亚州政府支持他们，很大程度上是为了保护其在跨宾夕法尼亚州运河的投资。弗吉尼亚州政府反过来支持惠灵桥公司。

这场法庭斗争并不是新旧之间的明确对抗（无论如何，蒸汽船本身并不那么古老）。匹兹堡的利益集团谈到了长期以来的航行自由的原则，以及《西北条例》中保障俄亥俄河自由航行的特定段落。支持建桥的人指出，该条例还承诺为俄亥俄地区提供公路连接。随着争论越来越激烈，以及国会被卷入战局，该案还涉及北方和南方各州对州权与国家权力的不同看法，以及对国会和最高法院的权力的不同意见。

技术问题是该案的核心。按照最初的提议，这座桥要比最高的汽船烟囱更高，而且还是在河水最高的时候。然而，在这一时期，蒸汽船的烟囱设计得越来越高，随着时间的推移，对拟议中的桥梁威胁越来越大。因此，诉讼人就更高的烟囱是否真正能提高发动机的效率展开了辩论。他们还讨论了铰链式烟囱的成本问题，这种烟囱可以放下以通过桥梁，就像路易斯维尔运河上的船一样。然后，他们讨论了惠灵河蒸汽船交通的经济重要性（讨论了俄亥俄河的通航情况）以及这种交通对高烟囱的依赖程度。

最高法院最终做出了妥协。自由航行的权利不是绝对的；可以有一些障碍物。桥梁公司不得不修改其计划以尽量减少对自由航行的阻碍，但被允许建造桥梁。法院决定，应由国会来决定确切的妥协方案。因此，惠灵桥案建立了法律框架，允许铁路公司在未来几十年内为国家的主要河流架桥。同时，法律限制也促进了桥梁设计的改进。反过来，随着桥梁技术的改进，法律限制也相应变得更加严格（图 5.6）。

图 5.6　从西岸看到的惠灵桥
资料来源：美国国会图书馆印刷品和照片部。

蒸汽运输对经济的影响

毫无疑问，蒸汽船和铁路彻底改变了美国的交通。有的地区，特别是西部地区，之前几乎没有人类活动，但在这之后，人们可以在这些地区定居和进行开发。从地理上说，它们的影响是巨大的。一些历史学家进一步认为，它们是美国在 19 世纪中期经济快速增长的关键。尤其是铁路，它不仅降低了运输成本，而且使钢铁、煤炭和工程部门的产量激增。因此，铁路是经济发展的一个推动力。

近几十年来，经济史学家试图量化铁路对经济的影响（对蒸汽船的研究要少得多，更不用说岔道或运河了）。罗伯特·福格尔（Robert Fogel）和阿尔伯特·菲什洛（Albert Fishlow）都发现，假设对运河和公路进行适当的投资，19 世纪末一个典型年份的铁路服务总量可以由其他方式提供，其成本不到国家产出的 5%（也就是说，相当于几年的经济增长）。此外，铁路对钢铁和煤炭工业的影响被大大夸大了。

不过，福格尔承认，他无法衡量铁路可能产生的动态效应。铁路将市场联系在一起，使企业能够在比以前大得多的规模上运作。通过促进个人旅行，铁路促进了思想的交流，并可能对创新的速度产生重大影响，因为技术创新涉及不同思想的结合。企业接触到更多种类的原材料，以及有了新的营销机会，这些也一定刺激了创新活动。

几十年来，随着道路、公共马车、运河和汽船的出现，旅行路上的时间已经在逐渐缩短。铁路加快了这一速度。1790 年，从纽约到缅因州需要一个星期，到佛罗里达州需要两个星期；没有公共马车穿过阿巴拉契亚山脉（无畏的旅行者至少要花五个星期才能到达现在的芝加哥）。到 1860 年，一个纽约人可以在一天内到达缅因州，在三天内到达佛罗里达州；最引人注目的是，通过铁路，到芝加哥只用花两天时间。在接下来的几十年里，横贯大陆的铁路将把西部边远地区与全国其他地区联系起来。尽管汽车和飞机将在下个世纪进一步缩短旅行时间，但铁路的影响更大。许多以前与世隔绝的地区现在被纳入国家经济之中。

铁路的影响超出了经济范畴，还有社会影响。鉴于铁路旅行速度快、价格低，许多人可以感受旅行的乐趣。随着旅行变得自由，民族认同感增强，地区文化独特性减少。生活在农村的人们更容易了解大城市，东部人可以随时访问西部。很难想象，美国大陆如果没有铁路，会是个什么样子。可以说，由于铁路的速度快，铁路也改变了美国人看待自然的方式。人们现在可以遥远地看到自然的全貌，而不用直接与自然接触。

铁路对区域经济的影响可能是巨大的。许多城镇由铁路的分界点发展而来，列车员在那里换班和给机车加水。其他城镇之所以成为工业中心，是因为铁路将它们与材料和市场联系在一起。另外，在蒸汽时代，那些无法通过铁路获取煤炭的城镇和地区在竞争中受到影响。如果没有铁路，农民们会被限制在本地市场，而不是专门种植最适合当地土壤和气候的农作物。

最后，铁路对货物的分配方式产生了重大影响。铁路首先影响了 19 世纪 50 年代的批发商，然后影响是 19 世纪 70 年代的百货公司、连锁店和邮购公司，铁路为产品创造了巨大的全国性市场。正如 18 世纪道路的改善所带来的分销方式的变化一样，这些发展改变了生产者的经营方式。在 19 世纪的后几十年里，亨氏、博登、金宝汤、利比肉罐头和伊士曼－柯达等公司建立了大型的层级组织，以管理大规模的生产和全国性的商品营销。18 世纪初在英国开始的革命，随着炼铁术的改进和纽科门的蒸汽机的发明，革命在 19 世纪达到了高潮，蒸汽船和铁路影响了所有美国人的生活。

第 6 章

机器及其大规模生产

我们已经看到了工业技术对 19 世纪美国社会产生的巨大影响。村舍用的纺车被水力纺纱机取代，木制机器被铁制机器取代，独木舟和马车被桨式蒸汽船和铁路取代。大约在同一时期，另一个复杂的变化正在发生：机器的大规模生产。在许多方面，这是早期工业化中最困难的挑战。生产数千码[①] 棉布是一回事；将复杂的部件制成收割机、枪支或钟表等机器是另一回事。两者的差异不仅包括需要制造一些专用的齿轮、曲柄和其他部件，还包括将它们组装成一个能使用的产品。这两个方面密切相关：需要花很多钱锉平和安装手工生产的部件，才能将配件组装起来。当时的零件不能互换，当像枪这样的机械被组装起来时，其中部件只适用于那一把枪，在维修时需要花许多钱安装新部件。虽然这保证了当地铁匠一直有活干，但由于机器价格昂贵，很少有消费者能购买节约劳动力的机器。事实上，较差的制造条件使人们无法想象许多人都拥有缝纫机、打字机和其他家用电器，更不用说汽车了。由于要手工制造机器，因此为大规模部队制造数百万件武器很困难。要想让机器的价格下降，需要用新的方

① 码，英制长度单位，约为 0.9144 米。

法来制造部件。这些部件必须是精确的复制品，可以在稍微用锉刀加工后组装，或者不用加工直接组装；只有这样的部件才能在组装或维修中成功被替换。这意味着要用精确的测量设备，特别是能制造出成千上万个完全相同的零件的机床来取代手工制造的方法。这项技术由此发展出一个术语——“美国制造体系（American System of Manufacturing）”。

人们很早就明白了，制造可以互换的相同部件有许多好处。1798 年，伊莱·惠特尼承诺他可以在两年内生产一万支火枪，从而赢得了美国政府的认可。惠特尼向政府官员保证，他已经掌握了制造可互换部件的技术。事实上，他离真正能实现这一目标还差得很远。他花了十年时间才完成这一订单，而且他生产的产品质量很差。尽管如此，由于惠特尼的宣传推广，可互换性成了一个有影响力的理念，最终导致了机器的大规模生产和美国制造体系。

从锉刀到铣床：工业中机械工具的起源

惠特尼之所以失败，主要是因为他没有机床可以用来生产一模一样的零部件。惠特尼依赖于手工制作的零件，有时用夹具（固定工件以进行精确钻孔或切割的装置）对这些部件钻孔或铣削。他使用量具测量，用主模型比对，以确保一系列零件保持一致。不过，只有经过艰难的锉削，惠特尼的枪机才能组装起来。

如果想要零件具有可互换性，那么需要一个有许多机床的车间。这些机床不仅可以加快凿子和锤子等手工工具的工作速度，而且可以生产统一的产品。许多这种类型的机床都源自英国（特别是来自钟表业）。例如，现代车床的滑枕可以在旋转的工件上精确而均匀地切割，这对于钟表的零件能否密合至关重要（图 6.1）。

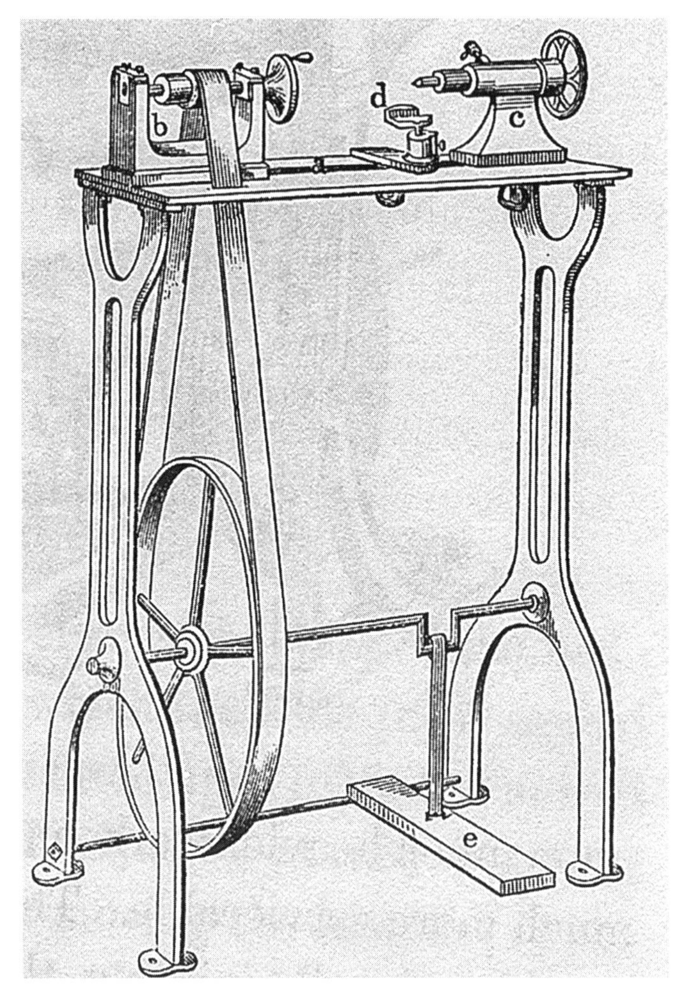

图 6.1　通过踩脚踏板，可以操作这台简单的车床，使一块金属或木材旋转。同时，图中标记“d”上的工具对其进行切割，将其塑造成某种形状，或者在上面开出沟槽

资料来源：W. Henry Northcott，A Treatise on Lathes and Turning，1868.

火器工业是人们走向现代机械厂的一条特别重要的途径。最晚从 1640 年开始，意大利的大炮厂就开始使用水力镗床。在一根长杆上，有一个圆形的切割工具，能够钻出金属铸炮的炮心，确保厚度相对均匀。1774 年，英国铁匠约翰 · 威尔金森制造了一台镗床，齿条推着固定切割头向前，一大块大炮形状的铸铁则以切割头为中心旋转。这样打造出的炮心相对更加均匀。而均匀的炮心对于炮弹发射的精确度至关重要。威尔金森的镗床对 1776 年瓦特的第一台蒸汽机汽缸的制造十分重要（见第五章）。

在英国人亨利·莫德雷（Henry Maudslay，1771—1831）的职业生涯中，武器制造、蒸汽机和机床之间有着紧密的联系。1783 年，他先是在英国国家兵工厂当学徒，后来很快就成为一名一流的机床制造师。1800 年左右，莫德雷发明了一种自动车床，它将滑枕式刀具夹具与导螺杆拼接在一起，使切削刀具能自动前进，切削车床中转动的工件。这台机器适用于制造螺丝，可以打磨出标准的螺纹样式——这对机器的维修和组装至关重要。改进型丝锥能在金属上刻螺纹，解决了机器制造中的许多问题。莫德雷最年轻的弟子詹姆斯·内史密斯（James Nasmyth，1808—1890）发明了一种蒸汽驱动的锤子，大大降低了大规模锻造（塑造热金属物体）的难度。尽管这些发明可能突破性相对较小，但它们是迈向机械产品大规模生产的漫长旅程中重要的一环。

军械库、可互换部件，及美国制造体系的起源

美国政府管理的军工厂[①]引进了许多机器。这些机器促进了组装消费品的大规模生产。现在许多人可能觉得这很奇怪，因为他们认为应当是自由企业希望获取利润，因此有创新的动力。的确，美国的专利制度为获得认可的发明授予 14 年的独家产权（现在是从申请开始的 20 年），促进了企业家的创新。然而，像现在的企业家一样，当年创业初期的私人企业家不愿意或没有能力在昂贵的创新上投资，如特殊用途的机床[illegible]模生产没有确定买家的商品。犁、枪、甚[illegible]无法确定他们在

---

① 此处为美式英语“armory”，区别于英式英语“armoury”。

这些机械上的投资是否能带来利润。运输这些货物的成本，以及交通的不便，进一步使人们不愿意将资金投入到能大规模生产货物的机器上。地区之间、社会之间的区别，以及个人品位的差异，导致家具甚至武器都需要私人订制。

因为这些原因，比起私人生产商，由政府经营的工厂在制造军事武器方面有明显的优势。国家军工厂不需要立即获得投资回报，而且美国军队是大规模生产的武器的固定市场。在任何情况下，特别是在内战之前，美国人都希望政府能在创新方面发挥领导作用。军队勘察和修建道路，州政府补贴铁路和运河建设，直到私营企业能够盈利。同样，政府在生产方法方面的“军械库实践”是美国的制造体系的前身，被用于大量大规模生产商品。

1812 年战争之后，政府官员抱怨武器供应商未能提供足量的优质武器。为了获得可靠和统一的武器供应，乔治·华盛顿指示位于康涅狄格州的斯普林菲尔德和弗吉尼亚州哈珀斯费里的两家政府军工厂生产零件可以相互替换的枪支。到 1821 年，两个军工厂都生产了“模式火枪”。这种火枪以模型（或模式）为基础，根据这些模型塑形、切割、钻孔和铣削部件，使其符合最低的可互换性标准。1826 年，在一系列精心设计的量具和专业设备的帮助下，约翰·霍尔（John Hall）在哈珀斯费里制造出了大部分零件可互换的膛线步枪[①]。然而，直到 19 世纪 40 年代，大规模生产 1841 型击发式膛线枪可互换部件的成本才变得较低。

起初，可互换性技术的成本较高。虽然约翰·霍尔在 19 世纪 20 年代制造了大部分零件可互换的步枪，但是由于对该产品的需求不大，单个零件成本太高，无法与传统方式制造的步枪竞争。只有政府给予补贴后，这种枪才得以继续生产。尽管如此，这些早期发展可互换性技术的努力，创

① 英语为“Rifle”，指枪管内铸有膛线的步枪，也称来复枪、步枪。制造工艺相比之前的滑膛式的火枪工艺更复杂。

造了现代大规模生产所需的专业机床。

1818年，托马斯·布兰查德（Thomas Blanchard，1788—1864）在斯普林菲尔德军械库安装了他巧妙的模式车床。这台机器可以按照模型切割出不规则形状的木头，解决了火枪生产中的一个老问题，即枪托的制作和安装。布兰查德的大型落锤机操作原理简单而有效，将重物砸在软金属片上，然后压成下面的模具（金属模型）的形状。这一过程节省了大量的手工锻造，并使成品更均匀，从而保证了可互换性。布兰查德还设计了许多专门用途的机器。这些机器被用于钻孔、切割和打磨发射装置（枪栓）的零部件（图6.2）。

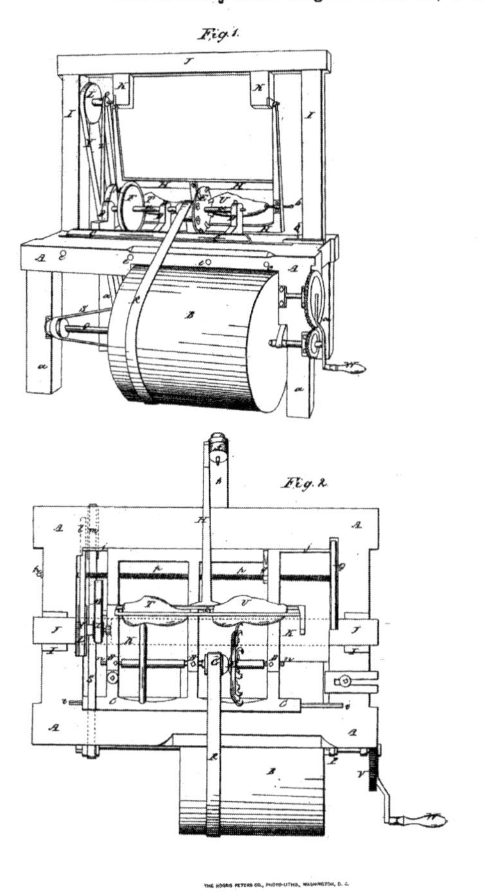

图6.2　1819年托马斯·布兰查德的“模式车床”专利图，该车床可以制造一模一样的、不规则形状的木制物品。该机器被广泛用于制造枪托，比起手工制作枪托耗时更短

资料来源：美国专利和商标局。

在斯普林菲尔德周围的私人武器工业也有创新。斯蒂芬·菲奇（Stephen Fitch）在1845年制造了一台车床，可以在“转塔”上安装许多工具。1873年，著名的连发步枪制造者克里斯托弗·斯宾塞（Christopher Spencer，1833—1922）实现了转塔车

床自动化。他的“脑轮”[①]（brain wheel）在转塔上自动从一个工具切换到另一个工具，从而大大简化了复杂零件的切割。

铣床也很重要。横向滑座将固定工件向前推进，而这些圆盘状的切削工具则围绕着固定工具旋转。在其他用途中，铣床生产的枪机取代了手工锉削和刻凿制造出来的，生产出样式更加统一和可替换的工件。铣床于 1818 年首次出现在康涅狄格州的一家小型武器工厂，但在 1850 年，当弗雷德里克·豪（Frederick Howe，1822—1891）发明了一种可以垂直和水平方向送入工件的铣床时，铣床工艺得到了极大的发展。

伴随着新机器的出现，工作的专业化程度也在提高（将许多原本由熟练工匠完成的任务细分）。这种变化使管理层能够雇用技术含量较低的（而且通常工资较低的）劳动力，并加强对生产过程的管理控制。总之，这导致了美国的制造业体系的产生。

从枪支到打字机：19 世纪复杂产品的大规模生产

令欧洲人惊讶的是，美国制造商在 1851 年于伦敦举行的水晶宫工业博览会上引起了轰动。阿尔弗雷德·霍布斯（Alfred Hobbs）的挂锁、塞缪尔·柯尔特（Samuel Colt）的左轮手枪和赛勒斯·麦考密克的收割机给所有观众留下了深刻印象。这些产品不仅达到甚至超过了欧洲标准，而且其生产方式也与众不同。每个机床都有其专门的用途，这给欧洲制造商留下了深刻印象。第二年，一个由英国制造商和工程师组成的代表团前往美国，希望了解新的美国制造体系。很快，许多人都抱着同样的目的前往美国。尽管一部分这些新的制造方法是政府军工厂发明的，但它们已经渗透到民用领域。

---

① “脑轮”为斯宾塞对他自己发明的凸轮鼓的命名。转塔车床于 1873 年申请专利，但未涉及对“脑轮”的保护。

军事装备的大规模生产技术是如何被运用到商业经济中的？为什么技术会发生转移？为什么这个系统会在美国发展？首先，许多源自军备的机器和生产方法，几乎立即可以用在民用经济中，来制造复杂产品。这些产品包括收割机、缝纫机和打字机，以及后来的自行车和汽车。早在1834年，艾姆斯制造公司（Ames Manufacturing Company）就通过采用附近的斯普林菲尔德军械库的模型，雇用曾在那里工作的人员，成功地生产了机床。柯尔特、雷明顿（Remington）和夏普斯（Sharps）也做了同样的事情，成为成功的私人武器生产商（图6.3）。雷明顿在内战期间是步枪制造商，在战争结束两年后，将其机床部分用于生产打字机。实际上，政府已经为商业领域完成了技术研发工作。

是什么促使不属于军事部门的商人，在成本效益并不明显的机器和质量控制上投入资源？这是由于美国熟练劳动力的短缺（以及劳动力工资很高），迫使雇主购买昂贵的新机器以抵消劳动力成本。也许更重要的是，美国的工匠是流动的，对任何特定的工作都没有长期的兴趣。不管这些工匠到哪里，他们都追求高工资。这样他们就能攒下足够的钱来购买土地或建立自己的企业。这不仅导致雇用工匠的成本高，而且对制造商来说，工匠并不可靠。这为用新机器代替工人提供了动力。同时，技术熟练的美国工人很少阻挡创新。与英国那些比较稳定和受传统约束的工人不同，美国工人很少反对节省劳动力的技术，因为他们并不依恋特定的工作环境或工作方式；而且，有时新机器会导致收入增加。

渐渐地，熟练技术工人的稀缺、昂贵和不可靠带来的问题减少了，但企业家们仍然希望雇用不需要什么技巧的专门的机器操作员，而不是手艺人。如果说在1850年以前，美国工人的平均工资比英国工人的工资高三分之一甚至50%，那么随着来自爱尔兰、德国和英国的移民潮，工资的差距逐渐缩小。技术不精通的移民工人持续增加，从另一个方向提供了一种激励。雇主可以让廉价和顺从的移民劳工操作新机器，以取代高价的技术工人。

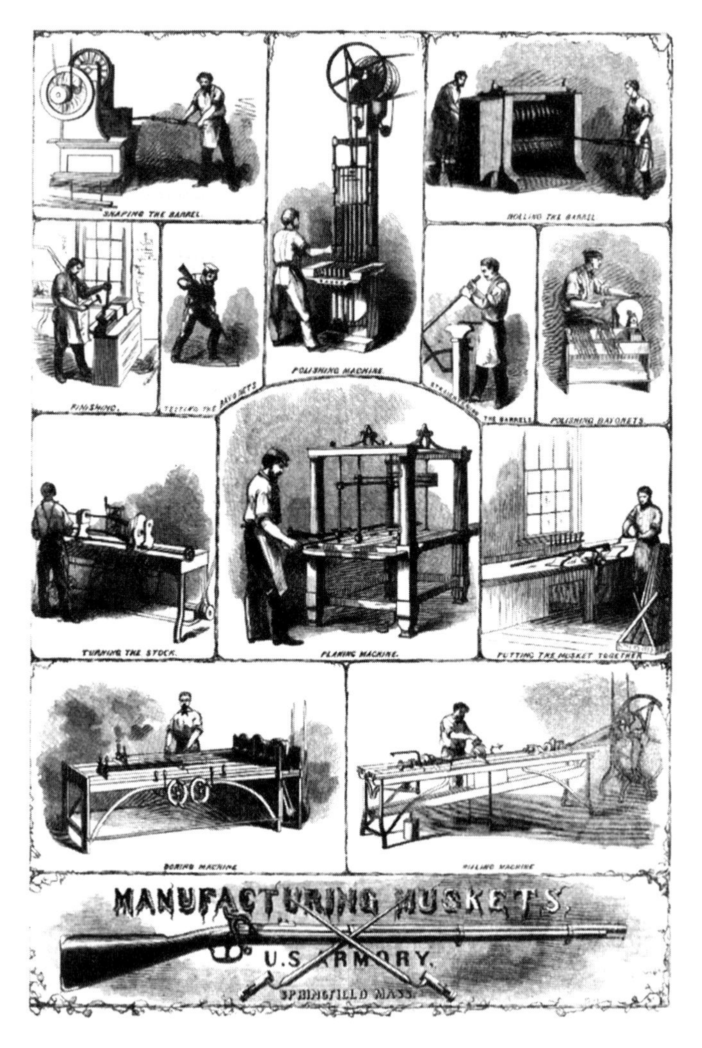

图 6.3　1861 年在斯普林菲尔德军械库用于制造枪支的机器

资料来源：美国国会图书馆印刷品和照片部。

不过，在讨论私营企业为何采用美国制造体系时，美国人想用资本（新机器）替代稀缺的熟练劳动力这一动机，可能不如消费市场因素这一动机重要。早期美国消费者接受实用的、一模一样的耐用品。然而，美国人对实用主义的喜爱和对浮夸的厌恶可能被夸大了；只要看看 19 世纪末的铁炉子或缝纫机，就能看到华丽的外壳和漂亮的包装。美国的许多商品制造商——特别是家具、珠宝和服装制造商——不断追赶变化的时尚，生产出大量不同的商品。然而，与英国人相比，美国人的确更注重实用性。比如常见的美国餐刀，它的刀柄和刀身是一体的。美国人对商品的这种态度，使制造商可以忽略商品种类和型号的变化，正是这些变化会使单一用途的机器不再适用，而使制造商感到灰心。标准化机器制造的商品并不一定意味着比手工商品差：英国手工制造的鞋不合脚，有时还很难区分左右脚。到了19世纪80年代，美国机器制造的鞋子往往更好。

另一个这种实用主义的例子，是19世纪30年代出现的美国“轻捷构架（balloon frame）”住房创新。美国人用截面为2×4英寸的墙柱建造房屋。墙柱间隔16英寸，两面钉上木板，形成墙壁的框架。将这个框架竖起来，就能形成简单的盒形，盖上屋顶后就成了房屋。这种新方法取代了昂贵的柱梁式建筑（见第2章）。因此，更多美国人有能力拥有自己的房子并建造更大的房屋。当然，这种建筑方式促进了墙骨、预制窗框和门的大规模生产。许多人可以建造自己的房子，现在仍有人这样做，即使19世纪中期一位英国观察员讽刺地称之为“毫无修饰白色小房间”。

美国消费市场的独特特征源于充满活力的美国社会。例如，快速的人口增长刺激了对新商品的需求，以及企业家相信，未来市场需要昂贵的新产品。高出生率并没有导致生活水平的下降，不像19世纪40年代爱尔兰的土豆饥荒那样。19世纪美国的人口激增并不是问题，因为该国正在向西扩张，那里的土地相对肥沃（不同于澳大利亚的内陆地区，尽管同为移民定居大陆形成的社会）。美国的农业定居者（特别是在北方）为实用商品提供了大规模的市场。这些实用商品包括斧头、枪支、犁、铁炉，以及后来的收割机和其他需要大规模组装的商品。更重要的是需求的相对统一性，这促使了标准化的犁、叉，甚至玩具的出现。农村中产阶级占主导地位，这是需求相对统一的基础，这一点美国在当时的世界上几乎是独一无二的。1810年，80%的美国人是农民，穷人相对较少；1840年，超过60%的人仍然是农民。这些农民对交通和农具有共同的实际需要。农民之间相对孤立，这意味着他们希望工具的质量较好，维修较为简单。这一市场十分适合新技术的使用，即用特殊用途的机器大规模生产简单低价商品。

供应因素在生产美国体系中也发挥了作用。较高的土地与劳动力比率（land-to-labor ratio）促使农民购买相对昂贵的农具，如收割机（见第 7 章）。新机械，如模式车床的引进没有遇到困难，因为美国的资源（如木材）很丰富。虽然这些机器节省劳动力，但在使用木材方面也很浪费。如前文所述，美国的圆锯使用非常宽的锯片，产生的锯末比欧洲国家的多得多。但它们的速度要快得多，需要较少的保养，而且考虑到美国（而不是英国）的木材数量，这种浪费是可以承受的。

尽管有这些优势，欧洲人往往觉得美国的机器没有那么好。美国的机器可能工作更快，更能处理细致的工作，但与英国的机器相比，它们往往更容易发生故障，磨损更快。这对美国工业家来说不是问题，因为他们预计新机器很快就会取代旧机器。一位美国人解释说，早期汽船质量不好有合理的原因，因为更快的蒸汽机很快就会取代它们。在 1817 年开业的十年内，罗德岛的一家纺织厂已经更换了所有最初使用的机器。欧洲人觉得美国人以技术不断变化为借口粗制滥造。也许是因为这个原因，他们在采用美国的方法和机器方面速度较慢。

我们必须强调，在许多美国工业中，新机床的引进也很缓慢。美国制造体系不一定成本更低，特别是在那些季节性的、短期生产的行业。手工劳动力几乎不需要投资，也不需要花太多钱储存原材料和成品；在城市这个有着大量劳动力的地方，企业家可以根据市场的需要随意雇佣和解雇工人。即使在 1900 年之后，在纽约和费城占主导地位的时尚产业（尤其是服装行业）中仍是如此。

在一些行业，往往没有必要使用复杂而昂贵的机器工具。例如，在 1880 年左右的家具行业，简单的工具，如用脚踏板操作的榫机，就足以将生产力提高 20 倍。专业化的作品，持续的风格变化，以及客户对熟练工艺的期望，使家具行业在 20 世纪一直处于半手工模式。市场营销，而不是制造水平，决定了一个家具公司能否成功。

即使是那些看起来很适合使用新制造方法的行业，在采用这些方法时也很迟缓。虽然一些缝纫机公司（如威尔考克斯和吉布斯）是美国制造体系的早期使用者，但胜家缝纫机公司（Singer Sewing Machine company）[①] 在 1851 年成立后，其后一代人仍在使用传统方法。在公司成立初期，胜家的工厂很少用专用机器，而是用手工锉刀进行最后的组装。在 19 世纪 60 年代末之前，所谓的欧洲方法一直很流行。该方法是雇用廉价劳动力从事极其专一的工作。广告、产品创新和高额的零售价格（通常通过购买或赊账实现）使许多消费品制造商取得成功，包括胜家缝纫机公司。然而，到了 20 世纪初，美国制造体系在许多行业占了上风。

机械和工匠的自豪感

新的生产方法使新机械生产出的产品价格较低，许多人能负担得起。然而，这些方法也深刻影响了工作体验，特别是影响了技艺高超的工匠。专用机械往往用工资低、没有技艺的操作工取代了自豪的手工业者。纺织品的机械化主要影响了妇女和儿童，而机器工具和大规模组装则主要改变了男人的工作。

新的机器导致枪械制造等行业的技术水平下降。任务的专门化，使得工厂可以雇佣没怎么接受过培训的工人，来钻孔或磨制枪管。像布兰查德模式车床这样的机器只需要一个工人来把木块安装上去，然后看着木块自动被加工成枪托。日薪工作在兵工厂中越来越占主导地位。

---

① 又称“辛格缝纫机公司”。

同时，在 19 世纪，其他职业几乎没有经历机械化。例如，屠夫、造船师、大多数建筑工作和矿工等职业。直到 19 世纪 70 年代，费城的手工编织地毯者才被机械所取代。迟至 1907 年，一种新产品——灯泡——仍主要由手工制造，工人按件计酬，仅由简单的机器辅助。1901 年，一家大型工厂雇用了 27000 名员工，按照 21000 种计件工资率支付工资！

虽然一些行业仍使用计件工资的雇佣方式，操作简单机器，但这并不意味着他们的工作条件保持不变。在各行各业中，管理者越来越多地试图给劳动者提新的规则，以此提高产量。1818 年，斯普林菲尔德兵工厂的经理罗斯威尔·李（Roswell Lee）试图通过禁止打架、赌博和饮用“烈性酒”来消除车间的社交。与早期的纺织业城镇一样，兵工厂的管理人员鼓励人们去教堂，并随之鼓励人们致力于稳定的工作和改善家庭条件。

即使是在引入新机器和规则的地方，这项工作也绝非易事；特别是在像哈珀斯费里兵工厂这样建立在边疆农村的工厂，人们迟迟不信宗教，更别提根据宗教的教条自我约束。兵工厂建立 29 年后，该地区才有了第一座教堂。在兵工厂 66 年的发展史中，工人们抵制变革，认为有纪律的工作等同于奴隶制。在 19 世纪 20 年代，他们继续随心所欲地来往，并在狩猎和捕鱼季节拒绝工作。按件计酬的兵工厂工人并没有努力挣更多的钱，而是利用新的机器，只在必要的时候工作，以获得一定的收入。他们尽可能减少工作时间，将更多时间用于休闲放松和耕作私人土地。

北方城市的工厂革新者在使工人适应机械化方面也遇到了困难。这些革新者的努力导致了真正的文化战争：一边是管理者。他们坚持重视生产力，谴责他们认为的工人的“恶习”（vice）和“无精打采”（lethargy）；另一边是工人。他们重视个人自由和相互帮助。

只是渐渐地，工匠们开始意识到，对于他们这个阶层的大多数人来说，他们终将从事机器维修，成为一个行业“全才和主人”（master）的希望已经基本消失。在这个过程中，出现了对劳动、工资和时间的新态度。管理者慢慢从工作时段中消除了传统的享乐，以及运用技能的自豪感。越来越多的劳动者明白，工作是在出卖自己的时间，而不是一种“生活方式”。机械化让雇主得以调节工作节奏。机器迫使工人服从于雇主规定的劳动时间和强度。管理者用货币价值衡量工作时间，并试图增加工人每小时内的产量。管理人员鼓励工人守时，并试图通过罚款和解雇的威胁来减少旷工行为。许多雇主用小时工资取代了日工资，从而在需求不旺的情况下降低了工资成本，意味着工作时间少于“全天”。正如我们所看到的，其他雇主采用了按生产件数确定工资的做法，以鼓励工人提高日产量。

劳动者们试图反抗这些增加工作强度的行为。他们试图限制产量，排斥那些产量超过团体所坚持的适当“定量”（stint）的工友。他们声称，更多的工作只意味着劳动者们处于疲惫的状态、没有固定的工作，以及劳动者之间产生分裂。工人们还要求获得加班费和确定“标准的”（normal）工作日的工作时长上限。在 19 世纪 30 年代中期，城市的熟练工发起运动要求每天只能工作 10 小时，将工作时长减少一个或更多小时。虽然这一运动获得了广泛的支持，但是 1837 年的大萧条使其受挫，不过该运动在 19 世纪内不断复兴。这些雇佣劳动者认为生产力的提高导致雇主收益的增加，他们也希望因此获得更高的工资。通过减少工作日，雇佣劳动者希望给更多的工人提供工作，并使季节性就业的持续时间更长。

有时劳动者要求缩短日工作时长，是因为他们认为自己有权力在工作之余，在市场之外享受生活。1835 年，一群来自波士顿的工人声称，他们作为“美国公民”的职责使他们不能每天工作超过 10 小时。实际上，他们认为，如果减少工作时间，机器能使工人参与美国的文化、政治和宗教生活。由于工作中的休息时间被取消，迫使工人们争取在工作时间之外放松休闲。最后，由于材料和机器不再存放于家庭中，工作和家庭生活分离，工人只能将工作和“生活”明确分开，以保护家庭时光。许多家庭会选择让母亲辞去工作，但这并不能解决问题。工人们不仅试图通过劳动挣更多的钱，他们还寻求不受机器影响的生活。

然而，尽管有抗议，美国的工薪族几乎没有改革任何事物。随着机械化和高强度的工作，工资变得更高，减轻了劳工的不满。在 1860 年至 1890 年期间，实际工资平均增长了 50%（其中很大一部分来自消费品价格的降低）。然而，历史学家们也注意到，高薪和低薪工人之间的分化日益扩大，这能够解释为何美国的大规模社会主义运动都失败了。在 19 世纪 50 年代和 19 世纪 80 年代之间，北方收入最高和最低的产业工人之间的差距增加了 250%。熟练工人和半管理人员（特别是在金属、建筑和印刷业）从生产力提高中获得的收益远远大于纺织业和其他行业的机器操作工。移民占工业劳动力的一半以上，他们主要在低工资部门工作。收入的差距，以及种族间工作的不同阻碍了工人之间的团结，这能够解释为什么在 19 世纪，机械化对技能的熟练程度和工作岗位造成威胁时，并没有引发工人们强烈的抗议。

机械化进程从纺纱厂开始，在机器的大规模生产中达到顶峰。美国人在这一转变中发挥了重要作用，但绝不是唯一发挥作用的人。其结果是商品的大众化普及，但新的工作方式使许多人感到沮丧，一些人试图逃避这种新形式。

第 7 章

农场和森林中的机器（1800—1950）

蒸汽机和机床不仅彻底改变了交通和工业，也改变了人们的生活，以及美国人的饮食和自然材料供应方式。新的工具和工艺减轻了农场家庭工作负担，使美国农业成为全世界生产力的奇迹，但技术也迫使每个家庭接受意想不到的或不受欢迎的变化。许多人心甘情愿地（但其他人则不太情愿）离开农场，逐渐终结了美国"家庭农场主"的国家形象。原本人们在家里或当地种植食物，但现在食物由工厂大规模加工和包装。土壤看起来可以提供无尽肥力，但却逐渐退化，森林被砍伐殆尽。机械化解决了问题，但也制造了问题。在本章中，我们将大致描绘 1800 年至 1950 年前后机械化是如何改变农场和森林的（后一章将讨论这一时期之后的情况）。

栽培和收获方面的创新

许多人认为农民不愿意承担风险，也不愿意引进新方法或工具。尽管在 1800 年，美国定居者已经没有了欧洲贫农在村庄传统下的奴性（servility），但新世界的农民仍然苦恼于他们在经济和文化上与城市的隔阂，以及开垦土地的巨大工作量。他们几乎没有时间或能力来试验新的方法。对许多农民来说，从殖民时代开始到 1800 年以后，种植作物和照料牲畜的常规工作几乎没有变化。

这并不是因为农民对改良不感兴趣。但是，农业受制于天气和土壤。没有什么办法可以加快作物的生长速度。而且，收获周期中某个部分的创新，在其他相关部分也有创新之前，可能不会有什么优势。例如，1731 年，英国人杰思罗・塔尔（Jethro Tull）发明了高效的“种子钻（seed drill）”。这种装置通过管道挖开土壤，然后将种子埋进土里，将小麦种植成行。然而，美国农民发现，美国殖民地的土地里有坚硬的岩石和树桩，这种机器几乎无法使用。因此，许多农民继续使用尖尖的棍子挖土播种，直到他们定居在更适合使用播种机的田地上。

即便如此，美国人还是有强烈的动机发明节省劳动力的机器。这是独属于早期美国的问题，即劳动力短缺，可耕地却很多。看似无垠的肥沃土壤使农场主们梦想有新工具，以最大限度地提高他们的收成并避免损失——由于劳动力的短缺，许多谷物无法在变质或落地前被收割，并储存到谷仓。

让我们快速回顾第 1 章中提到的一些主要农业创新，以及对传统农具和耕作方法的改进。犁变得越来越便捷和省力。托马斯・杰斐逊和他那一代的其他开明的绅士农民一样，试验了一种标准化的、高效的新型犁头，可以连续地翻动土壤。1797 年，新泽西州伯灵顿的查尔斯・纽伯德（Charles Newbold）申请了铸铁犁的专利。铁犁取代了沉重的包铁木犁，效率比木犁提高了二分之一。然而，在使用时，中西部大草原厚重的草皮还是会粘在犁壁（moldboard）上，迫使农民每隔几英尺就要用木桨将其刮掉。中西部的土壤非常肥沃（4 英尺甚至更厚），而佛蒙特州和纽约州都是多岩石的山丘，农民自然被吸引到中西部。但是，只有在草皮会黏在犁壁上这个问题被解决后，中西部大草原才成为实用的耕地。

伊利诺伊州的铁匠约翰·莱恩（John Lane）发明了抛光钢犁壁，克服了黏性土壤带来的问题。由于莱恩没有申请专利，约翰·迪尔（John Deere）在 1837 年使用了这项技术。他在市场上销售一种带有钢质覆盖件的锻铁犁。当迪尔于 1846 年在伊利诺伊州的莫林生产这种犁时，草原上成千上万的新定居者都购买了他的产品。中西部和西部新的巨型农场的耕作需求，促进了用马队驱动的“多铧”犁（multiple‘gang’plows）的发展，这种犁每天可耕作 7 英亩。

19 世纪 40 年代，另一项传统的耕作步骤——耙地——也得到了改进。带有铁架和尖刺的新耙子取代了传统的木质耙子。1854 年，另一位美国人申请了双排圆盘耙（double-rowed disc harrow）的专利。在使用时，这种耙子比传统的钉耙更平稳。到 1869 年，可调节的弹簧齿耙解决了钉子或圆盘被岩石和草皮卡住的老问题，使该工具适用于不平整的地面。1840 年，宾夕法尼亚州的发明家摩西（Moses）和塞缪尔·彭诺克（Samuel Pennock）兄弟生产了一种可调节的播种机，可以用于粗糙的田地表面。1853 年，伊利诺伊州盖尔斯堡的乔治·布朗（George Brown）申请了一种由马拉动的玉米播种机的专利。主要通过一根操纵杆，使导杆输送玉米种子，然后用滚轮将种子压入土壤。

这些创新很重要，但收获方面的问题仍然存在。在这一方面，美国的农业潜力和其有限的劳动力供应之间的裂隙是最大的。人们必须在小麦成熟的十天内收割。在这之后，谷物就会开始掉落在地上，并在很大程度上浪费掉。欧洲有庞大且不断增长的农村劳动力，但美国没有。对中西部土地广大肥沃，但人口不足地区的农民来说，收获尤其困难。

农民们渴望找到一种工具，来替代传统的镰刀或长柄大镰刀来收割成熟的谷秆。18 世纪 80 年代，从欧洲引进的台架式镰刀使情况稍有改善。长刀叶上附加了五指的木禾架，长禾架用于收集收割的谷物，是一个省力的工具——比镰刀的效率高出一倍或两倍。但是，它很难用于收割在美国广泛种植的粗壮谷物，而且它也没有减少一项繁重工作，即收集和捆绑割下的谷秆以方便脱粒。农民们渴望用一种更快的方式来完成这项劳动密集和时间紧迫的收割工作。

农民们需要收割机来解决收割问题。大多数人认为美国人赛勒斯·麦考密克（1809—1882）与收割机的发明有关，但他并不是第一个发明这种收割机的人。英国人约瑟夫·博伊斯（Joseph Boyce）在 1800 年获得的一项早期专利包括一个旋转的圆板，圆板上连接着许多镰刀。然而，如果没有办法在割麦前将麦秆直立起来，或事先收集麦秆，博伊斯的机器就没有用。这是用机器照搬手工收割方法的一次尝试。1826 年，另一个英国人，一个名叫帕特里克·贝尔（Patrick Bell）的牧师，设计了一个全新的样式。切割机制包括一排 13 个三角形的刀片，固定在离地面几英寸高的水平杆上；这些刀片像剪子一样剪切麦秆。一个大的木制卷轴将谷物推到切割杆上，然后再推到一个移动的帆布上，该帆布定时将谷物抛到地上。一队马匹推动机器（这样动物就不会践踏植物），转动地轮或主齿轮，为移动部件提供动力。五年后，赛勒斯·麦考密克小小地改进了该机器。他让马匹从侧面拉动收割机（比推着更有效，也避免了践踏作物），割杆由一排固定的金属杆组成，在往复运动的水平刀片锯掉秸秆的时候，割杆能够夹住秸秆（图 7.1）。

赛勒斯·麦考密克发明收割机的原创性没有人们通常认为的强。事实上，从他在弗吉尼亚州西部的农村扎根开始，他只是追随他父亲二十年来对制造实用收割机的追求。即使如此，在这位农民兼铁匠于 1831 年制造出第一台成功的机器后很久，麦考密克也未能用它工作——尽管收割机对美国农业发展十分重要。他的早期机器经常在工作时被毁坏，特别是在弗吉尼亚州西部的丘陵和岩石地里。麦考密克还缺乏生产收割机的资金和机械专业知识。直到 1840 年，他才售出第一台收割机。麦考密克不得不四处奔波，与台架式镰刀和竞争对手奥贝德·胡西（Obed Hussey）的机器（其

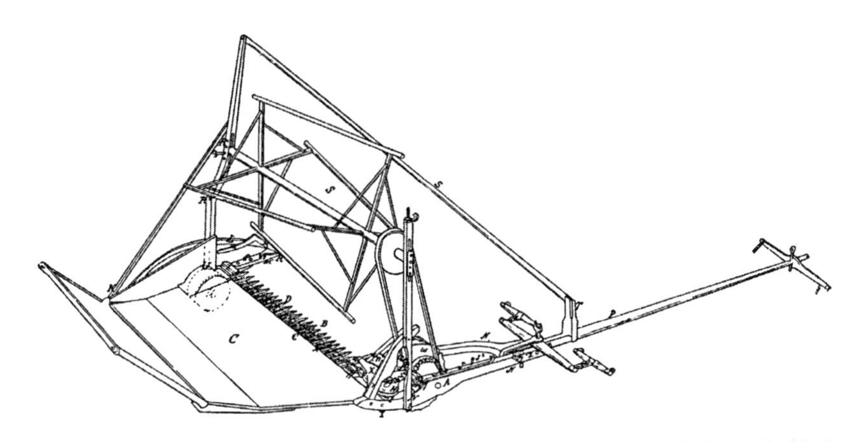

图 7.1　1845 年麦考密克收割机的草图。马被拴在右边的长杆上。注意地面上的“主齿轮”，它为卷轴的转动和水平切割刀片的运动提供动力（在左边）

资料来源：乔治・伊尔斯,《美国主要发明家》，1912 年版，第 300 页。

设计与贝尔的相似）竞争。1851 年，麦考密克亲自出现在伦敦博览会上，为他的设备做广告。只是在 19 世纪 50 年代初，当他模仿了胡西和贝尔使用的切割杆后，麦考密克的收割机才成为在中西部十分畅销的万能机器。

想要取得商业上的成功，不仅仅需要一台出名的、令人满意的机器；还需要由农民构成的巨大的潜在市场。1847 年，麦考密克将其生产基地迁至伊利诺伊州的芝加哥，从而找到了这个市场。在广袤的中西部大草原，他发现小麦种植者拥有极其广阔的土地，但却没有工人来收割谷物。收割机让这些农民梦想成真。麦考密克搬迁生产工厂的原因，与建造第一批抵达芝加哥的铁路的原因大致吻合。在 1856 年后的十年内，铁路将草原上的谷物种植者与不断扩大的东部（以及通过蒸汽船与国际）市场联系起来。中西部谷物种植者之所以能利用新出现的全球对廉价小麦的需求，关键在于收割机的发明（在这一过程中，美国农民取代了意大利农民成为供应商，一些意大利农民移民到了美国）。在芝加哥，麦考密克建立了一个由小镇销售代理组成的销售网络。这些代理与对收割机持怀疑态度的农民们建立了联系，并提供分期付款的购买方式。因此，麦考密克能够在收割机销售业务中占据主导地位。他还不断改进他的机器，增加附件，以确保他在农具行业的领先地位。麦考密克的收割机并不便宜（1860 年零售价为 130 美元，当时熟练工人的日薪约为 1.6 美元），但它在中西部大草原肥沃的平地上运行良好。由于农民们有丰收，以及蓬勃发展的世界市场的保证，并且季节性收割劳动力的短缺，他们十分愿意进行投资。仅在 1852 年，五大湖地区各州[①] 就有大约 3500 台收割机取代了 17500 名收割劳动力。当美国内战使农村的年轻人都前往战场（并提高了谷物价格）时，农民们仅在 1864 年，就购买了与之前 28 年购买数量总和相同的收割机。

在平地上，收割机每天可以收割 12 英亩的作物（相当于五个台架式镰刀的工作效率）。但仍然需要一个工人来驾驶马匹，另一个人将谷物或饲料从收割机的平台上耙到地上，还有多达八个人负责捆绑麦秆，以及把他们堆成禾束堆，以进行脱粒。1854 年，机械耙子（mechanical rake）的发明抵消了一个劳动力。美国人约翰·阿普尔比（John Appleby）在 1878 年发明的麻绳捆绑器（twine binder）节省了额外的劳动力。麦秆被割下之后，一个传送装置将其自动升起。之后一根弯曲的针将麻绳缠绕在刚割下的麦秆上，然后打上结。最后传送装置将捆好的麦秆放到地上，以便被取走。

在脱粒过程中，将谷物与茎秆分离仍是一个难题。一般来说，这项工作由连枷完成。到 19 世纪 20 年代，镶有尖刺的圆柱形脱粒机大大减轻了这项工作。很快，动物踏车开始为这些机器提供动力。它们每天可以处理一百到五百蒲式耳的小麦（而传统方法只能处理八蒲式耳）。到 19 世纪 30 年代中期，在美国销售的脱粒机有七百种之多。1837 年，市场上出现了一种机械式风选筛，它可以摇动谷物，使秸秆分离。J. I. 凯斯（J. I. Case）是这种脱粒－扬谷机主要生产商。19 世纪 50 年代，脱粒机开始由蒸汽机驱动。

---

① 美国在五大湖地区有如下州：伊利诺伊州、印第安纳州、密歇根州、明尼苏达州、纽约州、俄亥俄州、宾夕法尼亚州和威斯康星州部分地区。

脱粒机通常由一队马匹拖到田里运作（图 7.2）。

早在 1836 年，密歇根州卡拉马祖就出现了一种既能收割又能脱粒的工作“联合体”（combine）。它的发明者海勒姆·摩尔（Hiram Moore）和约翰·哈斯卡（John Hascall）将收割机的卷轴、往复式切割杆、传送带与滚筒式脱粒装置结合起来。整个装置由两个“大型绳齿轮”驱动，这两个齿轮在蒸汽拖拉机或马队的牵引下在地面上转动。从 19 世纪 80 年代开始，这种联合收割机在加利福尼亚的大型小麦农场中得到了相当广泛的使用。摩尔 / 哈斯卡（Moore/Hascall）联合收割机的运转需要一个非常大的马队，这使得它不适用于普通的家庭农场。只有随着汽油拖拉机的发展和脱粒机械的其他改进，联合收割机才会取代自动捆绑式收割机。而这一过程从 20 世纪 30 年代才开始。

蒸汽机是一种发展前景看起来很好，但却迟迟不能用于实践的动力源。早在 1830 年，大卫·拉姆齐（David Ramsey）就在英国申请了一项用蒸汽拖拉机耕作的专利。然而，早期蒸汽机太过笨重、成本太高，因此蒸汽

图 7.2　1903 年的联合收割机（收割机和脱粒机）。注意这个“怪物”机器需要许多马匹拉动，且需要在地势平坦处

资料来源：美国国会图书馆印刷品和照片部。

不能替代动物作为动力源。自推进式蒸汽动力联合收割机于1886年出现。然而，它有很多缺点。需要七个人辅助其运作，包括锅炉工兼消防人员、运水员和司机。该机器往往有火灾隐患。虽然有些蒸汽收割机每天可以收割100英亩土地，但这些收割机重达15吨或更重，很难操作。最重要的是，它们的效率不如只需要三个人的马拉式机型。

蒸汽拖拉机1873年才在美国上市。到了19世纪90年代，重达25吨的巨型蒸汽拖拉机，每天可拖动30个犁头，耕超过75英亩的土地。只有达科他南北两州的巨大农场能够使用这些巨无霸。而在19世纪90年代，即使是这些巨大的农场，也常常不能成功使用这种机器。由于乡村道路状况不佳，蒸汽拖拉机经常陷入泥潭，还会把木桥压塌。蒸汽拖拉机主要用于谷物脱粒，而不是耕种或收获。即使是在其最受欢迎的时期，大约在1910年，只有5%的粮农拥有蒸汽拖拉机。

也许最重要的改进是在1892年，约翰·弗罗里奇（John Froelich）在艾奥瓦州的滑铁卢发明了第一台内燃/汽油拖拉机（combustion/gasoline tractor）。许多其他类型的拖拉机也很快被发明出来。不幸的是，像蒸汽拖拉机一样，早期汽油拖拉机体积过于庞大、价格昂贵、经常发生故障，因此不能让农民放弃使用马和骡子。1913年，明尼阿波利斯的公牛拖拉机公司（Bull Tractor Company）发明了一种相对较轻的拖拉机（4650磅），价格仅为650美元。受这种"强力公牛（Bull with a Pull）"的影响，约翰·迪尔和国际收割机公司（麦考密克收割机的继承公司）等成熟的工具制造商开始生产廉价而耐用的汽油拖拉机。汽车制造商亨利·福特（Henry Ford）内心里仍是一个农家子弟，他发明了福特森（Fordson）拖拉机。这是他更著名的T型汽车的改型（图7.3）。

慢慢地，种植和收获方面的创新改变了农场的运作方式。无论某种发明最开始在什么时候出现，农民都差不多在同一时间接受了一批新机器的使用，特别是在19世纪40年代和50年代。中西部产粮地区的开发，很大程度上决定了这些创新出现的时间和地点。机械化不一定会增加每英亩的粮食产量。相反，它使个别农民，特别是中西部的农民，能够通过扩大种植面积来提高他们的生产力。

但技术的进步仅仅集中在某些方面。从 1830 年到 1896 年，圆盘犁、播种机、收割机和脱粒机使种植小麦的农民的生产力提高了 18 倍。而在种植烟草方面几乎没有创新，种植棉花方面也是如此。烟草和棉花种植的特点以及南方的奴隶制遗产能够解释这一现象。烟草种植仍然是劳动密集型的。农民们将烟草幼苗放入精心培育的土堆中，便于排水和通气。种植烟草的土地需要持续人工间苗和除草。从仲夏开始，农民不得不选择性地收获烟叶，因为它们的成熟速度不同。棉花收获的机械化也很困难，而且在任何情况下机械化的进程都会很缓慢。1865 年废除奴隶制后，佃农制度（没有多少资本的非裔美国农民租用白人拥有的土地，用部分收成支付）使南

图 7.3　1885 年的蒸汽拖拉机，用于拉动犁或其他农具。它的块头大，在小农场使用时有困难

资料来源：美国国会图书馆印刷品和照片部。

方的技术一直处于落后状态（黑人也一直处于贫困状态），直到 20 世纪 40 年代机械化到来。

易腐食物和包装车间

早期美国农民使用的机器无法在不规则的田地上种植食物，还受到自然条件的限制。但是，食品的生产者和消费者也面临着储存和保存食品的困难。虽然谷物和面粉（以及少数耐寒的蔬菜如豆类）可以保存到下一次收获，但大多数食物在收获后不久就会自然腐烂，这使得大多数农作物只能在季节供应。这成为寻求市场的农民，以及希望全年都能买到喜爱的食物的消费者的一大难题。在 1800 年，很少有城市居民有可以储存蔬菜或水果的地窖，更不用说冰柜。农民只能指望在几周内卖掉浆果、西红柿和许多其他新鲜的非谷物作物。晒干、腌制和熏制肉类的古老技术，是延长肉类在屠宰后保质期的重要方法。将牛奶转化为黄油和奶酪也是类似的解决保存问题的办法。农民们将每年剩余的极易腐烂的水果，如浆果，甚至苹果、葡萄酒和苹果酒进行发酵（或在水果中加糖制成果酱）。剩余的谷物被装入壶中，制成威士忌和啤酒。

但是，这些方法几乎不能解决问题。特别是考虑到 19 世纪美国不断扩大的农业生产基地往往远离东海岸的人口中心。更快的运输速度和冷藏的方式帮助缓解了储存易腐烂食品的问题。到 19 世纪 50 年代，加利福尼亚州和佛罗里达州的果园和葡萄园已经通过铁路向东北部的居民提供水果。南北战争后，随着铁路冷藏车的出现，这种贸易急剧增加。

与更快的运输速度相辅相成的是，农民努力延长受欢迎粮食作物的生长和收获期。例如，到 19 世纪末，农民和种子公司开发了新的西红柿品种，其成熟期早于夏末（一般西红柿都在夏末成熟），从而延长了在市场上售卖新鲜西红柿的时间（并增加了农民的收入），最终导致全年都可以购买到西红柿。同样重要的发明是冬季在温室中种植蔬菜的技术。该技术再次克服了生长季节短的问题，在北方这一问题尤为严重。

食品运送速度加快，新鲜蔬菜和水果供应时间延长，都只解决了部分问题。另一个问题是家庭中的食物储存。直到 19 世纪 20 年代，改进后的冰库才使冰块能够全年储存在仓库中，农民在冬季从湖泊中切割冰块，并在气温较高月份分发给消费者，以确保牛奶、肉类和其他易腐物品保存在低温环境不变质。在 19 世纪 70 年代，开始商业化生产人工冰，供家庭冰柜使用。直到 20 世纪 40 年代，冰工每周都要用马车装冰送到人们家中，以维持冰柜的运作。我们将在第 12 章中看到，商业化的罐装、包装和冷冻（加上家用制冷）进一步扩大了易腐食品的市场。

牛奶和奶酪生产方式的转变也较为缓慢，但有着深远的影响。大约 1830 年后，农场妇女挤奶和制作奶酪的传统工作逐渐被商业化的奶酪工厂所取代，但没有重大的技术变化。乳制品能够通过铁路快速运输，以及国内制冷设备的改进，自然刺激了人们对奶酪和牛奶的需求。同时，牛奶产品的市场化促进了动物育种技术的提高，改进了畜棚，并实现了机械化饲养。19 世纪 80 年代末，巴氏消毒法（加热生牛奶以去除致病细菌，解决了牛奶在运输过程中的细菌问题）被发明出来。圈养奶牛的畜棚变得更加拥挤，刺激了对动物医学和动物疾病控制的研究。乳业的发展也促进了青贮饲料——即在青贮窖中使青草、谷物和豆类发酵的贮存法——的发展。高粱只有在贮藏中固化后，才能作为饲料使用，而且相比于干草，青贮饲料能帮助奶牛生产更多的牛奶。东北和中西部地区向乳品制造业的转变，连同商品蔬菜栽培，可能使这些地区的土壤不像中西部平原和南部地区的那样，被侵蚀和破坏。

在新型乳业制造厂中，新发明的机器也发挥了作用。1879 年发明的离心式奶油分离器大大加快用传统重力法从原奶中撇去奶油的速度。到 1914 年，经过多次实验，第一台实用的挤奶机出现在市场上。随着 1885 年孵化器和 1897 年饲料运输车的出现，家禽养殖业发展成了一项专业技术。一个关键的创新是使用电灯来诱使母鸡在较暗的冬季下蛋。因为在冬季，母鸡会自然停止或减缓产蛋。传统上，制作乳制品和负责家禽生产都是农村妇女的工作。19 世纪，随着新技术的发展，这些行业逐渐被男性农民和工业公司占领。

中西部的开发与收割机密切相关。但西进扩张在经济方面的成功，取决于肉类包装的机械化。谷物种植和牲畜饲养自然也与之相关。俄亥俄河流域的农民用玉米和谷物养肥了成千上万的猪和牛，但问题是如何将这些肉送到市场。最开始，人们必须将活着的猪和牛赶到东部城镇。但不可避免地，逐渐出现了肉类包装中心，以节省农民的精力。第一个中心是辛辛那提，位于俄亥俄河岸。从 19 世纪 30 年代开始，当天气变得凉爽，农民们把大量的猪赶到辛辛那提河边的屠宰场。由于制冷设备较差，以及待宰猪的数量较多，肉类包装商需要尽可能快速地完成这项任务。到 1850 年左右，肉类切割者在真正的“拆解”宰杀线上工作：动物被赶到四楼的顶部的一个斜面上，然后，它们单独从滑道滑下，被用木槌敲晕，放血，并被系统地切割。

随着大平原（the Great Plains）的开发，牧牛业也发展起来，驱赶走了原有的野牛（到 1880 年野牛基本消失）。1845 年后，来自墨西哥的长角牛[①]被引入西南部，使美国成为全球牛肉生产的中心，吸引了远在英国的投资者。此后不久，露天牧场被两项简单但重要的发明所取代。首先，1875 年在伊利诺伊州出现了用于贮存饲料的青贮仓。这使牛主不再在露天牧场放牧。其次，约瑟夫·格莱登（Joseph Glidden）于 1874 年发明了带刺铁丝网，逐渐取代了无边无际的牧场，而是将牛群围在了私人牧场上。

新的问题随之出现，即如何向大多数住在东部的美国人提供新鲜肉类。

---

① 长角牛为 15 至 16 世纪哥伦布发现美洲大陆后从欧洲引入美洲的家牛品种。

如同以前一样，这些牛必须被活着赶到遥远的市场，这一成本很高。1867 年，芝加哥活畜经销商 J. G. 麦科伊（J. G. McCoy）提出了一个解决方案，他在堪萨斯州的阿比林将赶牛路线与一条铁路线连接起来。从那里，火车将牛带到堪萨斯城、密尔沃基，大多数情况是在芝加哥进行屠宰。1865 年，芝加哥联合畜牧场（the Chicago Union Stock Yards）开业了。在这座占地 120 英亩的建筑群中，小巷纵横交错。数以千计的猪、牛和羊被运送到开放的围栏中，然后分送到屠宰中心。在 20 年内，联合畜牧场的附近有 100 英里长的迷宫般的铁路，将肉类送到全国的每个角落。然而，一个重要的问题是需要在铁路运输过程中确保牛肉不变质。1868 年至 1878 年间，总部设在芝加哥的肉类包装商逐渐研发出高效的冷藏铁路车厢，将新鲜肉类运回东部。古斯塔夫斯・斯威夫特（Gustavus Swift）在车厢顶棚储存冰块，用以冷却悬挂在钩子上的肉。这种简单的保质方法帮助他占领了纽约的肉类市场。其他人，如 J. A. 威尔逊（J. A. Wilson），采取了另一种方式来占领这个巨大的肉类市场：1875 年，他获得了罐装牛肉加工法的专利。

芝加哥成为新型肉类包装的中心。到 1882 年，芝加哥的肉类包装商使用食物引诱一头猪，将这头猪当作领头猪，带领它身后的一排猪走到一个狭长的通道上；猪的腿被链子绑在这一悬空的通道上；然后该通道慢慢倾斜，将猪倒挂起来，运输到屠宰和肢解的地方。然而，机械化并不容易。尽管在人们努力发展机械化剥皮和分割生猪的技术，但由于动物的形状不规则，因此仍然需要手工操作。尽管如此，通过极其细化的分工，宰杀猪的工序变得很快（图 7.4）。

在农场，在秋天宰杀猪或牛供家庭食用的传统活动，已经成为集中化、机械化的业务。消费者不用亲自宰杀动物，而且一年四季都可以买到新鲜的肉。

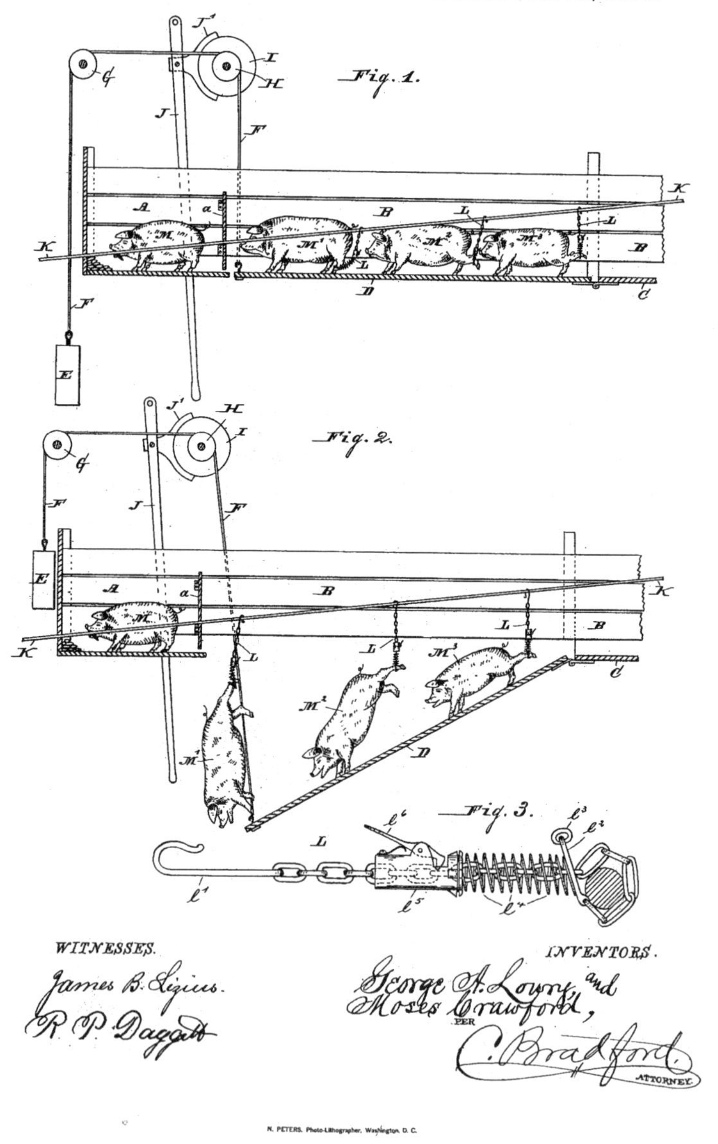

图 7.4　这个 1882 年的宰杀猪的专利展现了大规模生产的屠宰厂采取了哪些措施来简化肢解过程

资料来源：美国专利和商标局。

生物创新的奇迹

在 19 世纪和 20 世纪初，仅靠机器并不能改变农业。机械化往往与植物或动物育种同步进行；大部分耕作以及放牧的扩张都取决于生物创新。例如，轧棉机使人们能在内地种植陆地棉，打破了只能在沿海地区种植的长纤维海岛棉的限制。有了轧棉机，一个工人每天能清理 50 磅棉花。有了蒸汽提供动力，轧棉机的产出量大大增加。其结果是每年的棉花产量从 1790 年的 3000 包增加到 1860 年的 384.1 万包，棉花占美国出口总值的 60%。这也导致了奴隶制在从南卡罗来纳州中部到得克萨斯州东部的“黑人居住带”（Black Belt）地区的扩张，到内战时，那里的大多数人口都是奴隶。由于引进了墨西哥的陆地棉品种，棉花的产量也增加了，这种棉花的棉铃成熟得更均匀，更容易包装，使奴隶的劳动生产率提高了两倍。同样，亮叶烟草（Bright Leaf tobacco）[①] 的培育，以及烟熏干燥法[②] 的发明，使得香烟产生的烟雾变得不那么呛人。这最终导致大量的人吸烟（随之而来的吸入烟雾的习惯，导致人们对尼古丁成瘾和染上致命疾病）。

有时，主要的创新来源于从国外进口的新品种植物和动物。19 世纪的美国农民从欧洲和其他地方引进了各种各样的谷物、豆类和草，用来喂养他们的牲畜。同样重要的是，美国人借鉴 18 世纪末英国的技术创新，培育他们的牛、马和猪，以增强某种特性（例如，将牲畜用于挤奶，还是屠宰产肉），或使其更适应新的生活环境（如得克萨斯长角牛）。这些牛群的利润很高，往往是花高价租用的公牛繁殖的后代。1900 年左右，有关动物营养的科学发现使牲畜养殖业更健康、利润更高。

所有这些，再加上航运方面的创新，导致了地区专门分工。例如，在

① 18 世纪中叶在北美殖民地种植的草叶颜色更浅的烟草，并在美国内战期间具有重要市场。

② 也作“烤烟法”。在亮叶烟草种植后迅速发展了烤烟技术。

19 世纪之前，乳品业一直是地方性的、往往是杂乱无章的企业。然而，由于育种、营养改善和其他方面的创新，从 1800 年到 1940 年，每头牛的牛奶产量增加了 4.6 倍。这些变化使牛可以全年产奶，而不是 1800 年以前那样每年只有 4 个月左右的产奶时间。这导致了乳品业的转型，到 19 世纪末，威斯康星州等地区成了乳品业的中心。

从 1862 年开始，美国农业部和莫里尔法案（the Morrill Act）开始资助赠地学院（land grant colleges）（每个学院都有农业和工程方面的培训），促进了科学农业方法的发展，特别是促进人们培育新品种更高产的抗病作物，以及养育改良品种的动物。1870 年，达科他南北两州、内布拉斯加州和堪萨斯州仍然有大片的草原，有着大量的野水牛，直至西进的拓荒者经过大部分的草地。此后，由于引进了新的适应性强的谷物品种，这些平原州发生了变化。到 1900 年，这一地区有近 40 万个农场，成为美国的小麦带。

机械化耕作的社会影响

技术改变了农民的劳动方式，也改变了所有人获取食物的方式。机械化提高了生产力，减少了对农业劳动力的需求（见图 7.5）。从 1841 年到 1911 年，每个农民的产出增加了三倍。生产力能有如此大提高，60% 要归功于机械化（机械化扩大了每个农民的耕地面积）。农业学家，特别是在北方和西部的农业学家，和机械制造商一样接受了机械的使用，并对其充满希望。从 1790 年到 1899 年，美国为收割机颁发了约 12519 项专利，为犁颁发了 12652 项专利，甚至为蜂蜜生产颁发了 1038 项专利。

农场机械和新的加工方式确实节省了时间和劳动力，但它们也使人们过分依赖于机器。缺乏技术或资金的农民无法跟上机械化的步伐。他们无法负担新机器和其他创新的高昂售价，许多人负债累累。在 1880 年至 1900 年期间，堪萨斯州的农民中不得不将租用土地的比例从 1% 增加

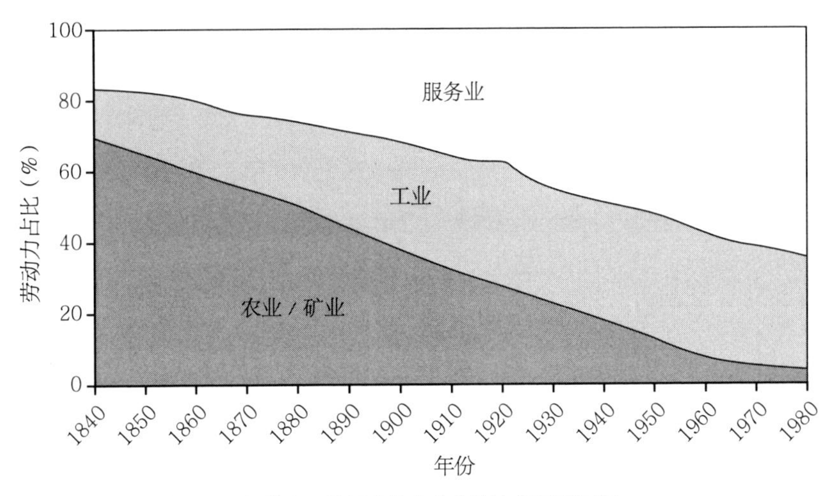

图 7.5　注意到自 1840 年以来，美国人从事农业的比例急剧下降

到 35%。越来越多的农民不得不专业化生产，以购买昂贵的新设备、牲畜和种子。当一个农民贷款买了一台法尔毛（Farmall）拖拉机时，到了还款时间，不管收成如何或小麦的价格如何，银行都要求农民付钱。机械化和生物创新使更富有和耕地面积更大的农民受益，而不是更边缘化的耕种者。这也使土地合并的趋势愈演愈烈。

我们应该小心，不能简单认为用马队和木犁耕作的家庭农场主生活是浪漫惬意的。如果说机器导致数以百万计的人离开了农场，那么其中有许多人乐于接受在办公室和工厂规定的正常工作时间上班，并且因体力消耗的减小而开心。此外，机器帮剩下的农民完成了许多艰苦的工作。到 20 世纪 40 年代，汽油拖拉机每年为农民节省了 250 个工时，因为它省去了照顾耕畜的时间。美国农场的马匹数量在 1920 年达到极值，接近 2000 万匹。随着汽油拖拉机的出现，到 1930 年这一数字下降到 1340 万，到 1950 年下降到 540 万。1918 年至 1945 年期间，有 4500 万英亩土地不再用于种植动物饲料。到 20 世纪 20 年代，拖拉机已经成为一种地位的象征，是农民像城里人那样时尚的标志。

用机器砍伐森林

在早期美国人看来，为了发展文明，清除森林是最基本的。这并不容易。1800 年，一个农民只用一把斧头和锄头，花大约 10 年时间才能清理出一个 100 英亩的农场，并给农场围上围栏。在 19 世纪上半叶，几乎没有什么技术可以用来减轻这项工作的负担。然而，美国人在 1850 年之前清理了 1.13 亿英亩的森林。农民每年需要花一个月的时间在 10 或 20 英亩的林地上，砍伐用于取暖和烹饪的木材。

对于需要开垦土地的农民来说，树木虽然造成了困扰，但也一直是主要的取暖和烹饪燃料，即使对美国的城市来说也是如此。与英国人不同，美国人在很晚才开始使用煤炭。在整个 19 世纪，木材仍然是建筑施工的主要材料，美国人只是慢慢不再用木炭作铁炉的燃料，以及用木材作汽船和火车头的燃料。1860 年，美国人的人均木材消费量是英国的五倍。

对木材的大量需求导致了木材工业的迅速西移。1839 年，美国三分之二的木材产自东北部各州。到 1859 年，这一比例已经减少了二分之一,五大湖区地区和中部各州填补了这些空缺。伴随着伐木工人向西开采森林，新技术的出现也加快了伐木的速度。1814 年，圆锯在美国被发明出来——虽然它从 19 世纪 40 年代起才被广泛使用，当时发明了可更换的锯齿。另一种伐木工具是带锯（band saw），也是在一段时间后才被美国木材厂采用。第一台带锯在 1819 年被发明出来。19 世纪 70 年代钢铁质量的提高使带锯变得更加耐用，在这之后带锯才广泛被使用。1850 年后，新发明的刨床（planing machines）可以将木材的表面刨得十分光滑，这使人们能够制造地板和盒子。

比木工刨床的发明更重要的是，运输成本的大大降低。高达三分之二的清林成本来自将木材从森林运输到工厂。由于将木材运往市场的费用昂贵，人们在特定的时间砍伐森林。伐木工通常在秋季和初冬用长柄斧头伐木。汽油驱动的链锯（gasoline-powered chain saw）在 1927 年便出现，但它的广泛使用要等到第二次世界大战之后。当时，人们多用雪橇把原木“滑”到河边，等到春天，水位升高使“原木车”（log drive）能顺流而下。原木必须被“标记”，就像牛被“打上烙印”以辨别其主人一样。原木在河道中堵塞的情况很常见。

木材工业向中西部偏上地区的转移得益于进一步的机械化。在 1865 年至 1875 年期间，带锯被进一步改造，进料和翻转机制被发明出来，从根本上减少了铣削木材所需的劳动力。蒸汽动力迅速占领了市场，为高度集中和大规模的木材加工厂创造了条件。同时，深入森林的铁轨补充了旧有的将原木运输到工厂的方式。五大湖区各州的森林开采率急剧上升，砍伐量从 1873 年的 40 亿板英尺①，上升到 1900 年的近 90 亿板英尺的峰值。

这不可避免地导致了林地的荒芜。到 1920 年，木材的产量下降到每年 10 亿板英尺。一代人的滥砍滥伐是有代价的。密歇根州切博伊根的木材镇，其工业基地从 1896 年的 96 家工厂下降到 1939 年的 8 家。到 1920 年，从密歇根州到明尼苏达州大约有 5000 万英亩林地被砍光。与东部森林的选择性砍伐不同，五大湖地区各州的林地被砍伐得更为彻底。在任何情况下，由于土壤较贫瘠，以及该地的气候条件，尽管人们努力将被这些被砍伐的林地转为耕地，但它们并没有什么农业价值。

1880 年后，美国东南部的森林也出现了类似的过程。松树原木被输送到较南方的工厂城镇。这种繁荣在 1910 年达到顶峰，到了 1930 年代才急剧下降。与北方一样，木材商试图将砍伐过后的土地卖给想成为农民的人，但结果也是好坏参半。西北太平洋地区是木材狂热的最后阵地。在那里，这股热潮大约从 1900 年持续到 1940 年，在 1929 年达到产量 141 亿板英

① 板英尺是英国和加拿大用于木材体积的计量单位。1 板英尺为 1 英尺长、1 英尺宽和 1 英尺厚的木材体积，约为 2360 平方厘米。

尺的高潮。弗雷德里克・韦耶豪斯（Frederick Weyerhaeuser）从五大湖区的森林中获得了巨大的财富，但他于 1900 年将业务转移到华盛顿州。在西北地区，贪婪的伐木业在 20 世纪 20 年代达到了高潮。公司为了获得大量投资的快速回报，试图开采那些树木巨大、几乎无法进入的古老森林。

想要修复 19 世纪伐木业造成的破坏需要时间。到 20 世纪 30 年代，用履带式拖拉机，比用原木“雪橇”对树苗的伤害，并使更有选择性的伐木[①]成为可能。在 20 世纪 30 年代，人们从用铁路运输原木变成用伐木卡车，这扭转了木材行业的商业集中趋势。更为关键的是，对木材用作燃料的需求减少了。如果说 1850 年美国 85% 的能源产生于木材，那么到 1910 年，只有大约 20% 的能源来自森林，其他大部分的空缺被煤炭所占据。

人们对森林的态度慢慢发生了变化。早在 1847 年，佛蒙特州的自然学家乔治・马什（George Marsh）就写道，“砍伐森林的做法正在侵蚀土壤，破坏了未来树木的生长”。其他人对可持续农业文化和林业的经济优势不感兴趣，而对保留古老的森林和未经开发的荒野的美学感兴趣。也许最有名的是约翰・穆尔（John Muir），他像传教一般宣扬加州内华达山脉的森林之美，大大促进了 19 世纪 70 年代和 80 年代国家公园的建造。

国会在 1879 年创建了林业部，并在 1891 年通过立法，规定森林保护区不得进行商业开发。然而，只有在 1898 年至 1910 年间，在吉福德・平肖（Gifford Pinchot）的领导下，联邦政府才开始在开始重视林业管理，以确保木材的可持续生产。1905 年成立的林业局有权管理木材采伐。1916 年，国家公园管理局成立，以保护风景区和野生动物区免受商业开发。此时，私营木材公司正在寻求政府的援助，以防止火灾，促进有选择的砍伐，并采取森林疏伐的做法，最大程度促进树木生长。最终的解决方案是重新造林。1890 年，植物学家查尔斯・莫尔（Charles Mohr）主张在林地上重

---

① 有选择性的伐木是指有选择地砍伐几种树木，同时保持其余树木完好无损的做法，通常是比大面积砍伐更能保护植被的选择。

新种植快速生长的松树。1941 年，惠好（韦耶豪斯）公司在华盛顿种植了第一个树场。到 2011 年，约有 88000 个注册树场，覆盖 2600 万英亩。

农场和森林的机械化对美国的生活产生了深远的影响。它使农民和农场主能够迅速开发边疆，用技术逐渐取代了人力劳动。机械和生物上的创新，使离消费者数千英里的食品能够生产并运送到国内甚至国际市场。它使纽约的家庭不像过去那样，在冬天只能吃土豆、芜菁和咸肉，而是能吃到定期从加利福尼亚和得克萨斯运来的新鲜水果和肉类。这些技术使消费者可以在二月买到西红柿沙拉，在七月吃到新鲜牛排。

同时，新的农业技术使农民（和城市消费者）不得不依赖于这些剥削他们的机器以及商业网络。农民不得不进行专门化生产；从长远来看，农民的独立性下降了，他们生活社区的活力降低了。人们购买大规模生产的食品，失去了与土壤或农村生活节奏的联系。在 20 世纪，许多美国人试图通过种植家庭菜园，以及光顾当地的农贸市场来重新建立与自然的联系。美国人在开荒种田上的系统性成功（特别是在东北部），为消费者提供了相对便宜的房屋和家具。但这种进步也造成了水土流失。在没有明确的保护计划的情况下，整个地区的森林覆盖率迅速降低。尽管 19 世纪机械化的负面影响已经部分逆转（例如通过重新造林），但至今仍有隐约影响。

第8章

美国人面临着机械化的世界（1780—1900）

长期以来，美国人一直认为自己是“机械化的民族”，比其他历史悠久、习俗繁多的国家更容易接受技术创新。从第一批定居者开始，美国人就欣喜于自己的生活既不像欧洲特权贵族那样悠闲，也不像旧世界农民一样被传统束缚。正如我们所看到的，比起欧洲人，19 世纪的美国工人更少破坏新机器。同时，比起维多利亚时代的英国人，美国雇主会更快地放弃一项旧技术，使用另一项更先进的技术。独立后不久，许多美国人相信，技术进步将使人类摆脱繁重无聊的工作、减少对他人的依赖、脱离沉闷的生活。事实上，美国人对技术的迷恋太普遍了，以至于美国人在很久之后，才开始反思技术对自然、工作，以及更广泛的社会和人类精神的影响。1804 年，英国诗人威廉·布莱克（William Blake）谴责英国的“黑暗的撒旦纺织厂”。他之后的一代美国作家却称赞他们自己的纺织厂，认为纺织厂导致了工人和消费者的进步。然而，最终美国人也开始质疑机器带来的好处，尽管其方式有时与欧洲人不同。在 1780 年至 1900 年的百余年时间里，我们可以看到美国人是如何以独特的方式与机器相处的。

美国人对工业化的态度不仅仅取决于新英格兰人（扬基人）“修修补补”的习惯和不惜一切代价对物质进步的追求。在工业化以前，美国人的价值观和其他民族一样。这些价值观包括对农村生活的热爱，认为艰苦体力劳动对“道德”有好处，以及认为物质上的“奢侈”是道德败坏。工业主义有时对自然、工作的尊严和简单生活有着负面影响，这与以上三种价值观相悖。

美国人如何处理工业化带来的变化和损失？不同的人采取了不同的方法。有的人否认传统价值会受到技术的威胁，有的人在物质层面或精神层面远离现代工业世界。然而，更多美国人找到了一个方法，使工业化之前的价值观能与新世界——包括城市、半自动化工作和物质主义——相结合。即使工业主义破坏了传统的人生追求，人们仍然保留了田园生活的价值观，对劳动尊严的崇拜，以及对朴素生活的赞美。

在 19 世纪 40 年代，一些新英格兰的人文主义者和劳工领袖否定技术创新能决定美国的命运。然而，直到 19 世纪末，才有许多美国人开始质疑技术带来的负面影响。这些美国人抱怨说，丑陋、危险的城市取代了宁静的村庄；他们感叹工作越来越不快乐，机器操作员与机器所有者不是同一个人；这些批评者担心，工业主义通过使人们对机器制造的商品产生依赖，甚至上瘾，来取代过去自给自足和朴素的生活。但是，即使是这些批判技术的美国人，也经常在他们的理想世界中给予机器一席之地：根据其中一些思想家的说法，汽车或电力等技术可以保护农村文化，使城市工人能够逃离城市和紧张的劳动，到绿树成荫的郊区或乡下。他们相信，美国人可以在适应富裕生活的同时，找到保留工作伦理的方法。

畜牧业、工作伦理、简朴生活和机器

长期以来，美国人一直为他们拥有“处女地（virgin land）[①]”感到自

① 未开垦的土地。

豪。他们对金钱和技术入侵农村生活感到遗憾。正如杰斐逊在 1785 年所写道:“那些在土地上劳动的人是上帝的选民……从没有哪个时代，或哪个国家，有过道德败坏的耕种者……让我们的工厂留在欧洲。”[1] 在接下来的一个世纪，这种观点仍能在美国政治生活中产生共鸣。在 19 世纪 90 年代农民对银行和铁路权力的平民抗议中，对这种观点的认同达到高潮。尽管这些观点并没有减缓工业化的发展，但却一直存在。

这种虚构的理想农业生活吸引人的原因之一是，它伴随着另一个想法——美国的荒野必须被驯服，变得高产。原始土壤不应该被肆意开发，它应该与美国的劳动力和劳动工具相结合。“中庸景观（middle landscape）”是最理想的情况。这是人类理性、技术、商品与自然的融合。早期美国人描绘的理想景貌不是荒野，而是“花园”——整齐的农舍和谷仓，周围是玉米和小麦田，甚至有一个和谐地伫立在清澈小溪和树林旁的磨坊。

对杰斐逊来说，农民之所以道德高尚，是因为他们既不像城市里的富人那样渴望获利，也不像工业社会的穷人那样无知和依赖他人。但他从未想过让自给自足的农民组成一个永久不发达的美国。他同意他的对手亚历山大·汉密尔顿的观点，即在一个国家的权力越来越依赖于工业实力的进程无异于自杀。在任何情况下,“农业主义者”杰斐逊和“工业主义者”汉密尔顿一样，都崇拜机械智慧。对杰斐逊来说，当机器从“封建的欧洲”及欧洲傲慢的贵族和畏缩的农民中解放出来时，它能帮助人类摆脱重复和艰苦的劳动。技术蕴含于“共和国的美德”之中，因为技术是劳动的得力助手，也能帮人们取得独立。美国机器能生产简单的商品，使新成立的美国不依赖于外国高价商品。对杰斐逊这一代人来说，通过技术摆脱艰苦工作和物资匮乏的“压迫”，与政治自由相辅相成。当然，杰斐逊主要考虑的是农业和家庭技术。他只反对大型城市工厂，他认为这在富人和穷人之间制

---

① Thomas Jefferson, *Notes on Virginia*, query XIX, cited in Leo Marx, *The Machine in the Garden*（New York: Oxford University Press, 1967）, 25.

图 8.1　理想中的花园机械：乡村中的老式水车
资料来源：美国国会图书馆印刷品和照片部。

造了一道鸿沟。然而，他认为，通过“美国技术”，一个由自给自足、地位大致平等的农民们组成的社会可以繁荣发展。不管从今天的角度看，这种想法多么天真，但杰斐逊仍乐观地认为，即使是蒸汽机也不会破坏“自然国度”（nature’s nation）和农村生活（图 8.1）。

塑造美国对技术态度的第二个文化传统是工作伦理。这一工作的典范源自清教徒的信念，即劳动是一种救赎。这与传统观点形成鲜明对比。亚里士多德等古代哲学家认为，体力劳动是屈辱的，只适合用奴隶。但新英格兰清教徒坚持认为，每个人的工作都是在为上帝服务。因此，没有人应该把“上帝的时间”浪费在琐碎的追求或空想上。马萨诸塞州牧师英克里斯 · 马瑟（Increase Mather）警告道：“一个人灵魂的不朽（Eternity）……要根据他在凡间做出的贡献决定。”[1] 时间是上帝的贷款，

① Increase Mather, *Testimony Against Profane Customs* (Charlottesville, VA: University Press of Virginia, 1953), 31.

上帝希望他的投资能有回报。此外，无所事事只会导致人们沉迷于性，或者被其他危险的激情所诱惑；它会造成精神上的不安，即我们今天所说的焦虑。工作使人养成自我控制的习惯，谨慎地为不确定的未来做准备。许多美国人，特别北方的美国人，仍然十分重视工作伦理。

本杰明·富兰克林是清教徒的孩子，他本人也是一名成功的工匠，他在《穷理查德年鉴》中颂扬了勤奋工作和节约时间的美德。“懒惰就像生锈一样，比劳动更让人疲惫……人可以在坟墓里睡个够。”富兰克林认为，有条不紊的工作和沉稳的性格是个人成功的关键，他把这些价值观传给了一代又一代的成功的美国人。美国人对游手好闲的恐惧使欧洲游客（往往还有美国南方种植园主）感到好笑和困惑。这种态度似乎使工作本身成为最终目标，而不是通过工作获得快乐。

许多早期美国人认为，工作使人有尊严，并塑造了“性格”。这可能就是为什么有些人反对机械化，因为其对手工作业和传统技能造成了威胁。但是，除了上述好处，劳动还带来了物质和其他方面的好处。根据这种共同的信念，没有人会成为永久的雇佣工人——如果他们主动劳动。最终，他们将获得自主权和社会地位，并不再依靠于手工劳动和工作机器。尽管有些人反对机械化，但许多美国人并不觉得技术威胁到他们通过个人努力赢得的个人尊严，和向上层阶级流动的可能性。

美国的工作伦理源于前工业社会的工匠大师和独立农民。虽然美国人继续接受这些手艺人和农民的价值观，但他们也对技术变革和带来变革的人感到迷恋。部分原因是许多人与企业家和发明家，而不是劳动者，产生共鸣。在 19 世纪，美国人经常把发明家描绘成有着完美工作道德的人——即使这些创新者发明的机器取代了人工劳动，或者对劳动者技艺的要求并不高。在大众文化中，人们认为制造实用收割机或电报机的发明家在道德上优于象牙塔中的知识分子或诗人。当某位发明家的劳动成果使他获得惊人的个人财富和权力时，美国人就会敬佩他。报纸专栏作家从不厌烦讲述托马斯·爱迪生（Thomas Edison）或亨利·福特的人生故事，将他们视为领导工业发展的典范。爱迪生和福特的故事近似于神话，因为大多数美国工业的领导者——特别是在内战之后——通常不是有创造力的农民的儿子。他们的家庭有一定数量的财富，他们本人做过销售和管理的工作，但没有参与过发明。然而，许多美国人相信，任何人都可以制造一个“更好的捕鼠器”（better mousetrap）[①]，并通过努力赢得敬佩和获得财富。

美国人对工厂中“洛厄尔系统”（Lowell System）的理解清楚地揭示了传统工作伦理如何在技术变革面前生存。许多人认为，美国的环境将“净化”英国的“黑暗的撒旦纺织厂”。19 世纪 20 年代和 30 年代参观洛厄尔纺织厂的美国人相信，“工厂女工”的性格在稳定的、受监督的劳动中得以塑造。正如我们在第 4 章中所看到的，在 19 世纪 40 年代，这些模范工厂都倒闭了。但是，许多美国人仍然坚持认为，机械化的工作让那些没有远见的穷人学会了节俭和勤奋。直到 19 世纪 80 年代，新英格兰著名的工业劳动专家卡罗尔·赖特（Carroll Wright）仍然认为，机械化工厂有道德教育作用。在工厂中，工人们受到监督，按时上班。这与旧手工业的间歇性工作和散工制不同。这一观点的其他辩护者认为，重复性劳动适合在工厂工作的心智薄弱的群众，更大的智力消耗只会让他们困惑。在 20 世纪 10 年代，亨利·福特就用这个理由解释流水工作线工作的单一性。许多美国人认为，工作伦理和劳动使个人变得高贵的想法在工业化中仍有一席之地。

伴随着这种对田园牧歌和工作伦理的依恋，还有第三种前工业化时期的价值观，即对节俭和简单生活的赞美。殖民地时期的美国人，即使是那些已经积累了一定财富的人，也自豪于自给自足的美好品德，同时蔑视奢

---

① 该说法来自美国谚语“造一个更好的捕鼠器，全世界都会有一条通向你家的路”（Build a better mousetrap, and the world will beat a path to your door），该谚语是对创新力量的隐喻。谚语可能源于捕鼠器是美国申请，颁发专利最多的发明之一。

侈。他们鄙视欧洲旧世界贵族的自我放纵和腐败。19 世纪的总统候选人都吹嘘自己出生在木屋里。在关于山地人[1]和西部牛仔[2]的流行故事中，这种对简单的赞美和对奢侈的敌视十分普遍。但虽然拥有上述价值观，美国人仍普遍追求“成功”。而想要获得成功，往往需要采用新技术。当然，成功往往导致奢侈。在木屋出生，学习约束自我和俭朴生活的美德，并不意味着美国人满足于保持贫穷。尽管人们赞美简单生活及其美德，但有些富有美国人的生活并不“俭朴”。毫无疑问，许多美国人能够将农业时代的传统价值、工作伦理和生活的俭朴与对技术的乐观态度相结合。

美国人对技术和发明家的崇拜

随着国家变得更加富裕，美国的技术乐观主义（technological optimism）也在蓬勃发展。这种乐观主义的一个极端例子是约翰·埃茨勒（John Etzler）的《通过自然和机械的力量，所有人都能到达的天堂，无须劳动》(1833 年版)。这本书承诺，在十年内，机械化将不费吹灰之力地满足大多数人的需求。这种对所有人都有利的工业主义前景，有时会减轻对个人“奢侈”和过度舒适的传统顾虑。例如，牧师亨利·贝洛斯（Henry Bellows）在 1853 年打消了这些清教徒的顾虑，向他的读者保证“只有当奢侈属于一小部分人，才会使人虚弱和丧失信心”。美国的富裕不仅使富人受益，而且使每个人受益，因此并不堕落。[3] 如果不是只有无所事事的

---

① 此处的山地人指美国西进运动中深入西部荒野的探险者，因其 1810 年至 1880 年在洛基山脉等西部山地定居和从事毛皮贸易而得名。

② 美国西部的牛仔，随着 18 世纪美国冷藏设备及运输改善，及美国中西部大平原牧场的开辟，专门进行放牧的“牛仔”职业盛极一时。

③ Henry Bellows, *The Moral Significance of the Crystal Palace* (New York, 1853), 16, cited in John Kasson, *Civilizing the Machine: Technology and Republican Values in America, 1776-1900* (New York: Hill and Wang, 1976), 40.

富人能成功，就不会有道德问题。在几个世纪以来物资匮乏的生活中，简朴（simplicity）和自我否定（self-denial）的古老美德一直支撑着工匠和农民。但现在，它们不知不觉地让位于新的理念，即随着美国人变得富裕，每个人都有平等的消费权。

对许多美国人来说，技术进步是民主时代中十分重要的一环。例如，在 1831 年，当托马斯·卡莱尔（Thomas Carlyle）等英国作家全面抨击工业主义破坏了社区，玷污了灵魂，但美国人却没有发出这样的哀叹。卡莱尔认为人们应该注重培养精神和道德，以此作为“机械思维”的解毒剂。蒂莫西·沃克（Timothy Walker）反对这一看法，认为这一观点是“空想、幻想、不切实际”。相反，沃克声称，通过技术，人们得以在没有河流的地方挖掘运河和修建铁路，从而改善了自然。仅仅是机器就可以把全人类从古老的苦役中解放出来，让人们有时间和精力创造或反思。那些批判工业主义的人只是在为旧的有闲阶级辩护，因为这些人的文化和知识生活依赖于普通民众牲畜般的劳动。但是，奢侈的问题在于只有少数人能享受它，而不是它威胁到俭朴生活的美德。沃克和其他美国人认为，旧的暴政建立在财富继承和大众的无知上，而技术可以推翻这种暴政。铁路和电报克服了交流障碍，通过大众教育，所有人都可以享受到它们带来的便利。

维多利亚时代的美国人重视能创造价值的聪明才智（useful ingenuity），而不是高雅艺术。他们经常把绘画、雕塑和建筑与“寄生虫似的”的欧洲贵族联系起来。机器的造型简单，实用性强。美国艺术在机器中得到了最好的展现。蒸汽机是一首用金属写成的“诗”。发明家不能像诗人和画家那样，用华美的语言和感性的意象来欺骗人们。发明家是道德上的英雄，埋头于艰苦的工作中，努力解决人民的实际需要。爱迪生被称为“巫师”，但他并不是像弗兰肯斯坦（一个英国故事）的制造者那样的疯狂科学家。他是一个只受过五年级教育的人，通过坚韧不拔的精神和务实的头脑，解决电灯的难题，突破了受过教育的外国人所无法解决的领域。实用的、脚踏实地的美国发明家与风流倜傥的外国艺术家和诗人形成鲜明对比。美国的机器经常用维多利亚时代的花卉和几何设计进行点缀，但这只是为了满足制造商的愿望，让他们能声称机器是真正的美国艺术，是民主文明的产物。

技术促进了美国的进步，以及伟大民族理想的实现。铁路首次出现在美国版图上后不久，它就成为这种进步的有力象征。它是一种能够“战胜”空间和时间的机器。它克服了新国家最大的物理障碍之一——生产者和市场、朋友和家庭之间的距离。而且，正如一幅著名的柯里尔和艾夫斯的版画所示，铁路象征着美国文明的力量对西部的征服。在那幅版画中，火车头离开东部定居点，前往西部广阔的空地，并在烟雾中留下一对骑马的印第安人（图 8.2）。到 19 世纪末，美国技术进步的支持者认为，美国的发明正在逐渐征服世界。这些技术，而不是美国的军队，正在使美国成为一个世界强国，很快就能战胜暴君统治的旧帝国。

图 8.2　著名的柯里尔和艾夫斯的作品《穿越大陆》，描绘了铁路对西部的征服。注意印第安人在“吃（eating）”火车头的灰尘和烟雾（右下角）

资料来源：美国国会图书馆印刷品和照片部。

就其种类而言，各种发明——从发条手表到悬索桥——是这个世纪进步的标志。爱德华·伯恩（Edward Byrn）在 1896 年问道，谁会放弃以每小时 50 英里速度飞驰的舒适的铁路车厢，而乘坐一个世纪前“摇摇欲坠、隆隆作响、尘土飞扬的驿站马车”？这种对征服自然的人类发明力量的迷恋，体现了 19 世纪美国人的极端自信。

没有国家像美国一样，对“崇高”（sublime）的技术近乎崇拜。为什么呢？因为欧洲人可以从古老的遗迹和中世纪的大教堂中学习，但美国是一个没有辉煌过去的国家，或理想的国家可以学习参照。相反，美国人认为技术“进步是一种爆炸”，它将原始的荒野条件迅速转变为富足和舒适的生活环境。① 在欧洲，未经开发的荒芜土地和技术先进的文明之间从未有过明显对比，欧洲的物质变化要慢得多。定居者来到新世界，美国的拓荒者跋涉在边境，意识到他们放弃了过去的文明和舒适，但他们也期望很快能享受到比他们离开时更高质量、更丰富的生活。而这一点，他们很清楚，取决于机器。许多美国人对技术心存感激，这并不令人惊讶。

美国人批判机器的开端

这些对技术的赞美之词也受到了质疑。从 19 世纪 40 年代开始，以拉尔夫·瓦尔多·爱默生（Ralph Waldo Emerson）和亨利·戴维·梭罗（Henry David Thoreau）为首的一群浪漫主义的美国人领导了这场批判。年轻时，爱默生也像其他人一样，认为在工厂工作可以训练“不羁的大众”（unruly masses）。然而，到了 19 世纪 40 年代，他开始对机器失去信心。技术是所有问题的解决方案，这种无关痛痒的假设似乎否认了个人道德远见和责任的重要性。他在 1851 年的著名论断表达了这种担忧：“货

① Marx, *Machine*, 203.

物（things）坐在车上驾驭人类”。为了重拾正直的人品，以及重获想象力，亨利·戴维·梭罗呼吁回归与原始自然和谐相处的俭朴生活。在《瓦尔登湖，或森林中的生活》(1854 年版）中，梭罗乐于倾听树叶沙沙作响，鸟儿歌唱，欣赏阳光照射在花朵和深邃清澈的水面上的景象。他批判对财富的执着追求，主张我们能做的不仅仅是“砍伐和修剪森林”。我们应该思考未受干扰的自然（如瓦尔登湖），作为工业化城市的解毒剂。在工业化城市中，人们“成为工具的工具”，在机器前工作，消费物品，过着没有灵魂的生活，没有任何真正的目标。梭罗称，劳动者“没有时间做任何事情，只是一台机器”，随着时钟和齿轮不可阻挡的转动而工作。[①]纳撒尼尔·霍桑（Nathaniel Hawthorne）的故事《通天铁路》嘲讽了对速度和轻松的崇拜，他认为正是这种崇拜，使美国人远离了艰苦但令人振奋的朝圣基督徒生活。

然而，即使是这种对工业生活的浪漫批判中，也有对机器的美感和力量的欣赏。在《瓦尔登湖》中，梭罗承认：“火车如雷般的轰鸣在山丘中回荡……似乎现在有一个了不起的种族在地球上繁衍。”梭罗似乎认为，真正的问题不在于机器，而在于机器主人的卑鄙目标。

正如我们在第 6 章中所看到的，一些产业工人也怀疑工业主义善良的一面。在 19 世纪 30 年代和 40 年代，洛厄尔的工人争论道，工厂远没有使新一代的美国人拥有美德，而是剥夺了工厂工人思考、祈祷和以其他方式学习“美德”的时间。工厂不是在创造勤劳的公民，而是在创造新的“工厂主贵族”。他们就像爱国革命者在五十年前打败的那些英国人一样傲慢和堕落。塞斯·路德（Seth Luther）这样的早期美国劳工领袖认为，洛厄尔

① H.D. Thoreau, “Paradise to Be Regained,” in *United States Magazine* (November 1843): 454, cited in Thomas Hughes, *Changing Attitudes toward Technology* (New York: Harper and Row, 1967), 91.

城[1]将在未来成为美国的曼彻斯特[2]。因为在洛厄尔，资本家和工人之间有着深深的鸿沟。工厂工人的工作条件常常被用来与奴隶的条件相比较。打工者把自己的时间卖给机器，就像奴隶被卖给种植园主一样。对路德来说，一个补救措施是减少“工资奴隶”（wage slave）每天工作的时间。

对工业化更常见的态度，特别是在中产阶级，不是减少工作时间，而是提倡在安息日休息[3]。这一受宗教启发的运动要求在周日暂停铁路和工厂的机械节奏，希望能保留在传统农村生活和宗教中的自然和神圣的休息时间。但几乎没有对其他六天工作时间的要求。

技术与美国传统价值观的调和

在 19 世纪 40 年代，梭罗和其他改革者的警告和呼吁很难被美国人接受。毕竟，大多数美国白人仍然在小作坊和自己的农场里工作。然而，在南北战争后，这种情况发生了变化。整个行业突然发生了巨大的转变。1860 年后的十年内，手工鞋匠被在麦凯缝制厂（McKay Stitcher）工作的机器操作员所取代。雇用 150 名工匠的车间在 1850 年还很罕见，但到 1900 年，拥有 4000 名工匠的工厂就很常见了。从 1860 年到 1920 年，美国的制造业产量几乎增加了 14 倍（而人口仅仅增加了 3 倍）。

所有这些都挑战了美国的传统价值观。旧的田园思想受到工业城市发展的威胁。在工业中工作越来越像走进了死胡同，索然无味。而这些工厂生产出的丰富的商品，使关于俭朴生活的旧有观念受到嘲弄。早期将旧思想与工业相协调的方法已不再有效。

① 即之后的洛厄尔市，位于马萨诸塞州的、因洛厄尔的磨坊镇和纺织厂而得名的城市，大致建成于 1836 年。

② 英国曼彻斯特，工业革命期间英国的纺织业中心，由于工业的蓬勃发展引发 19 世纪初“城市化”的惊人扩张，由此引发了诸多社会问题。

③ 基督教及其分支提出将星期日作为休息和敬拜的“安息日”的运动。

大约从 1880 年开始，一些美国思想家谴责城市生活，认为美国建立在农村和小镇社区文化的基础上，而城市生活对其造成了负面影响。社会学家和医学家们开始声称，在人口众多，人们都不认识彼此的城市中，从事机械化工作造成了一长串社会弊病。包括造成自杀率、犯罪率和离婚率的上升；许多人不愿意接受定时、定点、定期工作（regular work）；年轻人的身体发育迟缓；甚至平均智力较低。心理学家乔治·比尔德（George Beard）认为，不受控制的快速技术变革正在破坏人类的稳定。它正在使人类越来越虚弱和焦虑。他认为，蒸汽机和电报本应减轻人类的工作，但实际上只是加快了工作节奏。工业噪音，不同于自然界有节奏甚至有旋律的声音，让人神经紧张。比尔德指出，日益紧张和不近人情的工作日导致美国人压抑必要的情感。这些都体现了旧有的美国田园主义。

明尼苏达州的民粹主义者伊格内修斯·唐纳利（Ignatius Donnelly）在他的乌托邦小说中，表达了对工业主义日益增长的不适感。他的《凯撒之柱》（1889 年版）将读者带到了 100 年后 1988 年的纽约市。在那里，来自乡下的主人公加布里埃尔·韦尔茨坦（Gabriel Weltstein）发现，无产阶级已经变得麻木，被专制的富人寡头所统治，居住在地下世界。而这个地下世界被优雅的购物广场所掩盖。对大多数人，这座城市已经成为地狱。对少数人来说，这座城市是堕落的天堂。一个由凯撒·罗梅里尼（Caesar Lomellini）领导的恐怖分子“毁灭兄弟会”计划推翻财阀的统治。由此产生的无政府主义暴力以城市的毁灭而告终，主人公逃离混乱，在非洲找到一个和谐的农业社会，摆脱了城市和工业生活的诱惑。

虽然有些人着眼于过去或未来，但大多数美国人在当下寻求解决工业城市问题的方法。他们试图适应技术变革。这些美国人在他们的传统理想和新技术之间找到了妥协之地。一个例子是大多数人（起初是富人）都试图重现“花园”——也就是传统田园价值的代表。解决城市化的方案不是返回农场和村庄，而是乘坐火车或汽车从城市到乡村住宅或绿树成荫的郊区。

在那里，富裕的人——逃离他们创造出的工业污染的折磨——能找到被草坪包围的房子。在郊区的家隔绝了城市的机械节奏，以及和与邻居不必要的接触。在维多利亚时代后期，理想的生活环境不是野性的森林，更不是臭气熏天的泥泞农田；相反，它是一个整洁的家，周围有观赏性的树木和修剪过的花园，一条路蜿蜒伸向远方。理想的乡村或郊区住宅是远离喧嚣，但可以从街上瞥见。前面的公园式景观既展示了主人的品位，又保护了隐私。19 世纪的巴黎和其他欧洲城市的富人经常出入餐馆、剧院和画廊，过着悠闲的生活。他们往往住在绿树成荫的林荫大道上的豪华公寓里。但是，英裔美国富人逐渐放弃居住在城市，把城市留给穷人和商店，自己选择住在绿树成荫的郊区，和三分之一英亩土地上建造的独立房屋。

具有讽刺意味的是，正是新的交通技术，使人们可以逃离技术导致的糟糕城市环境。早在 1829 年，马拉的“公共汽车”（omnibuses）就在费城和其他城市的外围地区运营，经常在快速木板道上行驶。19 世纪 50 年代，有轨车（在铁轨上，但仍由马匹驱动）提高了通勤速度；很快，这些被蒸汽铁路所取代，它可以将城市商人送到他们的新家。这些新家建立在以前十分冷清的边远村庄。19 世纪中期的示范郊区，如新泽西州的卢埃林公园和伊利诺伊州芝加哥的河滨区，引领了潮流。纽约州威彻斯特县和宾夕法尼亚州费城附近的栗子山的富人区从火车站向外辐射，农田将他们与其他社区分隔开。同时，内城的老区或整个城市的一部分（如芝加哥的南部）注定要成为工业的发展地，以及工人阶级的住宅区，而且往往是贫民窟。在 19 世纪末的郊区，富裕的美国人找到了一种将传统的对乡村的渴望与城市技术结合起来的方法，他们每天从城市的工作地点逃到郊区的家中（图 8.3）。

到 19 世纪 70 年代，美国思想家也开始重新考虑工业化与个人辛勤工作的教条是否一致。工作变得重复，只是日复一日地驱动机器。它也使人们自主创业的机会变得更少了。因此，努力工作获得的回报，似乎没有想

图 8.3　这幅画来自著名的郊区富人住宅系列。注意住宅处在自然环境中，树木都被修剪得很整齐，远离拥挤的工业城市

资料来源：纽约合作建筑计划协会，肖佩尔（Shoppell）的现代住宅，1904 年，第 16 幅。

象中的那么多。机械化劳动似乎消除了工作的所有“道德”因素——劳动的尊严、个人的主动性和旧工作场所的社会联系。到 19 世纪 90 年代，受过教育的中产阶级改革者开始重新评估他们父辈关于工厂工作的道德价值的观念。像沃尔特·怀科夫（Walter Wyckoff）这样的社会调查员和记者（他确实在工厂工作过）发现，工业工作让人士气低落，单调乏味，而且令人疲惫。操作机器的工作似乎失去了工作的高贵特性，失去了抑制情绪、推迟需求、给予劳动者荣誉和尊严的道德能力。

人们对工作性质“堕落”的一种反应是追忆往昔，回顾曾经的黄金时代。当时人们还有自主性，将勤劳与智慧结合起来，产生了一个良性的社会。像亨利·亚当斯（Henry Adams）和查尔斯·艾略特·诺顿（Charles

Eliot Norton）这样的新英格兰作家颂扬了中世纪手工业行会，和工业化之前“和谐”的乡村生活。19 世纪 90 年代末的“艺术与工艺”（Arts and Crafts）运动试图恢复传统工艺的尊严和技能。这一运动的领导人建立了工匠作坊，试图重现中世纪英国的工作世界。据说在中世纪的英国，手工艺是一门艺术，工作和生活融为一体。很少有人努力重现中世纪英国的工作世界，所以他们的行动对现代工厂条件没有产生实际影响，但它们确实反映了恢复传统工作伦理的尝试。

芝加哥社会工作者简·亚当斯（Jane Addams）的观点更加大众化，她希望以某种方式将“快乐”带回现代环境中的工作。她强调要给工人灌输新的工作态度，同时帮助生产工人，让他们了解如何融入更广泛的工业环境。19 世纪 90 年代，她开设了一家劳工博物馆，希望让工人阶级的参观者了解现代工业主义的历史。她主张在职业培训中强调团队精神，并主张雇主提供午餐室和学习的机会，以此表示对工人的尊重。到 1900 年，改革者们希望通过职业安置测试，来筛选出潜在的、不适应某项工作的工人。那些关心工作尊严的人想出了无数的缓解措施，以应对雇佣劳动者需要长期工作的现实。这些措施包括 19 世纪 70 年代成立的工人合作工厂，和 19 世纪 80 年代的利润分享计划。这两种想法都受制于反复衰退的经济。并且无论是劳工还是资本家，都对其持怀疑态度。

这种对工业劳动的重新评估，不再局限于怀旧和试图让尊严回归工作。新一代的知识分子更倾向于在没有工作的时候放松休息。在过去，人们认为休息是懒惰的代名词。但随着经济萧条的结束，休息似乎为劳动者提供了一个机会，让他们从严酷的工业工作中脱离出来，重新获得心理健康和建立社会联系。

领导这场运动的自然是工人。对许多工人来说，只有在离开工作岗位的时间，才能重新获得传统价值中提倡的独立和个人尊严。有时工人会组织起来，争取自由时间。19 世纪 40 年代对十小时工作制的要求，在南北战争后被八小时运动所取代。1886 年为争取八小时工作制而举行的全国性罢工吸引了数十万美国工人参与。他们发挥了自己的创造和想象能力，比如当时一首赞扬了休闲自由的流行劳工歌曲：

> 我们厌倦了徒劳无益的劳作
> 勉强维持生计，没有时间思考
> 我们想感受阳光
> 我们想闻到花香
> 我们确信这是上帝的旨意
> 我们只要八小时……
> 八小时用来工作
> 八小时用来休息
> 还有八小时做我们想做的事！①

这些想法是大多数中上阶层观察家的噩梦，他们认为这些想法威胁了公共道德和工业增长。然而，富裕的美国人却利用他们新发现的经济保障来放松休闲。在 19 世纪 50 年代，亨利·沃德·比彻（Henry Ward Beecher），一个古老的清教徒传教士家族的后裔，告诉人们暑假期间娱乐，以及逃避疯狂扩张的工业生活是一种美德。不过，他还是劝告年轻人和穷人要不断劳动。然而，到了 19 世纪 80 年代，一些思想家开始放弃这种双重标准，承认工业劳动的特殊问题。例如，生物学家声称，机械化普遍造成了"人体运动系统"的衰竭。必须通过缩短工作日，以及调节工作节奏和方法，来减少工作带来的疲劳。约瑟芬·戈尔德马克（Josephine Goldmark）在 1912 年提出，近距离作业的单调工作，即使是在拥有"省

① 节选自 *The Hand that Holds the Bread*（New World Records，NW 267，1978）的留声机录音的文字注释。

力”机器的洁净工厂，也和繁重的体力工作一样令人疲劳。只有定期休息和娱乐才能克服工业工作中固有的肌肉群萎缩以及眼睛和手指的压力所造成的损害。

人们对休闲的新态度体现在许多方面。其中一个是，到 1900 年，人们越来越接受年休假（至少对白领工人来说是这样），以及技术工人只有半个星期六的“周末”。大约在同一时间，亨利・柯蒂斯（Henry Curtis），游乐场协会（the Playground Association）的领导人，认为工业主义破坏了人类的活力。只有通过参与体育运动和做游戏，人们才能恢复活力。包括西奥多・罗斯福（Theodore Roosevelt）在内，许多人认为，有组织的体育运动可以训练青年养成好习惯，即在工作时保持清醒以及与他人合作。休闲既是对工业生活的逃避，也是在恢复更好的工作状态。

随着人们重新审视工作伦理（以及对休闲的评价更加积极），对另一种美国价值观——俭朴（及其相反的奢侈），人们有了新的看法。勤俭节约和“量入为出”的古老美德开始让位于一种新的态度。从19世纪70年代开始，我们听到了美国人应该多消费的论调。在某种程度上，这是由于人们担心，生产力会超出美国人销售商品的能力。在 20 世纪的前 20 年，经济学家西蒙・佩丁（Simon Patten）坚持认为，新的富足文明，需要人们有新的消费和享受道德观。这也意味着不再重视储蓄和无休止的劳作。像他那一代人中的许多人一样，佩丁认为机械化工作不能塑造人格。相反，消费文化可以让劳动者接触到“活力”，这种“活力”是他们日常工作生活中所缺乏的。随着基本需求的满足，工薪族将远离酒馆中麻木的快乐，并有更高的文化追求。佩丁和其他人认为，劳动者最终将与富人一起，享受郊区生活的乐趣。这在今天的读者看来可能过于天真。不过，佩丁的论点仍在尝试协调工业带来的富足与传统文化价值。它向那些拥护古老的节俭生活，并向担心富裕会腐蚀大众的美国人保证，他们没有什么可担心的。佩丁倡导的不是贵族式的“奢侈”，而是“民主”地分享工业生活的好处——这不会导致堕落，而是导致文化的进步。

长期以来，美国人一直热爱他们发明的机器。对一个雄心勃勃、拥护个人主义、在荒野中开辟道路的国家来说，这种喜爱也许是必然的。但美国人也不得不调整他们对技术的热爱，与田园主义、传统工作伦理和节俭等价值观相协调。解决方案有很多，但同时相互矛盾。直到现在，最主要的解决方案仍影响着我们的生活，并以微妙的方式存在于郊区消费文化中。

第 9 章

第二次工业革命

人们必须注意，不能滥用“革命”这个词。技术革命比政治革命花费的时间更长，但对社会产生的影响更大。第一次工业革命开创了工厂逐步建立，技术迅速变革的新时代。整个 19 世纪，技术都在稳步提高。在该世纪末，出现了一系列新的创新，这些创新将在整个 20 世纪主导工业社会。第二次工业革命有三个关键性的突破，即内燃机的发展、电力的利用、对化学的新理解和应用。这些发展，加上炼钢业的改进，推动美国全面进入工业时代。事实上，几乎所有 20 世纪的创新都至少依赖于这三项突破中的一项。

第二次工业革命自然与第一次工业革命有关。在 19 世纪，纺织业不断扩张，促进了大部分化学研究。这些研究集中在染料、漂白剂和清洁剂方面。钢铁生产商努力了解，改进铁的质量，以及制造更便宜的钢，需要涉及哪些化学反应。通过铁路，人们发现了个人旅行的潜在需求，这极大地促进了汽车的发展。而且，通过电报，人们第一次在铁路上开展了关于电力的实践。

然而，这三项发明本身就是革命性的突破。我们现在认为理所当然存在的大多数商品，都依赖于这三项发明。同时，它们的发明过程也与第一次工业革命的发明非常不同。那些早期的发现主要来自试错修补。第二次工业革命期间出现的发明，则更多地来自科学和有组织的研究。19 世纪的第三个 25 年是科学进步空前的时期。一大批杰出的人物以及重要的发现都出现在这一时期：路易・巴斯德（Louis Pasteur）、查尔斯・达尔文（Charles Darwin）、格雷戈尔・孟德尔（Gregor Mendal）（尽管他在遗传学方面的发现将被忽视几十年）、奥古斯特・凯库勒（August Kekulé）（发现苯分子）、德米特里・门捷列夫（Dmitri Mendeleev）（元素周期表）、詹姆斯・克拉克・麦克斯韦（James Clerk Maxwell）（电磁理论）和 J. 威拉德・吉布斯（J. Willard Gibbs）（热力学）。科学认识的提高本身就是技术进步的结果，自然会刺激进一步的技术探索。

如果我们依次关注不同的技术轨迹，就容易忽视技术发展的相互依存关系。在接下来的几十年里，电气化、化学认识和内燃机方面的技术相互促进，共同发展。汽车火花塞和电绝缘是用塑料制成的。汽车工业也依赖于石油提炼和橡胶制造的进步。许多化学过程只有通过电力才能实现。大多数复杂现代产品的发明要归功于第二次工业革命三个要素中的一个以上。

钢铁时代

从某种程度上说，钢铁在第二次工业革命的讨论范围内，因为 19 世纪末炼钢业的进步更明显地建立在第一次工业革命的基础上。炼钢业的进步对科学的贡献可能多于对科学的借鉴。然而，炼钢业的新发展只比电力、化学品和内燃机方面的进展稍早。此外，廉价的钢铁使汽车和家用电器能够大规模生产（锻铁对这些制品来说太脆了）。后来钢铁工业的发展，特别是合金钢——将铁与少量其他元素结合在一起——与第二次工业革命中的三项重大发明密切相关。

在整个19世纪上半叶，钢铁仍然很昂贵。人们仍然在用土炉小规模生产钢铁。因此，钢铁仅用于军事或手表或刀刃中的小件。然而，钢铁有明显的优势，创新者们自然而然地试图大规模生产钢铁。在19世纪中叶之前，人们知道生铁的碳含量为4%，锻铁的碳含量为0%，而钢的碳含量为2%。尽管如此，钢铁制造商仍在努力实现所需的2%，并发现使用某些矿石比用其他矿石成功率更高。因此，科学家们受到鼓舞，努力确定不同矿石的确切化学成分，以及在炼铁和炼钢过程中发生的化学反应。

1856年，英国的亨利·贝塞麦（Henry Bessemer）研发出了一个看似简单的方法，以解决炼钢问题。如果用现有的方式加热生铁，铁的外部比内部升温更快，因此碳含量也不一样。贝塞麦建议在熔融金属中喷射热空气。他意识到，由化学反应（碳与氧）产生的热量会使金属保持熔化状态。同时，多余的碳通过与氧气反应而被清除。一个需要几天的过程现在只需要不到一个小时。不仅大大降低了成本——不到锻铁成本的两倍，而且产品质量很高。然而，技术上的困难，加上锻铁生产商的阻挠，在一定程度上减缓了推广的速度。

炼钢产业的下一个发展创新，是西门子-马丁（Siemens-Martin）的平炉炼钢法（open-hearth process）[①]。该方法用废气重新加热内部砖块[②]，以获得更高的温度（在炼铁以外的领域也采用类似的方法来获得高温）。与贝塞麦喷射热空气法目的相同，这些砖块被用于均匀地加热金属，使一半的碳可以被完全氧化。尽管19世纪60年代在英国伯明翰进行了实验，但该工艺的商业化是在19世纪70年代开始的。

对含磷量高的矿石来说，这两种方法效果都很差。英国和美国很幸运

---

① 平炉炼钢法，1865年由德国工程师卡尔·威廉·西门子（Carl Wilhelm Siemens）和法国工程师皮埃尔-埃米尔·马丁（Pierre-Émile Martin）共同发明的炼铁法。

② 炼钢炉蓄热室内铺设的耐火砖。

地拥有无磷矿床。然而，正是在英国，第一个成功从磷矿石中炼钢的技术被开发出来。此外，尽管在贝塞麦之后的几十年里，化学理论在炼钢方面的应用有了很大的进步，但这一解决方案是出自一个没有受过科学训练的业余人员西德尼·吉尔克里斯特·托马斯（Sidney Gilchrist Thomas）之手。这可以说是炼钢业的最近一次重大进展。在此之前，人们已经认识到在熔化的矿石中加入石灰石后，石灰石会与磷发生反应，然后磷就会析出到炉渣中[①]。解决的办法是，除了加入石灰石之外，还要在炉子为砖块铺设衬里[②]，这样砖块就不会被侵蚀，磷也不会释放回金属中。该技术于1879年被研发出来，很快就被法国和德国的生产商争相使用。英国在钢铁生产方面的优势永远消失了。

钢铁的产量在一定程度上说明了这三项创新对炼钢的革命性影响。在贝塞麦的发明之前，西欧的钢铁年产量仅有 10 万吨。在第一次世界大战前夕，它远远超过了 3000 万吨。到那时，钢铁几乎在所有用途上都取代了锻铁。在美国，大湖区丰富的无磷矿石供应加速了钢铁增产的进程；19 世纪 60 年代末，运河和铁路开辟了五大湖矿区。1870 年的钢铁年产量为 7 万吨，十年后扩大到 125 万吨，1900 年超过 1000 万吨，1910 年达到 2610 万吨。

安德鲁·卡内基是最早看到这些欧洲创新在美国发展的可能性的美国人之一。他前往欧洲并带回了熟悉新工艺的工程师，以便在美国的环境中应用这些技术。毫不奇怪，需要做许多调整。在美国，卡内基是第一个雇用化学家的钢铁制造商，他相信这给了他比竞争对手更多的决定性优势。他改装了他的工厂，从铁路轨道到建筑用结构钢，再到工业机械和汽车用

---

① 化学方程式为 $2P+2.5O_2 \rightleftharpoons P_2O_5$ 的可逆反应。磷还是容易回到金属中，传统转炉中的硅砖也易被侵蚀。

② 除了加入石灰石（碳酸钙 $CaCO_3$）以外，还需要给炉内的硅砖铺上白云石即碳酸钙镁 $CaMg(CO_3)_2$ 制成的衬里砖，与磷发生反应形成稳定的磷酸钙 $Ca_3(PO_4)_2$。磷酸钙又能被生产成土壤肥料实现再利用。

板材，以应对不断变化的钢铁市场。

在贝塞麦工艺出现后，美国钢铁业进行了一系列关键性的改进。炼炉的大小不断增加。材料处理等劳动密集型活动被机械化。从 1887 年起，钢铁制造商开始使用连续加工的方法，即材料从一个工序连续转移到下一个工序。这既降低了成本，又提高了最终产品的均质性。炉衬得到了改进，炉壁变得倾斜以加强热反射。后来，在 20 世纪 20 年代，引入了调节温度和压力的仪器。

从 19 世纪 80 年代末开始，电解方法（即电流通过溶液）使铝的生产成本大大降低。通过与铝发生反应，可以生产出纯净的锰、钨、铬和钼（几十年前还不为人知的元素）。对于具有前所未有的韧性、耐热性和硬度的钢合金的发展来说，这些元素至关重要。更便宜的钢和专业合金改变了美国工业，使人们能够生产更多的耐用机床和更复杂的产品。19 世纪末，铬和钨合金在机床中很常见，而海军将镍合金用于船舶装甲。汽车工业需要能够承受各种压力的钢。首先是钒，然后是铬和钼满足了这些需求。电炉，用电加热意味着熔融金属不再与空气发生反应，使人们能生产更均匀的合金钢；合金钢在 20 世纪 10 年代在欧洲被发明出来，之后很快在美国投入生产。

值得注意的是，21 世纪初用的炼钢技术，和 20 世纪 20 年代的十分相似。在 20 世纪，电炉变得更大、更高效（并且多达一半的投入为废金属），并将在 1991 年完全取代露天炉；一些基于贝塞麦技术的转炉将继续生产碱性钢（basic steel）。连续冷却将使电炉能够精确调整合金成分。随着运输成本的下降，钢厂开始专注于生产某一种产品，“小型钢厂”在很大程度上取代了大型综合钢铁加工中心，特别是对用于高科技的非常专业的合金钢来说。尽管如此，1920 年的钢铁业，甚至 1880 年的钢铁业，看起来更像 2000 年的钢铁业，而不是 1850 年的钢铁业。

电力的奇迹

1821 年，英国人迈克尔·法拉第（Michael Faraday）发现了电磁感应，即旋转的磁铁可以在线圈上产生电流。历史上第一次，人们有可能以机械方式生产电力。电力被用于通信——电报，以及后来的电话——和贵金属的电镀。在贵金属的电镀方面，电力节省了昂贵的原材料，因此生产电力花费成本更容易被接受。然而，半个世纪以来，实用的电力生产技术是如此低效，以至于电力在大多数领域中无法与其他能源竞争。也就是说，虽然任何动力源，包括水车或蒸汽机，都可以使磁铁旋转，但相对于水流或蒸汽直接产生的功率来说，用这些动力生产出的电量很少。

电报本身对人们的空间概念产生了革命性的影响。美国政府希望有改进通信方法，塞缪尔·莫尔斯（Samuel Morse）就此要求作出了回应。经过六年的研究，他在 1844 年获得了 3 万美元的补贴，用于建造巴尔的摩和华盛顿特区之间的电报线。信息是用莫尔斯电码（Morse Code）传送的。莫尔斯电码用一套短促和长促的点击声来表示字母。很快，整个大陆上都建起了电报线，通常是沿着铁路线。以前需要数小时或数天才能传送的信息，现在可以在几分钟内传送完毕（尽管那时信息往往是靠步行或后来靠自行车从电报员那里送到收件人那里）。随着 1866 年纽芬兰和爱尔兰之间第一条电缆成功建立，信息也可以在美国和欧洲之间快速传递。一系列的技术革新使得多个信号可以同时传输。但是，在美国，用电报发信息仍然很昂贵，因此主要是由商业和富人使用。大部分人可能会偶尔发送电报，宣布出生或死亡信息。人们也间接受到电报好处的影响，因为新闻媒体使用电报来报道发生在远方的事件。因此，电报有助于连接遥远的社区。这又需要一大批技术人员。这些技术人员需要掌握一些基本的电力知识，并能够测量电流，而不能仅仅依靠机械技能。到 19 世纪 60 年代，有一家公司，即西联公司（Western Union），开始主宰全国的电报网络。政府监管该公司，但不像在欧洲大多数国家那样，美国很少有人呼吁将西联公司国有化。

科学使得电力成本大幅降低。1856年，詹姆斯·克拉克·麦克斯韦首次提出了电磁感应的数学理论。因此，创新者们有了一个更坚实的基础，可以在此基础上试验一定量的磁旋转如何产生更多的电力。在接下来的几十年里，电枢（用铜线缠绕的铁框架，固定在磁铁的两极之间）的设计有了很大的改进。同样，电磁铁（磁性材料的线圈，如软铁，在电线的线圈内）也被采用，以便在电流通过电线时产生一个强大的磁场。

在19世纪70年代，出现了两个相互依存的技术创新。改进型发电机将旋转磁铁的机械能转化为电能，反过来又刺激了灯泡的发展。几十年来，灯泡仍将是主要用电需求。它的改进反过来又促进了发电技术的逐步发展。

19世纪50年代，用于灯塔的碳弧灯的发展，已经说明了电力照明的巨大潜力。家庭和办公室照明的市场是明确的：天然气公司已经为其服务了几十年，而且很明显，消费者更喜欢更明亮、更清洁的光线。托马斯·爱迪生在1879年生产了一个商业上可行的灯泡；他综合了前20年取得的众多进展，特别是真空泵和形状及类型上更适用的细丝（见第10章）。他不仅发明了第一个成功的灯泡，而且还开发了与之相配套的整个发电和测量系统（图9.1）。电气化的复杂性令人生畏。在美国，它是第一个由有组织的研究实验室主导创新的行业。爱迪生为后人照亮了一条前进之路。

随着电力照明的发展，电力被越来越多地应用于照明以外的领域。在19世纪80年代末，180个城市引进了电车。随着高效电动机的发展，家庭、办公室和工厂使用的机器源源不断地出现（见第12章和第13章）。从19世纪80年代开始，电力也被直接应用于化学品和钢铁的生产。电力使用范围的扩大导致了生产成本的降低。发电设施的建设成本很高。照明仍然是主要市场，发电设施每天只用在晚上工作几个小时。当时的电池并不

图 9.1　发电，1880 年。蒸汽动力使皮带转动，使磁铁旋转，磁铁在线圈上感应出电流。这幅画最初出现在《哈珀周刊》上

资料来源：国会图书馆印刷品和照片部。

能有效储电。城市交通、电动机械和电器以及工业加工这些新市场，在一天中的不同时间都需要电力。随着美国区域电力系统的发展，消费者可以享受到大规模发电，以及区域电力服务不同市场的好处。

许多创新进一步降低了用户的用电成本。电缆和绝缘被改进。开关、熔断器和灯座得到了改进。简陋的灯泡本身——灯丝、电路和玻璃外壳——是许多创新努力的方向，这使得照明成本下降到以前水平的一小部分。灯泡的使用在1910年至1930年间增加了16倍，这主要归功于发电、传输和照明技术方面的创新。

化学及其应用

在电力和内燃机的发展史上，我们发现19世纪末的一些创新开创了一个新时代。在化学品方面，我们必须谈及化学产品产量的急剧增加，和产品范围的急剧扩大。这些转变反映了人们对化学科学的理解有了很大的提高。它们反过来又为现代化学工业创造了条件，化学工业生产数千种不同的产品（从基础化学品到塑料、合成纤维、染料和药品），占美国制造业产量的10%，并为几乎所有美国制造业提供重要支撑。

在第一次工业革命期间，染料的进步主要来自试错实验（trial-and-error experimentation）。尽管由于科学认识有限，技术进步缓慢，但还是获得了大量的经验知识。这些关于染料的知识将成为后来大多数化学品（包括药品）发展的基础。此外，这些实验为科学探索提供了重要的推动力和数据来源。

从19世纪初开始，约翰·道尔顿（John Dalton）在化学中运用原子理论；这确定了元素以特定的数字比例结合（例如H_2O）。如果两个元素形成一个以上的化合物，这些元素也还是按数字比例构成。例如，在碳酸[①]中，氧/碳的比例是一氧化碳的两倍。尽管当时不可能测量这些关系，但化学方程式对了解化学反应有相当大的作用。到该世纪中期，几乎

① 二氧化碳。

所有的工业过程都可以用化学方程式来理解。之后，人们能识别外来材料（extraneous materials）。最佳温度和压力是根据经验确定的。在 19 世纪后期，人们能确定元素的原子量，从而确定几乎所有重要物质的分子式。

1860 年，化合价理论表明，某种特定元素的原子总是与一定数量的其他原子结合（例如，最重要的碳原子总是与其他四个原子结合），并确定了可能制造出来的化合物的范围。到了 19 世纪和 20 世纪之交，对热力学定律（即热和其他形式的能量之间的关系）和催化剂作用的科学理解——促进化学反应而不参与其中的物质——进一步促进了技术革新。

有机化学是一个术语，指对生物体的分析，但实际上它意味着对碳化合物的研究。这些化合物是制造合成纤维、合成塑料和合成抗生素之类现代产品的关键。在 19 世纪中期之前，有机化学几乎不存在。直到 19 世纪中期，克劳德 - 路易·贝托莱才确定有机化合物是可以合成的。一般来说，成功的化学反应需要精确的温度和压力条件。因此，如果只有试错实验的经验，相关进展会很缓慢。几十年来，有机化学的主要关注点是染料的合成，如靛蓝（一种从植物中提取的蓝色染料）和茜素玫瑰红（一种从根部提取的红色染料）。这些染料以前都是从昂贵的天然产品中获得的。尽管第一个合成染料，苯胺紫，是英国的威廉·珀金（William Perkin）在 1856 年研发的，但他的成功基于德国科学家对有机化学品的研究。德国化学公司随后建立了工业研究实验室，直到 19 世纪末，这些实验室将发明大部分的染料和一般有机化学品。1870 年只有 15000 种已知的有机化合物，而到 1910 年则有 150000 种。

染料能黏附在某些其他物质（要染色的纺织品）上，但不与其他物质发生反应（因此不会因清洗而褪色），这一性质十分符合人们的需求。如果药物要在不杀死宿主的情况下治疗疾病，就必须具备同样的选择性特性。因此，染料研究催生了药物研究，以及优于天然产品的合成纤维和塑料的制造。第一个被制造出的塑料（一种在高温下形成形状并在冷却后保持形状的物质）是赛璐珞（celluloid）。[1] 在1869年，它被生产出来。并且应用于制作台球、梳子和之后的电影胶片。胶木（bakelite），第一个成功的非纤维素基础（完全合成）塑料，从1909年起成功进入市场。胶木的生产商宣传说它有数千种用途。它不仅在许多应用中取代了木材、石头和钢铁，而且可以做许多天然材料无法做到的事情。其他早期生产出的塑料被用于汽车零部件和电气绝缘。在20世纪20年代末，人们能够生产色彩鲜艳的塑料。[2] 尽管这些早期生产的塑料在复杂产品的发展中发挥了重要作用，但直到20世纪30年代，生产和易燃方面的问题严重限制了其产量。然而，在20世纪30年代末，一些人开始欢呼塑料时代的到来。塑料无中生有的“神奇”能力给他们留下了深刻印象，让他们想象了一个物资不会匮乏，（更准确地说）物品不会锈蚀，以及物品没有锋利边缘的光明未来。

尽管直到20世纪30年代，第一种完全合成的纤维才出现，但在1891—1892年间，一种基于植物材料纤维素的部分合成纤维在法国诞生。人造丝（rayon）是通过用苛性钠和其他化学物处理木浆（有时也处理其他植物材料），然后将产生的物质抽出，制成纤维。此后，稳定的工艺改进使人造丝的年产量在20世纪20年代末上升到近20万吨，对长期占主导地位的棉花工业构成了严重威胁。这涉及针织物和轮胎帘子线（tire cord）等不同市场（图9.2）。

化合价理论（如前所述）极大地促进了有机化学品的操作，这主要是由于碳、氢和氧会结合。然而，事实证明，对于大多数无机化学物质而言，当时该理论尚不能解释它们之间的化学作用。只有当人们认识到分子带有电荷，带正电的分子只能与带负电的分子结合时，才会理解无机化学物质

---

① 在此之前已有天然塑料，如黏土、古塔胶和虫胶。“塑料”这个词现在已经与合成产品联系在一起了。

② 康宁玻璃公司在1916年利用科学知识开发了“派莱克斯（Pyrex）”厨具。该产品在战时将得到稳步改进，其制造技术为此后的“康宁（Corelle）”餐具打下了基础。

图 9.2　1940 年前后，康涅狄格州塔夫特维尔的德诺玛纺织厂生产人造丝线
资料来源：美国国会图书馆印刷品和照片部。

之间的反应。虽然离子理论直到 20 世纪 20 年代才出现在大多数教科书中，但它在 19 世纪 80 年代就已经出现了，并在 19 世纪 90 年代被广泛接受。在这个方面，技术和科学的进步又是相互促进的。电能已经在电镀领域应用了几十年，并从 19 世纪 60 年代开始应用于炼铜（电线又为铜提供了最大的市场）。离子理论最终解释了为什么将电流通过溶液会促进化学反应——带正电荷的物质会与带负电荷的物质结合，并预测了化学反应产生的最佳条件。随着 19 世纪末发电成本的下降，电解被用来制造铝、氯、碱（用于化肥）、苛性钠、氯酸盐、氢和过氧化氢。

我们只概述了 19 世纪末和 20 世纪初化学工业最重要的一些发展。该行业的特点是大规模工厂使用复杂的机器，以超高的价格生产新产品和旧产品。1930 年后，化学影响到的产品范围变得非常广（见第 19 章）。事实上，几乎没有任何现代产品没有受到化学的影响。

从 1860 年起，美国的化学工业开始迅速发展，尤其是 1900 年之后。它在很大程度上依赖于使用德国技术的许可，但美国在第一次世界大战后才能使用德国的专利。由于缺乏长期染料研究史，美国人在药品方面的进展很慢，但他们很快就成为塑料和合成纤维的领导者。美国公司受益于丰富的原材料，特别是在战时石油取代煤炭成为有机化学的基本组成部分之后（随后，美国汽车工业所促进的石油提炼的进步，也促进了美国化学工业的发展）。美国的工业——也许是因为它的经营规模很大——也是第一个应用化学工程的。因此，它能够更好地将实验室的发现扩大到商业生产，也能够将不同的过程结合起来，以创造新的化合物。这里的关键是，每一个化学制造都涉及几个步骤，如混合、粉碎、加热、焙烧或沉淀。化学工程并不把每种化学品的生产看成是独有的，而是建立了对每个步骤的科学理解，然后将其应用于其他化学品的生产。因此，化学工程的这些进展促进了新化学品的开发。

内燃机

到 19 世纪 80 年代末，蒸汽机的技术潜力已基本耗尽。最后的重大发展是 1884 年用于发电的大型蒸汽涡轮机。由于内燃机将在运输领域产生最显著的影响，蒸汽机的发展到了尽头似乎是合乎逻辑的。铁路已经证明了个人运输很有市场。自行车也证明了这一点。在汽车出现之前，就有数以百万计的自行车在路上行驶（大多数早期的汽车制造商以前都制造过自行车）。然而，最初设计内燃机，是为了让工厂管理人员能够克服蒸汽车相关的皮带和污垢问题。

内燃机的原理非常简单。密闭空间内的爆燃导致膨胀的气体推动活塞，其力量远远大于蒸汽的膨胀力。从某种意义上说，枪就是一个基本的内燃机装置。早在 17 世纪，克里斯蒂安・惠更斯（Christiaan Huygens）建造了这样一个内燃装置，就提出了以固定间隔发生的爆炸可以驱动发动机。他使用的燃料是火药本身，而这一点就注定了他的机器没有实际应用价值。（然而，值得注意的是，第一台内燃机比第一台蒸汽机出现的时间还要早）。高效的内燃机既需要更高的工程精度，也需要开发出更好的燃料。这些要求直到 19 世纪下半叶才得以实现。

1859 年，比利时的艾蒂安・勒努瓦（Etienne Lenoir）使用煤气和空气的混合物来驱动第一台可供实用的内燃机。他在点火前没有压缩气体，因此他的发动机效率很低。然而，许多工程师立即着手改进他的发明。1862 年，法国的阿方斯・博・德・罗恰斯（Alphonse Beau de Rochas）推出了四冲程发动机（four-stroke engine），这在之后成了内燃机的标准，但他的发动机也没有商业应用。德国的尼古拉斯・奥托（Nikolaus Otto）在 1876 年发明了一种类似的发动机（图 9.3），但在燃烧之前对气体进行了压缩。这提高了发动机的效率，在几年内有数万台这种机器在世界各地使用。与蒸汽机相比，它们具有相当大的优势。它们更清洁，所使用的燃料——煤气——通常可以作为其他工业过程的副产品以较低价格获得。它们比蒸汽机更容易启动和停止，并且可以半速运行（蒸汽机无法做到这一点）。最后，它们需要较少的劳动力来操作。

煤气有很多缺点。首先，它只适用于固定式发动机，因为发动机必须与一个大燃料箱相连。其次，它只适用于相对低速的发动机。当然，改进的燃料是石油。石油生产在 1851 年才开始。世界上第一口井在宾夕法尼亚州。这是在人们尝试用挖掘的方法开采石油但是失败后建立的；钻井的想法是从盐井中借鉴的。石油的开发是为了服务于照明用油（随着识字率的提高而增加）和润滑剂（随着机械化、铁路和蒸汽船的发展而扩大）的市场。汽油不能用于这两种用途，而且经常被早期的石油提炼商视为废物。石油和汽油的成本随着石油生产的扩大而下降，特别是随着 1900 年后巨大

图 9.3　奥托发动机，1870 年左右。图中的发动机能够提供 4 马力的动力。油箱被放置在安装发动机的建筑物外

资料来源：国会图书馆印刷品和照片部。

的得克萨斯油田的开发。

1885 年，德国人戈特利布·戴姆勒（Gottlieb Daimler）推出了第一台高速内燃机，这是一个重大突破。这种机器需要汽油作为燃料，因为汽油能快速汽化。戴姆勒推出的化油器，既能使燃料汽化，又能将其与空气适量混合，以便燃烧，使这种高速发动机能成功使用。戴姆勒的发动机比以前的那些发动机要小得多，也轻得多。他特别着眼于铁路、船舶、飞艇以及工业领域的市场。在戴姆勒发明了发动机后不久，德国的卡尔·本茨（Carl Benz）发明了第一辆内燃机车。

在这一点上，似乎内燃机在运输领域的胜利已经确定。然而，汽油汽车能否成功，取决于能否解决一些棘手的问题。燃油和空气必须混合，以便处理速度和负荷的变化；发动机必须冷却；必须开发一个变速器，使车辆在低速时不会熄火；必须设计一个可靠的启动机制；齿轮和轮胎需要改进。这些基本问题直到 20 世纪的第一个十年才全部解决。此外，和电力一样，汽车的成功需要依靠互补技术和一系列组织创新。正如我们在后面的章节中所看到的，石油生产和道路建设等领域的创新帮助汽车取得成功。

追赶创新浪潮：美国与技术领先

第二次工业革命标志着世界工业和技术领先国家的转变。自第一次工业革命以来，英国一直是世界上领先的工业国家。即使到了第二次革命，英国人仍然在创新过程中占主导地位：比如贝塞麦、吉尔克里斯特·托马斯和麦克斯韦。然而，已经可以看到德国和美国未来领导地位的迹象。德国的创新者包括西门子、哈伯（Haber）、奥托、戴姆勒和本茨；美国人有爱迪生、卡内基和亨利·福特。德国和法国在 19 世纪 90 年代主导了内燃机的发展；只有当美国生产商开始为其大众市场服务时，美国的技术才在十年后领先于其他大西洋国家。德国也主导了 19 世纪末的化学创新，但美国人很快就赶上了，这得益于第一次世界大战中美国获得的德国专利。德国和美国的电气工业从一开始就增长较快，并将在该领域的创新中占据近一个世纪的主导地位。在钢铁方面，美国迅速采用贝塞麦和西门子 - 马丁的技术来满足本地需要，并对这些技术进行了一系列改进。德国工业停滞不前，直到吉尔克里斯特·托马斯使其走上了欧洲霸主的道路。

许多人问，为什么英国在 19 世纪末失去了领先地位。至少部分是因为科学和教育在第二次工业革命中发挥了作用。早期英国成功的时候，工匠都是业余的，并且远离科学前沿。在 19 世纪，许多欧洲国家建立了比英国更强调科学的学校体系。特别值得关注的是德国和其他地方发展起来的技术导向型学校和大学。特别是德国的大学成为世界化学研究的中心。

英国并不是第一个或最后一个在创新方面失去世界领先地位的国家。当英国仍在进口大部分制成品和技术时，意大利和荷兰也曾辉煌过。在 20

世纪，日本在某些领域从德国和美国手中夺取了世界领先地位。这也许是不可避免的。有些条件对某一代技术有利，但不一定对下一代的技术有帮助。此外，世界领导地位容易使人自满。在新技术方面，追随者往往更容易赶上和超过领导者，因为他们不用那么多资金来支持旧技术。

在 19 世纪，美国发展了一个广泛的教育体系。正如我们所看到的，文化态度趋于实践导向，而不是英国所青睐的古典教育。尽管化学和物理学最好的学生仍然去德国读研究生，但美国的大学在 19 世纪 80 年代开始建立有竞争力的工程和科学项目。当卡内基想为他的钢铁厂雇用一名化学家时，他很轻松就雇用到了。爱迪生也没有为他的研究设施配备人员而烦恼。20 世纪初，美国公司，首先是电力和化学品公司，将效仿德国的做法，建立工业研究实验室。

美国还有其他优势。其庞大的自然资源供应，特别是铁和煤，使其具有显著的优势。然而，我们不应该夸大资源的作用。德国的化学工业几乎完全依赖进口原材料，而日本也一直严重依赖资源进口。更重要的是美国市场的规模。1900 年，美国的平均收入仅次于澳大利亚，是世界上最高的国家。它有一个庞大且整合良好的国内市场，有利于大规模生产。在 19 世纪，美国已经显示出了很强的技术领先性。美国的制造体系已经在世界范围内受到欢迎，并将为装配线和连续生产创造条件。因此，我们在前几章所描述的进展，是美国在技术上引领世界的重要准备。

19 世纪末美国的城市化

前面几章所讨论的交通发展使食品、建筑材料和其他货物更容易被运到城市；随着贸易的扩大，组织贸易的商人自然会聚集到城市。19 世纪中期，蒸汽机使工业摆脱了对水力的依赖，从而进一步推动了城市的发展。然而，在 19 世纪的最后几十年和 20 世纪最初几十年，城市的发展十分迅速。1880

年有 1400 万美国人生活在城市中心；到 1920 年，这个数字是 5400 万，是美国人口的一半。在某些方面，这种城市化与第二次工业革命的技术无关。

正如我们所看到的，内燃机比蒸汽动力有很多优势。电气化对工厂也有很大的好处，尽管直到 20 世纪 20 年代，大部分人才意识到这一点（见第 12 章）。尽管如此，这些技术在 19 世纪末进一步促进了大型城市工厂的建立。同样，化学品、电气产品和汽车的生产也将集中在大型城市工厂。

工厂和办公室必须要有能源驱动，家庭也要取暖和照明。因此，城市依赖运河、铁路或管道运输大量的煤炭或石油。在煤炭时代，美国是世界上人均使用不可再生能源最多的国家之一，在石油时代仍是如此。没有不可再生能源的运输，就不可能有大城市、大型工厂或办公大楼。煤炭或石油的广泛使用使大多数美国人不用参与实际的电力生产，不像人类依靠自己的肌肉力量，依靠动物干活，或亲自砍柴一样。随着采矿、油井和运输方面的技术进步，以及向家庭和企业提供能源的大型城市公司的发展，能源价格下降。

在第 5 章中，我们讨论了铁路如何开创了一个新的时代，即大型工业公司为全国市场服务的时代。这些公司具有综合的生产、采购和营销功能，需要大型总部来控制其全国性的企业。这些总部通常位于大城市：这样，这些总部就可以接触到广告、金融、保险和其他领域的服务公司，并坐落于国家交通基础设施的节点。随着服务行业重要性的增加，分公司也逐渐聚集在城市，以接近客户。

大量的工人如何能集中在一个地方，而不面临通勤时间或污染带来的高昂成本？从 19 世纪中叶开始，铁路公司介入了通勤市场，将很快被称为郊区的地方同城市连接起来。随着城市的扩张，铁路公司经常发现，铁路要想到达市中心，需要经过许多道路交叉口。一个标准但昂贵的解决方案是将铁路架设在这些道路之上；建造桥梁的新型钢材的发展促进了这一进程。一个更昂贵的解决方案是地铁；隧道技术的进步（来自铁路部门）在这里起到了帮助作用，而新的钢材也非常重要。许多以前从事铁路建设的工程师，随着城际铁路网的建成而被淘汰。但在这之后，他们找到了建设高架铁路和地铁的好工作。

在19世纪中期的路面上①，一般用三匹马拉着公共客车送工人到工厂或办公室。这些马的速度很慢，19 世纪 80 年代，在城市服务的 10 万匹马或骡子在城市街道上倾泻了大量的粪便。19 世纪，使用的马匹数量大幅增加。这些马匹还在铁路车站之间、铁路与跨越主要河流或港口的渡船之间，以及铁路码头或港口与客户之间运送乘客和货物。因此，蒸汽动力运输的出现增加了马匹的使用。学者们普遍认为，继续依赖这种技术（马匹确实是一种技术，因为人类驯化了它们，饲养了它们，并发明了马蹄铁、马具和训练它们的技术）会严重限制城市规模。蒸汽动力车能够解决马匹运输的问题，但它自己也造成了污染，将能量转化为动力的效率也不如马匹。然而，在 19 世纪 80 年代，180 个城市使用了电动有轨电车。这些有轨电车为工人提供了廉价和快速的通勤方式，而且任何污染都集中在发电地点，而不是散布在整个城市。然而，有轨电车会造成噪声污染，在早期，其较高的速度导致了许多事故，造成了人员伤亡。马匹在城市交通中仍然很重要，直到 20 世纪汽车和卡车的发明。

房屋建筑技术的革命促进人们向郊区迁移。到 19 世纪 80 年代中期，轻捷骨架结构，即房屋框架由切割的木材制成，在很大程度上取代了木材结构。锯木厂按照标准化的长度和宽度生产木材，供建筑商使用。住宅建设的成本因此下降，许多工人第一次能买得起房子。

美国的城市很快就在一个重要方面与大多数欧洲国家不同了。美国城市接受了摩天大楼。建立摩天大楼需要依赖一系列技术。钢铁生产的进步反过来促进了钢柱和钢梁设计上的改进。在石头建筑中，墙体本身支撑着上层建筑，而且墙体必须随着建筑增高而加厚。而钢柱和钢梁可以承受房

---

① 经验证明，鹅卵石、砖头和花岗岩块都不适合建造大量行驶的道路。1838 年，巴黎首次使用天然沥青。1865 年，美国在纽约首次使用沥青。到本世纪末，沥青的使用已很普遍。

屋结构的重量（无论建筑的高度如何，都可以开大面积的窗户）[①]。铸铁易于被压缩，而锻铁能绷紧。然而，事实证明，钢既能被压缩也能绷紧。卡内基钢铁厂借鉴桥梁建设的经验，逐渐使建设者相信了这一点。19 世纪 80 年代的芝加哥，从 1871 年的大火中重建，是钢铁摩天大楼的试验场；每一次成功，都会鼓励企业家和建筑师想象更高的建筑。纽约是另一个早期的摩天大楼建设地点。值得注意的是，钢制摩天大楼的建造速度要快得多，因为当低层建筑还在施工时，下一层的建造工作就可以开始。服务行业的公司——出版商、零售商、保险公司——是这些摩天大楼的主要租户。虽然北美城市宽松的分区促进了摩天大楼的出现，但可以说，美国钢铁公司在开发和营销钢结构技术方面的努力才是关键原因。这些公司发现贝塞麦钢不适合用于建筑，但平炉钢却很适合，因为它的延展性和均匀性更强：对钢铁结构特性的科学调查，对于发展这项技术，以及说服工程师和金融家采用这项技术至关重要。一些城市的建筑法规制定者迟迟没有看到钢铁的优势——纽约多年来要求尽量不建厚墙，这也减缓了摩天大楼的发展（图 9.4）。

一项更不起眼的技术——电梯，也是必不可少的。在发明电梯之前，建筑物很少超过六层楼高。虽然电梯在 19 世纪初就被发明了，但对安全的担忧——电梯偶尔会坠落到电梯井底——限制了它们对乘客的运输。19 世纪 50 年代，纽约的奥的斯电梯公司推出了安全电梯，它有一个制动机制，在电梯的绳索断裂时可以运行。一旦有了安全可靠的电梯，建筑物就会飞速发展。“摩天大楼（skyscraper）”这个词被创造出来，以反映观察者对高楼的敬畏之情。在 20 世纪，电梯运行速度的加快，对于建筑物增加高度至关重要。因为在 19 世纪 80 年代，为了将办公人员送到顶部，速度较

---

① 化学知识也被应用于玻璃的生产，这带来了科学和技术挑战。特殊的玻璃被设计用于建筑业，以及汽车、灯泡和许多其他现代行业。到 20 世纪 30 年代，玻璃可以做得足够坚固，以至于像弗兰克·劳埃德·赖特（Frank Lloyd Wright）这样的建筑师认为它本身就是一种建筑材料：整个墙壁都能由玻璃制成。

图 9.4　纽约在建的钢架构摩天大楼，1906
资料来源：美国国会图书馆印刷和照片部。

慢的电梯会占用太多的内部空间。1913 年的伍尔沃斯大厦的电梯每分钟运行 700 英尺，1931 年的帝国大厦的电梯每分钟运行 1200 英尺。除了钢桁架和安全电梯外，还必须为摩天大楼开发一系列其他技术。为建筑结构提供抗风支撑；将建筑锚定在地面上；防火；加热、冷却、通风；淡水和污水排放的管道；以及电线。我们不妨特别注意一下防火问题。在美国，大型城市火灾长期以来一直是一个问题，这是因为美国的建筑（即使是石头或砖头面的建筑，甚至是早期的钢结构）严重依赖木材，而且与欧洲相比，美国的建筑法规不严。人们很快就意识到，在发生火灾时，摩天大楼会变得十分危险；建筑法规坚持使用防火建筑材料，特别是提供防火楼梯间。混凝土作为建筑材料的发展在这里具有重要意义。

由于人们不再用木材或煤炭，而是用天然气和（更晚的）电加热，以及在 19 世纪初从用煤油灯转向煤气灯，然后从 19 世纪 80 年代开始转向电照明，火灾发生的概率减少了。这些转变也在很大程度上有助于减少空气污染，并将污染集中在电力生产地。中西部的城市，如芝加哥、圣路易斯和辛辛那提，在 19 世纪中期遭受了以煤为基础的烟雾污染，在污染最严重的日子里人们甚至停止工作。人们抱怨有咳嗽和呼吸问题。在城市快速扩张的时代，电力有一个更重要的优势。把电线从一户人家拉到另一户人家，比把这些房屋连接到煤气管上要容易得多。

大量人口不可避免会产生人类排泄物和其他废物，必须想办法解决处理这些废物。自城市文明诞生以来，这一直是城市的一个问题；随着人口密度的增加，这个问题变得更加重要。厕所不能为大型城市聚居区服务；一些污水排放口是必不可少的。厕所于 1810 年在伦敦发明；1856 年，纽约有 63 万人口，但只有 1 万个这样的厕所。到 1888 年，纽约三分之一的人口拥有厕所。如果不与下水道连接，厕所的使用往往会导致污水池溢出，进入城市的沟渠。随着疾病的细菌理论在 1880 年变得科学可信，以及此后公众卫生意识的提高，人们进一步希望清除城市中潜在的健康危害，如人类废物。城市也更愿意为市民提供清洁的饮用水。到 19 世纪 80 年代，大多数美国城市已经实现了这一点，因为即使是穷人也愿意为这项服务付费。起初，城市的重点是提供看起来和尝起来都不错的水，而在 19 世纪 80 年代，水被检测出含有各种污染物。1885 年，美国的快速沙滤器被引入自来水厂，它极大地限制了霍乱和伤寒的传播。污水处理系统在几十年后才出现，并在融资方面更困难。一系列的技术进步，促使供水和污水处理服务的出现：使用新的建筑材料，如混凝土和钢，更好的泵，以及挖掘和焊接工具的改进。特别值得一提的是，简陋的水表于 1824 年在英国发明，但几十年后在美国得到完善。这使得公用事业部门能够向居民收取他们所使用的水费，同时阻止居民浪费水。随着供水和污水处理系统的数量和复杂性的增加，水力工程师开始接受培训，以寻求最优方案。

随着城市的发展，运走垃圾变得越来越难。一次性产品和包装的使用加剧了这个问题：早在 19 世纪末，美国人产生的垃圾就比普通欧洲人多得多。以内燃机为动力的卡车可以比马匹更快地清除垃圾。但如何处理这些垃圾呢？焚化炉和回收利用在 20 世纪末已出现；垃圾填埋场从 1920 年开始发展。

环境史往往强调 19 世纪末对建设国家公园的鼓动，或塞拉俱乐部（Sierra Club）的形成。然而，这一时期的特点是大量城市环境主义的出现，往往由妇女带头。市民们担心空气和噪声污染、卫生问题和能否拥有绿色空间。青年志愿者团队被动员起来，清理城市街道上的垃圾。这些环保组织乐观地认为，有了正确的政策和技术，美国城市可以变得健康和宜居。他们指出，噪声和空气污染是工业效率低下的标志。如果活动部件制造标准，并得到润滑，燃烧更加完全，噪声和空气污染就会减少。水和下水道系统是这些团体的优先处理对象，其次是垃圾清理、空气污染，最后是噪声污染。请注意，直到 20 世纪，科学家才很好地理解空气污染对健康的危害。

第 10 章

技术与现代公司

在 19 世纪和 20 世纪，技术在美国商业企业规模的扩大中发挥了重要作用。由于铁路公司需要庞大的资本，以及必要的远距离行政结构，它们成为 19 世纪最大的美国公司。后来的公司借用了他们发明的机制，来监督地理上相隔较远的中层管理人员。铁路也鼓励了其他企业的发展，使许多公司能够进入更广阔的市场。大型的全国性零售公司最早出现。西尔斯（Sears）和蒙哥马利·沃德（Montgomery Ward）是通过铁路运输成立的邮购分销商。

大规模生产技术的发展也很关键。它既是现代公司发展和市场扩大的原因，也是其结果。例如，19 世纪 80 年代发明了可以低成本地将汤和番茄酱等液体装入罐头的机器，为亨氏（Heinz）、博登（Borden）、吉百利（Cadbury）、宝洁（Proctor & Gamble）和高露洁（Colgate）等新公司所使用。这些公司同时利用全国性杂志这一新的广告媒介来提高他们产品的名牌与客户忠诚度。正如在第 5 章中所提到的，他们依靠铁路来到达市场。从 19 世纪 80 年代开始，公司的增长是巨大的。1885 年，除了铁路公司之外，只有五家公司的价值超过 1000 万美元。到 1897 年，有 8 家价值超过

5000万美元；1907年有40家，到1919年有100家。影响力最大的行业是食品、化学品、石油、金属和机械。尽管非技术因素也发挥了作用（特别是有利的法律环境），但新的工业流程和产品创新对现代美国公司的出现做出了巨大贡献。特别值得注意的是，技术的发展越来越集中化。

企业研究的作用

现代公司的发展与组织化的技术发展密切相关。与第二次工业革命相关的新技术，往往不是独立的发明家能研究出来的。工业研究实验室首先在美国的电气领域出现，但很快扩展到化学品、电子、汽车、制药和石油领域。通用电气（General Electric）在1901年开设了第一个公业研究实验室，随后杜邦（Du Pont）和帕克–戴维斯（Parke-Davis）在1902年，贝尔公司（Bell）在1911年，伊士曼–柯达（Eastman-Kodak）公司在1913年建立了各自的公司研究实验室。然而，具有管理等级的大公司的出现（以及工程专业的发展）意味着工业研究（尽管规模较小）也在电报等行业出现，这些行业的科学基础没有那么复杂。到1930年，共有1600多个实验室。即使是大萧条也只能减缓，而非阻止这种扩张。1938年有超过2200个实验室。实验室的工作岗位量从1920年的6000个上升到1930年的3万多个，1938年的4万多个，1962年的30万个，以及20世纪80年代末的80万个。

这些大型实验室为有实力的公司提供了很高（尽管是不稳定）的投资回报率。通过不断地改进他们的产品线和生产技术，这些公司可以保持以及扩大他们的市场份额。因此，工业研究可能是工业集中的一个重要原因。当然，如果没有那些能够负担得起大型研究实验室的大公司，很难想象会有多少昂贵而复杂的创新项目，例如尼龙和变压器，会取得成功。大学和政府设施只有能力且有意愿生产其中的部分产品。大公司使新技术的研究成为可能。

大公司在研究方面占领主导地位，这也有负面作用。垄断市场的成功公司可能会停止创新。大公司可能会因官僚主义过于盛行而扼杀创新。历史学家大卫·诺布尔（David Noble）指出，美国的专利制度原本是为了激励和保护个人创新者。然而，从 19 世纪 70 年代起，它被越来越多地用于提高大公司的经济实力。各公司建立了实验室，不断对核心技术进行小规模的、能够获得专利的改进。通用电气的实验室主要是为了保护其在灯泡领域的市场地位，贝尔的实验室是为了保护其在电话领域的市场地位，而伊士曼 - 柯达的实验室是为了保护其在照相机领域的市场地位。这些公司往往还雇用专利律师来对抗独立的竞争者，并在必要时诱使独立竞争者将自己的发明出售给大公司。因此，诺布尔称，公司创造的"专利垄断"不仅保护他们免受竞争，而且只是为了这些公司，而不是整个社会的利益，技术发展变得更加缓慢。

技术创新有一个自然发展的过程。在一个新产品的早期发展阶段，该产品可能会有许多变种（variants），竞争也会十分激烈。但随着技术的标准化，少数公司可能会占主导地位，这些公司将专注于生产技术和对新技术的微小改进。从历史上看，一个行业的新进入者一般会采用新技术，他们因此从那些拥有过时技术专长的公司手中接过主导者的角色。工业研究实验室反映了这种动态。虽然他们有独特的能力进行一些重大的创新，但他们往往最擅长发展生产技术和对产品的微小改进。

即便如此，在 20 世纪仍然有许多独立创新者。一项对 20 世纪上半叶 70 项最重要创新的研究发现，其中一半以上的创新来自独立的发明者。大公司可能更注重增量创新，这些创新占研究成本的大部分，而不是创造这些突破。寡头行业——几家公司共享一个市场——比垄断行业或竞争更激烈的行业将更多的收入用于研究。它们可能最好地平衡了财政能力与竞争压力。然而，尽管企业研究实验室的作用往往是有限的，但随着时间的推移，它们已经进行了重大的产品创新，如通用电气的实验室在 X 射线和真空管方面的创新。

爱迪生和电力工业

托马斯·阿尔瓦·爱迪生（1847—1931）在他那个时代是一个传奇，因为他是 19 世纪美国人所欣赏的特点的缩影。尽管他没有受过正规教育，也没有家庭财富，但他的勇气和运气为他带来了名声和财富。他作为一个传统的个人主义者受到尊重，他的勤奋和实事求是使他取得了显著的成功。他缺乏系统的科学学习基础，也不能适应企业的等级制度。然而，爱迪生很新潮。他走在那个时代技术的前沿，善于解决市场的需求，并且能够组织一个专家团队来帮助他创新。爱迪生帮助《科学》杂志创刊，并且提供了资金，并寻求（往往是徒劳的）科学家的尊重。但他强调，他关心的是事物是否能用，而不是其背后的原理。在这些方面，爱迪生是一个过渡性人物，他的一只脚在前科学的“小修补匠”（tinkerer）① 时代，另一只脚在企业发明家的时代。

爱迪生在他的时代接近技术的最前沿。十几岁时，他开始担任巡回电报员，和其他人一样，他为改进电报机投入了大量心血。爱迪生成年时，正值电力即将彻底改变能量产生和被利用的方式。在 1868 年（当时他 21 岁），他取得了第一个专利，是一个在立法机构中制作投票表格的电子系统。当国会议员表示他们不感兴趣时，爱迪生发誓，在没有确定是否有市场的情况下，他再也不会把时间浪费在发明技术上。第二年，他搬到了纽约，也许他觉得在那里最有可能获得资金支持，以及找到潜在的市场。他的第一个获利的创新，是一个改进的股票行情收报器（improved stock ticker），为此他收到了当时令人震惊的 4 万美元。他对这一收益感到惊讶，并更加坚定了成为一个发明家的决心。这笔资金为他的发明事业提供了基础。

① 也作 tinker，从英语“金属修补匠”一词而来。

爱迪生很快认识到，现代发明需要整合不同专家的技能。他至少雇用了三名研究人员，他们之后都各自取得了成就。约翰·克鲁西（John Kreusi），他先与爱迪生一起在门洛帕克（Menlo Park）工作，后来成为通用电气的首席工程师；西格蒙德·伯格曼（Sigmund Bergmann），他将在德国建立一个实质性的电气制造企业；以及约翰·舒克特（Johann Schukert），他创建了另一家德国制造公司，即后来的西门子－舒克特（Siemens-Schukert）。

爱迪生本人不太适应公司的等级制度，他并不喜欢管理一个现代组织的日常事务。相反，他投身于一系列的研究实验室，他称为发明工厂，以开发各式各样的销售产品。在新泽西州的纽瓦克经营了几年的小型实验室后，爱迪生于 1876 年建立了规模更大的门洛帕克实验室。不过，他的员工人数从未超过 50 人。爱迪生总是把这些人称为“朋友和同事”。他驱使他们努力工作（或者，正如一名工作人员所描述的，爱迪生使工作如此有趣，员工们自愿长时间工作），但他也在深夜休息时与他们一起唱歌和抽雪茄。爱迪生这样的做法，表明管理创新是有可能的。他创立的实验室不是美国的第一个实验室，但几十年来是最大和最成功的。

19 世纪 70 年代初，爱迪生为电报的一些改进申请了专利，这项改进使两条信息可以同时通过同一条电线向两个方向发送，而不是像以前那样只能向一个方向发送。在将电报电缆的生产率提高了四倍之后，爱迪生在西联公司的建议下——该公司为爱迪生的研究提供了大量资金——将注意力转向了电话，并开发了一种更加敏感的碳基发射器和接收器（最初是为了避嫌贝尔的专利）。他在 1877 年开发了第一台留声机。爱迪生早先就有关于电话的想法，但对其商业价值表示怀疑；同样，贝尔也设想过留声机，但对其是否有市场表示怀疑。

爱迪生没有开发留声机的市场潜能，而是立即转而发明电灯。这个项目说明了爱迪生作为一个组织者的才能。尽管他经常批评纯科学家，但他很快就聘请了一名化学家和一名物理学家，以及一系列的机械师和各种电力和金属专家。在门洛帕克实验室，精确的测量设备被安装在固定在地上的无振动的桌子上。爱迪生完全有理由为他实验室里价值 4 万美元的设备以及他大量的科学技术材料感到自豪。他注意到，欧姆定律和焦耳定律等科学见解引导着他的研究人员。不过，与后来的工业研究实验室相比，他对基础科学研究的追求要少得多（图 10.1）。

1878 年，爱迪生和他的实验室工作人员开始把精力集中在电力照明问题上，尽管爱迪生在照明和发电方面都没有什么经验。城市煤气照明（包括室内和室外）的普及使他相信了其商业潜力。爱迪生研究了曼哈顿下城（Lower Manhattan）的潜在照明市场，并估计了可以获利的价格。这是一种真正的具有现代视角的发明方法，因为爱迪生关注的不仅仅是生产一种实用的电灯，他还认识到，他必须开发一种低成本的发电和输电方法。

第一个障碍自然是发光本身。在 20 世纪初，人们已经证明，当电流通

图 10.1　爱迪生在他的实验室，1904 年。他始终保持着对动手实验的兴趣

资料来源：美国国会图书馆印刷品和照片部。

过各种材料时，它们会发出光，成为白炽灯。然而，大多数材料很快就烧毁了。爱迪生用许多灯丝材料进行了实验，包括铂金。我们不能准确地知道爱迪生是如何选择实验材料的。化学无疑起了一些作用，尽管爱迪生测试了数千种植物[①]的故事引发了公众的想象。最后，碳（还被用于爱迪生的其他发明，如电话传输器）被证明是商业上可行的电灯所需的电阻。它不仅可以亮许多小时，而且只需要很少的电流。不过，只有在灯泡内创造一个更好的真空，使碳不被氧化，爱迪生才能获得成功。

灯丝反过来又决定了系统中其他部件的性质。特别是发电机，必须能够产生高电压的小电流。爱迪生认识到，为电弧灯设计的发电机并不能达到目的。他的团队很快就创造了一种发电机，它的输出功率是前者的两倍以上。在发电机和电灯之间，爱迪生的实验室不得不开发新的接线盒、开关，特别是仪表。保险丝也被发明出来，以防止电流过大和减少火灾的风险（这自然使这种新产品的潜在消费者感到焦虑）。在那个还没有塑料的时代，保证电线一定里程的绝缘也很困难；在低成本的天然橡胶出现之前，人们使用纸板绝缘。

门洛帕克实验室在五年后关闭，在此前获得了数百项专利。1881 年，爱迪生将精力转移到他在纽约的电灯系统的运作上。1886 年，爱迪生回到了他的初衷，开设了规模更大的西奥兰治实验室（West Orange Laboratory）。他预期的主要目标是为家庭和工作场所开发新的电力设备，并希望能够在同一地点将创新和制造结合起来。

由于新的企业比门洛帕克实验室大得多，爱迪生发现自己越来越多地扮演着管理者和执行者的角色，他不能再在其实验室开展的许多研究项目中发挥积极的指导作用。他在应该给他的员工多少自由的问题上纠结。有一段时间，有七十多个不同的研究项目正在进行中。这可能太多了。西奥

---

① 爱迪生在试验灯丝时采用多种植物作为材料，其中包括竹子。

兰治实验室仍然负责对电气系统的大量改进，创造了提供给大众市场的留声机、蓄电池和电影摄像机。这些创新使爱迪生在第一次世界大战期间一直处于公众的视野中。

然而，爱迪生后来的发明都没有他早期的那么成功。部分原因是爱迪生没有像电灯泡一样，认识到留声机和电影摄影机的潜在市场。灯泡取代了煤气照明，而留声机和电影摄影机则是新产品。爱迪生将留声机定位在口述录音方面的商业市场，并认为人们希望单独观看电影而不是大家一起在大屏幕上观看。他在 1931 年去世之前一直是民间英雄，是亨利・福特和哈维・费尔斯通（Harvey Firestone）等现代工业家的密友。讽刺的是，在这些人所代表的大型综合企业开创的工业研究的新时代，几乎没有像爱迪生这样的实验室设施的位置（图 10.2）。

爱迪生通用电气公司（Edison General Electric）和托马斯－休斯顿公司（Thomas Houston）在 1892 年合并为通用电气公司（General Electric）。新的通用电气公司采取了与爱迪生非常不同的研究方法。它的研究实验室成立于 1901 年，比爱迪生的研究实验室更有针对性，专注于开发和保护公司在灯泡市场的主导地位。通用电气在 1905 年开发了一种改进的碳灯丝。1912 年，以新分离的钨为基础的灯丝进一步将能源效率提高了一倍；1913 年，通用电气将钨丝缠绕成紧密的线圈，并在灯泡中填充氩气和氮气，使灯泡的效率又提高了 50%。这些改进（加上更便宜的电力）使 1910 年至 1930 年间的照明成本减少了四分之三，灯泡的使用量增加了 16 倍。

确实，通用电气实验室渐渐不仅仅专注于灯泡的研究。它在交流电传输方面取得了重大进展。它研究 X 射线，并在一年内试图用 X 射线对植物进行基因改造（雇用了生物学家和其他科学家），但只成功地产生了一株符合构想的百合花。正如我们将看到的，该实验室发明了许多对无线电至关重要的部件。第一次世界大战后，X 射线和无线电的成功促进研究主题变得更广泛，但这是在与爱迪生的实验室完全不同的环境中完成的。研究是根据公司的生

图 10.2　1931 年，哈维 · 费尔斯通、托马斯 · 爱迪生和亨利 · 福特在爱迪生的实验室。这三人分别因轮胎、电气设备和汽车方面的创新而闻名，他们是亲密的朋友，并经常一起度假

资料来源：美国国会图书馆印刷品和照片部。

产能力进行的，目标由上级明确规定。虽然爱迪生反对基础科学研究，但如果它能长期助长公司的商业活动，爱迪生还是给予支持。爱迪生曾经回避的实验室报告也成为必需品。尽管爱迪生为现代工业研究实验室铺平了道路，但实验室将变成他几乎认不出来的样式。不过，现在的实验室确实延续了爱迪生的一个做法，就是将不同专业领域的研究人员聚集在一起。

特斯拉和西屋公司

长期以来，爱迪生一直是直流电的倡导者。这很好地满足了他向拥挤的城市地区供电的目的。但人们很快发现，在长距离传输高压交流电时，电力损耗要小得多。如何利用水力发电的潜力，怎样服务分散客户，这些都将取决于交流电的使用。乔治·威斯汀豪斯（George Westinghouse）[①]之前在为铁路开发气闸和信号系统方面取得了技术和商业上的成功，他看到了交流电传输的商业潜力，并从 1887 年开始开发区域传输系统，改进了该领域欧洲发明家的想法。1886 年，西屋公司（Westinghouse）的威廉·斯坦利（William Stanley）完善了第一台变压器，它能够为低成本的交流电传输提高电压，然后再降低电压供使用。不过，在一段时间内，人们还不清楚是交流电还是直流电更好。

一个关键的创新是由交流电驱动的电动机。当时，许多人希望设计出这样的电动机。在奥地利学习物理的移民尼古拉·特斯拉（Nikola Tesla）取得了突破性进展。他使用了多条交流电流和一个旋转的磁场。特斯拉没有爱迪生那么有名，因为他依靠西屋公司和其他公司提供资金，并把他的发明授权给别人，而不是自己继续开发。他想创造一个完美的交流系统，这个系统需要四条传输线，而不是两条；西屋公司反而鼓励特斯拉开发技术，使特斯拉发动机能与现有的传输系统一起工作。特斯拉对商业世界的淡泊，以及他对星际通信（interstellar communication）的倡导和对无成本能源生产（costless energy production）的预测，都让许多人钦佩。他的理想主义和对完美的追求，可能导致他在 1894 年后很少有成功的创新。不过，交流电在 19 世纪 90 年代取得了胜利，1895 年在尼亚加拉建成了第一个有相当规模的交流电发电站。

贝尔和电话行业

19 世纪下半叶的特点是快速城市化和全国分销网络的发展。到 1880

① 此处的乔治·威斯汀豪斯是西屋电器公司（Westinghouse）的创始人。电器公司英文名为威斯汀豪斯的姓氏，但翻译中稍做了意译处理，沿用至今。

年，纽约市有一百万居民。从 1847 年开始，电报已经开始改善当地和长途通信。许多人寻求进一步的改进，特别是在 19 世纪 70 年代，对电力有了进一步的了解之后。创新者起初专注于提高发电报的速度和电报的容量，电话的发明是那十年的主要成就。

最早的电话并不是一个复杂的电子技术产品。它所需要的科学和工程知识，比发明电灯需要的要少得多。然而，与其他发明相比，它不太明显，是受电学进步影响的副产品。因此，它的发明者亚历山大·格雷厄姆·贝尔（Alexander Graham Bell，1847—1922）不是一位电子学专家也就不奇怪了。相反，像他的父亲一样，贝尔是一位聋哑人的教师。他发明电话，是在研究声音和语言的特性时的意外产物。在波士顿教书时，贝尔自学了现代物理，他可能在那里学到了电磁学的基本知识。几十年来，人们已经知道，如果一根电线盘绕在软铁等磁性材料的中心上，并且该中心有磁性，电线中就会产生电流。贝尔的创新之处在于认识到，如果在磁铁附近放置一个膜片（类似于耳膜）并通过声波振动，这将诱发电流。这种电流反过来又会在接收端类似的膜片上产生同样的振动。这项创新不需要电报之外的科学知识。它反映了一种意愿，即打破电报间歇性传输的概念，并承认电流连续传输的可能性。

到 1876 年 2 月，贝尔的发现已经进展到足以申请美国专利的程度。尽管贝尔是在加拿大安大略省的布兰特福德构思了关于电话的想法，但电话的最终发展在波士顿完成（图 10.3）。后来，埃利沙·格雷（Elisha Gray）也试图在贝尔申请专利的同一天，申请美国电话专利。格雷的活动证明了并不是只有贝尔一个人在研究电话，尽管格雷的想法似乎并没有那么完善。

由于贝尔早期发明的电话音质很差，电话的销售一开始很低迷。其他人自然试图改进贝尔的设计。电报公司西联（Western Union）买下了格雷的专利，并聘请爱迪生开发一个更好的系统。与此同时，贝尔获得了弗朗西斯·布莱克（Francis Blake）的改进型振膜专利。贝尔赢了与西联公司和其

图 10.3　贝尔发明的最初的电话的复制品。可以传送微弱的声音

他公司的专利战（最终赢了六百多起侵权诉讼）。西联电报公司在建造和安装了五万多部电话后，于 1879 年放弃了电话业务。

直到 1881 年贝尔离职后，美国贝尔公司的电话销售才开始猛增。在接下来的 15 年里，收入平均每年增长 9%。人口增长和城市化，加上第一批电话的成功，使贝尔公司的利润十分可观，即使 1894 年后贝尔原始专利到期，独立的电话公司也加入了竞争，也没有影响这一点。

在 19 世纪 80 年代，贝尔公司没有先进的研究实验室。相反，它使用了 1879 年从西联公司收购西部电气时获得的专利（作为专利协议的一部分，贝尔公司获得了大量的专利费）。在接下来的几十年里，贝尔公司将获得许多其他专利。尽管该公司也开始做自己的研究，但其工程人员在 19 世纪余下的时间里，大部分时间都在评估他人的发明。

与灯泡、汽车、有轨电车和第二次工业革命的其他重要创新一样，如果电话想被广泛使用，那么它需要一个相辅相成的技术和机构系统。在早期，大多数电话都单独与另一个电话连接，这样就可以在办公室之间，或家庭与办公室之间保持联系。早在 1878 年，贝尔就认识到，他电话的未来取决于中央交换机的发展。这些中央交换机不仅可以让打电话的人与其他用户联系，而且可以为了计费而计算通话时长。不过，自动交换机要到 20 世纪才会出现（图 10.4）。

简陋的电话线本身也要下很多功夫研究。设计合适的保护电缆并非易事。此外，负载导线的开发对于实现长距离传输至关重要。对负载线圈的追求使贝尔组织最终建立了可以说是美国最重要的工业研究实验室——贝尔实验室。问题是，将电话机相互连接起来的铜线吸收了大部分传输信号的电能。因此，在 30 英里以外的地方，人们就无法听清声音。解决办法是负载线路，即在每根铜线上以一定间隔插入铁芯的线圈。这改变了电路的电气性质，减少了电能损耗（衰减），有利于声音在数百英里的距离内传播。英国物理学家奥利弗·海维塞德（Oliver Heaviside）研究出了这个装置背后的科学原理。然而，在海维塞德的理论能够投入实际使用之前，还

图 10.4　19 世纪 80 年代华盛顿电话交换中心，需要人工接线。接线员大都是男性
资料来源：美国国会图书馆印刷图片部。

需要进行多年的研究。

1885 年，贝尔聘请了哈蒙德・V. 海斯（Hammond V. Hayes），第一批拥有物理学博士学位的研究人员之一，在电话行业工作。他将理论工作与平凡的设计部件任务分开。在 1898 年，海斯的上级希望投资负载线圈技术，因为贝尔的原始专利到期后，贝尔公司将与独立的电话公司进行竞争。他们认为，如果贝尔公司能够用负载线圈占领长途电话线市场，那么这个通信巨头就能战胜本地的独立公司。

当贝尔公司的其他员工认为电感，或者说感应电压与电流变化的比率，是解决电能损耗问题的关键时，乔治・坎贝尔（George Campbell），一位训练有素的物理学家，建立了一个实验装置来检查电感量。他的实验涉及在导线中插入线圈，他很快就认识到这种设计可以在实验室外缓解损耗问题。他熟知麦克斯韦的物理学，这使他能够设计出实用的线圈，提供必要的电感，但电阻非常低。坎贝尔进行了科学研究，以弄清海维塞德理论的全部数学理论，以便他能预测线圈之间的最佳距离。由于贝尔公司内部沟通不畅，其他人比他更早地申请了几乎相同的专利，贝尔公司被迫支付了数十万美元以获得负载导线的专利权；这让管理层认识到了内部研究的价值。然后，当贝尔公司开始生产负载导线时，因为出现了一系列的小困难，导致生产部门必须定期与研究人员接触。

研发负载导线的历史较为短暂，但十分重要。由于它仍然只能在几百英里的上限内传输，相关的研究继续，并在 20 世纪 10 年代发明了电子中继器；这些中继器在 1925 年取代了负载导线。然而，这一经历持久地影响了贝尔的研究态度。此外，这项发明巩固了贝尔在长途电话领域的主导地位，使贝尔公司开始收购独立公司并建立全国性的垄断（尽管贝尔在 1913 年受到反托拉斯法律诉讼的威胁而不得不放弃）。

贝尔公司在 1907 年进行了重组。重组的一个关键因素是，人们认识到需要持续地以利润为导向进行研究工作，这些研究工作将独立于制造部门和法律部门，但又与之保持密切联系。1911 年，一个研究实验室正式成立，并在 1925 年被命名为贝尔实验室。这一研究工作使贝尔公司在电话行业保持了几十年的领先地位，对电话、交换机和电缆进行了一系列的改进，特别是在信号传输和放大的问题上。这意味着贝尔的研究人员会在 20 世纪的许多电子科技突破中发挥重要作用。我们将在后面的章节中讨论真空管、晶体管和计算机时讲到这一点。

杜邦公司和化学工业

比起电气工业，美国的化学工业在取得国际领导地位方面更为迟缓。美国的化学公司从德国的化学实验室中得到启发，这些实验室与德国的大学联系紧密，而德国的大学是世界公认的化学研究的领先机构。经过德国培训的化学家规划了美国的研究生课程和建立了企业研究实验室。其中领先的是杜邦公司。

在 20 世纪初，杜邦公司是一家炸药生产商。由于其市场不稳定，以及公司几乎垄断了美国的炸药生产，而害怕反托拉斯法律诉讼，杜邦公司开始了产品多元化的计划。这些努力使杜邦公司在 1929 年拥有通用汽车（GM）近三分之一的股票；但该公司主要集中精力于多种类的化肥、纺织染料、药品和其他不同化学品的广阔市场。

作为这种多样化战略的一部分，在 1903 年，杜邦成了第一家建立工业研究实验室的美国化学公司。它早期的大部分工作包括购买欧洲专利并在美国利用这些专利开发新产品。例如，1924 年，杜邦公司从法国发明者那里获得了透明薄膜“玻璃纸（cellophane）”的美国权利。杜邦公司让一名研究人员研究这种新产品，到 1927 年，成功地研究出了防潮的玻璃纸。食品加工厂和新的自助式杂货店之后用玻璃纸包装农产品、肉类和其他产品。玻璃纸的销售额在三年内增加了三倍，迫使杜邦公司在接下来的几年里花费数百万美元研究如何降低生产成本。

从一开始，化学工程就是杜邦公司研究工作的一个重要部分。事实证明，将实验室的发现扩大运用到成功的商业生产中往往是困难的。到 20 世纪 30 年代，杜邦公司将开发自动控制各种复杂化学反应的装置，以便大量的化学反应能够连续进行。

杜邦公司和其他美国化学品生产商一样，在第一次世界大战中得到了巨大的推动力。对与军火有关的化学品的需求，以及德国公司的供应被切断，使美国生产商得以扩张。美国公司进入了以前由德国公司主导的染料和药品领域。在战后的和平协议中，作为战胜国的英法等国政府获得德国的化学专利，并将其提供给美国生产商。

到 20 世纪 20 年代，杜邦公司开始发展自己的创新想法。它首先试图合成复制使天然橡胶具有弹性的扭结分子链（kinked molecular chains）。到 1931 年，部分出于意外，它在实验室里获得了成功。由于化学反应难以控制，需要更多时间才能投入商业生产。1937 年，随着无味氯丁橡胶（odorless neoprene）的开发，合成橡胶被用于手套、鞋、鞋跟和其他类似的产品。氯丁橡胶的销售在 20 世纪 40 年代和 50 年代急剧增加，使杜邦公司赚回了比之前大量的研究投资更多的资金。

虽然氯丁橡胶是杜邦公司第一个成功的合成产品，但它远不是最重要的。20 世纪 20 年代，杜邦公司还将注意力转向合成纤维（synthetic fiber）的生产。该公司在第一次世界大战前就已经开始参与人造丝的生产。人造丝的成功（见第 9 章）促使杜邦公司在 20 世纪 20 年代启动了一个真正的合成纤维研究项目。在 20 年代末，该项目已经取得了成功，但它生产的纤维既不能经受水洗也不能经受干洗。杜邦说服了研究化学家华莱士·卡罗瑟斯（Wallace Carothers）来主导这项工作。利用他在聚合物领域的专业知识——复杂的碳分子是合成物的基础——卡罗瑟斯的实验室在 1934 年创造出了尼龙。值得注意的是，卡罗瑟斯团队的成功有赖于杜邦公司在胶体化学和物理化学领域其他研究小组的投入。尽管可以说杜邦公司夸大了它对科学的贡献，但这些研究小组在追求商业目标的同时都提高了对科学的了解认识，这是事实。尼龙生产所需的化学反应必须控制的十分精确，以至于又花了五年时间，投资了 450 万美元，尼龙才能面向大众。尽管杜邦公司的目标是袜业市场，但二战期间的尼龙产量被转用于降落伞、轮胎绳和滑翔机牵引绳等产品。在战争结束时，不仅是尼龙袜，而且轮胎线和地毯都有相当大的市场。尼龙很快成为杜邦公司历史上最大的利润来源。

杜邦公司进入塑料领域的时间较晚。直到进入战时时期，德国公司一直主导着对塑料的研究（部分原因是德国政府对战时使用的合成产品感兴趣）。尽管塑料对生产台球和梳子等一系列产品很有用，但其产量仍然微不足道。汽车零部件和无线电元件等领域不断增长的市场刺激了杜邦公司研发生产更好、更便宜的塑料。杜邦公司再次求助于外国创新者。1936 年，它从英国生产商那里买下了“留西特有机玻璃（lucite）”[①] 的专利。

杜邦公司的研究工作取得了巨大的成果。1937 年，该公司 40% 的收益来自 1929 年以来开发的产品。杜邦公司对各种产品的研究使它能够汇集不同领域的专业知识。20 世纪 20 年代初，在试图开发一种新的电影胶片时，杜邦公司意外地发现了一种新的低黏度漆料。杜邦与通用汽车的关系使他们考虑一种新的处理汽车表面的方法；“杜科”（Duco）因此在 1923 年诞生。它让人们能生产黑色以外的颜色的汽车，将生产时间缩短了数周，并节省了至少 15% 的汽车涂装劳动力。杜科将成为战后的标准汽车漆。经过细微的调整，杜科为多乐士（Dulux）打下了基础，它使家庭用品的上漆变得简单而有吸引力。

杜邦公司的做法似乎与“强大的公司不愿意开发新产品”这一说法

---

① 又叫“亚克力”，因留西特公司的制造而得名。

相冲突。它的多元化战略当然能解释它对创新的开放态度。但是，如果杜邦公司更加专注，他们本可以更早地开发一些产品。而且，杜邦的一些发明——例如用于解决汽车发动机爆震问题的四乙基铅（tetraethyl lead），以及制冷剂氟利昂——几十年后被发现对环境有严重的副作用。尽管这些在当时是无法预见的，但它们表明新的化学品并不全是美好的。回过头来看，许多人会对杜邦公司在 1935 年提出的口号不屑一顾。该口号为："通过化学，为更好的生活提供更好的产品……"（1982 年，杜邦公司将"通过化学"从口号中删除，并在 1999 年改用新的口号"科学的奇迹"）。然而，在许多领域，这正是杜邦公司所提供的。

现代工程师的出现

美国的大公司拥有支持工业研究的资金，但他们必须依赖科学家、工程师和技术人员。工业研究实验室从一开始就配备了熟练的专业人员，其中大部分是有过大学教育背景的。尽管科学家常常引人注目，但工业研究实验室需要更多的工程师。

直到 19 世纪中期，人们往往在工作中学习机器制造、桥梁建设和其他工程技能。从早期的运河项目开始，就形成了培训工程师的学徒制度。只有在内战后，随着赠地学院（land-grant college）的出现，工程学校才建立起来，并开设了电气和化学工程等高级科目的新课程。随着时间的推移，工程课程和项目开始强调科学内容，淡化实践经验；这种转变首先在化学和特别是电气工程等新领域中显现出来。

为了提高社会、经济和专业地位，工程师们成立了同业公会。这些协会编纂了该行业的标准，并试图将真正具有资格的人与业余爱好者，或在工程师指导下执行特定任务的助手更仔细地区分开来。地方组织很快演变成了国家机构。美国土木工程师协会（The American Society of Civil

Engineers）是 1852 年成立的第一个机构；这反映了第二次工业革命前土木工程在工程行业的主导地位。更多的专业组织随之建立：1871 年成立了美国采矿和冶金工程师协会，1880 年成立了美国机械工程师协会，1884 年成立了美国电气工程师协会。20 世纪将看到此类组织的蓬勃发展，包括化学、汽车、石油、核能和环境工程团体。

与任何新的组织形式一样，这些团体逐渐演变为我们今天所熟悉的那种专业组织。他们的首要任务是确保自己的合法性。这意味着他们要与技术学校和学院建立联系，使从事这些职业所需的培训能够标准化。这也涉及为争取法律承认其地位而进行的长达数十年的斗争。工业研究实验室从一开始就吸收了职业化的精神，并将其最高职位保留给大学培训的科学家和工程师。但是，工程专业要达到正式的教育标准需要一些时间。直到 1870 年，只有 5% 的工程师拥有大学学位。随着专业组织的不断施压和大学水平工程项目的大量增加，到 20 世纪初，没有大学学位几乎不可能进入这些行业。

当然，大多数工程师并不直接参与新技术知识的研发，而是接受培训，将现有的知识体系应用到具体问题上。不过，工程师群体专业知识的增加至少在三个方面促进了技术进步。第一，研究实验室发明的许多生产技术，需要工程师来建造和监督工厂中这些技术的运作。第二，在工业研究实验室中，专业工程师往往是科学家的队友而不是下属。（我们已经看到，杜邦公司很早就认识到了化学工程的价值）。第三，工程教授也在研究中发挥了重要作用。学术界在 20 世纪与工业界建立的广泛的咨询联系在许多领域都是至关重要的，最近是在生物技术和计算机领域。今天，对于工业界来说，研究室的所在地在地理上靠近大学的研究人员显然是一种优势。

什么是工程？工程师们自然而然地寻求科学声望的支持，并将他们的领域定义为应用科学（尽管那些与科学家合作最密切的人意识到，科学家看不起工程师）。这产生了一个不幸的副作用，即延续了科学发现总是先于技术创新的错误观念，而实际上科学和技术之间的关系是相互的。二战结束后，范内瓦·布什（Vannevar Bush）编写了一份具有影响力的报告《科学：无尽的边疆》（*Science: The Endless Frontier*），此后美国政府对大学研究的支持就一直建立在这一误解之上。虽然对科学的支持是富有成效的，但更多地了解技术在科学进步中的作用会更好。同样不幸的是，科学和技术都与主导科学和工程的白人男性中产阶级联系在一起；因此，技术在大众心目中与“男性”工厂而非“女性”家庭相联系。

自 19 世纪 70 年代以来，技术发展出现了决定性的转变。早期的个人主义工匠兼发明家，如赛勒斯·麦考密克或罗伯特·富尔顿，让位于受过科学训练的公司或大学研究人员。贝尔和爱迪生等人，以及他们创立的公司，体现了从一个时代到另一个时代的过渡。创新促进了资本的集中。但是，化学和电子发明日益复杂的特点，似乎也需要大量的研究实验室来保证研究工作的成功。自由思考的创新者可以在一些公司或大学的实验室中生存，但他们几乎都有学位和使用昂贵设备的机会。

第 11 章

技术与战争（1770—1918）

士兵和发明家之间一直保持着奇怪而复杂的关系。新武器的介入往往使一方在战斗中获得决定性的优势，并改变军队和战争的状况。鉴于胜利和失败的利害关系，军事技术的创新往往比民用创新更有动力。例如，在15世纪末和16世纪的军事革命中，人们发明了威力较大的大炮和火枪。发明这些武器的欧洲人在与印加、阿兹特克和亚洲敌人的较量中获得了决定性的优势。很快，欧洲所有军队都开始使用火药武器，人们在几个世纪以来，为此付出极其惨痛的代价，不得不调整战争的策略。易被炮弹击垮的贵族城堡被皇家防御工事所取代，这些工事的外形低矮，土垒厚实，以抵御袭击。由装甲骑士、手持长矛的士兵和弓箭手组成的队伍被昂贵的火炮和火枪手雇佣军所取代，越来越多的军队由强大的集权君主国组织训练。

然而，如果说技术催生了军事革命也不尽然，创新和战争之间的联系并不总是那么紧密。首先，士兵经常抵制创新。“适当的（appropriate）”战争的传统，以及士兵和发明家之间的社会分裂，往往减缓了武器装备创新的步伐。事实上，在18世纪工业化的早期阶段和19世纪的前几十年，几乎没有武器创新。只有在 1820 年之后，加上 19 世纪 40 年代开始创新的迅速增加，军事技术创新才有可能催生新的军备竞赛。这种对先进武器的追求与一些其他趋势相吻合。这包括国际竞争的加剧、大规模征兵、武器销售中的商业竞争。以及进攻性和防御性武器，两者创新的相互影响不断扩大。尤其重要的是，前几章讨论的机床和第二次工业革命带来的新的大规模生产方法。

军事创新产生了重大的影响。到 19 世纪下半叶，军事和工业越来越相互依赖；军备竞赛推动了经济发展，并有可能将冷战变成热战；旧有的战场和社会其他部分之间鸿沟，在"全面战争"中被日益填平。也许最重要的是，由于新武器的出现，士兵们预期的战争情况与实际情况之间的差距越来越大。不可避免地，死亡人数急剧上升，破坏规模急剧扩大。虽然这些变化只有在第二次世界大战中才能被充分感受到，但它们在美国内战和第一次世界大战中就已经开始了。为了捕捉战争与技术之间关系的革命性改变，本章必须回顾几十年的历史，将重点放在从美国革命到第一次世界大战这几年。尽管许多变化即将在欧洲出现，但它们最终将影响美国。

欧洲战争的遗产（1680—1815）

对许多学习过独立战争传说的美国人来说，18 世纪的欧洲战斗让人联想到士兵像锡制玩具兵一样，机械地迈向枪林弹雨。他们穿着的红大衣使他们成为被瞄准的目标。但这一场景忽略了战争和军事技术的一个复杂事实。陆地战争是围绕着燧发枪（flintlock musket）和火炮展开的，这些武器在 1680 年左右达成熟。最标准是英国的"布朗贝斯（Brown Bess）"[①] 火枪，它于 1682 年被推出，持续使用至 1842 年。扣动扳机时，

---

① 又译作褐筒，强筒，棕贝丝。

燧石（flint）刮过引火盘上的 L 形卷曲钢，产生火花，通过一个点火孔引燃火药。这种爆炸推动铁球冲出光滑的枪管，其力量和速度足以刺穿肉体。

这一武器的缺点很多。它经常失火；为了防止这种情况，必须确保燧石很锋利，而且点火孔很干净。如果火药不干燥，燧发枪就不能射击。装弹需要 20 到 40 秒，需要一个人站着把火药和铁球塞进枪口。通常情况下，士兵们会先撕咬开一个预先包装好的纸质“弹药筒”，里面装有火药和铁球。然后，他们将火药倒入枪管，火药顺着枪管流到火药池中，最后将球塞入枪管。然而，开枪时，由于铁球的直径小于枪管，它在离开火枪后，会从枪管的光滑内表面飞向不确定的方向。因此，这种武器在 40 码外击中 4 平方英尺的目标时几乎没有什么准确性。装填火枪的复杂性意味着它每分钟只能发射三次。

这些技术限制决定了战争中的战术，这也解释了英国“红大衣（red coats）”的奇怪行为。士兵们被训练排成两到三个人的紧密队列，然后行进。考虑到武器的射程，直到前排看到敌人的“眼白（whites of the eyes）”，前排才会一齐开枪射击，希望通过射击数量来弥补单兵武器的不准确和不可预测性。然后第二排开火，在第一排重新装弹的时候“保护”第一轮射击的幸存者，战斗中的伤亡，特别是疾病，使士兵成为一个没有吸引力的职业，除了绝望的人或“被征召的人”之外，很少有人愿意成为士兵。只有建立在无休止的重复演习之上的，军队里铁的纪律，才使士兵们能以这种形式战斗。训练士兵和购买武器的成本都很高，这使得军官们在指派士兵投入战斗时非常谨慎。军队受制于移动缓慢的补给列车，并受到天气的限制（军队避免在雨季作战，特别是当火药被打湿时）。将军们为争夺阵地而进行演习，只有在最后，而且希望是最有利的时刻，才参与战斗。

在美国革命战争中，一些美国爱国者成为狙击手。他们使用宾夕法尼亚州的膛线式步枪从树后射击“红大衣”。膛线枪[①]相较于滑膛的火枪的区别在于，膛线枪的枪管内壁上有螺旋形沟槽；有了这条“膛线”，铁球在射出前会被旋转，这样一来步枪的弹道更准确、射程更长。膛线的历史几乎与火枪的历史一样长。然而，膛线枪很难装弹，因为球必须更大（以“适应膛线”），因此铁球很难在枪口被塞入（通常需要用木槌和铁棒）。美国人用一块有油的布把球裹住，使装弹过程更容易，但步枪装弹的时间仍然比滑膛的火枪长得多，而且这块布往往会弄脏枪管。因此，在战斗时，一般来说，人们更倾向于使用可以快速装弹的火枪。膛线枪在大型战役中发挥的作用很小；拿破仑甚至在 1805 年禁止法国军队使用膛线枪。（图 11.1）

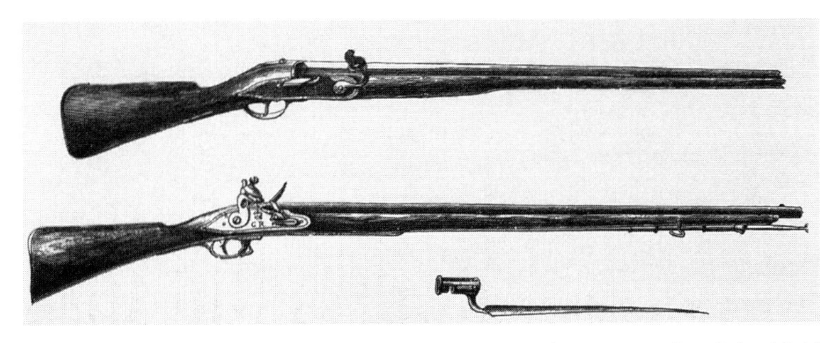

图 11.1　早期经典的枪支样式。上面是一把火绳枪（matchlock）。注意到发射时掉入火药池的那根绳子（火绳），它点燃了底火药并推动了子弹。底部是著名的布朗贝斯（Brown Bess）火枪，它的发射装置是燧石

资料来源：William Greener，The Gun and Its Development，1907.

炮兵的武器和步兵的一样，自 17 世纪没有什么变化。大炮基本上是在一个模具中铸造的铁管或铜管。弹道非常原始：通常情况下，人们把大炮抬高到 45° 角，从炮口倒下炮弹和火药，然后点燃火药，几乎不需要努力瞄准或测距。正如我们所看到的，英国人约翰·威尔金森发明了在大炮上钻出更平滑的孔的方法，但由于大炮的生产成本太高，15 世纪建造的大炮到 18 世纪仍在使用。

① 第 6 章已提及，可称膛线枪、步枪、来复枪。

海军的武器装备也同样停滞不前。橡树制成的护卫舰排成队列作战，在短距离内相互发射铁炮弹。这是因为几乎所有的火炮都固定在战舰的侧面，在战斗中往往不准或不可靠，因此战舰需要排成一线作战。目标是穿越“T”字形——即一条横队（可以使用侧舷火炮的全部火力）穿过一竖队的敌舰，这样敌舰只能使用舰首火炮。这需要像步兵作战那样严格的纪律和正式指挥。

当然，18 世纪武器也发生了一些变化。腓特烈大帝（Frederick the Great）领导下的普鲁士人使他们的火炮更易于移动，并发明了对敌人步兵伤害极大的霰弹。法国人让・德・格里博瓦（Jean de Gribeauval）在 18 世纪 80 年代，为火炮发明了可替换部件，并将炮弹标准化。然而，最大的改革不是在技术方面，而是在军队的组织和战术方面。法国革命军在 1793 年引入了全员动员征兵制度，在这种制度下，士兵们的动力不是来自上级强加的严厉纪律，而是来自爱国主义和晋升的希望。革命者建立了数以百计的小型工厂来制造火枪和补给品，为战争调动了工业。经过拿破仑的改进，法军放弃了行动缓慢的补给列车，从而获得了大规模快速打击的能力。他的军队并没有使用新的武器，而是利用积极性很高的士兵来打败那些在传统贵族军官手下畏首畏尾的、规模较小的、精力不足的农民军队。拿破仑还增加了火炮的数量，他指挥这些火炮，对敌对部队造成前所未有的杀伤程度。所有这些都使拿破仑在 1800 年至 1812 年无数的战争中立于不败之地，即使他的军队最终屈服于俄国广阔的平原和冬季。重要的是，拿破仑很少进行技术革新。他热爱肉搏战（hand-to-hand combat）这一概念，并鼓励刺刀的使用。在拿破仑最终于 1815 年倒台后，欧洲又退回到传统作战方法。然而，他的大规模进攻理论极大地影响了后来的军事领导人——即使技术已经提高了武器的射程和威力，使这些武器更加致命。

在这一时期，海军技术和战术的变化甚至更小。英国海军上将纳尔逊（Nelson）在 1805 年对法国的特拉法尔加战役（Battle of Trafalgar）驾驶的是一艘 40 年的老船，装备了古老的滑膛枪口炮，距离目标如果超过 300 码，就不能精准瞄准。1812 年战争期间有一些关于火箭炮实验，但此后被放弃了。海军专业人员仍然采用同等战舰近距离作战，即“并排靠拢（yardarm to yardarm）”的理论。

我们可能会问，为什么在 1850 年之前的两个世纪里，军事创新如此之少？显然，在工匠时代制造武器的成本很高，时间投入较长，这都构成了障碍。正如我们在第 6 章中所看到的，随着美国军械库生产系统发明了批量生产的方法，这种情况开始改变。不过，生产的创新并不一定能带来武器的改进。军事技术停滞不前的一个因素是军官们对战争和传统的承诺。例如，法国国王路易十五反对爆炸的炮弹，因为它们显然是不人道的。欧洲的军官大多是内敛的保守派，贵族们还保留着封建时代的传统，痴迷于个人战，认为战争是一个游戏概念。他们认为，战斗的勇气，和战斗部署的智慧决定了战争的进程，而不是武器装备的创新。战斗往往是致命的（尽管疾病往往带来的伤害更大）；而普通士兵被当作训练有素的动物或玩具锡兵对待。然而，领导人并不是为了某种思想或全面统治而战斗到“只剩最后一人”。“全面”战争的目的是摧毁对方的意识形态或对方民族的抵抗意志，直到胜利方达到了物质、社会和技术上的极限。这种“全面”战争的形式到现代世界才出现。我们在法国大革命和拿破仑战争（1792—1815）期间看到了它的预兆，当时大规模（有时是征召的）军队上了战场；美国内战中，公民军队投身于一项事业，并配备了越来越致命的武器。然而，只有在 20 世纪，当战争被意识形态和极端民族主义所驱动时，用先进技术武装起来的全面战争才达到顶峰。

陆战和海战的武器革命（1814—1860）

武器方面的创新确实发生了。1815 年使用的火枪发展为 19 世纪 60

年代的现代连发步枪，彻底改变了战争。有趣的是，这些变化的背后并不是对军事统治的强烈渴望；事实上，火枪技术创新的时期与西方文明史上的任何时期一样和平。相反，创新是渐进式的，新的制造方法逐步推进创新，而且往往为“进步”的概念，或是取代旧枪占领市场的希望所驱动。新武器往往首先被用来对付动物或原住民——对于许多欧洲和美国的入侵者来说，两者几乎没有什么不同。关键的创新来自像埃利普莱特·雷明顿（Eliphalet Remington）和塞缪尔·柯尔特这样的企业家，但他们并不了解他们的创新对战争的巨大影响。军队领导人也常常忽视武器创新的作用。他们在为战斗做准备的时候，常常以军队仍然在使用燧发枪为前提。随着岁月的流逝，人们对拿破仑时代的大型战役的记忆渐渐模糊。人们忘记了大规模战争会是什么样子，也忘记了新武器对早期武器时代的战术会产生什么影响。

第一个重大变化是在 1820 年左右，击发火帽（percussion cap）取代了经常不可靠的火石，来点燃火枪的火药。击发火帽是用软铜包裹的少量雷酸汞。当击发火帽被放置于枪底座一端的枪管上的“火门（nipple）”或引火嘴之上，并被枪锤敲击时，击发火帽会爆炸，从而点燃枪管中的火药。由于老式燧发枪很容易改装，猎人们接受了击发火帽的应用，英国军队在 1842 年也开始使用击发火帽。

火枪的第二个创新出现在 19 世纪 40 年代，当时圆筒形的子弹 [由克劳德·艾蒂安·米尼埃（Claude-Etienne Minié）于 1846 年发明] 逐渐取代了传统的金属球。新型子弹的底座是空心的，使子弹发射时能够膨胀，并在被射出时与枪管紧密摩擦。这种子弹使膛线更加实用，因为现在子弹可以比枪膛更小，使从枪口端装弹变得容易。能膨胀的子弹[①]很容易进入膛线槽，并从根本上增加了士兵的射程——到 1851 年达到 1000 码（尽管在

① 后称为“达姆弹”“开花弹”。

300 到 600 码内最有效）。在 19 世纪 50 年代，新的子弹使旧的滑膛火枪从战场上消失。

然而，士兵们必须站起来才能将子弹和火药分别装入枪口（因此新型火枪的装填时间几乎与老式火枪一样）。1811 年，约翰·霍尔发明了第三种改进枪支的方法，即后膛枪（breechloader）。他还申请了专利。这种武器配备了一个用铰链连接的枪栓（breechblock），使子弹和火药可以被从枪管后面的枪栓（发射装置）装入。然而，枪栓与枪管之间的缝隙不被密封；因此，火药经常会对使用者造成冲击。这种危险，加上后坐力造成的推进力降低，使霍尔的武器不受士兵欢迎。直到 1859 年，西弗吉尼亚州哈珀斯费里镇的克里斯蒂安·夏普斯（Christian Sharps）才研发出了令人满意的单发后膛枪，并在美国内战中被使用。

创新的第四个方向是有关连发枪和自带金属弹夹的。尽管康涅狄格州的塞缪尔·柯尔特在 1836 年发明了左轮手枪，并因此而闻名，但这种武器并不令人满意，因为每个枪膛都必须单独装上火药和子弹。连发枪能被成功发明的核心取决于自带金属弹夹的研发。子弹、火药和击发火帽被包裹在金属外壳中，组成自带金属弹夹。19 世纪 40 年代中期，一种功能齐全的金属弹夹出现在法国，它有多种击发机制［轮缘和中心梢（rim and center pin），后者在南北战争后占主导地位］。到 1857 年，霍勒斯·史密斯（Horace Smith）和丹尼尔·韦森（Daniel Wesson）开发了一种金属弹匣左轮手枪。1860 年，本杰明·泰勒·亨利（Benjamin Tyler Henry）发明了杠杆式后膛装填连发步枪，并为此申请了专利，该枪有 16 颗子弹，子弹储存在枪托（手柄）的管子里，在使用时被运送到枪机处。这种武器在西部被广泛用于对付美洲原住民和水牛。斯宾塞连发枪[①]的弹夹有 8 发子弹，在南北战争中的使用较为有限（图 11.2）。

---

① 第 6 章提到的克里斯托弗·斯宾塞。

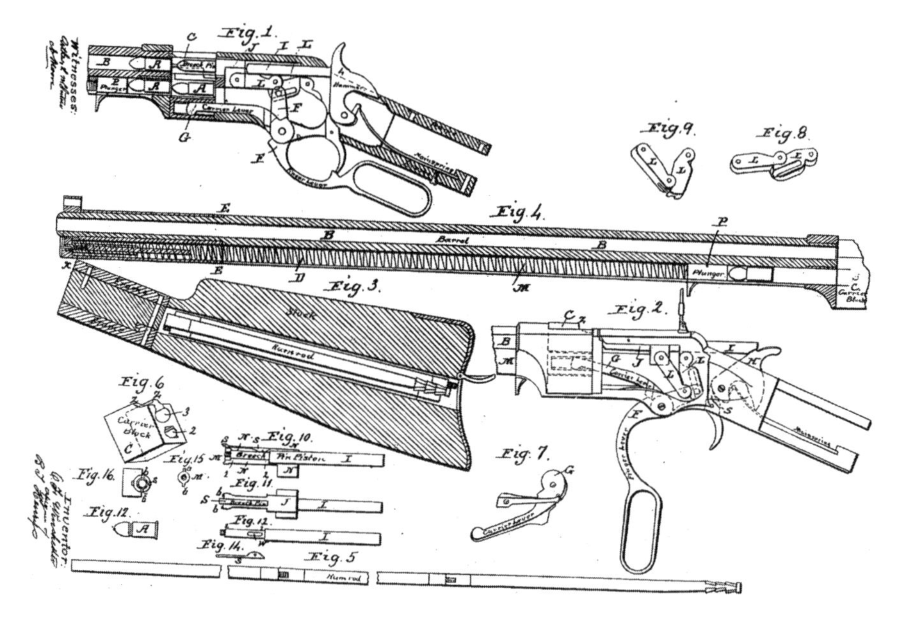

图 11.2　亨利连发步枪的专利图，枪托上装有 16 发子弹的管状弹夹。虽然这种枪只有少数在内战中被使用，但它的改装款在北美印第安人战争和西部地区的战争中发挥了主要作用

资料来源：美国专利和商标局。

这种新型的弹匣减少了装填纸质弹壳和火帽固定到火门所耗费的时间。当被撞针击中时，火帽和火药爆炸，导致金属外壳和子弹膨胀。这使得子弹在向前发射时紧贴枪管内侧的螺旋状膛线，产生了特有的旋转，使步枪的射程和精度优于滑膛火枪。尽管有这些优势，但在整个美国内战期间，人们仍然在使用纸质的火药包（弹壳）和锥形弹以及单独的击发火帽。火炮的发展与火枪类似。到 1846 年，欧洲开发出了射程达 9500 码的膛线式后膛炮，1859 年法国在与奥地利的短暂战争中使用了这种炮。罗伯特 · 帕罗特（Robert Parrott）设计了一种膛线炮，这一发明在美国内战中被用于战场上和船上。

海军的技术革命与军队中的同步发生。人们用铁和钢造船，并用蒸汽提供动力。这种新型船取代了橡木制成的帆船。造船技术的漫长演变从 19 世纪 20 年代开始，更便宜的铁和钢使人们能用金属代替木材。这产生了广泛的影响。由于钢铁大梁的强度是橡木大梁的 10 倍，船的尺寸（和每艘船的枪支数量）不再被限制。铁和钢还使船体能够互相分隔，这样如果船的一部分被刺穿而进水，别的部分可以不受影响。金属结构当然也使船只能被装甲。这反过来又促进了人们追求更强的进攻性，研发更大、更强的炮弹。1823 年，亨利 - 约瑟夫・匹希斯（Henri-Joseph Paixhans）证明了爆炸性炮弹可以摧毁橡木船。但只有在 1853 年俄罗斯的爆炸性炮弹摧毁了土耳其舰队之后，法国和英国才开始给他们的老式木质护卫舰装上铁皮。

当罗伯特・富尔顿在 1814 年试图将他的商业汽船改造成军舰时，各地传统的海军都很怀疑。海军当局的怀疑是合理的。蒸汽船的桨和发动机极易受到敌人的攻击。当时的蒸汽机的动力不及帆船那么足（事实上，直到 1873 年，第一艘真正的蒸汽船才建成，没有任何帆在蒸汽机动力不足时提供补充）。海洋风暴往往会摧毁船桨；低效的发动机需要大量的煤炭供应；海洋中的咸水很快就会弄脏锅炉。迟至 1840 年，英国舰队中只有 12% 是“茶壶”（军官们对汽船的蔑称）。

美国人罗伯特・斯托克顿（Robert Stockton）在 1843 年在汽船上安装了螺旋桨，这是一个极大的改进。它不仅比桨叶更有效率，而且更不容易受到攻击。19 世纪 50 年代开发的更强大的复合式蒸汽机也很关键，它增加了动力，节省了煤炭和淡水的使用（淡水不足在跨洋长途航行中是一个重要问题）。到了 1857 年，英国海军在克里米亚战争中看到了小型蒸汽舰队优越的机动性，完全放弃了老式的风帆动力战舰。从风帆到蒸汽船的转变有很多影响。它使远洋海军行动更直接、更快速，并促进了上游河道的航行，使西方人有可能航行到非洲和亚洲大陆。英国在 1839 年至 1842 年的鸦片战争中能打败中国，以及 19 世纪 60 年代后欧洲对殖民地的征服，都有赖于蒸汽动力炮艇。同时，使用蒸汽船的海军开始依赖分散在全球各地的煤炭供应点。这促使西方列强夺取海港，并在远离祖国的国家进行殖民。

发明一种更致命的武器是一回事，重新装备军队和海军，并大规模部

图 11.3　内战时期在弗吉尼亚州彼得斯堡用铁路运输的迫击炮（1864 年）
资料来源：国家档案和记录管理局。

署武器是另一回事。这需要工业与军事的充分结合。美国发明的可互换部件技术对大规模供应军队和海军至关重要。欧洲人从 1859 年开始为此技术进口美国机床。这一年，在意大利发生的法国对奥地利的战争中首次使用铁路来快速部署部队和运输物资。铁路成为此时正在兴起的大规模公民军队时代的重要一环，使战争国能够“征召”并向“前线”派遣数以百万计的被征召者、预备役军人和志愿者（图 11.3）。

美国内战中的技术和战术

这些新型武器的影响在美国内战（1861—1865）期间十分很明显。在这场冲突的前夕，西方国家的军队已经接受了击发式火帽、子弹和膛线的使用。反弹枪和连发枪仍然很罕见，弹夹（cartridge）和撞针枪也是如此。南北战争期间，来复式和后膛式大炮被少量引进。大多数新船都是蒸汽动力和装甲的。内战是第一场将这种新型武器技术与大规模生产方法、现代铁路和电报相结合的重大战争。这些创新在战场上，以及在战争的进程和结果中导致了意想不到的结果。

首先，我们需要解释为什么内战双方都没有充分使用最新技术。1860 年，美国的正规军仅有 26000 人（相比之下，俄国军队有 862000 人）。然而，南北双方的军队很快就被动员起来了。最终有 210 万士兵为联邦服役，106.4 万士兵为南方联盟服役。鉴于几年来对这种规模的战斗缺乏前期准备，新武器较为短缺。这意味着许多士兵仍然使用的是滑膛武器，有些甚至用的是燧发枪。

在四年战争期间，工厂大约生产了一百万支斯普林菲尔德步枪。这些枪是单发前膛枪（muzzleloader），使用的是击发式火帽及火门，有效射程为 400 码。林肯的军械局局长詹姆斯·里普利（James Ripley）反对夏普斯后膛枪以及斯宾塞和亨利连发枪的生产，直到 1863 年他不再担任这一职位。里普利的理由是，对于未经训练的志愿联邦士兵来说，连发枪的使用太复杂了，而且每分钟 8 发到 16 发的容量意味着弹药会被浪费。连发枪所需的特殊弹夹（以及其技术限制）增加了在战斗中使用它们的难度。但是，在林肯的坚持下，夏普斯冲锋枪和连发枪在战争的最后两年里被生产出来。尽管北方在工厂机械和铁路方面具有优势，但北方仍将在战争中将许多优质的步枪输给了南方联盟。哈珀斯费里军火库的机器被缴获并送往南方。尽管如此，南方缺乏制造设施，这意味着它的大部分现代步枪都是从欧洲进口的，并且不得不用燧发枪来补充缺失的武器。

即使在未能充分使用新军事技术的情况下，双方都使用了大量步枪，这些步枪产生了破坏性的影响。影响的关键因素是新步枪的射程。然而，双方的主要将领都受到了他们年轻时在 1848 年美国 - 墨西哥战争中的经验的强烈影响。在美国 - 墨西哥战争中，滑膛火枪占主导地位，并在近距离进攻和刺刀冲锋中发挥了巨大作用。

然而，“拿破仑式”的战术在新的步枪时代却产生了非常不同的影响。鉴于新武器的射程更远，进攻和夺取土地变得极为困难。优势显然在防守方（至少需要三个攻击者才能赶走一个防守者）。然而，南方在前十几场战役中的三分之二处于攻势，在此过程中损失了 98000 人。同样，林肯和其他政治家们也青睐像 US 格兰特（US Grant）① 这样的“斗士”，而不是像乔治・麦克莱伦（George McClellan）这样谨慎的将军。在 1864 年的莽原之役 ② 中，格兰特发起了为期七天的进攻，导致 64000 人伤亡，但没有击退在战壕中相对安全的南军。1863 年 7 月的葛底斯堡战役 ③ 中，双方共有 157000 名士兵参与，其中 17848 人死亡和失踪，33234 人受伤。在之后的第一次世界大战中，南北战争老兵的孙辈们将采取同样的战略作战。在这两场战争中，军官们都命令士兵冲锋陷阵，迅速攻克防御者，但进攻者往往被步枪和大炮杀死。在内战中，南方的将军们通常倾向于“英勇的进攻”，并遭受了巨大的损失。

在短程火枪时代十分有效的攻击战术，在步枪和长程火炮问世后不再起作用。步枪破坏了其他“光荣的”军事传统。骑兵的冲锋不再能吓倒步兵。在接近步兵阵线之前，步枪的子弹很容易就能击中马匹和挥舞马刀的骑兵。骑兵越来越多地被用于侦察，以及快速运送士兵，比如说将他们送到关键的道路交叉口。尽管在内战中士兵还在使用枪口装填炮（muzzle-

---

① 尤利西斯・S. 格兰特（1822—1885），美国内战时期北方联邦志愿军的将领，因其强有力的作战风格及要求对手“无条件立即投降”的强势态度，因而被大众以其姓名缩写“US”调侃为“无条件投降”（Unconditional Surrender）格兰特。

② Battle of Wilderness，又称“荒野之战”，为美国内战后期格兰特将军在弗吉尼亚州一路击退南方联盟军中，联邦军死伤惨重的一场战役。

③ 葛底斯堡战役为美国内战中最重要的战争之一，北方联邦军的顽强抵抗粉碎了南方军的袭击，扭转了战争局势。

loading artillery），但这些武器仍对防御工事和步兵产生了毁灭性的打击。短管榴弹炮的机动性特别强，一些有膛线的火炮增加了射程（使用帕罗特膛线，火炮的射程可达 1900 码）。渐渐地，随着军官们分散进攻并更加注意掩护，集中的大规模攻击逐渐减少。士兵们认识到了用斧头和铲子来处理原木，建造防御的价值。同时，战壕常常延伸数英里，以抵御攻击。然而，巨大的伤亡不可避免。在之前，战斗能否取得决定性胜利，取决于士兵对荣耀的追求。但现在，战争是消耗性的。

南方联盟是否能与欧洲供应商进行贸易，对他们的生存至关重要。这显然需要南方联盟阻止北方联邦海军的封锁。这一努力的关键是将缴获的木制蒸汽护卫舰“梅里马克”号改装为铁甲舰“弗吉尼亚”号。1862 年 3 月 8 日，当这一“秘密”武器从弗吉尼亚州的诺福克开出时，它击败了北方的木制船只的封锁部队。南方人似乎找到了一个保持贸易联系的方法。但第二天，“弗吉尼亚”号遭到了北方人的回击，即“摩立特”号（Monitor）。这艘看起来很奇怪的船甲板低矮，只有一个炮塔，几乎不适合航海，但它的铁制结构在战斗中却能与南方的船匹敌。两者在近距离内互相射击，对任何一艘船都没有造成什么损害。这一秘密武器只收到了没有造成什么损失的回击，并导致了技术上的僵局。然而，南方打破北方封锁的梦想破灭了（图 11.4）。

在战场上，杰出的将军带领勇敢的士兵快速取得胜利的期望破灭了；决定性的新武器的梦想也破灭了。相反，内战成了一场消耗战。最终，赢家是拥有更强工业实力的一方。显然，南方的非奴隶人口要少得多（大约 580 万人，而北方为 2100 万人），可供军队调用的人员要少得多（随着战争的进行，这个问题越来越严重）。最终为北方联邦而战的人数大约是为南方联盟而战的两倍。然而，许多人认为，南方农村的男性习惯使用枪支，这是南方军的优势。南北之间漫长的边界，使入侵和占领南方变得非常困难。

但南方联盟战略家们低估了北方的工业和技术优势。北方联邦拥有大

图 11.4　1862 年，南方联盟的“梅里马克（弗吉尼亚）”号与北方联邦的“摩立特”号僵持着
资料来源：国会图书馆印刷品和照片部。

约十万个工业单位（industrial unit），而南方只有一万八千个。此外，北方的工业优势在战争期间不断扩大，越来越多的人投入战争，铁路运输和工业能力也越来越强。正是在这场战争中，美国开始利用科学家的才能进行国防建设。美国国家科学院的成立是为了进行国防研究，这是军队和科学之间长期合作的开始。北方最大的优势也许是其优越的铁路系统——21000 英里的铁路，而南方在战争开始时只有 8800 英里；随着战争的深入，这一差距只会越来越大。在著名的谢尔曼（Sherman）[①] 向亚特兰大的进军中，需要许多辆火车来运输 10 万名士兵和 3.5 万头牲畜所需要的物资。相比之下，南方不发达的铁路系统是如此的破旧和残缺，以至于到了 1865 年春天，来自亚拉巴马州的食物无法被运送到弗吉尼亚州，那里还有 155000 人组成的南军部队。

内战夺取了大约 62 万人的生命，比美国人口更多时的两次世界大战和

① 威廉·谢尔曼将军，美国内战时期在佐治亚州西北地区及亚特兰大附近对南方联盟军发起一系列进攻，切断美国南方西部要道，为战争的胜利打下坚实基础。

朝鲜战争中损失的美国士兵加起来还要多。虽然双方之间的敌意是死亡人数众多的重要原因，但武器装备的技术创新，加上使用了过时的军事理论，是造成空前死亡人数的关键因素。

很少有欧洲人从美国内战中吸取了教训，即传统的作战理论不再适用于新武器和新技术。在大多数欧洲军事观察家看来，美国的灾难只是因为“落后的”美国军队领导无能，以及训练不力。与普鲁士准备充分的军队相比，美国内战的军队在欧洲人看来是很业余的。由于美国在 1865 年迅速解散了武装力量，并且在此之后，其陆军和海军的创新非常缓慢，人们更加认为，内战仅仅是一个不适用传统作战理论的反常现象。因此，欧洲人从德国那里得到了关于未来战争和技术的经验，德国军队在 1866 年和 1870 年迅速赢得了两场战争，战胜了奥地利和法国。观察家们得出结论，德国在技术方面的优势（尤其是对铁路和后膛钢炮的熟练使用）带来了快速胜利。

对新技术的信赖进一步刺激了军备竞赛。欧洲的参战国纷纷调动了自己的工业和科学资源，以便在有可能发生的战争中获得“优势”。然而，所有竞争者都忘记了，技术优势几乎总是暂时的，而且通常只会促使人们模仿或发明反击武器。同时，军事领导人依旧认为，胜利来自狡猾的总参谋部、勇敢的士兵，甚至是种族优势之类的“道德力量”。欧洲人（以及后来许多美国人）持有一种矛盾的信念，即技术优势意味着快速胜利，但战争仍然主要是勇敢的士兵之间的较量。这些信念导致了现代军备竞赛，以及第一次世界大战中的灾难。

1870 年后的新一轮军备竞赛

理解为什么军事思想跟不上技术创新的一个关键是，19 世纪 60 年代后，虽然武器发生了巨大的变化，但大国间的战争中没有使用这些新型武器。例如，1862 年发明的美国加特林枪（一种四到十管的机枪）对美国内战的影响不大。后来，马克西姆（1885 年）和勃朗宁（1895 年）等营利性公司才开始生产轻型的单管机枪。相比于 19 世纪大国之间的战争，这些武器出现得太晚了，因此它们没能在这些战争中派上用场。相反，它们被用来对付非洲人。例如，一支配备了最新型连发手枪和机枪的小型英国部队，在五个小时内将苏丹的一万一千名“德尔维希”（Dervish）[①] 斩尽杀绝；仅仅只有四十个英国人死亡。尽管许多非洲人拥有旧火枪（在繁荣的二手武器市场上购买），但武器的差距使他们的反抗变得徒劳。这一经历使少数西方人明白了机枪有利于防御。

之前的火药在燃烧时会产生烟雾，人们利用这一特性识别炮手位置和掩盖攻击范围。无烟火药（1884 年）消除了燃烧时的烟雾。它的燃烧速度更慢、更均匀。这一特性使人们能够制造更长、更细的大炮炮管：燃烧速度慢，推力就大，炮管长也意味着射程更远。武器不可避免地变得更加致命。

当然，陆军军官确实根据新技术做了一些战术上的调整。他们不再让士兵穿着鲜艳的制服，不再在制服上缝闪亮的纽扣，也不再在战场上分散步兵。但这些变化并不足以改变战争中防御方更有利的事实。

基础火炮的发展改进也对大国的海军产生了巨大影响。1860 年后，野战火炮的改良——尤其是膛线和后膛的改良——被广泛地应用到海军的枪炮装备中。在 25 年内，英国海军的火炮重量增加了 23 倍，而旋转炮塔让士兵可以更灵活的使用武器。到 1880 年，膛线使海军炮弹能在 1000 码外穿透 34 英寸的锻铁。随着海军火炮射程和冲击力的增加，船只变得更大，装甲也更厚。在 1860 年之后的 20 年里，装甲的厚度从 4.5 英寸增加到 24 英寸。

---

① 德尔维希，伊斯兰教中的称呼，该词也有“乞丐”“苦行僧”的意思，也是“一战”期间抵抗英国、意大利殖民的非洲索马里政权与军事团体，于 1920 年由英国歼灭。

这些趋势迅速使老式船只被淘汰，极大地增加了希望成为或保持武器强国的国家的海军竞争成本。但新的军事技术也使得像德国、日本当然还有像美国这样的新兴大国，更容易与法国特别是英国这样的老牌海军强国大致平等地竞争。美国直到 1883 年才有了现代战舰。事实上，在内战后的多年里，美国海军一直反对建造铁制舰艇。但从 19 世纪 80 年代开始，美国、德国和日本即使没有向英国一样，积累了几十年来制造的军舰，也可以参加海军军备竞赛。这些新兴大国加入海军的争霸中，加速了技术革新的步伐。

美国人 A.T. 马汉（A.T. Mahan）① 在 1884 年警告说，如果一个国家想成为世界强国，它的海军力量必须能够封锁敌人的贸易。马汉声称，海军能否成功封锁敌人，取决于是否有一支由战舰组成的庞大舰队，能够在集中战斗中战胜敌人。尽管这是帆船时代的老旧概念，但在第一次世界大战之前，这一概念一直决定着各地的海军规划。这一理论使人们加速制造更多、更大、更快的战舰，以及在上面装备更重、射程更远的火炮。

1906 年制造的英国“无畏”号（Dreadnought）是海军军备竞赛的顶峰。这艘船有 2.1 万吨，配备了 10 门 12 英寸炮，射程为 8 英里。其最先进的蒸汽涡轮发动机能够达到 21 节（24.27 英里 / 小时）的速度。所有其他大国立即效仿。到 1913 年，美国在泰迪・罗斯福（Teddy Roosevelt）的推动下，建造了“无畏”号级别战舰。德国飞速发展的海军威胁着英国“称霸海浪”的计划，而日本类似的海军建设帮助这个亚洲强国在 1905 年击败了一个西方国家——俄罗斯帝国。技术创新使军事开支增加。成本超支、赤字开支、武器的快速淘汰……这些模式在最近的核军备竞赛中再次重演。在 1884 年至 1914 年期间，英国海军的预算增长了近 500%，而英国陆军的预算仅增加了 76%。

---

① 此处为阿尔弗雷德・T. 马汉（1840—1914），美国海军军官和历史学家，其关于海权的著作在美国颇有影响力。

强国通过这些战舰向世界展示自己的强大。但这些战舰并不是浮动的城堡。相反，它们很容易被水线下相对较小的爆炸攻击（因为海洋的水压）；它们可以被低级别的水雷和鱼雷摧毁。

南方联盟军最先开始广泛使用水雷。他们用水雷对付试图进入南方河流的北方联邦士兵。但是，第一枚真正意义上的自行式水底炸弹是由苏格兰人罗伯特·怀特海（Robert Whitehead）在19世纪60年代发明的。到1900年，这种鱼雷的射程达到了800码。小而快、用途广的鱼雷艇被用来发射这些武器。自然，它们威胁到了海军军备竞赛的核心——巨大且日益昂贵的战舰。海军在19世纪90年代发明了鱼雷艇驱逐舰作为回击，这种舰艇具有鱼雷艇的速度和机动性，但也配备了足以将这些“害虫”挡在战舰射程之外的火炮。

鱼雷在当时十分强大，不是轻易防御型武器。武器发明家们长期以来一直在研发能潜水的攻击武器。直到1863年，法国才研制出了实用的潜艇。1866年，一种用压缩空气推进的自推进鱼雷出现。但是，只有在电池和电机（用于水下推进）、汽油和后来的柴油发动机（用于水面上的运动）得到发展之后，潜艇才变得实用。爱尔兰发明家约翰·霍兰（John Holland）在1896年将这些创新结合起来。他的潜艇配备了鱼雷，很快被所有主要国家的海军采用。1903年，潜艇上又配备了十分重要的潜望镜（用于在潜艇潜入水中时观察水面）。随着时间的推移，潜艇和水雷对战斗舰作战的基本原理造成了威胁。它们使这些猛犸象一样的战舰难以像过去那样相互靠近，然后进行“决定性”的决斗。

到1900年，所有深思熟虑的观察家都应该看到，武器创新已经彻底改变了战争。J. S. 布洛赫（J. S. Bloch）在《战争的未来》（1902年）中预言，机械化战争将导致血腥的僵局，但很少有人注意到他的观点。由于亚洲和非洲部队实力较弱，西方国家轻松取胜。这进一步强化了欧洲人的思维，即认为胜利的关键是进攻性火力。

加入技术和全面战争（1914—1918）

第一次世界大战于 1914 年 8 月 4 日爆发，1918 年 11 月 11 日结束。战争双方在战斗中共死亡约 1000 万人。相比之下，在拿破仑战争持续的 15 年里，有 250 万士兵被杀。与美国内战一样，第一次世界大战将进攻性战法与对防守更加有利的军事技术结合在一起，这也是造成如此惨重的伤亡的原因。1914 年至 1918 年的战争也是 1870 年后军备竞赛的延续，人们梦想着能发明“能取得战争胜利”的技术。在此梦想的激励下，新的武器装备迅速发展。

双方都期望能像 1870 年的德国那样，以辉煌的胜利迅速结束战争。德国在 1914 年的作战策略是经过比利时入侵法国，从而避开法国在法德边境的强大集中兵力。但在 1914 年 9 月的马恩河战役中，德国人没能打败法国人的侧翼部队。结果战线沿着六百英里的前线迅速延伸。防御的优势很快就显现出来了。当双方都修建了堑壕、铁丝网和用水泥加固的炮兵掩体后，进攻带来的惨烈结果就变得很明显了。任何跃出战壕的进攻都会导致机枪的大规模射杀。即便如此，大多数人还是因火炮的攻击而死。炮兵常常被用来破坏和削弱敌人的营地，为步兵攻击做准备。当然，这种战术只提醒了防御者，在面对进攻时应该增援哪里。使用这种战术的结果是致命的：1916 年，德军在凡尔登的进攻造成了近一百万人的伤亡，而英法的联盟军在索姆河战役中的进攻则将这一数字提高到了 120 万人。两场战役都以平局告终（图 11.5）。

一代人之所以疯狂地造船，是基于对一场决定性海战的期望。这也没能发生。1916年5月，无畏舰参与的唯一一场大战发生在日德兰（Jutland），并没有造成很大的影响。它只导致德国和英国海军都撤退到安全水域，尽管英国海军从战争一开始就成功地封锁了德国港口，造成食品以及战争物

图 11.5　第一次世界大战期间，士兵们在索姆河战役中进行“跃出战壕”（over the top）训练
资料来源：帝国战争博物馆通过维基共享资源提供。

资的短缺，导致大约 424000 名德国人死于挨饿和疾病。德国 U 型潜艇也试图通过攻击装载战争物资（有时载的是平民）的商船来封锁英国。

鉴于战争僵局所带来的挫折感，人们几乎立即开始寻找突破性武器。事实上，军备竞赛在战争期间不可避免地加速了。当然，机枪和大炮的数量、尺寸和射程都有很大的进步。例如，德国人制造了一门 100 英尺长的“巴黎炮”，能够炮弹的射程达到 75 英里（从德国防线后方到达法国首都）。但是，这些进步除了恐吓平民和增加双方的杀戮速度外，没有什么其他作用。德国化学家弗里茨·哈伯（Fritz Haber）研发了氯气攻击。1915 年 4 月德国人在比利时伊普尔（Ypres）采用了这一方法，英国人始料未及。虽然总的来说是成功的，但德国人并没有好好利用这次突然的毒气攻击。英法的联盟军很快就发放了防毒面具。在任何情况下，盛行的风向有利于在西方一方；英法的联盟军很快学会了以牙还牙。哈伯后来开发了芥子气

（能灼烧皮肤和肺部），以及其他攻击神经系统的气体。然而，化学战是相对无效的。它造成了伤害、巨大的痛苦和心理上的恐惧；但它导致的死亡相对较少。然而，其心理影响如此之大，甚至希特勒（第一次世界大战中的毒气受害者）也没有在第二次世界大战中恢复它。许多德国军官因使用毒气而感到尴尬。它是如此的“没有骑士精神”，不是一种英雄的杀戮或死亡方式。

对能赢得战争的技术的探索仍在继续。德国战前在潜艇技术方面的进步似乎是一个决定性的优势。他们的 U19 潜艇可以远离港口五千英里。德国潜艇尤其威胁到英国的商业。一些历史学家认为，恰恰是美国人在 1915 年抗议 U 型潜艇对中立国船只的攻击，才使英国人免于被切断关键的供应，并可能打赢。然而，当德国人决定在 1917 年 2 月 1 日恢复“无限制”的潜艇攻击时，对潜艇的防御已经有了技术优势。那时，水听器可以探测到潜艇；从驱逐舰甲板上发射的深水炸弹使 U 型潜艇感到害怕；反潜地雷在德国潜艇的母港附近将其封锁；飞机和飞艇可以找到潜艇；在某些情况下，无线电被用来指挥驱逐舰攻击德国 U 型潜艇。到 1917 年底，被摧毁的德国潜艇比建造的还要多。显然，这种在最开始似乎能赢得战争的武器已经失败。相反，德国潜艇的无限制使用，包括对美国船只的攻击，在 1917 年 4 月导致了美国的参战。

最终，飞机和坦克这两种对由内燃机改造而来的武器有更大的优势。甚至在第一次世界大战之前，各大国就已经试验过用飞机侦察、用飞机上配备的机枪扫射步兵和进行轰炸。但德国人在 1914 年准备得最好，他们拥有的可用飞机数量是英国和法国的两倍。1915 年，当同步齿轮允许飞行员通过螺旋桨操控机枪时，空中战斗的时代到来了。其结果是先进技术与勇敢的空中骑士之间“比武”的浪漫形象的奇特结合[①]。尽管战斗机飞行员的

① “一战”时期飞机配备武器十分有限，因此出现飞机通过飞近距离使用自带武器互相攻击的场面。

预期寿命几乎不到 6 个星期，但航空队吸引了退伍军人，以及像美国人埃迪·里肯巴克（Eddie Rickenbacker）这样的古怪赛车手。战争双方都认为被称为“红男爵”的德国“王牌”曼弗雷德·冯·李希霍芬（Manfred von Richthofen）是一位英雄。那些怀着浪漫理想参加第一次世界大战的人显然需要相信，战争仍然包括个人英雄之间的较量——即使是在技术的帮助下。然而，很少有士兵能够忘记机械化杀戮的现实，或者战壕里的单调生活。在任何情况下，这些所谓的飞机决斗基本上是偶尔为之，对战局无关紧要。

对于一些军事战略家来说，从空中进行轰炸是另一种打破战争僵局的方法。德国人既使用了充满氢气的飞艇（即使它极易受到攻击），也使用了吉安特（Giant）飞机和哥达（Gotha）飞机来轰炸军事和民用目标。在德国空军于第二次世界大战中进行大规模轰炸之前，1914 年至 1918 年期间，约有一千八百名英国平民死于德国的轰炸。但是，一方的技术优势又很快被扭转了。到了 1918 年，英法的联盟军在空战中取得了优势地位。在 8 月的一次重要攻击中，他们使用了大约两千架飞机在西线击退了德国人。然而，在希特勒于 1939 年至 1942 年对西欧和苏联发动的闪电战中，人们才看到空中和陆地攻击结合的全部军事潜力。

同样重要的技术突破是坦克。坦克由英国人欧内斯特·斯温顿（Ernest Swinton）于 1915 年研发，起初只不过是一辆装有火炮的装甲履带式拖拉机。它的优势在于它能够克服自内战以来一直困扰进攻方的问题——穿越杀伤区，而杀伤区随着膛线枪和机枪的使用变得更长、更致命。尽管有来自“高级军官”的阻挠，温斯顿·丘吉尔（Winston Churchill）还是设法资助了坦克的开发。它在 1917 年的战斗中证明了自己的实力，成功地突破了铁丝网和其他障碍，以及克服了机枪火力；在 1918 年 8 月，450 辆坦克在法国亚眠（Amiens）突破重围，俘虏了 28000 名德国人，这更令人印象深刻（图 11.6）。但是军队使用的坦克数量不够多，坦克也没有足够的

图 11.6　在第一次世界大战中，一辆坦克越过战壕向德军阵地驶去

资料来源：国会图书馆印刷品和照片部。

后续部队的支持，无法成为“决定性的武器”。在任何情况下，它仍然容易发生故障，或者受到燃料短缺的影响。与飞机一样，坦克只有在 1939 年和 1940 年才能证明其结束堑壕战争的能力，当时德国通过迅速击败波兰和法国，迅速粉碎了对重演第一次世界大战堑壕战的任何期望。1941 年，德国人在进攻苏联时大量使用坦克，在随后的几年里，苏联人又用坦克击退了德国人。

英法的联盟军于 1918 年 11 月取得胜利。这并不是“能结束战争”的武器导致的。胜利与技术有关，但两者的联系更加广泛。胜利特别是与美国的工业能力有关。1914 年，在没有美国参与的情况下，协约国在全球工业能力中的份额为 28%，而同盟国的份额为 19%。但当美国在 1917 年 4 月加入后，协约国的优势大幅增加，产出量占了世界产出总量的近 52%。虽然到 1918 年，德国的工业产出已经下降到战前水平的 57%，但美国生产力的全部力量在战争的最后一年得到了发挥。尽管德国参与战争时间是美国的 2.85 倍，但美国的军工生产总量是德国人的 86%。美国有一个巨大的优势，他们的工厂和机床是为大规模生产消费品而设计的，这些工厂和机器很快就被转用于生产战争中用到的机器。这一优势在 1942 年二战后更加明显，当时美国与英国和苏联一起从纳粹手中解放欧洲，从日本手中解放东亚。正如我们将在后面的章节中看到的，最终随着在日本两个城市投下原子弹，这一优势导致了全面战争。

现代战争的破坏性和“整体性”并不仅仅是新技术导致的。民族主义和其他意识形态动员了大规模的军队——以及整个社会——参与一场要么凄惨的失败，要么征服他国的战争。到了第一次世界大战，战争已经成为国家和思想之间的战斗，而不仅仅是军队之间的较量。其结果是，士兵和战场不再与公民和国家隔绝。从19世纪80年代开始，军备竞赛的局部“冷战”日益主导工业生活，甚至战争与和平之间的根本区别都被削弱了。这些趋势加在一起，标志着全面战争的开始。战斗的打击目标从军事基地和士兵扩展到城市和平民；战争（及其准备工作），成为工业和科学（包括大学），以及军队的事务。

我们在本章中所概述的趋势只有在第二次世界大战期间，随着大规模的空中轰炸和随后的核军备竞赛才充分展现。但是，军事、工业和技术早已在第一次世界大战中充分结合。这场战争之所以产生了悲剧性结果，部分原因是士兵和政治家难以理解和适应军事创新。

第 12 章

技术对女性劳作的影响

女性劳动者——无论是在家庭中还是在工厂里作为劳动力时——都处在技术革新的强烈影响之下。然而，传统的性别角色始终形塑着技术革新对女性生活的影响过程。直到近年，那些用来节省劳力的机器也没有减少家庭主妇们的劳作时间，即便它们改变了度过这些时间的方式。同样，工厂和办公室里的新机器，连仅仅抵消男性在体力上普遍拥有的轻微优势、从而给女性一个竞争岗位的平等擂台都做不到。反倒是长期以来对性别角色的刻板印象，死死限制了女性的就业机遇。

正如第 2 章所讨论的那样，殖民地生活下的主妇们在家庭环境中遭受着双重限制：一方面是照料儿童与家庭，一方面是一些今天由雇佣工人完成的劳动。她们长期承受着沉重而重复的劳作，诸如搅拌黄油、纺织亚麻、缝补衣物之类的紧迫职责也限制了她们能用在育儿和家务上的时间和精力。在多个方面上，女性都被视为满足家庭需要的熟练奉献者。

工业化让家庭及大部分女性远离了很多诸如此类的“生产性质”的活动。这对于那些生活在维多利亚时代的美国，成了育儿和家务专家的富家主妇们来说，更是如此。她们的家庭不再是生产的中心，而是成了消费和养育的中心。然而，对于工人阶级家庭的女性，这一改变经常意味着女性跟随着纺织机器走出家庭，走进工厂。对她们来说，家庭和领薪水的工作之间的分隔常常会带来难以逾越的困难，即按传统劳作模式那样兼顾育儿与家务责任和赚取工薪，成为几乎不可能的事。因此，很多这样的女性在拥有了孩子之后，选择了放弃需要“走出家庭”的工作。

这显然仍是一个过于笼统的表述。19 世纪末期，已婚女性大多在纺织厂工作，有时在例如梳理间这样的地方工作时，她们会带着她们年幼的孩子一起。而其他的女性（尤其是在大城市中）只能够通过干洗衣活、接纳寄宿生或做计件工种（例如坚果脱壳、玩具组装之类的工作）来维持收入。农村的女性普遍沿袭着殖民地时期主妇式的生活方式，几乎未受工业和消费革命影响。1890 年，美国 40% 的单身女性都成了工厂劳动力，而记载中只有 5% 的已婚女性获得岗位而非继续充当家庭主妇。似乎已婚女性（与她们的丈夫们）都发现，家庭责任（尤其是育儿方面）与工作薪资之间的矛盾是无法化解的。直到大量的已婚女性开始在家庭外部工作之前，家庭内部的机械化都仅是工作的重新分配而已（如本章后文所述）。

富家主妇们提升了家庭装潢和儿童抚育的水准，接着她们开始为家庭劳作争取更舒适的环境和更高的社会认同。到了 1900 年，这导致了“家庭经济学”（home economics）[①] 作为一门学科的发展。家庭经济学家们希望通过建立“最优实践”方法来提高家务和育儿的地位，而之后的几代女权运动者批评他们助长了女性作为家庭主妇的观念。身处工人阶级的母亲们凭借着毅力，靠她们的丈夫（常常也含她们的长子在内）的收入艰难度日。条件允许的话，她们会尝试接受新兴中产阶级的思想，去完善房屋设施、提高育儿水平。这些发生在 19 世纪的改变，大多并不试图将女性从家庭生活和传统性别刻板印象中解放出来，反而对此进一步巩固乃至收紧。

① 也译作“家政学”。

新技术通常是由男性发展的，因为重重屏障阻碍了女性获得适足教育、占有财产或在家庭外部工作的可能，从而限制了女性发挥创新性作用。然而，将女性视作技术的被动接受者就大错特错了。女性将原本为男性设计的技术（诸如电话、留声机和自行车）据为己用。另外，女性也促进了设计的改变，尤其是电力行业积极征集女性对家用电器的建议。虽然最初他们怀疑女性会出于一些无理的缘由拒绝接受新技术，但他们渐渐明白，女性对于特定的技术是否物有所值有着合乎理性的关切。

康宁玻璃（Corning Glass）公司曾聘任知名家庭经济学家萨拉·泰森·罗尔（Sarah Tyson Rorer），向她展示该公司的派热克斯厨具（Pyrex cookware），她根据大众流行趋势，从尺寸、外形和特性方面向公司高管给出了建议。公司对此十分受用，让她留任公司作为顾问。1929 年，康宁公司聘任了家庭经济学博士露西·莫尔特比（Lucy Maltby），由她领导一个实验厨房项目：一方面希望教会顾客如何使用新式厨具，一方面提供产品开发的创见。

家庭内部的机械化

早在小型电力装置出现之前，家务劳作就已经在发生转变了。在 19 世纪，通常需要凭借男性的体力来劈砍、拖拉木材，才能提供燃料的燃木炉，逐渐被替换为煤炭炉。利用多种燃料的生铁炉对开放式壁炉的完全取代在 19 世纪末期就已完成。城市化进程以及不断增长的公共卫生关切，促使人们从 19 世纪中叶开始在城市区首次使用自来水。这一进程是缓慢的——从富裕的、城市化的家庭开始得益，之后，工人阶级的、农村的家庭才被惠及。结果是，女性与儿童不再需要把数不尽的时间用在挑水之上，伤寒等疾病的传播显著减弱，个人卫生的标准也被彻底提升了。自来水和热水器的出现使频繁的沐浴和洗衣成为可能，而正因如此，现代的个人卫生习惯才能够取代“星期六沐浴”（一种旧习，即全家人共用同一盆艰难获得的洗澡水沐浴）。

更为剧烈的变化发生于电力在家庭中的初次应用。这一变化始于 19 世纪 80 年代城市区中直流电的使用；自 19 世纪 90 年代晚期起，交流电在全国大范围扩散；到 1920 年，有一半的美国家庭通电；到了 1930 年几乎所有的城市建筑都实现了通电。20 世纪 30 年代时，主要是在政府的支持下，几乎所有的农村家庭都获得了电力供应。电气化使得家务的方方面面几乎都获得了实现机械化的可能。

最简单的家用电力机器出现时已经是 19 世纪 90 年代，但只有相当少数的顾客能够或愿意用上它们。电熨斗出现于 1893 年，而自动调温器直到 1927 年才出现。电热水壶的出现紧随其后，而到了 20 世纪 20 年代才出现可用的内部加热元件。电动烤面包机，电炉和华夫烘烤模[①]也是在家庭电气化的早期出现的，往后的年代中也在被逐渐改进。第一个供专业人员使用的笨重真空吸尘器于 1901 年问世，随后出现了第一个可以在家庭中使用的真空吸尘器——胡佛吸尘器（Hoover）。到了 20 世纪 20 年代末，在接通电线的家庭中，有几乎一半都拥有一台吸尘器。

1893 年的芝加哥世界博览会激发了人们对电气化家庭无穷潜力的兴趣。在紧随其后的几十年里，电气设备大大鼓舞了创新的尝试。尽管如此，我们还是不该夸大电器的成功。直到 1923 年，家用电力中仍有 80% 仅用于照明，15% 仅用于熨烫衣物。照明之所以重要，其中一个原因是：在早年间，其他电器必须用照明插座进行插电，否则就要直接接入电线。现代的两脚插头和墙面插座出现得很慢，直到 1917 年才有制造商同意生产标准插头（图 12.1）。

除了熨斗、烤面包机之外，还有许多电器造成了更多的技术难题。拿

① 一种用于制作华夫饼的电动烹饪工具。——译者注

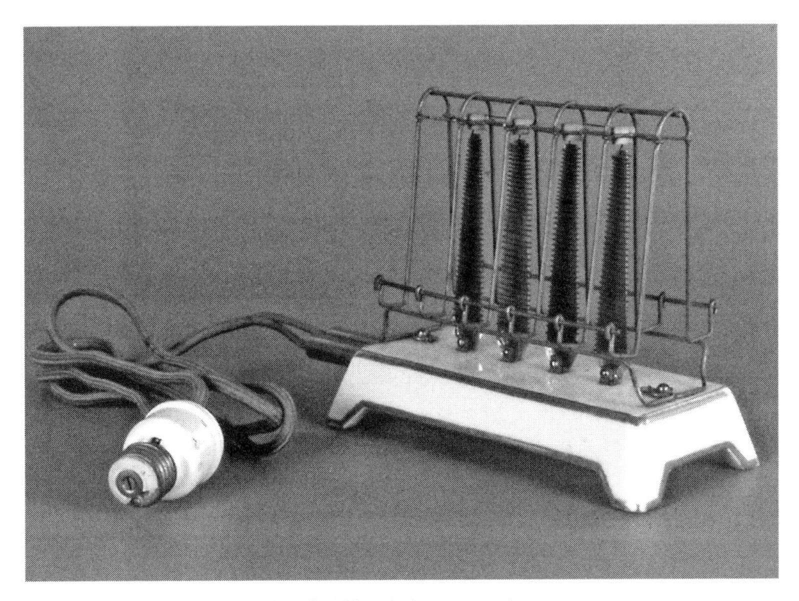

图 12.1　使用灯泡插座插头的电动烤面包机，1909 年

洗衣机的例子来说，早期人们试图在机器上重复手洗衣物时的搓洗动作，但宣告失败。在被适用于更小的家用机器之前，搅拌器最开始被研制出来是为了在大型商业洗衣坊中使用。最早的家用电力洗衣机于 1914 年出现（为洗衣机设计的颗粒状洗衣皂随之出现于 1918 年）。到了 20 世纪 20 年代末，三分之一的通电家庭都拥有了一台洗衣机。洗衣机原本可以仅适用于工业用途，继而从家庭中抽离洗衣这项传统的繁重家务，但它还是主要成为了一种家用电器。这或许反映出人们普遍追求便利的居家洗衣。家用洗衣机的发展可能也暗含着美国人的一种不情愿，即不愿抛弃对“女性在家中应做的事情”的传统期望。随着 1935 年自动洗衣机的研发，洗衣变得不那么耗时费力，但少数家庭到了 20 世纪 50 年代才拥有它们。

同照明的例子一样，来自燃气的竞争延迟了电炉的问世。的确，当燃气公司失去了照明市场之后，它们又迫切地想要追求烹饪和供暖的市场机遇。早在 19 世纪末，煤气炉就已经抢占先机。到了 20 世纪 20 年代末，燃气炉的数量（1400 万个）已经达到了煤炭炉和燃木炉的总和（770 万个）的近两倍之多。而当时电炉的数量只有不到 100 万个。对炉灶组成要素的改进——尤其是 1908 年发明的非氧化性镍铬合金——于 20 世纪 30 年代推动了可以控制炉温的自动调温器、一体化全钢炉身和搪瓷技术的显著进步。尽管有大萧条的发生，20 年代 30 年代末的电炉年度销量仍高达成千上万台。

冰箱是主要家用电器中最后得到电气化的。从 18 世纪起，“特定气体的膨胀会导致温度下降”的原理获得验证，利用这种原理制成的冷藏设备从 19 世纪中期起就成了轮船和肉铺中的标准配置。随着电力进入家庭，生产厂商们自然而然地开始试验生产家用电冰箱，20 世纪 20 年代的市面上已出现一批各种型号的产品。与炉具一样，燃气能源仍是电能的可替代选择。电器厂商将大量资金倾注在研究上，终于在 20 世纪 30 年代让电冰箱主导了市场。未被选择的路上会有什么？我们无从知晓，但我们仍需指出，很多人确信燃气制冷技术本可能会成为一种更主要的技术。

在制冷设备小型化的过程中出现了很多技术难题，致其迟迟没有投入使用。当时正在使用的有害制冷剂，尤其是液氨，无法在家庭中安全使用。在 1929 年的克利夫兰医院，就有一百位患者死于接触制冷剂。这也成为当时只有 15% 的通电家庭拥有电冰箱的核心原因。1930 年，化学家们从含氟化合物发现了一种更安全的替代物，“氟利昂（Freon）”（原子理论指出，氟是无毒性、无易燃性的）。几乎同时，家电制造商研制了全封闭式电机和箱体、全钢结构、温控技术更优、搪瓷技术改进后的新产品。至此，到了 1937 年，有半数的通电家庭用上了电冰箱。

家庭外部的机械化

城市化进程以及交通系统的完善，使得商品的大量生产与配送成为可能，曾经在家中人工制造的物品可以经由购买获得，家务也随之发生进一步转变。最明显的例证就是衣物纺织。缝纫机的问世并不必然地将衣物的生产带离家庭，因为它自初次使用起就同时是家用机器和工业用机器。1846 年，伊莱亚斯·豪（Elias Howe）获得了缝纫机专利。1860 年，美国已经生产了超过十万台缝纫机。艾萨克·辛格（Isaac Singer）通过巧妙的营销手段吸引中产阶级主妇们（通过布置豪华的展示间，暗示人们有“辛格 / 胜家”牌缝纫机的家才算得上配备齐全），成功使缝纫机成为流行。辛格还提供了分期付款方案，让一台缝纫机上百美金的高价更易被人接受。当 19 世纪 70 年代服装纸样开始出现时，无论是生活在何地的家庭女性都能够赶上最新的时尚。然而，缝纫技术也促进了服装制造的商业化。19 世纪末期，新出现的用于裁布、滤布、开纽扣眼、缝上纽扣的机器，将制衣行业转向市场生产。男性的服装（较难手工制作），尤其是单身工人和水手的外套，会比儿童和女性的服装更快地适应一个销售成衣的市场。在 20 世纪的历程中，成衣的售价稳步降低，而在质量、合身度、款式丰富度上都有所上升。1894 年，西尔斯百货（Sears）[①] 的产品目录中并没有女性服装，而到 1920 年则有了 20 页的篇幅。二战之后，成衣最终取得了市场主流地位。女性仍继续在家缝纫，但这更多地成了一种“艺术兴趣”而非某种生活必需（图 12.2）。

家用缝纫机是最早附有说明书的产品之一（此外还有钟表和自行车）。这些说明书通常长达 20 页到 50 页。它们会描述如何为机器上润滑油（一天 1 次到 2 次！）、更换和穿入针头、运用不同的针法以及修理或更换不同的部分。最早的说明书通常简明扼要，且使用很多普通人不甚熟悉的专有术语。随着时间推移，这些说明书对使用者越来越友好。尤其是，为复杂的工序提供图解的做法变得越来越寻常。

现代的食品生产工业取代家庭自制食品是一个逐步的过程。最主要的技术挑战就是延长易腐坏食物的“保质期限（shelf life）”。1809 年，为了

---

① 第 10 章提及的邮购公司，于 1925 年开设百货公司。

图 12.2　W. J. 摩根（W. J. Morgan）缝纫机广告，1882 年。家用电器似乎被用以巩固女性作为家庭主妇的地位，而非解放她们

资料来源：由美国国会图书馆印刷与摄影部提供。

满足拿破仑领导的法国军队的军饷需要，罐头加工技术被研发出来，最早通常使用玻璃密闭容器进行高温加热，以达到灭菌的目的。罐头加工技术彻底变革了人类消费食物的方式，但历史学家们对它的关注远不及其他技术，或许是因为它是由几十年的时间里的一连串微小进步构成的。金属罐头于 1839 年出现，用于压装罐盖和罐身的机器于 19 世纪中期获得了发明专利，接着在 19 世纪 50 年代又出现了把罐盖和罐身焊接在一起的设备。

到第一家自动化罐头生产厂开始运营时已经是 1883 年了。现代的开罐器直到 1875 年才出现，在这之前顾客们只能借助于凿子这样的工具来开罐。19 世纪 50 年代，博登（Borden）公司因成功用罐头封装了炼乳，首次实现牛奶的长距离运输而一举成名，但到了 19 世纪 80 年代和 90 年代，亨氏（Heinz）公司和金宝汤（Campbell）公司又因为它们种类丰富的罐装水果、蔬菜和汤而变得家喻户晓。当时，用于给豌豆和玉米去皮、加工三文鱼的机器被研发出来。罐头工艺也得到了改善。1905 年，人们设计了“无菌罐”，将罐身和罐盖裁切成紧密贴合的样式（即二重卷封技术）。1908 年，可以维持封口气密性的密封剂研制成功，使焊接工艺不再必要。到了 20 世纪 20 年代，可以防止食物与锡罐发生化学反应的搪瓷表层（enamel coating）出现，同时保证了食品的风味和色泽不变。这尤其使得罐装肉类的制作更加容易，于是 1924—1925 年间罐装猪肉的产量翻了一番。20 世纪 20 年代，每分钟的制罐机器产量也几乎翻番。随着罐头的改良，诸如婴儿食物、糖浆、番茄汁之类的新产品都成了罐头食物。20 世纪 30 年代，诸如啤酒这样易产生气体膨胀的饮料一向难以被罐装的问题也得到了解决。更艰巨的问题，即如何罐装既易腐蚀又易膨胀的软饮料，也在 20 世纪 50 年代得到了解决。在此之前的 19 世纪中，瓶装苏打饮料的瓶身和瓶盖制作工艺一直在缓慢地发展，19 世纪 90 年代玻璃吹制和瓶盖压褶技术有了重要创新之后，苏打饮料才得以作为商品占据大众市场。

技术为公众接受往往要比实现其可行性滞后多年。生产商不得不设法解决一些食品健康方面的担忧，以及更微妙的口味问题，还有很多保守者拒绝食用非家庭自制的食物。罐头食品在两次世界大战的广泛使用在克服公众阻力上起到了重要作用。厂商们采用广告宣传手段，并不时支持政府对生产过程的管控，以确保消费者们为它们食品的安全性买单。21 世纪的人们对加工食品中多种调味料影响健康的关切，也反映出 20 世纪的消费者可能过于信任加工食品。

食品的罐装必须经过高温杀菌，这会对一些食品的口味带来不良影响。冷冻技术虽然在灭除微生物方面不太成功，但对于很多类型的食物来说可以保持它们最优的口感。1915 年，克拉伦斯·波宰（Clarence Birdseye）在结束一次去加拿大拉布拉多[①]的旅行之后，开始尝试开发冷冻食品。到 1929 年，他发现速冻可以使形成的冰晶颗粒更小，从而不会像缓慢冷冻时那样对食品造成物理破坏。1930 年，通用食品公司（General Foods）在他的专利基础上推出了第一批冷冻食品。虽然这段时间正好碰上冷藏技术的重大进展，但是商店和家庭中没有足够的冷冻区域，使得冷冻食品市场多年来饱受限制。等到冷冻食品打入市场后，家用冰箱才加上了单独的冷冻室。1933 年时，全美只有大约五百家商店出售冷冻柜，但到了 30 年代末已经有约一万五千家了。从冷冻的蔬菜和果汁面世开始，20 世纪 40 年代的生产厂商逐渐将很多预加工食品都制成了冷冻食品。20 世纪 50 年代初，电视机本身才刚刚成功商业化不久，“电视机晚餐”[②]就开始出现。

在罐装食品和冷藏食品出现之前，人们对易腐坏食物的消费只能局限在食物产出地。这意味着消费者们很少能尝到来自其他气候区的食物，哪怕是本地食物也只能消费应季的那部分。因此，这些技术大大扩充了消费者所拥有的食品选择范围。它们还让居家烹饪变得容易，然而消费者们并没有迅速明白这一潜在优势。家庭主妇们可以不必从零开始做汤，只需要直接把“金宝汤”端上餐桌。金宝汤之类的食品公司精心装点着它们的罐头制品外观，花费巨额资金来向国内受众宣传他们的产品质量之高、食用之方便，并研究消费者对广告的反应。随着新的技术出现以及大众对于居家烹饪的态度逐渐改变，多家公司上市了一系列预加工食品——这又使得大众进一步接受了居家烹饪。

---

① 加拿大纽芬兰与拉布拉多省的地区名。

② 即食用前加温即可吃的冷冻速食，名称来源于销售员将包装比喻成电视机包装，因广告宣传十分朗朗上口而形成一种说法。——译者注

家庭女性角色的“易位”

家庭劳作的机械化，和成衣、工厂加工食品一道，在多方面减轻了女性的工作量。美国家庭也得以达到更高的卫生水准，拥有更时尚的穿着，享用一年四季变化多样的饮食。无疑，这些改变的结果是大多数人获得更为健康幸福的生活。然而，所有这些现代技术，对女性在家务上耗费的时间并没有产生革命性的改变。尽管技术淘汰了一些最耗时的杂务——比如手洗衣服——但是这样的事务又很容易被新的家务事所取代，尤其是在 20 世纪早期。女性每个星期在家务上所耗的时间在 1900—1965 年间只下降了 6 小时，但 1965—2005 年间又下降了 12 小时（但整个世纪里，男性做家务的时间增长了 13 小时 / 周，尽管劈柴和皮匠活这些传统的男性劳作项目的需求量已下降）。

为什么我们耗在家务上的时间量不能够再下降得快些呢？拥有仆人曾经在中产阶级家庭中是很普遍的事情，两次世界大战间隙时，这种传统却大量消失，部分原因是节省劳力的设备（例如洗衣机）问世。愿意做这类事务的女性也有所减少，一定程度上是由于从 1924 年开始实行的移民限制条例，另有部分原因是她们可以做出成为职业女性的非传统选择。中产阶级家庭主妇们意识到，自己在一天大部分时间里都缺少来自成年人的陪伴（尤其是洗衣，曾经十分需要主妇与仆人之间的配合）。或许这些机器的帮忙，对于工人阶级女性来说更是一件幸事吧。

对于这些新技术，人们反应各异。对很多人来说，家庭劳作的机械化似乎减弱了家庭主妇角色存在的需要。女权运动者们，如夏洛特·帕金斯·吉尔曼（Charlotte Perkins Gilman），认为我们应该对这一趋势拍手称快，女性应该走上与男性相同的道路，成为劳动力的一员。她在 1898 年曾指出，家庭主妇角色已经变得无关紧要。然而这在 20 世纪初是一种激进的少数派观点。克里斯汀·弗莱德里克（Christine Frederick）则支持一种更为普遍的观点，即女性在家庭内的角色应该发生改变，但理应被维持。弗莱德里克在 1920 年曾说，女性应该充当“家务工程师”，参与家庭中由机器辅助的工作，与在工厂和办公室里做着这些工作的男性并行不悖。女性的家务工作会因对新的家用技术的充分利用而更为高效，但女性就应该待在家里［弗莱德里克等人在家庭经济学运动中为了将科学管理法（见第 13 章）应用于家庭而做的努力，大多都失败了］。十年后，弗莱德里克又主张，“新式”家庭主妇已成为家庭中的主要消费者，推销商需在广告营销过程中吸引她们的购买力。流行的女性杂志支撑了这种理想，即将现代家庭主妇视为不再羁于过往的苦差事的“家务工程师”和熟练买手。那些被印在光面纸上的靓丽图片和那些著名家庭经济学家们所撰写的营销文章，为操持家务增添了某种魅力和权威许可。有人认为，机械化家庭中的家庭主妇角色的复兴反映了美国人（或许，特别是美国男性）对舍弃“男主外女主内”期望的不情不愿。有人可能更进一步地认为，在这个消费时代中，这一理念使得家庭生活用品的制造厂商获利。即使往后的女权运动者会对此加以批判，家庭经济学家们仍尝试着通过美化家务活来抬高女性的地位。商业化洗衣房和熟食外卖服务是 20 世纪早期女权运动者所推崇的两种可能方案，但在对家庭主妇角色的理想化面前，它们遭受了挫败。至于家用洗衣机，反而贴合了“新式”家庭主妇这一理念。

无论如何，随着传统家务形式的没落，20 世纪的家庭主妇们开始着重于追求清洁和烹饪上的更高标准。自来水和室内管道系统在很多方面上让生活更轻松了，但也增加了清洁浴室的活。洗衣服原本是每周做一次的事，现在却得一周做好几次。有了真空吸尘器，给家里铺上地毯的时代开始变为可能，哪怕给地毯吸尘比用扫把清洁木地板要耗时得多。厨房家用电器的变革，连同各种各样的高质量（通常是加工处理后的）调味料的上市一起，在省时的同时增添了人们调试食物口味、考虑营养问题的麻烦。新的烹饪方式还需要更多时间来计划饮食，人们比吃炖菜晚餐的时代有更多的碗碟要洗。

随着挑水、纺衣需求的消失，女性将她们的大量时间转向了提高育儿水平。20世纪10年代起，教育家、政府机关和广告商们纷纷提出：一个"好妈妈"从不将时间花在电器可以完成的事情上，而是将它们花在自己的小孩身上。即使是家庭轿车的出现也没有为妈妈们省下时间。这通常只是增加了她们的义务，使她们成为孩子们的专职司机，搭载他们去往学校、球赛和钢琴课。女性还开始用更多的时间来购物。杂货店送货上门之类的服务在20世纪逐渐消失了，取而代之的是"自助"超市的发展壮大。消费者选择范围的扩大，加上汽车所提供的灵活性之强大，促使她们需要花大量时间货比三家，无止境地穿梭于商店之间去寻找"便宜货"。

正是因为这些复杂的原因，那些劳动节约型技术并没有减少家庭主妇们所需的劳动时间。最明显的是，这些新型机械并没有直接将女性从家庭中解放出来，使她们得以作为有偿劳动力工作。直到1945年后，已婚女性才渐渐被允许进入劳动力市场。这一趋势是由新的经济和社会环境造成的，而与技术仅有间接联系（见后续讨论）。即便如此，曾经作为粗重活的家务在再分配的作用下还是显著减少了。这一进步又必然引出了另一事实：家庭主妇的劳作成了与世隔绝的——甚至对不少女性来说是孤独的——体验。对复杂技术的依赖，或许已经为女性带来了某种与现代流水线工人类似的"异化"感。预加工食品有很多优点，但其中并不包括让你获得亲手一展厨艺的那种自豪感，而有的事却可以，比如说——从头开始，烘焙一个蛋糕。

技术与工作中的女性

如果说家用技术并没有给家庭主妇的角色带来根本的转换，或许办公室或工厂里的机器给女性生活带来了更显著的影响。要从这个视角去探讨的话，打字机是一项绝妙的创新。1867 年，一位来自威斯康星州密尔沃基市的名叫克里斯托弗·肖尔斯（Christopher Sholes）的印刷商人，成为最早研制实用型机械打字机的人之一。1873 年，他把设备的使用权卖给了军火制造商雷明顿公司（Remington）。打字机的研发正好赶上了银行业、铁道、商业和政府对文职人员的需求大幅增加，反过来也体现出了公司层级制规模的增长（如第 10 章所讨论）。虽然有些人担忧打字机会让文职人员失业，但是企业对信息录入的需求飞涨，远超了打字机使用成本下降的速度（正如在计算机时代所发生的那样）。复写纸、地址印写机、计算器、收银机、油印机和录音机，也都是伴随着办公室的增多而应运而生的重要创新产品。文职部门在 1870 年时还仅占劳动力的 1% 不到，到了 1930 年就已经增长到 10%（图 12.3）。

女性被准许进入办公室很大程度上推动了这一增长。这本身就是一件具有人文意义的革命性事件。1870 年时，在公共场合工作、为公众服务在很多地方被视为是“不淑女”的行为，是容易惹来不妥当性接触的场合——彼时的文职人员中有 95% 是男性。然而，打字机是一种“中性”的机器，也就是说它既不与男性相关联也不与女性相关联。有人可能会认为女性尤其适合使用打字机，因为操作打字机需要双手灵巧，而人们普遍认为，既然女性之前在缝纫方面很有优势，那她们一定精通

图 12.3　1940 年，纽约市布朗克斯区阿圭那高中里的打字课
资料来源：由美国国会图书馆印刷与摄影部提供。

于打字这项技能。这也和弹钢琴很是相像，而弹钢琴是很多“有教养”的女性从孩提时期就开始学习的。然而，第一个打字员是男性。当第一次有女性进入打字学校时，很多人投来了嘲弄，他们提议由男性永远垄断打字这一领域。然而，到了 1930 年，美国 95% 的“秘书”已由女性组成。

打字机的出现与之前已讨论过的改变同时发生，这些改变当时正默默从家庭劳作中把女性解放出来——先是新生的女儿一辈，再是作为主妇的母亲一辈。当时女性的受教育程度也在提高，接受过高中教育的女性可寻求的工作岗位并不多。如果文职工作仍然只为男性保留，就会造成拥有恰当技能而且有意愿为同等薪资工作的申请者短缺，减缓文职工作就业规模的扩张。面对这一压力，社会中阻碍女性进入办公室工作的态度开始消退了。

这股女性涌入办公室的潮流，是否为女性群体带来了更多经济和社会机遇？自然，文职工作对于很多年轻女性来说比家庭或工厂中的劳作要好一些，毕竟它是体面而较不费力的。不过我们必须注意到女性的涌入是如何改变了秘书这一职位。在女性打字员出现之前，文职人员往往会与他们的雇主保持紧密且机密的联系，而秘书岗位通常作为通往管理层的跳板。实际上，有一些企业高管的私人秘书岗位，作为地位较高的身份，仍将继续扮演“跳板”的角色且继续被男性所操持。办公室的扩张导致了文职工作的分工，创设了打字组和档案室两种工作分类。这些重于重复性而轻于责任性的工作就被分派给了女性。此外，当女性开始主导秘书一职时，她们的薪酬相比之下低于其他由男性主导的职位。雇主们希望女秘书们在结婚后就马上离职。这促使经理们不去培训女性担任责任更为重大的岗位，那份低薪也由此被合理化了。这样的薪资条件几乎给不了女性任何激励让她们留在职位上。20 世纪的雇主们对秘书的工作期望，有时候很像在找一个“代理妻子”。到了 20 世纪 10 年代，对秘书的工作期望包括为老板准备咖啡、掩盖老板的丑事（向他的老婆和上司）以及满怀体恤之心地倾听老板所讲述的故事。

技术，通过削弱体力的重要性，鼓励女性更广泛地进入曾经由男性主导的领域。叉车和传送带可以承担大部分抬举和搬运工作，它们曾经都是主要靠男性徒手完成的。镐和平锹被推土机和平地机取代后，女性在公路修筑工作中有了更多受雇的可能。社会态度的演进依然在其中起重要作用。公路修筑工地上的女性交通指挥员成为寻常之景只是近几十年的事——至今这也是在那样的施工团队里最有可能看见她们的地方——即便对工作的体力需求已几乎全然改变。类似地，更多的女性进入了医疗和法律等行业，但那也是受到社会影响的缘故，而非因为技术变革。

女性劳动力的供与求，以及家务的持续存在

无论技术怎么改变，家务劳动依旧存在，工作场所中的性别刻板偏见也在持续发生。这并不意味着这些领域中一点改变都没有发生。最引人注目的变化趋势来自 20 世纪劳动力中已婚女性比例的增长，尤其是二战之后。（表 12.1）当然，在 1900 年做着领薪水工作的女性很多都是单身，她们其实在遵循着一种在工业化进程将工作地点与家庭分隔开来之前就已经建立的工作模式。1900 年时，工人阶级家庭中首选的策略是让最年长的孩子去工作，以补贴父亲微薄的薪资。已婚女性，尤其是生育了孩子以后，通常只在有家庭经济需要时才离家工作。

表 12.1　女性劳动力参与率（以在女性总人口中所占的百分比计算）

年份	平均总参与率	单身女性参与率	已婚女性参与率
1890	18.9	40.5	4.6
1900	20.6	43.5	5.6
1910	25.4	51.1	10.7
1920	23.7	46.4*	9.0
1930	24.8	50.5	11.7

续表

年份	平均总参与率	单身女性参与率	已婚女性参与率
1940	25.8	45.5	15.6
1950	29.0	46.3	23.0
1960	34.5	42.9	31.7
1970	41.6	50.9	40.2
1980	51.5	64.4	49.9
1990	57.5	66.9	58.4

资料来源：美国的历史统计，出自人口普查数据（至 1990 年），由美国劳工统计局提供。

* “劳动力参与”的概念在历史上曾有轻微改变，需另加注意。定义从处于劳动状态下的人口逐渐转变为有正式雇佣关系的人口。

女性的劳动力参与率在 1999 年达到 60% 的峰值之后略微下滑，主要是由于年轻女性对更高学历的追求使参与率有所降低。

已婚女性中参与劳动力的比例发生剧变的原因是复杂的。我们已经知道的是，传统家务的机械化本身对已婚女性选择是否加入劳动力的直接影响不大。一种盛行的观点是：“二战”期间，当男性都在战场上的时候，女性由此进入了工厂工作，从带薪资的工作中获得了收入和自由。这种分析的问题在于：一结束战争，那些传统意义上由男性主导的职位上的女工们就被男性重新取代了。无论如何，1945 年的政府、商业界、联合国都一样不愿意提供育婴等方面的支持服务，不愿让这些服务使很多女性确信有薪水的工作对她们来说是可能拥有和值得拥有的。

对于女性参与劳动力有更好的解释，同时也更不容易被察觉：首先，我们需要谨记，在很多职业门类下，公众对女性的加入抱有抗拒态度，制造了劳动力市场的分化，引导女性们进入文职、教育、饮食服务、医疗领域，参与一些更“女性化”的职位。在大部分岗位中，已婚女性是最不受欢迎的雇员。即使是在 20 世纪 40 年代，从事护理和教育的女性通常在结婚之后都会被迫离开职位。学校和文职工作中对雇用已婚女性的禁令，更是将大部分女性实际排除在了得到提拔的可能性之外，施行这一禁令的动机一方面是歧视，一方面是担心女性为照顾家庭责任而牺牲对公司付出的精力。大萧条期间工作岗位紧缺，基于当时的普遍信念，即工作岗位应该让给那些“养家糊口的人”，但凡可以由男性承担的工作，通常都会把女性挡在门外，尤其是那些已婚女性。随着那些“女性专属”部门对职员的需求量增长，事实证明光靠单身女性入职已不足以填补空缺后，这种态度才逐渐有所缓解。举例说明，1940 年，美国 87% 的学区不愿意雇用已婚女性，十年后，82% 的学区都变为了愿意，因为他们发现男性和单身女性职员已经不足以填满所有的职位了。在整个 20 世纪前半叶，这一转变在各行业中缓慢发生。“二战”结束后，文职、医疗、教育工作对女性职员的需求快速增长，部分是来自婴儿潮[①]引发的对教师和护士的需求，还有部分是由于私人、公共机构和医疗产业的迅速发展。

1945 年后还发生了一些其他的改变，促使已婚女性参与劳动力。当婴儿潮一代到了 20 世纪六七十年代长大成人之时，他们的母亲为了攒下积蓄供自己的孩子接受大学教育，越来越多地参与到劳动力当中。社会职业对技能的高期望迫使家庭转变策略，赚取基础生活水平之上额外收入的责任从年纪较大的孩子转移到了母亲身上，以帮助后代支付培训工作技能所需的费用。此外，接洗衣活、经营小夫妻店以及其他以家庭为基础的工作，这些女性传统上用以补贴家用的收入来源，大部分消失了。1900 年时全美国有四分之一的家庭中就有一个寄宿生，而到了 1920 年只剩下 2% 的家庭，那些原本要成为寄宿生的孩子可以利用上电器和方便食品，选择独立生活了。这些原本对家庭意义重大的额外收入只能通过女性离家外出工作来弥补（通常始于兼职工作）。这股 20 世纪 60 年代的热潮，或许也反映了家庭节育的新实践，尤其是避孕药的应用（见第 19 章），把女性从早早开始养

① Baby boom，指二战后的美国于 1946 年开始的生育高峰。——译者注

育儿童的命运中解放出来。从当时开始增长的离婚率或许也部分解释（且反映）了这一趋势。以及，对于年轻女性，尤其是受过教育的中产阶级女性而言，60 年代中期女权运动新浪潮的出现，无疑对于女性选择为了追求事业而推迟或放弃生育（或试图调和事业与生育）起到了重要作用。育儿途径的多样化也有助于此。

还有一个更不易被察觉的因素，也有助于解释这一趋势。技术让越来越多种多样的商品走进市场，尤其是像房、车这样的耐用品，或许已经改变了人们对家政服务的价值的态度。如果丈夫的收入对于购买这些新商品来说是不足够的，那么夫妻两人可能会选择让妻子进入劳动力市场，选择家政服务来做妻子的活。自 20 世纪 70 年代早期起，自住房屋数量的飞速增长无疑加快了这一趋势。20 世纪 80 年代中，双职工家庭要拿出一人份的收入用于支付抵押贷款，是很常见的事情。

在过去的两代人中，我们已经见证了 19 世纪“男主外女主内”式家庭劳动分工的没落。我们也已看到，这种所谓“传统”的家庭分工模式的历史只能追溯到工业化开端，当工作场所开始分隔于家庭的时候。既然在大多数家庭中都没有人再倾尽他（更有可能是——她）的全心全意来对付家务了，那家务活都去哪儿了呢？男性从事家务的时间，是曾经缓慢但切实地发生过增长，但哪怕是在夫妻两人都有全职工作，绝大多数家务仍然由女性一方承担。近几十年里，家庭花在家务上的总时长有所下降，部分是由于微波炉、网上购物等新事物的出现，也有部分是因为人们外出进餐的频次越来越高。

然而，对于家庭时间的新分配方式并非百分百成功。很多持双份收入的夫妻都体会过一个“按了快进键的家”：在传统中作为生活私域的用于照顾家人和休闲的时光，被塞进了每周的一小段时间里。技术是可以帮上忙，可照顾儿童以及很多房屋维护工作是很难被机械化的——维持高质量的人际关系也是如此。电视机确实方便用来哄孩子，但无法取代亲子间的互动。

技术已经用无数的方式影响了 20 世纪的女性生活。技术减轻了她们家务劳作中的粗重活，让女性能够将时间转移到更好地育儿和照顾家庭上，还推动了女性从事文职等领域的新型工作。然而，技术的影响在减少家务时间和提高女性在劳动中的地位上，并没有起到直接而高效的作用。20 世纪中，已婚女性大量涌入劳动力市场，其中越来越多人进入了管理及专业部门任职，但对此趋势，技术的影响是间接且模糊的。对性别角色的社会态度持续存在，市场与个人需求间矛盾频发，这些也都是形塑女性劳作的关键因素。

第 13 章

新式工厂

最广义上，技术不仅包含工具、机器、能源和化学药剂，还涵盖了组织生产活动的方式。新式机器促进了工厂布局与组织上的变革，而工厂组织的革新又给新式机器的架设铺平了道路。这两种形式的革新的界线并不明晰，以机床和“科学管理法”的改进中的重要人物弗雷德里克·温斯洛·泰勒（Frederick Winslow Taylor）的职业经历为例证：19 世纪 90 年代，泰勒认为，如果管理者们能把让机器变得高效的科学原理同样应用在工人的活动管理上，那么他们的产出效益也能够提高。机器革新和管理革新之间密不可分的联结，同样也表现为 1913 年亨利·福特的生产流水线的问世。

泰勒和福特都十分擅于将他们的成果广而告之，他们坚信自己代表着一个新的精英阶层，以实干成就作为基石，而非承袭的地位或者单纯的财富。他们声称要捍卫雇主与工人之间的和睦关系。在这一点上，他们的想法一致于当时的进步运动，后者认为采纳专业意见将缓和很多社会积弊。不过，工薪阶层有时会拒绝被如机器一般分析和组织。尽管如此，正如我们即将看到的那样，泰勒、福特等科学管理法的拥护者们应许，并在很多方面实现了生产率的提高，从而也带来了更廉价的货物、更高的薪资和更多的休假，这都是其他管理方式所无法比拟的。

机床的改进

可替换零件的生产离不开所使用机器的精密度（见第 6 章），从而也离不开机器制造者本身的精确性。当机床制造业规模还很小的时候，它就已经（并一直）对整个制造业的生产力进步产生着巨大影响。19 世纪早期，机器生产者们受限于坩埚钢的低质量和高成本（每吨坩埚钢造价大概是铁轨成本的 40 倍），从而普遍用锻铁或木材来制造机器，只有切割装置使用钢铁制造。19 世纪后期钢铁成本大跌，冶金学家们开始专注于克服钢铁硬化工艺中无法避免的缺陷问题。每一种机械都严重受限于精密度的问题，直到切割工具和研磨工具消除了缺陷。

开始时用刚玉砂、黏土、长石之类的自然原材料制成的研磨机械，在 19 世纪得到了显著的改进。一个世纪前，詹姆斯·瓦特还在为机械精度被控制在一枚硬币的宽度之内而惊叹，而 19 世纪 80 年代的机械师所能容许的偏差已达到千分之一英寸，新一代技术中，这个数字又缩小为原来的十分之一。1895 年，尼亚加拉水电站的启用使得电阻炉烧制的碳化硅（金刚砂）得以经济生产。这种硬度仅次于钻石的材料，很快就取代了研磨机械中的自然原材料，推动了后续的机器改进。光是 20 世纪 20 年代末期的自动化高速磨床就把劳动生产率提高了十倍，这对于自行车、汽车和飞机制造工业产生的价值难以估量。

合金钢的出现本身就是一场对钢铁切割技术的革命。1868 年，在英国进行了多年试验后，理查德·马歇特（Richard Mushet）利用高锰矿制造了一种工具钢。这种合金一开始用途有限，直到 19 世纪 90 年代，情况有所改观。为了更科学地组织生产活动，弗雷德里克·泰勒希望了解机床的性能、局限和最佳应用条件，他进行了 5 万次以上的独立实验，其中就包括马歇特的工具钢制成的切割工具。他发现制成圆头工具（而非尖头）并使用水流作为切削液可以提高效率。他还用铬和过热处理后的钨替代了马歇特的锰铁合金，将切割速度提高了四到五倍。这一发现是对机床的一次彻底的重新设计。为了充分利用这一新式切割工具，机器必须能够变速，并且由独立电机作为能源。在泰勒的工作基础上，钴铬钨合金于 1917 年问世并让机器工作速度增长了一倍，20 世纪 30 年代出现的碳化钨合金又让速度再度增长一倍。

到了 19 世纪中期，美国的机床制造业已经偏离了英国的发展实践，英国的兵工厂从 1853 年开始订购美国产的机器。19 世纪后期，在美国市场规模的感召下，美国的机床制造商开发了为特定行业的需求而量身定制的专用机床。

19 世纪的大部分时间里，机床制造的工程量还是集中在蒸汽机和铁路行业上，而在 19 世纪 90 年代，汽车工业开始推动机床制造的发展。内燃机等汽车部件的制造所需的精密度大大高于蒸汽机。20 世纪头二十年里，当其余机械车间经营者对于将他们现有的资产存量完全替换为新式机器显得犹豫不决时，汽车制造商已成为新式机器的核心用户和创新来源。如第 9 章所提到的，汽车工业推动了合金钢的发展，也向机器制造商们展现了润滑油、齿轮和轴承的合理使用如何能够提升工程速度和精度，同时降低维护成本。具有更高技术要求的飞机制造，将成为机器制造商们的下一步挑战。

电气化虽然没有直接影响机床精密度，但大大提升了工业机械的效率。机器不用再通过笨重的传动带连上一个中央蒸汽机才能运转，而是可以实现独立提供动力，电动机还可以就特定机器的需求定制转速和功率。电力驱动的机器所占百分比从 1899 年的 4% 上升到了 1914 年的 30%，到了 1929 年又上升为 75%。每位工人所消耗的电能从 1920 年的 1.2 千瓦时上

图 13.1 美国康涅狄格州新伦敦市的泰晤士拖船公司中，传送带为车床和磨床而运转着

资料来源：由美国国会图书馆印刷与摄影部提供。

升到了 1950 年的 3.2 千瓦时。为应对新的能源形式，工厂被重新规划（图 13.1）。

简单补充一下前面的论述：美国在机床制造业上的技术领先将一直延续到战后时期。受空军资助，首个由程序控制的，或者说是“数字控制（numerically controlled）”的机床被研制出来。20 世纪 70 年代，微处理器取代了打孔纸带[①]。20 世纪 60 年代，当美国工业在空军的推动下着重于研制高成本的高精密度工具时，日本制造商发现了低成本多功能机器的商机，他们在 20 世纪 70 年代成为机床制造市场的主导力量。

科学管理法

科学管理法在工厂中的首次实践开展于 18 世纪后期的英国。1820 年，

① 早期计算机的储存介质，将程序和数据转换二进制数码。——译者注

查尔斯·巴贝奇（Charles Babbage）——我们下次谈到他时，会将他介绍为机械计算装置的设计者——试图计算工人完成不同工作任务时所需的时间。不过，科学管理的方法（以及“科学管理”这一名词本身），是从 19 世纪 90 年代由弗雷德里克·泰勒开始宣扬于众，并与他自己的名字挂钩的。

人力劳动的组织方式重获关注，是多重因素推动的结果。工业企业规模的增大，诱使雇主们将自己的经营系统化（见第 5 章和第 10 章）。技术熟练的工匠，被相对而言更不具备熟练技术的机器看管者逐步取代，使管理层权威的提升成为可能。与此同时，日益增长的工会活动热潮和大量的罢工斗争（例如，分别发生于 1892 年和 1894 年的霍姆斯特德炼钢厂工人罢工和普尔曼罢工），迫使企业家们采用新手段来缩减工人的权力。科学管理法在某种意义上可以被理解为，从熟练机械工匠以及其他技术工人手中夺回对工作的节奏与进程的掌控。最终，随着 19 世纪国民人均收入的稳步增长，提升生产效率成为全社会的理想，一定程度上消除了人们曾经的担忧，即工作方法变革只惠及雇主。受这一观念的推动的一系列变革让生产量得到了提高，即便这也削弱了工人的自主权，降低了劳动技能对工人的重要性。

1859 年，弗雷德里克·泰勒出生于费城的一个显赫世家中。尽管他在年轻时四处游历，也受到了良好教育（并将在后来的史蒂文斯理工学院中获得工程学学位），他还是花了多年时间在米德瓦尔（Midvale）钢铁公司努力打拼，从学徒工逐渐被晋升为公司经理。在 19 世纪 70 年代，这依然是成为一名工程师的通常途径。虽然泰勒能在米德瓦尔工作是家庭关系所赐，但他真的是一个在机械上有天赋的人（正如我们已知道的，他的天赋为机床用钢带来了彻底的改进）。泰勒还会设计适应不同用途的铲子。不过，在他的职业生涯早期，泰勒并没有那么在意机器，反而开始将他的关注点放在了照看这些机器的工人身上。他对机器的最优速度的兴趣，转变为一种类似的，对于提升人力劳动速率的迷恋。泰勒说，他对管理的兴趣植根于他早年在公司里一层层往上快速攀升的经历。他亲身经历了那个时代的公司秩序之缺失。顶层管理人员往往只是松散地参与到实际生产中，而工厂监工掌握雇用或开除他们的下属的生杀大权。他们常常为了袒护自己的熟人而滥用职权，或者向工人收取贿赂或回扣。这些监工常常是机械行业中的独立分包商。泰勒在督促工人们更加努力工作时遇到了巨大的难题。他们“怠工（soldiering）”，仅是为了保住工作而不紧不慢地干活，还高计件工资率，其中年老、生产能力较弱的工人们尤为推崇这种做法。工人们既不罢工，也不公然违抗泰勒，只是对他不闻不问而已。泰勒开始认识到，由从众心理和自然天性引起的懒惰，是提高生产率的主要障碍。他和很多雇主都抱有相同的观念，即新技术固然将带来生产率的进步，但工人们限制了这个进步。他曾经坚持认为，有三分之二的劳动时间是被白白浪费的。

泰勒相信，要提升效率，必须消解工人的群体心理，用金钱奖励鼓励个人成果。他不在乎那些常常出现在工人和管理层之间的敌意。泰勒坚信，生产率的提高将会带来更高的薪资，从而让工人们有兴趣与管理层相配合，一同提高生产效率。同时，他反对经理们在工作速率提升时立即降低计件工资的做法。他认为这打消了工人们提高生产率的动机，在管理层与工薪阶层之间创造了互相不信任的局面。

泰勒给工厂管理者提供了很多提高产量的建议，包括优化成本核算、存货管理、组建新的“工程”部门集中制定生产计划。重要的是，泰勒敦促工厂重新规划工作场所，以减少工人或原材料不必要的移动。泰勒最广为人知的还是他最重要的准则：“科学”应运用于管理工作，理性原则应取代习惯。泰勒坚信在执行工作时有一条“最佳路径”。这意味着应该由管理者而非劳动者，来构想和设计特定的工作种类。他忽略了劳工的经验和熟练技能。当然，泰勒意识到了个人工作能力的差异。他往往凭借制定更高的工作标准，来区分能干与不能干的工人，而不是开发训练方案或进行能力倾向测试。他试图像对待机器一样对待工人，从而时常忽略工人的疲劳问题。

最常与泰勒相关联的要素当属秒表，或者说工作的“时间研究（time study）”。他希望通过计算每一项任务的执行时间，来辨别和消除无谓的劳动。更重要的是，管理者就可以借此了解一个工人完成多少工作量是合理的，从而为设定计件工资提供“科学”依据。不过，工人们时而感到奇怪，选取最积极能干的劳工进行测试，是如何让泰勒研究出“科学”的工作时间的。当泰勒算出每个工人一天内应该具备完成多大工作量的能力时，他就会颁布差别工资标准，好让达到目标的工人相对比他工作更慢的同事们拿到更高的计件工资。举个例子来说，对于一份之前按 50 美分 / 件计费，工人们每天能生产四五件的计件工作，泰勒计算得出，他们实际上能够生产出两倍还多的量。他把计件工资调整为：如果一天的产量不少于 10 件，则按 35 美分 / 件计费；少于 10 件，则按 25 美分 / 件计费。完成那第十件产品的诱惑力太大了，而那些跟不上进度的工人往往会被解雇或辞职。这一体系容易把工人分为两个群体：有更多经济压力驱动的年轻人，和积极性更弱者或更年长者。

泰勒曾管理过一群在滚珠轴承厂检验部门工作的女职工，他所运用的方式很好地诠释了他提出的管理方法。他注意到女职工们在交谈上花费了太多时间。泰勒用了几个月时间，通过放入屏障让她们的工作空间分隔，引入差别计件工资制度鼓励她们加快工作进度，解雇他认为不能够跟上工作进度的女工。他还将她们的每日工作时间从 10.5 小时减为 8.5 小时（即便如此，女工们担心用更少的时间做更多的工作会导致她们疲惫不堪，因此她们反对这项改革）。他还为那些落后的检验员请来了“教师”来“帮助”她们加快工作进度。泰勒相信他在帮助那些工人们减少工作时长，增加每日入账（同时也大大降低公司成本）。他为没有发生劳工动乱而自豪，然而或许我们并不知道这究竟是因为泰勒成功地将劳动力分层化，还是更多地作为提高薪酬和减少工作时长的结果。

当然，泰勒的创新举措并不是如他所说的那样独一无二，也不那么让员工们欣然接受。他的计件工资方案（以及他动不动就开除不达标者的行为）和传统经营者“赶鸭子上架”式的管理方法十分类似。连工作时长研究都不是新鲜事了，泰勒被人们记住的不是将这些研究科学化，而是他对这些研究的普及。泰勒与许多保守的商界领袖都抱有同样的观点，即金钱是工人的根本动机。和其他人一样，泰勒轻视工人们的集体技能，忽略他们身心方面的局限性。

在 19 世纪与 20 世纪之交，泰勒“退休”了①，然而他将之后的 15 年也用于宣传他的技术。他以前的助手们承担起实际的工作，将科学管理法推广给了大约 200 个公司，其中不仅包括工业企业，还有百货公司、铁路公司、轮船公司、银行、出版社和建筑公司。开始时，他们试图改进工厂布局，推动机器标准化。接着，他们试着将规划集中化。只有这样，他们才能确信自己能够合理进行工作时间研究，设定科学的薪资标准。由于那些任职中的经理们总是对威胁他们地位的泰勒式改革抱有敌意，泰勒的追随者们总是还没走到实行工作时间研究这一步，就丢了合同。就连那些泰勒自己重组整顿后的工厂，都在几年内渐渐放弃了他的改革路线。一样的是，被留存的是工厂布局和机器上的改革。

吉尔布雷斯夫妇与动作研究

即便泰勒的具体方案影响面有限，他还是鼓舞了很多人发展和改进科学管理法。泰勒主要把工作时间研究用于制定计件工资，但其他人会

① 因与其他管理者意见相左而被迫离职。

更多地关注于工作方法的衡量与改进上。这导致了“动作研究（motion study）”的发展——一种对完成简单任务时所需的肢体运动的分析。动作研究旨在通过找出每项任务所需的最优运动组合，以减轻疲劳，提升生产效率。这一研究手段反映出，人们已经意识到单有金钱激励不足以提升人力的产出。在这个提升工作效率的新手段上，法兰克·吉尔布雷斯（Frank Gilbreth）是一位重要人物。通过观察砖匠的工作，吉尔布雷斯意识到他们将大部分时间精力都用于拾起砖块并把它们放置就位。吉尔布雷斯研制了一种可以将砖块升到合适高度的可调控台面，使每小时可砌好的平均砖块数从 120 块上升到了 350 块。

吉尔布雷斯和他的妻子莉莲马上开始将电影摄像机应用于动作研究上。相比于裸眼观察，这一手段能为追踪肢体运动提供更多的细节。慢动作摄影技术（“微移动”）尤为重要，这些技术不仅在工厂里得到了广泛采用，还被用于体育界——当时的教练员会（现在仍会）通过录像来指导运动员们如何最大程度发挥他们的能力。吉尔布雷斯夫妇迫切想要展现出他们的技术在工厂之外的应用前景，于是他们也在家庭和办公室中进行了研究。

吉尔布雷斯夫妇首创了“动作轨迹影像分析法（cycle graphic analysis）”。他们在机器操作工人的手指上和头上装上了小灯，在他们工作的时候拍摄延时照片，从而获得一定运行时间内工人手部和头部的运动轨迹。通过在图片上叠加网格，就能够精准地度量出研究期间工人的身体部位移动的距离。他们有时会使用“时间 - 动作轨迹影像分析法（chronocyclegraphic analysis）”，让灯光每隔固定时间间隔闪烁一次，借此可以测量出特定动作的速度（图 13.2）。

尽管出现了这些精密的技术手段，大部分基于肢体活动观察的动作研究还是受成本所限。即便如此，吉尔布雷斯夫妇还是对分析手段进行了调优。例如，他们鉴别出了 17 种不同类型的手部动作，将其称作“动作元

图 13.2　吉尔布雷斯夫妇的动作轨迹影像分析法。人们可通过工人头部和手部的灯光追踪他们的肢体运动。这些网格线是通过对影片的二次曝光叠加上去的

资料来源：由史密森学会提供。

(therbligs)"(基于单词"Gilbreth"的逆向拼写)，至今它们仍被用于管理学研究。其中一种动作叫"搜寻"——一种浪费时间且可以通过合适的标签或照明措施来规避的动作。动作研究得出了一些用于使疲劳最小化的一般原则——例如，双手应该同时开始和停止工作；曲线运动要比直线运动省力；目光应四处移动而不是定焦一处。

由于声称动作研究比泰勒的工作时间研究更为科学，吉尔布雷斯招来

了泰勒的怒火。泰勒主义者强调工人更卖力地工作，而吉尔布雷斯则看重于工人疲劳的减轻。然而随着时间推移，那些标榜自己为“效率专家”的人们开始兼用工作时间和动作研究，只是视情况决定使用哪种。动作研究推动了工作场所组织方式的进步，增进了人们对疲劳的理解，这些改变仍造福于今日的工业。

人事管理

在这场旨在提高工作效率的改进运动中，另一处改进发生在人事管理领域，包括启用专门的人事经理来决定公司内部人员的雇用、解雇和晋升事务。即使泰勒对这一变化持反对意见，但他最重要的思想主旨：规划和合理化工作程序能够提高生产效率，实际上为人事管理的出现奠定了基础。尤其是，人事经理们遵循的是泰勒的体系，他们试图根除那些一手遮天的工厂监工。然而，与泰勒不同的是，他们意识到了新式管理的科学原则并非一定要减少员工对管理威权的异议，或者掩盖老板对员工意见的鄙夷。他们认识到，在企业内部根据资历决定任职，并提供其他的福利条件，能够增强员工对企业的忠诚感。与泰勒不同的还有，人事经理们注意到，直接雇用有工作资质的员工，比起发现表现差劲的员工后将他们淘汰更为高效。和泰勒与吉尔布雷斯夫妇都不同的是，他们认为，公司不应该像对待机器一样对待它的员工。

科学管理法的发展以及流水线使用量的增长，通过用非熟练工人（unskilled worker）替代熟练工人（skilled worker），推进了人事管理的发展。熟练工人们能够迅速从农用设备制造业转入汽车制造业，因为他们对机械十分熟悉，会读图纸。非熟练工人则必须接受培训，了解每种工作的每个细节。劳动力的高流动率一直是美国工业的特点，到了 20 世纪早期则变得更为关键。雇主们盘算着需要为非熟练工人负担的高几倍的培训成本，从而更乐于接纳那些承诺能够降低员工流动率的人事经理。

人事部门的出现最早可以追溯到 1885 年左右，但直到 1910 年以后，才有很多公司融入这一浪潮。商界领袖和政府在一战和大萧条期间——尤其是大萧条期间——都格外迫切地希望能与工会领袖们达成和解。人事经理们声称他们可以通过集中招聘、按资历提拔、保障员工免遭随意解雇，让公司和员工达成双赢。他们坚信，利用心理测试，他们就能够比监工们在选人、用人上做得更好。他们还宣称，能够提升员工生产效率和对公司的忠诚度的，是心理上的激励（包括后来公司所兴办的食堂、运动和文化活动）——而不只是薪资。

有时候人事管理的举措远不止这些。例如，福特公司专门设立了一个“社会调查部（Sociological Department）”，由专员负责走访员工的家庭，并在营养和清洁问题上给予他们一些家庭生活建议。福特公司的调查员还将那些生活方式不甚检点的员工进行了降薪处理，甚至彻底免职。

由埃尔顿·梅奥（Elton Mayo）提倡的人事管理技巧则更为细致入微。1927 年，这位生于澳大利亚的社会科学家发现，当研究者仅是表露出兴趣，要评估新照明系统对员工可能造成的影响时，西电公司（Western Electric）员工的生产效率就会随之提高。尽管照明条件并没有改善的对照组里的员工们的产出量也提高了。基于在西电公司霍桑工厂中所做的（含这一实验在内的）一系列实验，梅奥总结出：员工与经理之间的良性互动，可以在机械或激励体系没有任何进步的情况下提高生产效率。梅奥因他总结的“霍桑效应”而负有盛名。从心理学上改善工作环境的实用手段有很多，常用的新方法包括修建诱人的员工餐厅、设置“意见箱”和组织工作小组讨论等，这些方法都有助于提升工作效率。当员工们相信自己的公司在乎他们的时候，他们会更卖力地工作。一门关于工业心理的新科学应运而生，接踵而至的还有劳资关系研究。从那以后，就连科学管理法的拥护者们也开始在自己的研究中注意融入心理学理念。

流水线

从科学管理法的普遍推广中汲取的灵感造就了生产线。然而，生产线的影响之巨，远远超过泰勒、吉尔布雷斯夫妇和梅奥的成就。它彻底改变了工业活动的性质。

可更换零件的出现，是流水线问世的一大先决条件。工人也好，机器也罢，只有零件被高度标准化生产，才能让 A 部件像上好发条般被安装到 B 部件上，并在整个工作日里始终维持准确无误。如我们在第 6 章所见，制造可更换零件的关键，在于使用为制造特定部件而设计的高度专门化器械。随着生产规模的扩大，汽车制造商对这样的专门化器械使用逐渐增多。早在 1908 年，凯迪拉克公司就曾演示过，他们生产的汽车被拆卸，零件被打乱之后，也能够轻易地被重新组装起来。

生产的有序，是另一大先决条件。工厂机械化前后，企业家们需要让半成品辗转于一个接一个的专门制造部门。18 世纪 90 年代，奥利弗·埃文斯建成了一座自动化面粉厂。19 世纪，詹姆斯·波加德纳（James Bogardine）意识到，铁在建筑中的使用能够大大提升工厂设计的自由度，于是他提议：机器应该被摆放在有助于半成品流转的位置上。而在 19 世纪的大部分时间里，人们依然需要将半成品在不同工作台之间来回辗转，而且通常并不按特定工序运输。1900 年左右，有的汽车制造商开始用带滚轮的平板车将汽车底盘运送到下一个工作台。

铁路的出现方便了肉类加工商向全国各地市场供货，开始时只能送腌制猪肉，冷藏列车出现之后，牛肉也可以运送了[①]。肉类加工业也由此进入

① 1881 年，肉类加工商古斯塔夫斯·斯威夫特出资开发了冷藏铁路车厢。铁路公司反对这项技术，因为他们通过运输活牛赚更多的钱。由于从芝加哥到东海岸的路线较长，加拿大的大干线铁路限制了牲畜的运输，因此接受了冷藏；其他铁路尾随其后。制冷将很快为一系列商品提供全国市场，尤其是啤酒。

劳动分工时代，那些成本高昂、不适合在小型屠宰作坊加工处理的动物部位也找到了销路。肉类加工商们就这样赶超了地方屠宰作坊，也很快打消了公众对冷冻肉的疑心。从19世纪60年代起，肉类加工业引入了空中吊运车，将宰杀后的牲畜悬吊起来，并由人工推动通过一个个切肉工之手。后来这些吊运车有了动力装置驱动。这些“肉类分割线”不仅免去了搬运沉重肉块的人力劳动，还使得传送带装置的速度能够调节工作的步调，让工人失去了偷懒（尤其是，不能再边偷懒边领着计件工资了）的可能——泰勒本人十分欣赏这一点。罐头加工、面粉加工和酿酒工业也都参与了传送带的早期使用。

泰勒和吉尔布雷斯本人的努力，是最后一大先决条件。要在传送带上把像一辆汽车这样复杂的机器组装完成，必须精确了解完成每项任务所需的时间与空间条件。工作时间和动作研究都曾被用于决定传送带的最优转速、工作台的最优高度、工人与机器的最适排放布局。在规训个体工人、协调不同工种方面，流水线本身就要比泰勒、吉尔布雷斯做得都要好。此外，泰勒和吉尔布雷斯想要改进的是工人在既有工作中的执行表现，流水线却将工人们所要执行的工作都改变了。

亨利·福特希望，假如他要大量生产汽车，他能将汽车的价格压低到广大中产阶级消费者可以负担得起的水平。福特自幼在农庄长大，深知廉价而可靠的运输工具在分散的农村人口之中具有广阔的市场。开始时，他自信地认为，光是专门化的劳动和改良后的机械，就足以生产面向大众的汽车。当他决心降低售价、提高产量时，他手下的工程师们需要给出改进生产方式的方案。汽车制造业相对而言是一项新兴产业，有着更大的发展空间，这对于流水线的进步或许极为关键。福特的工程师们从一条装配飞轮式磁电机（可为电力系统供能）的小型生产线开始进行试验，他们发现装配时间从20分钟一下降到了5分钟。他们对其他组件开展了进一步实验。随后，福特公司的员工在1913年建造了一条更大规模的流水线，来组装整个汽车底盘。通过使用绳索来牵引底盘经过每一部件的装配点，装配时间从 17 小时以上下降到了 6 小时。到了 1914 年末，他们已能为底盘的传送供能，并设计了专门的工作台，装配时间一下减少到了一个半小时。虽然最开始福特似乎也不太相信这会成功，但正是这一冒险举措让福特实现了他的梦想，生产出了面向大众市场的汽车（见第 15 章）。许多行业都在他们的工厂里迅速效仿了福特公司的流水线。

福特公司的海兰帕克工厂设计时并不是为流水线，而是为电气化设施而建。工厂里宽敞明亮，电线遍布。这样，福特便有机会试验新式的工作组织架构。电气化设施有着进一步优势，能够让工人们在夜间顺利换班，从而提高与流水线关联的专门化机械设备的使用率。此外，电气化设施还促进了可更换零件的使用，毕竟当这些机器通过传送带系统被连接到同一个外部引擎上时，无论是时间的推移还是不同机器种类间的差异，都为保持机器转速的稳定性带来了挑战。更靠近引擎的机器往往运转得快些，而当一台机器因需要维修而断连的时候，整体转速又会改变。

福特公司的流水线要求每一名工人只执行一项简单直接的重复性操作（从而允许非熟练工人快速掌握自己的工作），这也推动了在不同工作台上运转的专门化机器的进步（常常辅助以动作研究）。几十年间，人们就创造出了“自动化（automation）”这个词，来表现几乎不需要人工介入就能运转的流水线工作。与之相对不那么明显的，则是流水线淘汰了很多从前需要将部件运送到装配工处的工人。T 型轿车有着大约 10000 个零件，这种情况下，将每一种零件精确地收集到需要它们的生产流程中来，要比把它们分配到不同的汽车装配点去好得多。

为了降低成本，福特最初的决定是向所有顾客提供同一款车。流水线的发展正是基于构想出数百万台一模一样的汽车。很快，福特就不得不认识到市场需求的多样化。随着流水线技术的演进，对多样化市场需求的适应逐渐成为可能，同一条流水线也能够生产出多种多样的汽车，以满足不同的选择。当然，市场品味发生变化的时候，产品会得到重新设计，不少造价高昂的专门化机器可能会被淘汰。这一不可小觑的经济因素致使汽车制造商每年只对车型进行微调。直到最近几十年里数控机床的出现（如前文所述），才为产品灵活、快速地适应瞬息万变的多元化市场提供了可能。

流水线已经显著改变了我们的消费生活，即便如此，它依然伴随着代价。尤其是，它从工业生产中冲刷掉了传统技艺的最后一点残存，把数以百万计的工人们安放在固定的位置上，让他们不得不日复一日地重复着某项不用动脑的工作。机器管控着每一天的工作时间，比掐着秒表的泰勒所希望的要有效得多。自动化生产会淘汰掉不少最为重复、烦琐的工作岗位，近年来，美国的公司已经开始效仿欧洲、日本的厂商，让工人们在不同岗位之间流动。尽管如此，流水线和科学管理法仍在威胁着工人们所珍视的价值观。

在 20 世纪 20 年代之前，几乎没有哪个人会用“流水线”这个词，但人们很快就意识到这是一项重要的、将会使生产成本大大降低的生产技术。流水线被用于生产各类产品，包括食品、电器（冰箱、烤面包机、洗衣机、熨斗、电风扇）、轮胎、专业设备、玩具、工具、自行车和游戏机（图 13.3）。然而，这并不是当时在加工流程方面唯一的重要革新。在生产油漆、番茄酱或汽油这样的均质性产品的制造业中，一种让输入的原料持续通过一系列混合过程或化学反应过程的“连续处理工艺”，扮演着和流水线类似的角色。在很多行业中，如家

图 13.3　大约 20 世纪 20 年代的牛奶罐装流水线

资料来源：由美国国会图书馆印刷与摄影部提供。

居用品、珠宝首饰、刀叉餐具制造业，出于制造小批量产品供给不同用户的需要，无法充分采用这两种大批量生产工艺。之前谈到过的机床制造业，在完全进入数字控制的时代之前，仍在依赖专门化大批量生产设备的分批生产。很多企业只采用流水线生产中的某些方面：如机器的摆放通常适应于生产顺序，在工作台之间运送产品的传送带装置也被广为使用。

劳动工人的回应

科学管理法似乎在很大程度上磨灭了工人掌握生产技能的传统。发生于 1911 年的沃特敦国有兵工厂金属工人大罢工事件，就是一个著名的例子。这促使国会开展调查，其结果让我们更深入地了解了工人看待泰勒主义的态度。工人们并不喜欢在他们工作的时候被观察、被分析。他们坚守着技术工匠的独立性，拒绝被当作机器对待。沃特敦罢工的开端就是一个浇铸工人拒绝被算着时间工作，愤而离职，引起了他所有工友们的响应。泰勒主义学说从此被政府封禁了三十余年。

工人们清楚，工作时间研究（以及动作研究）意味着薪资和监管上的改变。即便泰勒强调着总体薪资将会上涨这一事实，计件工资本身总是在降低的，这也是不争的事实，这使得一些工人们苦不堪言——就算他们并没有丢掉工作，他们也没办法将工作加快到足以抵偿计件工资的下降。泰勒无法阻止雇主们过分下调计件工资，以至于工人更努力的工作最终也只能换来和从前几乎同样多的薪酬。在工人们眼里，他的体系不过是换汤不换药，延续着催赶劳动进度的古老做法罢了。泰勒式改革导致了被称为“穿白衬衫的人”的主管人员增加，他们的教育经历、社会阅历与他们管辖下的工人们截然不同。工人们排斥这些缺乏“真正的”车间工作经验且通常比较年轻的监工者来监督自己的工作。

泰勒式改革冲击了支撑工会团结的信念。工会一向为标准工资而抗争，以避免来自企业主管的差别对待，激发工人们的集体意识。泰勒想要的是强化工人收入之间的差距，促使他们投入更多的工作精力，还想通过科学方法而非劳资谈判的方式来设定薪资标准。在这些激励措施之下，或许有表现优异的工人甚至可能被提拔成为新任主管人员，而总会有其他工人被淘汰出去。

工会领袖们准确地将泰勒主义视作对他们权利的一种威胁，有时也能够为那些对工作时间的研究制造一些阻力。不过，他们难以招架住企业对科学管理原则的逐步推行，尤其是新式生产技术对传统工作实践的侵蚀以及对传统技术工匠的逐步取代。

进步主义时代[①]的改革者，如路易斯·布兰代斯（Louis Brandeis）和约瑟芬·戈尔德马克，对工人所担忧的过长劳动时间和疲劳问题深表同情。然而，包括他们在内的许多公众人士也同时赞成提高生产效率。举例来说，1911 年，当东部铁路公司抱怨劳工成本上涨，为此游说政府调高运费率时，效率专家们声称，只要使用了科学管理法，铁路运输业就能每天省下一百万美元。公众对这一理念大为接受，虽然他们会对工人们不喜欢自己被当做机器对待表现出同情，但是他们更赞同专家们关于提高效率可以显著提升每个人的生活水平的主张。

即便是劳工领袖们，都逐渐形成了一种更为积极的态度来看待科学管理法。工人们对不称职的主管者早有怨言，不满于他们不及时交付所需的工程原料，贻误工人时间。为此，他们会更欢迎集中协调生产的尝试。更微妙的是，泰勒的方案或许在事实上提高了薪资，降低了产品售价，甚至减少了工作时长。作为对沃特敦大罢工的回应，泰勒坚称自己的体系通过终结工厂中的阶层冲突，引领了一场“心理革命”。科学管理法将会增大

① 大致 1890—1920 年间美国进步主义社会运动和思潮兴起的时期，倡导包括政治、经济政策，社会公正和促进道德水准普遍提高等方面的改革。——译者注

“剩余量”，直到“剩余量大到不必再为如何分配而发生争执”。[1]一战期间，工会领袖们与经理们一道加入了战时生产委员会，他们一定程度上也被提高效率的信条所打动。泰勒的心理革命成了八小时工作制（1919年时已应用于西欧和许多美国工厂）的基本原理。工会逐渐接受，对效率的测度是薪资提高应有的代价。20世纪10年代至20年代间，科学管理法的拥护者，如莫里斯·库克（Morris Cooke），开始将工会视为对工作场所的重新组织中潜在的合作者。如果可以减轻工人们的恐慌，让他们不再担心自己在生产效率提高后无法获得长足的利益，工会就能从工人们自身处获得一些关于如何更好地组织劳动的建议。不过，相比于专家们，公司经理们更不乐意与工会建立合作关系。

随着时间的推移，工人们对于福特式流水线的不满也渐渐消散。和其他雇用了大量越来越不专精于生产技能的工人的雇主一样，福特公司也遇到了维持员工稳固性的难题。汽车工人并没有组织起来并爆发罢工，而是用高旷工率、高跳槽率来表明他们对过快的工作节奏、枯燥的工厂作业的不适感。光是在1913年，福特公司就不得不将海兰帕克工厂的职工替换了几乎四遍。为了应对这一威胁——一个由流水线的出现带来的必然产物，1914年，福特公司推行了“5美元日工资”的薪资标准。这意味着，福特的员工薪酬水平，相比同时期美国工厂中的非熟练工人的平均薪酬水平而言，几乎翻了一番。福特公司还雇用了很多缺乏就业机会的移民和黑人，以及成千上万的肢体或精神残障者。福特的员工流动率问题得到了缓解。实际上，福特和泰勒一样，在欧美世界中都获得了“高工薪”经济提倡者的美誉。然而，5美元日工资制也有个小问题。只有通过了福特公司充满家长制做派的社会调查部的资格审核，员工才能够领到那份高薪。例如，员

---

① Frederick W. Taylor, The Principles of Scientific Management (New York: Norton, 1967), 19-24, and “Testimony Before the Special House Committee,” in Scientific Management (New York, 1947), 24-30.

工必须有稳定的家庭生活，无酗酒问题等。福特公司很快就解散了社会调查部，到了 20 世纪 20 年代，福特工人的薪资水平不再高于其他汽车工人。福特的愿景——用高薪换取工人接受单调、重复的工厂作业——所传达的是：工业劳动作为一种手段而非一种目的而存在，这也成了当下的一种普遍认识。

工作组织集中化、任务简化、薪资激励和流水线的基本理念成了标准的工业实践。1908 年，宾夕法尼亚州州立大学将工业管理学（涉及生产流程设计——包含生产的布局、培训和时间调度——和管理体系策划）认定为大学课程项目。如今它已成为工程学中的支柱学科。

无论愿意与否，工人和工会都接受了薪资提高和自主性降低之间的权衡取舍，而这些都是泰勒主义和流水线的代名词。20 世纪 80 年代至 90 年代间，商界领袖们开始提倡增进工人对生产组织工作的参与——一个由人事经理和工会领袖们呼吁了大半个 20 世纪的理念。讽刺的是，在 20 世纪 90 年代的加利福尼亚州弗里蒙特市通用 - 大众合资工厂中，工作时间研究迎来了它的回归——但这一次是被掌握在工作小组手中，他们试图用它来提高生产效率。

第 14 章

技术革新与大萧条（1918—1940）

20 世纪美国经济活动的起伏波动向我们提出了以下问题：技术革新与经济活动是否存在关联？20 世纪 30 年代的“大萧条”期间，很多人相信，劳动节约型技术革新在很大程度上需要对失业问题负责，而新的技术产品出现之慢导致这些被取代的工人们无法得到吸纳。然而，我们必须从更广阔的视角看待这一议题，探究繁荣的 20 世纪 20 年代与萧条的 20 世纪 30 年代中所出现的技术革新都发生于何时、为何发生，以及对经济产生了何种影响。

新技术爆发与经济波动

自从第一次工业革命时代开始，技术革新就成为经济增长的首要源动力。然而，正如我们已经了解到的那样，这些创新成就并不是随时间均匀地发生的。例如，正是一连串技术革新的爆发，加速了第二次工业革命的发生（见第 9 章）。由于第一次工业革命的技术潜力已经发挥殆尽，第二次工业革命之前几十年的经济表现较为疲软。

并非所有技术革新都带来了就业率增长。新产品的研发常常能够促进投资，提升就业率。然而，如果是既有产品的生产获得了劳动节约型新技术手段，那么总就业率往往反而会降低。当然，如果新技术手段需要雇用的工人数量少于旧技术，那么新产品在取代既有产品的同时还将减少工作岗位（例如人造纤维制造业）。更为关键的是，如果产品销售量的增长超出其生产效能，那么劳动节约型技术手段也可能带来更多的就业机会（例如汽车制造业中流水线的引入）。在劳动节约型技术手段多种多样但缺乏新式产品出现的时期，我们或许还是会预计失业率上升。

这并不是说劳动节约型技术手段就是有害的，毕竟，正是这些技术开创了现代社会的富裕。长期以来，工人们都在忧心忡忡地看待这类技术，因为它们的出现通常意味着那些曾经拥有特定技能的工人会丢掉原有的工作。然而从长远来看，又会有新的职业被创造，来替代旧的职业。由于新产品的研发和热销，20 世纪的失业率并没有高于 19 世纪。

从我们今天的视角来看，这或许令人欣慰。但对于很多经历过大萧条时期生活的美国人来说，“技术性失业”是真实可感受的。有证据证明，这场史无前例的萧条很大程度上是由于劳动节约型技术手段的引入与新产品的革新步伐不相匹配。另一个需要考虑的因素是耐用消费品的销售趋势不稳定：新产品的购买热潮退却后，因为这些耐用品可以持续使用多年，其销售额或许就此停滞不前。在 20 世纪 20 年代至 30 年代耐用消费品开始发挥决定性经济作用的时期，这种现象十分明显。广告营销（拜广播媒体和印刷技术的进步所赐）和分期付款信贷服务的发展，鼓动着 20 世纪 20 年代的人们扎堆购买耐用品。

20 世纪 30 年代的大萧条

技术革新发生的时间能否解释大萧条，仍是充满争议的论题。经济史学家在探究大萧条的起因问题上仍然意见不一。一种思想流派将大萧条主要怪罪于美国联邦储备理事会造成的失误，认为他们限制了货币供应，削弱了银行体系。另一种解释称，是投资或消费水平的剧烈下跌，使经济产值和就业形势陷入了低迷。无论哪一种理论都没办法说服大部分经济学家：他们总是认为前一种解释不足以解释整场金融灾难，而后一种解释并没有说明为什么这种下跌发生在先，或者说为什么这种下跌趋势迟迟没有得到扭转。还有一种解释——大量的劳动节约型加工技术在辅助少之又少的新产品技术，或许会是一种更具说服力的解释。况且，这样一种解释是对另两种解释的补充。

20 世纪 20 年代见证了三种主要加工技术的广泛应用——流水线技术，连续处理工艺和电气化。到了 20 世纪 20 年代末，在准备采用其中一项乃至更多项加工技术的公司中，大部分已经进行了必要的资金投入。仅一点微小的投资，就撬动了 20 世纪 30 年代劳动生产率的持续增长：组织结构上的变革提升了既有技术的表现，新式碳化钨切割设备也能够被轻松安装在既有机器上。与此同时，经济形势在 1925—1934 年这十年间跌入整个世纪的谷底，其原因有一半与新产品的进入有关。电冰箱是一个例外，其销量在整个 20 世纪 30 年代不断扩大。这意味着，要是出现了更多其他新产品，失业问题将得到大大缓解。

为什么两次世界大战间隙会被刻画为一个加工技术过剩、生产技术不足的时代呢？恰好在 1925 年以前和 1934 年之后，第二次工业革命带来的电力、化工、内燃机领域的每次技术突破，都伴有重要的新产品诞生——可 1925 年至 1934 年间几乎完全没有。例如，汽车、收音机和人造纤维都是在大萧条之前先后打入市场的，而商用飞机、电视、尼龙的主要影响也在第二次世界大战之后才发挥出来。在上述的每个例子中，较晚近的新产品都比它们的“前身”所需的技术复杂程度更高许多，这有助于解释它们之间所跨的时间间隔之长。

20 世纪 10 年代至 20 年代间，第二次工业革命的三大关键性创新突破也都催生了相应的劳动节约型加工技术。汽车制造业带来了流水线，这一创意在 20 年代又被其他制造业广泛采用。连续处理工艺（原材料速度恒定地流经生产流程，而不是被分批处理）作为流水线技术在化学工业中的对应物，在 19 世纪最后十年里得到首次使用。两次世界大战间隙，纸张、石油和食品加工等多个行业纷纷应用了这项技术。更具革命性质的是电力在工业机械中的广泛应用，而电气化发展进程最为迅速的时代还是 20 世纪 20 年代。

我们应注意到，收音机制造商本可以尽快投入对电视机的研究，但他们并没有这么做（见第 17 章）。技术方面的考虑并不是新产品出现时机的唯一决定因素。工业研究实验室中的研究员们可能将精力倾斜到了加工技术，而不是新产品的研发上。最早的实验室是为了巩固既有系列产品的市场地位而创建的——如柯达的相机产品、通用电气的灯泡产品等。因此，他们自然把注意力集中于改进这些商品的生产流程上。在后几十年的技术发展进程中，实验室中有一些重要产品革新出现，比如真空电子管，这促使实验室管理者开始追求更长远的研究目标。但实验室在两次世界大战间隙似乎对研发新产品仍然保持着谨慎态度。他们继续专注于革新加工技术，从而加剧了产品革新与加工技术革新之间的失衡，使工人们陷入被替换后无处可去的境地。

当然，技术因素不足以解释两次世界大战间隙产生的所有经济趋势。下滑的出生率，连同更严苛的移民法规，减缓了人口增长。这一趋势意味着增长中的市场将面临预期投资的减少。此外，20 世纪 20 年代间，家庭之间的收入差异加剧，消费需求最高的家庭收入反而降低。尽管如此，我们仍有一个很好的例子来说明技术的影响之巨。

两次世界大战间隙的产品革新

20 世纪 20 年代早期的产品革新主要来自耐用消费品。它们时常能在几年内达到市场饱和，随即遭遇大萧条时期的销量、雇工量的下滑。目前为止最重要的一项革新，就是在 20 世纪 20 年代早期成为一种大众消费品的汽车。截至 1929 年，五个美国人里就有一个以上是汽车拥有者。汽车制造商们早在 20 世纪 20 年代中期就开始担忧市场饱和度问题。然而，由于每家公司都在互相争夺市场份额，它们没办法停止生产。通用公司开始尝试通过每年更换新的汽车样式来刺激人们用旧车折价换购新车，但这并不足以解决初次购买者市场的饱和问题。20 世纪 20 年代末及 30 年代，没有多少重要的产品改进出现。平均而言，人们会将自己的车用足七年。1929 年时，75% 的车辆是在过去五年内被购入的。汽车销量的衰减已成定局。汽车的销量和产量从 1929 年 3 月开始下滑——在经济开始全面崩溃的数月以前。

20 世纪头十年里出现了首批简易家用电器（比如电熨斗），到了 20 世纪 20 年代晚期，81% 的普通家庭都拥有了一台家用电器。20 年代早期，半数的美国城市家庭都实现了通电。其他的早期电器还包括华夫烘烤模、电炉、电热器、烤面包机和钟表。更为复杂的洗衣机和真空吸尘器在 20 世纪 20 年代已经出现了，但这些产品广大的初次购买市场到了 1929 年都已趋于饱和。而当时已更为贫困的美国民众，当然仍旧负担不起这样的奢侈物件。一些学者指出，如果当时的公共电力企业能够扩展服务、降低费率，电器销量或许还能升高，正如 20 世纪 30 年代的罗斯福新政激励下的电器市场所经历的一样（政府资助下的田纳西河谷管理局证明了：只要价格低廉，穷人也能用得起电）。电器销量也确实与本土企业对消费者的营销力度大小有关。

20 世纪 20 年代见证了工业设计作为一项新职业的诞生。电器和家具生产商，同汽车制造商一样，寄希望于设计样式的改变能够提升销量。20 世纪 30 年代，许多舆论界人士期待产品的再设计能够刺激消费，从而促进就业。设计师们受欧洲现代主义风潮影响，他们赞美机器，越来越喜欢符合空气动力学的流线型外观。设计师们毫不意外地选用大量的新型塑料、搪瓷、合金钢材，而对木材不屑一顾。工业设计师们对整体消费市场的影响在 20 世纪 30 年代似乎还不太明显。

不是所有的耐用品制造商在大萧条前夕都经历过市场饱和。1922 年，收音机作为一种家用电器面世，其市场需求在两次世界大战间隙缓慢而稳步上升，因为收音机的普及发生在电气化之后。尽管 20 世纪 20 年代就有很多农民用着电池供电的收音机，但是大多数乡村家庭仍然没有收音机，直到 30 年代的大规模乡村电气化工程实施。此外，无线电收音装置在尺寸、外观和品质上的不断改进，为其构建了一个更为健康的回购市场。然而，20 世纪 20 年代至 30 年代期间收音机生产成本的剧烈下降，招致 1929 年时收音机产量、雇工量的逐步下滑。

人造纤维制造业的生产量于一战之前开始增长，在 20 世纪 20 年代达到爆发，主要为生产方式偏劳动密集型的产品（例如棉花、羊毛和丝绸织品）提供替代品。事实上，在 20 世纪头十年里，整个化学工业的研究都专注于将化学制品的生产成本降低到与惯用的自然原材料相近乃至相等的程度。

20 世纪 20 年代末 30 年代初的关键几年里，只有极少数的新产品技术出现（图 14.1）。电冰箱就是其一。尽管受到了大萧条的影响，这一耐用消费品的销量在 20 世纪 30 年代早期还是实现了稳定增长。然而，单是这一制造业所创造的就业岗位，几乎不足以抵偿其他工业部门的衰微。另一种新产品是有声电影（1927 年出现）（见第 16 章）。事实上，产品革新并非一定会增加就业——有声电影技术就提供了一个重要例证。有声电影放

图 14.1　1928 年，从流水线装配下线的第一台电冰箱
资料来源：由美国国会图书馆印刷与摄影部提供。

映员职位需求的增长，与默片时代用来为影片伴奏的乐手职位需求的减少，差不多刚好抵消。涌入好莱坞制作电影的人再怎么多，也比不了曾经以更分散的方式在全国上下的歌舞杂耍剧场提供娱乐表演的人数之众（收音机的出现也是歌舞杂耍秀没落的原因之一）。

20 世纪 20 年代末，除汽车和一些家用电器行业出现产品饱和之外，第二次工业革命的其他“子嗣”们由于太迟进入市场，乃至于来不及对大萧条产生经济影响。当然，飞机在第一次世界大战中就已经投入使用，但在 20 世纪 20 年代期间，航空事业向商用转型还只是处于艰难的起步期。1935 年至 1936 年出现的 DC-3 式飞机开创了商用航空的新纪元。它使每人每英里的飞行成本从 1929 年能达到的最低水平下降到了原来的四分之一。同样，多年来对机场设施和航线交通管理的改进，进一步提升了商用航空的可行性。在第二次世界大战后，飞机的制造和运营成了成长速度最为迅猛的工业分支之一。

和飞机类似，柴油机车是比汽车更为复杂的运载工具。如果机车工业能早些接受以柴油作为燃料的理念，可能柴油机车在 1930 年之前就能研发成功了。三家企业长期支配着美国的蒸汽机车制造业，其中有两家曾在 1917 年名列全国工业企业 70 强。尽管这些企业拥有发展柴油发动机技术的财力，但他们对内燃机不甚熟悉，在是否采用柴油机制造中被允许、鼓励的批量生产技术这一问题上显得踌躇不前。通用公司在从别的公司购入了专利权后，于 20 世纪 30 年代初投入了约两千万美元开展研究，并从 1934 年起开始了柴油机车的销售。铁路产业大量注资购买柴油机车，因为比起蒸汽机车而言，柴油机车的运营、维护所需人力大大减少，能效还翻了三倍——而到了 1959 年，大部分的蒸汽机车已经消失殆尽了。

电视机和商用航空一样太迟进入市场，未能提振 20 世纪 30 年代的经济状况。尽管 20 世纪 20 年代末曾有机械扫描式电视机的试验开展，但是它的图像质量还是极其糟糕。直到 20 世纪 30 年代末尾，电子扫描式电视机才研发成功。战争和规制延迟使得美国的商用电视机成为一项战后的新技术。在 20 世纪 30 年代，很多新的化工行业出现，带来了塑料、尼龙、合成橡胶、药物和食品添加剂领域的重要产品革新，但与电视机类似，直到二战结束后这些新产品才得以打入大众市场。

创造了 1945 年后最重要的就业和生产增长点的经济领域所依赖的技术，在 1929 年时几乎全都还未出现。这些领域包括电视、商用航空、尼龙、其余各种合成纤维和塑料、各种新药物、众多的新型化工品或电子产品。政府也在扩展壮大，尤其是在军队方面，其扩张取决于政治因素和新兴技术。我们已在上文中讨论了20世纪30年代晚期研发的各种技术。此外，喷气式飞机、雷达、药物等多个将在战后发挥重要经济影响的领域，二战期间都开展过研究。需要明确的是，发挥作用的还有其他一些因素，包括汽车制造业与住宅建筑业的复兴，它们很自然地从十多年来的低迷中获得了反弹

（主要是受一场由汽车引导、向郊区进发的移民运动影响，住宅建筑也在 20 世纪 20 年代经历了繁荣与衰败）。婴儿潮——其本身就是一次对战后经济繁荣，对大萧条与世界大战期间低出生率的回应——或许拉动了消费支出，各地政府也都在积极寻求促进就业和经济增长的方法。然而，我们不应该忽视 20 世纪 30 年代末 40 年代初的无数技术革新带来的巨大影响。

两次世界大战间隙的劳动节约型加工技术革新

尽管两次世界大战间隙技术界出现的新消费品寥寥无几，发明家们还是创造了大量的新加工技术，而这往往致使工作岗位的削减。20 年代 20 世纪早期，新一代机床技术出现。这些新机床在提升了产品质量的同时，也降低了对工人的需求量。机器革新的重心，是不断成长的汽车制造业。汽车制造商要求机床装配精确无误，但对于令人操心的老旧机器，却并没有大量的投资用于改造。20 世纪 20 年代期间，这些机床一经专门化改造，马上就在汽车产业内风靡开来。

这些新式机床很快就用上了电力能源。1899 年时还仅有 4% 的机器使用电能，1914 年也只有 30%，到了 1929 年就上升为 75%。在 20 世纪 20 年代期间，美国工业工人使用的人均电功率提升了 50%。例如，在物资搬运行业中，平均每台装配了电池的卡车可以取代三名工人的工作。光是这项新能源技术的出现，就使得这十年间至少有 36000 个工作岗位消失。

工厂的电气化对生产活动造成了多重效应。在此之前，一家工厂里大约四分之一的能耗，都在牵连发动机与各类机器的齿轮与传送带系统上损失了。随着电力企业向工厂供电的新模式取代了每家工厂安装自己的发动装置的旧模式，电力能效得到了进一步提升。正如前面的章节所示，电气化让机器被安放在最贴合生产流程需求的位置，被调整至最理想的运转速度。它们之前的安放位置取决于与发动机的连接方式，转速则取决于安放位置及供电的机器台数。除了一般的益处之外，电气化还为各行业带来了一系列特定的改进：电动调温器帮面包师们实现了大批量生产下的精准产出；电炉比燃煤炉能产生更高的温度，方便了熔融金属的连续处理；电气照明有助于换班工作制的实现，不止工厂，仓库和商店也获益其中。

20 世纪 20 年代，流水线技术支配了汽车的生产，同样地，新的耐用消费品一经问世，就会使用流水线进行生产。与此同时，诸如罐头制造业等一批传统行业也采用了这项技术。连续处理工艺与流水线类似但更不为人所知，即通过一系列的操作（通常发生化学反应）制造统一制式的产品（例如汽油、钢铁、纸张和芥末酱）的过程。来自杜邦（Du Pont）等大公司的化学工程师做了大量的研究，试图削减成本，提高产品质量。随着时间推移，人们研发出了各种各样的装置，以实现环境温度、压强、湿度、密度以及流体重量、体积的自动化控制。谈起两次世界大战间隙的制造业对连续处理工艺的应用，石油冶炼或许是最突出的例证。相比分批处理方式，连续处理工艺不仅直接节省了劳力，还能够使汽油产量在 20 年代末尾时几乎达到翻倍增长。

我们需要再次强调，流水线、电气化和连续处理工艺都是现代主要的加工技术。值得注意的是，这三项技术都是在两次世界大战间隙达到广泛应用的。它们也都能够追溯到第二次工业革命：内燃机汽车激发了流水线的产生，电力能源的商业化推动了工厂的电气化，一系列化工品的生产又推动了连续处理工艺的出现。每项加工技术革新都使美国经济得以在供应大量产品的同时花费更少的成本。然而，这三项技术的同时出现，重创了当时的劳动力市场。

其他技术和组织上的变革也促进了生产力的增长。在农业和建造业中，拖拉机、挖掘机和喷漆枪的出现提升了工人的人均产值。新的商学院，以及对科学管理法的心理学、社会学延伸，使管理技术大为改观。贸易组织和政府着力于推进标准化，促进了“最佳实践”技术在企业之间的传播。企业转向对劳动力的长期依赖，这促进了员工培训力度的加大（同时受其促进）。

我们也不应忘记工业研究实验室的贡献。一些实验室着力于研发新产品，而另一些则试图通过对产品进行轻微的改进来刺激消费者的购买兴趣，看上去当时的实验室将大部分的精力都花费在了加工技术的革新上，也就是试图降低生产既有商品的成本。因此，各大企业研发的新工艺着重针对它们的产品所需。

总而言之，劳动生产率在 20 世纪 20 年代达到了空前的增长，其增速几乎堪比战后繁荣的黄金时期。在就业率几乎没有改变的 20 世纪 20 年代里，工业产值由此得以飙升 64%。农业方面，机械化进程平均每年使得超过一百万名农民脱离农业生产，但他们很难找到下一个归宿。1930 年以前，美国经济结构中含有数百万计的城市无业居民，另有数百万计被掩盖的乡村无业居民（他们失去工作，但未被算在失业率的统计中）。此外，很多企业在 20 世纪 20 年代期间还留有富余的员工，而到了 20 世纪 30 年代又迫使他们离开。

资本生产率——即单位投入资金所得到的产出——在 20 世纪 20 年代的增长速度不仅是空前，也是绝后的。新技术对资本的节省程度，甚至超过对劳动力的节省。连同其他因素一起，这导致了 20 世纪 20 年代时全面利用新技术的必要资金投入减少。到了 20 世纪 20 年代末期，将新加工技术投入应用所需的资金投入基本到位了。20 世纪 30 年代时，当传统制造业还在饱和的市场中沉沦，而新产品的研发几无进展时，要靠资金投入来拉动低迷的消费支出从而创造就业岗位，可谓鞭长莫及。

尽管国家陷入大规模失业危机，加工技术革新仍在 20 世纪 30 年代继续着。制造业工人在单位工作时长下的产量又增长了 25%。尽管 1939 年的国内生产总值高于 1929 年，但是总就业人口减少了约三百万人。不出意外地，很多来自政府内外的声音开始支持限制机械化步伐的政策。

汽车与大萧条

在下一章里，我们将探讨美国汽车制造业的发展。我们已在前文中提到 20 世纪 20 年代汽车制造业的迅猛发展以及 1929 年汽车消费市场的饱和。通用公司已经开始试行一年一度的车型更新，但大部分汽车拥有者并不认为自己很需要购买一辆新车。由此，汽车制造业成了 20 世纪 20 年代经济繁荣的重要组成部分，也可以说是 1929 年后经济衰退的关键诱因。

就这一点而言，我们需要强调的是，汽车的销量从 1929 年初就开始下滑了。这一下滑趋势远比当年 10 月的股票市场崩盘出现得早，而且很多人认为这场股灾标志着大萧条的开始（尽管我们在 20 世纪末 21 世纪初时已经认识到，股票市场的剧烈下跌并不必然引发经济的下行）。由于汽车产业已经成为钢铁、玻璃、橡胶等原料的重要消耗者，对汽车生产的放缓也就对美国工业这个整体带来了严重影响。事实上，到 1929 年汽车产业已经占据了美国工业产值的整整八分之一。1929 年时，绝大多数能够买得起汽车的美国人都已经有了一台相对较新的汽车，这一事实致使汽车工业产值大幅下滑。这无可避免地导致，失业浪潮不只影响汽车产业工人，还将波及多个行业内向汽车生产供应原料的工人。

汽车的发展对劳动生产率也有重要影响，继而进一步加剧了两次世界大战间隙的就业问题。面向大众市场的汽车出现，推动了城市内和城际公路的修筑。道路条件的改善反过来提升了运输业及批发与零售贸易的生产率。尤其是货车运输企业的发展充分利用了新修筑的公路，与铁路运输达到了更好的同步性。商品原材料和成品的运输成本也随之下降。卡车专用高级轮胎的发展，使卡车在新道路系统上装载量更大，行驶速度更快。由此，运输业的工人需求量连同仓储和零售业一起大大下降了。

“技术统治”运动

自 20 世纪的开端起，技术就被视为一件明摆着的好东西，广受大众欢迎。世界大战令这一观念光环尽失（技术在美国所受的质疑更轻于欧洲），但技术进步能否带来福祉的问题引发人们普遍质疑，还是因为两次世界大战间隙普遍的失业问题。20 世纪 20 年代，观察家创造了新词“技术性失业（technological unemployment）”，来形容因为机器而失掉工作的工人。他们认识到这并不是一个新鲜现象，但在大萧条时期，这种有关使用机器对工作岗位影响的担忧理所当然地加深了。

大萧条造成的一个结果，是“技术统治（Technocracy）”运动的兴起。与那些倡导放慢技术革新脚步的人正相反，技术统治论者同大部分美国人一道，继续相信技术变革的积极影响。他们认为制度应当顺应技术变革的趋势而进行改革，而非逆势而行。

技术统治论者并没有对新制度的具体形式达成一致意见。20 世纪 30 年代或许是唯一一个苏联经济体增速超过西方世界的年代，在那儿，失业现象仿佛并不存在。在苏联发生的一切，不出意料地影响了美国的技术统治论者，他们开始提倡政府管控经济。他们意识到，仅凭加大生产就能够根治技术性失业问题，而如果市场不能够这么做，就不得不建立一些其他的机制来做。他们希望有一个纯粹以技术为根据做决策的政府，并有信心令这一机制在一个民主的框架下完成建构。

科学管理法是技术统治论所受到的重要影响来源之一。泰勒曾主张工厂应被科学方法组织。技术统治论者相信整个经济体也应该得到类似的规划。这是一个流行的观念。胡佛和罗斯福两任总统都曾致力于推行一种理想做法，即由远离政治干预的专家协调经济活动。胡佛倾向于与私营企业合作，罗斯福则更愿意对它们发号施令。技术统治论者对专家高效治理社会的能力报以极大信心。如果专家们都能如此彻底地改进我们的技术，那何不改进一下社会自身呢？但技术统治论者从未准确地诠释过这一目的要如何实现，这一运动也很快丧失了跟从者。然而，社会要如何适应（或试图控制）日新月异的技术，仍然是一个令人头疼的问题。

大萧条会重演吗？

21 世纪初人工智能的发展引发了人们的担忧：许多中层管理职位是否会被人工智能替代？换而言之，现在由人类完成的各种职能，或许都能够由计算机执行。如果我们认同技术在大萧条期间所造成的影响，那么我们或许应该担心，下一场大规模加工技术革新可能再度造成大量失业现象。比起 1929 年来说，经济已经越来越趋向多样化发展，我们能够从这一事实中获取一些慰藉。再也不会有哪个行业，像 1929 年的汽车产业一样，凭借一已之力造成大规模失业的局面，也不太可能出现下一次全经济系统的产品革新匮乏。回想一下，只有当被取代的工人们无处可去的时候，加工技术革新才会成为问题。我们将在之后的章节探讨多个 领域中发生新的产品革新的可能性，诸如生物技术、纳米技术、电子技术以及人工智能本身。我们或许还会留意到，各地政府面对 21 世纪经济大衰退的响应，已经与 20 世纪 30 年代的大萧条时截然不同。即使这两个时期的经济学家们都在争辩政府施策的重要性，我们也能充满信心地认为，政府不会再像 20 世纪 30 年代那样在大规模失业面前感到手足无措。另外，如今政府支出在经济中所占的份额已经远大于从前，限制了就业率骤然下降的可能余地。政府可能还会用计算机取代工人，但或许会用比私营企业更为渐进的方式。最后不得不说的是，无论是 20 世纪 30 年代期间，还是战后繁荣初期（彼时，大萧条时期的创痛仍留存在公众记忆中），都有大量社会工程落实到位，例如社会保障工程。这些社会工程有助于防止失业者迅速致贫——从而维持他们消费其他人所提供的商品与服务的能力。

认识到了大萧条所植根的技术背景，或许会对政府施策有潜在影响。最显而易见的是，政府会在他们的技术政策中试图促进产品革新与加工技术革新的平衡——然而我们也应记住，预测一项特定革新的影响不总是易事。政府也将更注意制定相应政策，对工人进行再培训，以承担那些暂时无法被机器替代完成的工作。

第15章 汽车与汽车文化

作为第二次工业化进程的产物，汽车极大地改变了我们的日常生活。它彻底变革了运输业，最终让大部分美国人从对双脚和马蹄的依赖中解放，也摆脱了在火车和有轨电车上查询时刻表、与他人拥挤的麻烦。汽车让每个人能够自己决定出行的时间和地点，然后以惊人的速度上路行驶。而汽车的制造工艺并不止步于此：它成为一台高度复杂的机器，有条不紊地进行着成千上万次汽油与气体的迸发，驱动着活塞、曲轴、变速器、差动齿轮，最后是轮胎。一大批或必要、或可选的配件的加入，造就了汽车的精密性：制动器、散热器、交流发电机、化油器、燃油泵和水泵，然后是取暖器、车载电台、电动车窗和座椅，再到今天的安全雷达和传感器。汽车本来是专属于富人的手工玩物，但通过先进的制造技术，尤其是流水线，汽车变得更为亲民。当它需要从成千上万的零部件开始组装起来时，很多零部件必须被紧密无缝地安装进入，这需要专门化机械和新的工作组织形式。在20世纪开端进入市场的一系列新晋消费品之中，汽车可谓首屈一指。汽车不但象征着地位、时尚潮流和实用性，还转变了人们购物、居住、度假的方式。它甚至成了数百万计的年轻人步入成年的标志。汽车成为了一样必需品，但也让其使用者背上了沉重的开销负担，承受了车祸带来的风险（甚至是死亡），还大大加速了一种自蒸汽机时代开启的趋势——快速消耗由地球数百万年历史中的生物遗迹构成的化石燃料，加剧了对资源与环境的消耗。

沃土之上，汽车大量生产

一切都要从 1885 年戈特利布·戴姆勒发明第一个高转速内燃发动机（ICE）开始说起。这一发动机需要汽油燃料进行高速汽化，取代了尼古拉斯·奥托早先发明的四冲程发动机（包括吸气冲程、压缩冲程、做功冲程和排气冲程）。戴姆勒研制的化油器可以将燃料汽化，并与空气混合以便燃烧。汽缸处下沉的推力转动曲轴，将圆周运动最终传递到轮胎上。相比前人的设计，戴姆勒的发动机更小而轻便，这对运输业来讲十分理想。戴姆勒造出 ICE 不久之后，德国人卡尔·本茨研发出了第一台内燃机动车，但看起来更像一辆机动化的三轮车，而不像现代汽车。

内燃机的成功取决于一系列棘手难题的解决：燃料与空气必须准确混合；发动机必须要冷却和上油；必须研制能够防止汽车在低速时熄火的传动装置；必须设计一种可靠的汽车启动机制；必须有附加的汽缸起到提高发动机动力和转速的作用，悬架和轮胎也需要改进。这些基本问题直到 20 世纪初 10 年才得到完全解决。此外，正如电力的普及，汽车只有融入一个技术革新与组织形式革新相辅相成（包括石油、汽油的精炼与道路的建设）的系统，才能获得真正的成功。

在 ICE 之外，电动力和蒸汽动力也是可供选择的载具能源，它们与内燃机动力形成了激烈的竞争。1900 年，大约 40% 的机动车辆使用蒸汽动力，38% 使用电动力，只有 22% 使用内燃机动力。在新英格兰地区，一种“斯坦利蒸汽汽车（Stanley Steamers）”被制造出来，在美国消费者心中颇具影响力和亲切感。电动力汽车更容易驾驶（无变速箱，更容易启动）。它们受到了城市司机的欢迎（尤其是女性司机，她们大概更喜欢电动力汽车的简便性）。然而，事实证明，内燃发动机在启动快捷和续航里程方面上都很优越。蒸汽汽车需要充足的淡水和燃料供应，且等发动机预热完成需要大约 20 分钟时间，直到冒出“满头大汽”之后才能够驾驶。考虑到电池限制，电动汽车只能续航 40 英里，且最高速度只能达到 20 英里每小时，几乎无法满足高速公路行车要求。更不要说电动汽车不少于六个小时的充电时间（还是司机能够找到电源的话），对生活在大城市之外的美国人来说十分不切实际。还有一些因素也决定了 ICE 在 20 世纪 10 年代大获成功：大量石油被开采出来，加上便宜的汽油价格，使得 ICE 的运转也变得便宜。1912 年查尔斯・凯特林（Charles Kettering）发明电子启动机，克服了使用手动曲轴的困难，也打破了电动汽车在启动方面的传统优势。随着加油站网络的建设，在消费者所追求的便利、速度、续航里程和驾驶简易性方面，ICE 都胜过了蒸汽动力和电动力。

1893 年，J. 法兰克（J. Frank）和查尔斯・杜里埃（Charles Duryea）两兄弟将装载 ICE 的汽车引进到美国。很快，汽车公司大量涌现出来（1902 年时有 50 家，大部分位于新英格兰地区）。汽车生产囿于传统方法的限制：零部件制造处于分散管理状态，缺乏标准化令汽车售后维修变得困难。无论如何，能提供维修服务的制造商很少。大部分汽车公司只会装配定制的汽车，通常那些零部件是在某间狭小的工厂里，被拖到某个固定位置来组装成整车。这一切使当时的汽车生产呈现出成本高、体量小的特点。

早期的汽车很大程度上是城市富裕阶层的玩具，是对富人们的马车的模仿。1906 年，未来的总统伍德罗・威尔逊（Woodrow Wilson）写道，“在这个国家，没有什么能像汽车的使用一样挑动某种情绪的蔓延。对于那些乡下人来说，它们就像一幅描绘着富翁们的傲慢的图画，充斥着自高自大与漫不经心。”[①]1905 年的平均车价为 1784 美元 / 台，而当时的个人年平均工资只有大约 500 美元。这一平均车价数据计算上了不靠谱的萨里式车（由舵杆操纵，由座位下的马达而非马匹驱动的车）和一些更奢侈的车辆样式，它们的价位不低于 4000 美元。威尔逊说得没错，当农民和小镇居民驾驶的马匹和马车，遇上了带有突出的前置引擎、方向盘和充气轮胎这些 1905 年后出现的新鲜物件的、用于观光旅游的高档汽车时，他们确实心情不悦。汽车代表着机器驱动的高速度、个人权力和流动力——对富人而言是这样的，相较之下还有的人日日坐在马背上穿行，如身在古老的原生态世界；有的人虽搭乘更新潮的铁路运输，但忍受着拥挤的烦恼与运行路线的固定。

然而，1905 年以后，亨利・福特开始寻求汽车市场的拓展，尤其是将市场边界伸向广大的美国中产阶级（他们相较于欧洲人来说收入更高）。在一家邻近底特律的密歇根农庄中工作的经历，塑造了福特的观念。虽然福特没受过多少教育，还有包括种族偏见、刚愎自用在内的很多性格缺陷，也曾因此赶走过许多有才华的合伙人，但是他明白农民和小镇商人们渴望拥有实用的汽车。之后，福特制造了耐用的拖拉机来替代家庭农场中的马匹。

那时的中产阶层市场，已经被一些贩卖低质量、动力不足且过时的车辆（比如，西尔斯百货售卖过一种价值为 200 美元 / 台的车，它由链条驱动，马达藏在座位底下）的生产商初步发掘过。但 1908 年时，福特带来了与众不同的产品：廉价但时尚、可靠的 T 型发动机轿车（Model T）。它有着轻便的钒钢结构，配备一台 20 马力的前置四汽缸发动机，传动轴（而非链条传动），双速行星齿轮传动变速器，充气轮胎，飞轮式磁电机（用于供电）以及一副乙炔车头灯。T 型车仍是较为基础的版本：没有水泵、燃油泵和油泵，也没有油量表，操控也比较困难——T 型车在方向盘和三个脚

① “Motorists Don’t Make Socialists, They Say: Not Pictures of Arrogant Wealth, as Dr. Wilson Charged,” *New York Times*, March 4, 1906, 12.

踏板上都安装了用于启动的“提前点火”[①] 操纵杆和油门操纵杆，第一个脚踏板用于调至一、二挡，第二个用于倒车，第三个用于刹车。然而它轴距高（便于在有坑洼的路面行驶）和易维修（往往由具有机械维修技能的农民和商人进行维修）的特性保障了它的实用性。另外，它的价格由 1908 年时已经相对低廉的 950 美元一台逐渐降至 1927 年的 290 美元一台。T 型车毫不意外地赢下了大众市场：1916 年，T 型车在营销和融资较少的情况下，博得了当年新车市场的一半份额。这一市场支配地位的实现，离不开福特在 T 型车生产期间（1908—1927 年）一以贯之的决策：限制车型改变，包括最终将外观定为黑色以保持低廉的成本。他还建设了一个监管严密、分布广泛的经销网络，以提供可靠的服务。

对福特的成功来说，最重要的因素就是 1913 年底在福特公司位于底特律的庞大工厂——海兰帕克工厂里安装的流水线。无须工人们将零部件运输到固定的装配工作台上（这需要大约 12 小时才能把汽车装配完成），汽车从构架到成车的整个装配过程都是在流水线上完成的，装入零部件的工作由固定站位的工人执行，装配时长被缩减至 1.5 小时。单独的零部件沿着传送带或类似的传送装置运行，迫使装配工必须跟上进度，否则就会丢工作。这导致了装配工作令人神经紧绷，而又常常极端单调。流水线设定了装配工作的节奏和方式，在效率上一般高于弗雷德里克·泰勒推行的工作时间与动作研究（图 15.1）。

流水线不仅转变了人和机器的排布形式，还改换了劳动力的成分组成。1891 年时，一个典型的金属制品工厂由 40% 的熟练技工组成，而 1917 年时福特的工厂已经足够自动化，以至于只需要 14% 的熟练技工。随着福特公司越来越多地使用专用机床、引入移动流水线，机器操作工的比例由 29% 上升至 55%，而零部件搬运工的比例由 29% 跌至 15%。有趣的是，工厂管理人

---

① 为了让发动机汽缸中的可燃混合气完全燃烧，需要提早点燃，以让可燃混合气在活塞上止点附近燃烧完毕，在汽缸内产生最高的气体爆发压力。——译者注

图 15.1　1913 年，福特公司的海兰帕克工厂流水线。Model T 仪表板上的线圈箱用于燃起火花

资料来源：由美国国会图书馆印刷与摄影部提供。

员的比例由 1891 年的 2%，上升至 1917 年福特时代的 14%。这反映了昔日熟练技工自主性的下降，和对加快的生产节奏进行安排和调控的复杂性。

这些措施压低了 T 型车的售价，同时也降低了工人们加入或继续待在福特的工作的意愿。尽管原生美国工人通常会避开沉重的工厂劳作，但是对 1913 年时移民工人比例占到了 71%（大多来自南欧和东欧地区）的福特公司来说，不堪重负而选择逃避的工人则更多。福特公司的管理层不得不应对极高的年度人员流动率（379%）。工作条件艰苦，很多工人推三阻四，有的在短时间内离职，很大程度上是因为福特公司的薪资待遇与那些工作节奏更轻松、管控更少的工厂相比并没有优势。

流水线面世不久后，亨利·福特找到了解决方案，他将流水线工人的日薪从 2.30 美元涨到 5 美元，将工厂内的每日工作时间从 10 小时降到 8 小时。尽管这激怒了他在底特律的工业家同行们，但这解决了福特公司人员流动率大、士气低落的问题。然而这并不是无条件的。要挣到 5 美元，工人们必须接受对他们生活状况的调查，酗酒、虐待家人或家庭环境肮脏的工人被拒绝付以额外的薪酬。不说英语的工人还被要求参加培训班，培训班不仅教授英语，还传播中产阶级道德观与爱国主义思想。尽管这一介入措施花费高昂且于 1921 年中止，但它反映了福特的愿景——通过引导自己手下的工人奉献家庭、渴望拥有自己的住房，将他们转变为本土美国人。由于通货膨胀，工资几乎没有提高，福特转而镇压工会组织者，其工厂的工作条件变得越来越没有吸引力。但福特因其赞成的高工薪制度令福特的工人买得起自己所造的汽车而赢得美名，还减少了工人们的工作时间，让他们有空回归家庭生活、享受休闲时光。

相关行业的革新

没有道路和服务网点的改善，就不会有汽车的成功。早期的汽车大多数行驶在已有道路修好的城市内部或周边，或是因为时而有大型马拉四轮车载客和载货的交通需要，或是因为自行车穿行需要。但汽车热爱者（其中一些人在 1902 年成立了美国汽车协会）推动着道路的改善和扩张，推动了多项革新：1910 年，动力铲土机代替了马匹用于平整路面；1925 年，三分之二的平地工作已经机械化。混凝土搅拌机和整面机的出现使所需劳力减少了一半。

1910 年以后，纽约州率先铺设了高速公路。到了 20 世纪 20 年代，全国的高速公路网已经形成，其全长在 20 年代和 30 年代各翻了一番。这一系统由 1921 年颁布的《联邦高速公路法》缔造，这一法案提供了美国公路修建所需的一半资金保障。美国的城市比起欧洲城市来说，比起公共交通系统更倾向于修筑公路，导致了对铁路运输的忽视，但与此同时，如我们后文所见，也带来了人口分布的进一步分散，以及数不胜数的汽车旅馆、汽车餐馆、汽车影院等，构成了庞大的公路商业圈（图 15.2）。

汽车产业自然而然地引发了多个物资供应行业的扩张。例如，在世界大战间隙，轮胎及其内胎的生产需求构成了美国橡胶工业销售量的 85%。轮胎的平均寿命由 1915 年的四分之三年延长至 1930 年的两年半。生橡胶生产商之间的相互勾结贯穿了世界大战间隙时期，他们联手抬高了生橡胶的售价。对此，美国化工企业的回应是研制比自然橡胶更耐磨、耐晒、防油脂的合成橡胶，特别是在二战时期。汽车产业还促进了连续处理工艺在平板玻璃制造业中的使用。福特公司自身在一战结束后不久也抢先应用了这种方法。20 世纪 20 年代的平板玻璃产量增加了两倍之多。为满足汽车产业不断增长

图 15.2　1919 年，北卡罗来纳州的公路修筑现场。内燃发动机的使用带来了路面铺设机械，掀起了公路修筑的技术革命

资料来源：由美国国会图书馆印刷与摄影部提供。

的需求，钢铁制造技术也在发生改进，1924 年就出现了热轧带钢连轧技术。

“一战”过后，机动车汽油（取代润滑剂和照明剂）成为原油的最主要的用途。每辆汽车的年度燃油消耗量从 1925 年的 473 加仑，上升为 1930 年的 599 加仑，再到 1940 年的 733 加仑，1955 年的 790 加仑，很大程度上是汽车引擎马力增大的结果。起步于 1913 年的裂解技术（即将原油中的重烃分子在高温高压条件下分解为体积、质量更小的轻烃分子，用于汽油生产）降低了加油站的油价。汽油需求量的增长推动了全球范围内的石油勘探活动。光是在世界大战间隙时期，每桶原油的汽油产量就翻了不止一倍。通过提高原油精炼的效率，石油公司还降低了每桶油的污染。然而随着汽油生产规模的扩大，人们在钻井、精炼、运输和使用过程中对污染的怨言越来越多，于是美国国会于 1924 年出台了《石油污染法》，尽管收效甚微，但还是为战后广泛的政府监管奠定了基础。不过，生产量的增长和油价的压低阻碍燃油使用效率的提高，导致了 20 世纪期间对不可替代的化石燃料的大量消耗。

通用汽车与车型的多样化

20 世纪 20 年代期间，汽车接管了美国经济以及美国人的生活方式。1910 年时，每 265 个美国人中才拥有一台汽车，而到了 20 年代末时每 5 个美国人中就有一台（对比之下，每 43 个英国人才拥有一台汽车，而每 335 个意大利人才拥有一台）。事实上，1927 年的美国生产了全球 81.6% 的汽车。1929 年，行驶在美国高速公路上的 2300 万辆汽车中，绝大部分属于农村和小城镇的驾驶者。汽车不再是富人的玩具，而是成了大众的日常用具。

然而自 20 世纪 20 年代中期开始，汽车业界高管们就已经开始担忧市场饱和问题，尤其是注意到很多购车者会选择折价销售的二手车辆。此外，

20世纪20年代的技术进步也减少了（主要的进步之处是为汽车加装了封闭式金属车顶）。问题在于如何引导消费者购买新车。1916年出现了一种销售策略——分期付款购买，到了1925年，这种购买方式贡献了四分之三的销量。另一种策略是为购入新车的顾客准备丰厚的折扣优惠。在20年代早期仍是业界销售巨头的福特公司采纳这一销售策略有些迟缓，还销售了一段时间他们没有变化的黑色、箱形的Model T型汽车。

面对市场饱和的可能性，怀着取代福特公司汽车制造商之王的地位的愿景，通用汽车公司采用了一套更具革命性的汽车制造、营销新手段。通用汽车没有走福特汽车超低价、基本款的老路，而是选择强调款式更新优先于技术革新。通用汽车公司成立于1908年，创始人威廉·杜兰特（William Durant）多年来收购了大量汽车及零部件生产商，包括1914年收购的雪佛兰（Chevrolet）公司。然而，营销和融资决策不当，导致通用汽车公司于1920年被杜邦公司及投资方收购。就这样，投机者杜兰特被受过麻省理工学院管理训练的阿尔弗雷德·P.斯隆（Alfred P Sloan，从1923年起任首席执行官，1956年卸任）替代了。1924年，斯隆决定用改进后的雪佛兰挑战福特公司的Model T，即便其550美元的车价高于290美元的福特车。他成功了，福特只能于1927年放弃他钟爱的Model T，改装和推广一款更新式的Model A。

斯隆发现，美国人愿意为一台比Model T拥有更先进的变速器或其他技术改进的汽车花上更高的价钱，但他们最看重的还是款式的更新。斯隆对汽车款式的打造，从一个更精致的车身（去除了Model T零部件上明显的螺栓连接），圆弧线条的挡泥板和车顶轮廓，光彩夺目的“杜科”（Duco）[①] 彩色车漆开始。到了1927年，斯隆在通用汽车公司创立了时尚部，领衔者是哈利·厄尔（Harley Earl）——一位派头十足的设计师，曾

① 该材料的发现详见本书第10章。该词在拉丁文中也有“设计，创作”之意。——译者注

为好莱坞明星改装过专属座驾。厄尔的指导理念是让汽车更矮、更长，而不是和过去的交通工具一样四四方方的。除了追逐时尚的样式，更重要的是淘汰过时的样式——每年总要在挡泥板、车头灯和座套的外观上做些许改变。这些款式更新不仅吸引了人们对新车型的兴趣，还使拥有旧车型的车主感到自己的车已经过时，需要更换新车——即便旧车功能还完好。这开启了“年度车型更新”的模式，克服了市场饱和的威胁。通用汽车还提供了多种多样的车型和色系来迎合每个人的品位。很多美国人首次购车时追求的是实用性，而不在乎他们开的 Model T 是否和数百万台同类车外观如出一辙，这正是福特的成功之处。到了 20 世纪 20 年代，随着收入上涨，分期付款渠道开放，手头亦有旧车可供折旧换新，美国人开始提出风格化、个性化和猎奇性的需求，而这正是通用汽车所提供的。

斯隆还接手了杜兰特五花八门的汽车品牌，用“全系列车品”的名头向公众推广，以价位和性能作为区分点，从“入门级”的雪佛兰，到进阶级的庞蒂克（Pontiac）、奥兹莫比尔（Oldsmobile）、别克（Buick），顶级的是凯迪拉克（Cadillac）。理论上，这一汽车品牌的层级结构假定每一位购买者随着年龄增长，将从只能买得起雪佛兰的收入条件开始打拼挣钱，直至能够买下凯迪拉克，从而可以为美国人提供一种衡量人生成功的标尺。在一个国民收入稳步走高的国家里，汽车的档次已然成为身份的标志。通用汽车充分利用这一消费心理，将其不同车品的价格按上升梯度排列，给美国人提供了一种在攀上更高社会层级的过程中标记自己地位的方式。这一策略最终让通用汽车成为美国最重要的汽车生产商，从 20 世纪 20 年代直到 2008 年。

有了通用公司的成功经历珠玉在前，福特对“斯隆主义”的效仿更是将其捧上神坛。福特公司不仅在 1927 年后采用了频繁的车型更新策略，还于 1939 年创办了中等价位汽车品牌“水星（Mercury）”分部，将 1922 年收购的“林肯（Lincoln）”作为奢侈轿车品牌，从而创立了属于福特自己的全系列车品。沃尔特・克莱斯勒（Walter Chrysler，曾供职于通用汽车公司）在 20 年代后期收购道奇（Dodge）公司，同时迅速将关注点转向经济型的“普利茅斯（Plymouth）”系列品牌的建立，从而使他的公司也能拥有一系列汽车品类。其他的制造商尝试了相同的策略，但并没有那么成功。

斯隆也是企业组织中的领导者。通用汽车整合了一批半自主性的分部，分别生产通用汽车旗下的不同品牌，同时在总部完成融资、研究和营销工作。分部之间会共享资讯，交流零部件的生产成本。分部的架构也支撑着企业的稳定性：消费者品位的转移或许会导致庞蒂克、雪佛兰销量的暴跌，但或许不会同时殃及通用汽车的所有子品牌。这一方案不仅被福特和克莱斯勒，还被大量的美国工业企业所效仿。通用汽车公司这一营销和企业经营战略在二战之后起到了更为决定性的作用。哪怕“二战”之后的市场需求受到压抑，给了亨利・J. 凯撒（Henry J. Kaiser）和斯图贝克（Studebaker）这些小生产商一些机遇，业界三巨头[①]依旧凭借大众营销、经销商网络和驰名商标的优势占据着统治地位，尤其是通用汽车公司。

汽车文化与美国空间结构的转型

恐怕没有什么消费品，能比得上汽车对 20 世纪个人生活的塑造。汽车完美贴合了美国文化所宣扬的平等、流动、个性化理念。与此同时，汽车也在让这种文化发生转型，将美国人引向新的购物、度假、家务、社交、甚至是长大成人的方式。

最开始的美国产汽车只是某种手工制成的奢侈品。可经过 Model T 和流水线的革新之后，汽车开始向“大多数”开放。据亨利・福特所说，汽车应该要“空间大到能够装下一家人，但又要小到个人能够驾驶和养

① 20 世纪中期，美国汽车市场的业界三巨头分别为福特汽车、通用汽车和克莱斯勒汽车。

护……它的价格要低到，任何一个领着不错薪水的人都能买得起一辆——然后和他的家人在美妙、开放的天空下，享受上帝赐予的美好时光。”[①] 福特相信，至少要让勤劳工作的美国人能够拥有汽车，而不只是富人。汽车还应赋予人们自主权利，作为一种大众化、但以家庭为基础的技术产品，能让其拥有者逃离都市的拥堵和污染。

直到 20 世纪 20 年代，欧洲工厂的劳动者们都在嫉妒他们的美国同行们可以共享汽车上的美好生活，而同样作为汽车工人的他们只能勉强买得起自行车。流水线承诺将提供高工薪和空闲时间（尤其是在福特推行的 5 美元 /8 小时工作日制度下）。生产的高效压低了车价，从而让普通人能够使用到这个曾经只有特权者能够享用的奢侈物件。所有这些，构成了我们所知的“福特主义”。对于很多工人来说，这更像一种理想而非一种现实，但大批量生产工作的严酷与枯燥，总能被拥有一辆会在工厂停车场里等着他们下班的汽车的自由感所代偿。强调持续的款式更新，车型多样化以及全系列车品的“斯隆主义”，似乎能够提供更多的承诺，包括一个广阔的选择范围，一种确认自己独特性的方式，一次通过提升自己汽车档次来标榜驾驶人身份地位的机会。汽车确保了大众享有度和阶层区分度，同时促进了美国式生活的大众化和身份系统的强化（图 15.3）。

美国最早的汽车不像欧洲一样，只是从机械上延伸了奢华马车的传统架构，而更像是继承了再常见不过的马匹——它们与“对束缚的摆脱”挂钩远比汽车要早。事实上，早年的汽车不止与内燃发动机带来的技术进步相关联，还经常令人联想到拓荒时代的个人主义怀旧梦想，尤其是那些马背上的牛仔形象。这与拥挤的人潮，与那些需要掐着时间、查着时刻表乘车的火车乘客，正好形成了一组对比。坐在方向盘背后、操纵着强有力的引擎，这给了司机与坐在马背上、手握缰绳相似的感受，只不过他们操纵

① Henry Ford, ***My Life and Work***（New York: Doubleday, 1922）, 49.

图 15.3　1916 年，有记载以来的第一次交通堵塞发生了。为了适应 20 世纪 20 年代汽车销量飙升的大势，城市规划者连忙跟进施策

资料来源：由美国国会图书馆印刷与摄影部提供。

着更多的“马力”。男性司机尤其会以这种方式理解汽车。汽车就以这种方式，填补着这个人们周而复始地工作领薪的时代里工艺、农业和商业技能的缺失。男人们总是对掌握汽车知识、维修自己的汽车这样的事情乐在其中。男性司机有时还会试图靠取笑女性司机来维护自身的优越感，尽管女性司机对早期汽车及其操作的掌握程度已经很高。尤其是对于工人阶级的男性来说，坐在方向盘背后，或是在引擎盖下忙活，可以为他们留存那点作为工匠的尊严。有些人享受“大道宽又阔”的驾驶自由之梦，在公路上开车能让他们暂时将家庭、工作的重担，甚至个人的焦虑，都抛之脑后。

不过，这些感受往往都转念成空。汽车将它们的主人与一份往往不令人满意的工作，连同一张责任之网（维护，修理，在一个满是会占顾客便宜的二手车推销员与汽修工的商业场合选购汽车……）捆绑在一起。更重要的是，醉心于机械动力和驾驶自由的司机们，总是免不了面对车祸，被要求遵守政府为减少车祸而制定的严格规章制度（图 15.3）。历史学家科顿·西勒（Cotton Seiler）指出，在汽车时代，美国人的“公民身份”同时意味着个人的自由与严格的约束。就算这样，美国人（比起欧洲人来说）还是在驾驶权利方面获得了异常的宽容。早年间，政府很晚才要求司机必须通过驾驶考试，且对年轻驾驶员相对宽容——在较多乡村的州，美国人甚至在 14 岁就被允许拿到驾照，而欧洲人则坚持 18 岁起才有获得驾照的资格。然而到了 20 世纪 50 年代，获得驾照的最低年龄标准变为了 16 岁（考试仍然相对宽松）。驾驶训练课程在美国高中普及开来。那些急切想要坐到方向盘背后的年轻人们，被反复告诫驾驶中的危险。

美国汽车文化甚至塑造了美国年轻人长大成年的过程。好几代人都将成功拿到驾照，获得掌控汽车的自由快感，作为他们跨入成年的重要仪式。这几乎只在美国发生，因为只有美国在汽车产业发展早期就大量供应汽车，以及二手汽车的廉价和易于购买。其他地方的年轻人们还在步行、搭公交车或火车。即使是在工业化的欧洲，年轻人群体的生活还被限制在家庭所在的社区内以及固定的公交路线中。尽管经历了 20 世纪 30 年代的大萧条，年轻人还是能够用低至 5 美元的价格买下一台旧 Model T。连续几代新款汽车都吸引到了热情的年轻买家。成年人会让年轻人操纵汽车——即使他们连法定驾驶年龄都没达到——这种现象在乡村地区尤甚。12~14 岁的孩子们（从前会驾驶马车或骑马）往往成了重要的农用卡车或拖拉机驾驶员。

从 20 世纪初直到 30 年代，各年龄层的美国人都以能够修饰和升级他们的汽车（往往是基本款）为傲，他们为爱车加上行李架、灯具、取暖器，有时这些改进要比工厂开始预装这些配件早上好几年。20 世纪 30 年代之后的年轻人承袭了这种做法，但他们通常不是为了舒适和便利的需求而改装车辆，而是为了提升车速。由于 T 型车相对简单和低成本的特性，年轻人们可以利用轻量级的活塞和零件市场上的化油器，轻轻松松地让自己的车“加大马力”。去掉了类似车顶甚至座椅这样的“无用重量”之后，年轻人们能够让这个 20 年代的老古董从 40 英里每小时的设计最高时速飙升到 70 英里每小时及以上。30 年代末期，这些跑得飞快的改装车成了工人阶级年轻人文化中的重要元素。相比之下，更富裕的年轻人会从他们的父母那里借车，或者直接买下新款汽车，以展现他们的社会地位，参与舞会、派对等社交活动。汽车及其使用标识了阶级差异，之后随着拉丁裔居民的“趴地跳跳车”[①]兴起，汽车又成为种族差异的标识物。

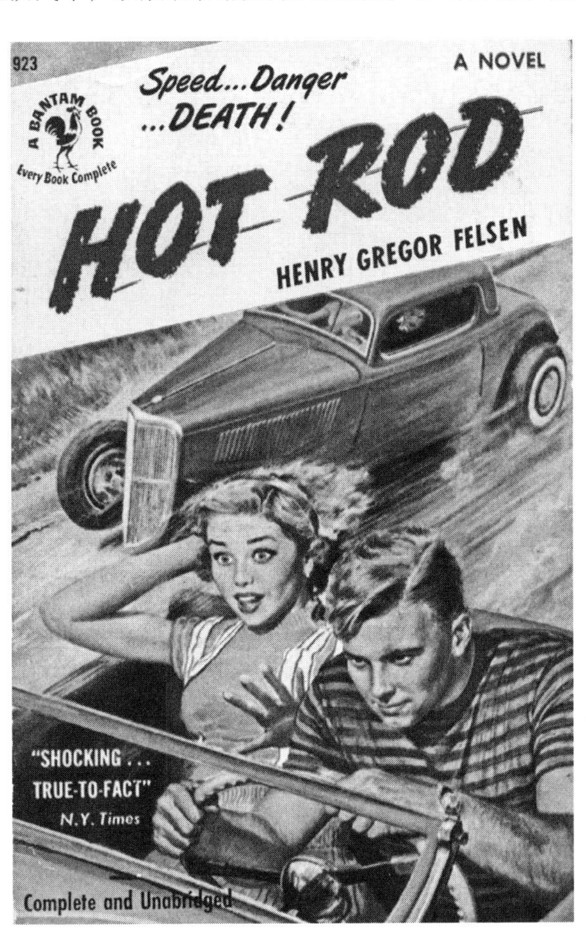

图 15.4　一本 1950 年出版的流行青春小说的封面，该书讲述了一个年轻男孩学会控制自己对开快车与追逐竞驶的热情的故事

年轻人的汽车文化也成为他们认识性别角色、进行性启蒙过程中的文化底色（图 15.4）。约会（“Dating”）这种避开父母与家人耳目，在公共场合中进行的求爱行为，在 20 世纪尚是一件新鲜事。汽车是约会的理想场所，为年轻的情侣们提供了摆脱家庭和社区束缚的自由。汽车造就了一种特

① Latino low rider car，一种最初起源于 20 世纪 50 年代末的加州美墨移民社区的改装车，以其放低底盘、突出底轮让底盘自由活动的设计风格得名，后来成为一种文化象征。——译者注

殊的私密空间形式，有时，在漆黑的夜晚和封闭的车厢的掩护下，情侣们就有了偷偷做爱（Necking）的机会。机动车辆通常由男性占有和驾驶，这降低了两性关系中女性的控制权。“二战”结束后，年轻人们开始接管公路和那些汽车餐厅、影院，驾车带着朋友四处兜风，这使他们获得了远离家长监管的社交自由。

由于受到执法部门施压、驾驶成本增高、引擎和车身的技术革新导致改装难度增大、年轻人找到满足自我表达和社交需求的替代手段（例如智能手机）等因素影响，这种在汽车上无拘无束的生活到了 20 世纪 70 年代末就逐渐不复存在了。而伴随着年轻人驶入成年的那辆车依然是如此重要，以至于数百万计的美国人回忆他们长大成人的经过时，汽车文化成了一位替身、一条捷径。这让如今的旧车展和数不清的电视节目中，都充满着显而易见的往日情怀。

汽车不仅巩固了美国平等、自主的价值观念，塑造了美国式的长大成年之路，还改变了美国的景观及其被体验的方式。到 20 世纪 20 年代，汽车已经让拥挤的城市从百万匹马之中解脱出来——每一匹都曾为城市街道留下每天 10~20 磅的粪便。比起马拉货车来说，机械动力的汽车行驶更快、占地更少。因此，在一段时期内，汽车确实减少了中心商业区的交通拥堵。行驶更快的汽车将行人和玩耍的儿童赶出街道，推动了城市街道的铺设，也为交通运输带来了比火车、电车更进一步的高灵活性。从 20 世纪 20 年代起，城市有轨电车系统的乘客就开始流失。收益的日渐降低导致其维护失当，服务质量的螺旋式下降最终使很多有轨电车系统终结于 20 世纪 60 年代。ICE 动力的公交车，比起头顶连着缆线、脚下通常还连着轨道的电车，在很多方面都显示出廉价的优势。城市主干道的修建，为生活在越来越偏远的郊区的居民们，提供了快捷的出行途径，辅以少量设有交通信号灯的十字路口的阻截以保证旅途的安全。而所有的一切都让美国人更加地依赖于汽车。

随着道路条件的改善，汽车旅行吸引了成千上万的美国东部居民们，夏天到新英格兰风景如画的小镇游览，冬天到佛罗里达海岸沐浴阳光。直到 20 世纪 20 年代，全国各地的汽车旅行者们都在一遍遍掉入公路沿途设下的“游客陷阱”中，有仿冒古董的博物馆，有设计古怪的加油站，还有哄骗小孩的“恐龙公园”。庞大的汽车占有量也激发了人们夏季前往国家公园度过家庭假日的热情，尤其是在美国西部。在 20 年代期间，这类出行增长到了原来的四倍多。汽车露营旅行成为一种廉价而方便的“与大自然亲密接触”的方式。“老爹 & 老妈”夫妻经营型木屋营地的出现，不仅迎合了家庭旅行的需要，还满足了想寻求几个小时私密相处时光的情侣们的需求。由于州际高速公路发展迅速，连锁经营的汽车旅馆逐渐取代了旧公路上零星的小型汽车旅店。这些连锁旅馆的服务或许略显乏味，但肯定是不会出格且值得信赖的常规服务。这一现象是由一个田纳西州房产商，凯蒙斯 · 威尔逊（Kemmons Wilson）发现的，他于 1952 年建起了他的第一家假日旅馆。

汽车全方面地影响了消费者和他们的休闲体验。1921 年，杰西 · 卡比（Jessie Kirby）在得克萨斯州达拉斯开了他的“猪猪小摊（Pig Stand）”餐馆，这是免下车式的汽车餐馆第一次出现；从 20 世纪 40 年代起，这些通常配有女性“汽车招待”（Carhop）的路旁汽车餐馆，成了数百万计青少年和他们的汽车的集散地；到了 60 年代末，这种混乱无序的经营方式让很多家庭不愿问津，也使这种丰富多彩的餐饮机构大受打击。不过，在 1937 年的南加利福尼亚首次亮相，1954 年被雷 · 克拉克（Ray Kroc）收购后成为全国连锁品牌的麦当劳餐厅，是获得商业成功的快餐连锁品牌商之一，它们的目标客户是家庭，且主要靠汽车前往。早在 1933 年，新泽西州就出现了第一家免下车式的汽车影院；到了 50 年代早期，美国城郊广袤的原野上已搭起了四千块大银幕。他们放映廉价的青春电影，配备上游乐设施，按诱人的少儿票价售卖入场券。1955 年，汽车产业的另一个衍生物——迪士尼乐园（Disneyland）开张了。迪士尼乐园坐落在圣安娜高速公路边，可以轻松经由连接南加利福尼亚郊区的庞杂高速公路网到达。迪士尼乐园取代了仍由过时的电车、火车线路沟通的老牌休闲娱乐场所科尼岛（Coney Island），成了新一代游乐园的典范。

由于城市中心商业区的地价高昂抬高了停车费用，诸如西尔斯百货之类的主流邮购零售商被迫将仓库建在郊区公路沿线地带，这样就能有大片的免费停车场可用。建于 1923 年的堪萨斯城乡村俱乐部广场可能是汽车时代的第一个购物中心，带有花园和西班牙塞尔维亚风情的建筑。从 20 世纪 50 年代中期开始，购物商城开始取代曾经凭火车、电车轨道交汇处区位经营的城市中心商业区。购物商城需要更好地服务于驾驶汽车的郊区居民，因而布设在城市主干道沿线上，后来还被建在毗邻高速公路出口处。来自奥地利的流亡者维克多·格鲁恩（Victor Gruen）于 1956 年建造了首个全封闭、可调温的商城（明尼阿波利斯市郊的南谷购物中心）。有的商城规模发展得十分壮大（如 1992 年开张的美国购物中心）。让格伦感到失望的是，商城并没有同时发展为一个社区式的地方。千禧年后，由于安保问题和在线购物的发展造成的顾客数量下降，部分商城就此关门，但它们仍保留了美国消费文化的突出特征。至少有典型的沿公路商业街，连同它那为招徕快速行驶中的汽车前来光顾快餐连锁店和折扣商店而设计的艳丽的霓虹灯（图 15.5）。

也许最重要的一点是：汽车是如何推动 20 世纪的郊区扩张趋势的？“公园路”的修建（首次修建于 1911 年的纽约），使得在城市工作的人们能够生活在“乡下”。这一趋势通过州际高速公路（始建于 1956 年）的修建达到了极致。如我们在第 8 章所见，美国的“城郊”不只是交通技术的产物，还有几分源于“田园牧歌”式的理想以及富裕的美国人对逃离工业城市的渴望。在 20 世纪，城市郊区让较不富裕者也能够迁入，很大程度上是由于汽车和公交车的发展。例如，在 20 世纪 20 年代，洛杉矶就有 3200 个小区向移居者们开放，他们主要来自美国中西部，向往充满阳光的理想家园和郊区生活的愉悦。洛杉矶成了战后郊区扩张的弄潮儿。在 20 世纪 50—70 年代之间，新的郊区将美国的住宅总量增长了 50%，70 年代又产生了同样多的住宅增长量。

汽车与分散化社区造就了新的人居空间理念。汽车文化让人们不再像维多利亚时代那样，居住于带有前廊的家中，邻里之间会在夜间散步时互致问候。附属式车库的出现恰好取代了前廊。相比城市中所能获得的有限空间，汽车拥有者会将自己郊区的房子建在更广阔的土地上，因为城市周边区域房地产价格更低。因此，从 20 世纪 30 年代开始，“浪费空间”的牧场主式单层住宅取代了维多利亚式双层住宅。二战过后不久，大批的科德角风格住宅（Cape Cod Style）①，和牧场主式住宅拔地而起，建在成百上千个莱维敦、戴利城式②的郊区小镇上。

图 15.5　20 世纪 50 年代汽车旅馆连锁还未占主导地位时，为数以千计的家庭汽车旅馆之一做广告的明信片。注意吸引快速移动的汽车的大标志和每个客户的车辆的单独入口。

资料来源：波士顿公共图书馆，Wikimedia。

① 一种起源于美国殖民时期的建筑风格，外形上讲究对称，配有烟囱和多窗格窗户，在内部常用拱形门廊与硬木地板。——译者注

② Levittown，位于纽约州，是第一个真正意义上得到大规模兴建的郊区，因其建设者为莱维特父子而得名，后来引申为一种郊区城镇发展模式；Daly City，位于加利福尼亚州，是从偏远郊区变成旧金山都会区核心区域的建设典范。——译者注

汽车带来的郊区扩张，往往也打破了城市与郊区之间的传统联系：郊区居民工作和娱乐的场所都在城市周边，都是扎堆建在高速公路出口处的产业园区、商业街区和购物中心，这成了长期趋势。评论家认为，这一发展方向削弱了城市中心的文化多样性和经济活力。这还造成了上下班高峰期漫长的通勤时间——甚至需要穿越城市边缘的若干郊区。例如，20 世纪 80 年代，在加利福尼亚州圣克拉拉县的“硅谷”地区遍地开花的“高科技”企业与城郊区疯狂扩张，就意味着仅仅是六英里的通勤距离就要花上 45 分钟。

汽车文化不仅使工作和消费中心分散开来，还间接地改变了居住空间。20 世纪 60 年代，随着新兴的郊区被建在更廉价也更偏远的土地上，房屋面积也越来越大，通常能达到三分之一英亩[①] 以上。房屋扩建过程中必不可少的新场所，就是用于家人团聚的家庭活动室，或者说“娱乐室”（recreation room）。在房屋的延伸部分和花园里，房屋的主人们向他们的邻居展示着自己装点家园的技艺和品味。所有这些都远远超越了“见邻思齐”的层面。对于那些做着似乎有失体面、无法自我满足的工作的人们来说，园艺和木匠活也都是自我表现的形式。然而，躲在车子和房子中的生活，或许也减少了人们与来自不同收入、族裔社群的人们，甚至是邻居们，接触的机会。郊区居民们穿过没有人行道的街道驾车回家，按下遥控器打开车库门，走进他们的厨房，这个过程中极少有机会接触他们的邻居。不过，也有很多人发觉，郊区成了远离城际激烈竞争的“绿洲”。

美国汽车流动力的顶峰与衰落：1945 年至今

二战结束后的 15 年里，由通用汽车公司领导的美国产汽车一直是美国

---

① 约合 1350 平方米。——译者注

的销量霸主。汽车变得更长、更低矮了，也更执着于款式多样性，但也越来越低效能，更新换代越来越快。到了 20 世纪 60 年代，尤其是 1973 年的石油危机导致油价飙升后，更小、更高效能的进口汽车开始进入市场。美国汽车制造商也逐渐缩小了产品尺寸，但难以舍弃斯隆主义的很多特性，于 2008 年后经历了一次大衰退。

在大萧条带来的滞销、世界大战期间（1942—1945 年）汽车停产的时代过去后，美国人们迫切想要购买新车。战后不久，美国主导了全世界的汽车及许多别的产品的生产。被压抑的购买需求、想要回归 20 年代繁荣岁月的迫切感，使美国人们购买了越来越大型的、配有高压缩比发动机的，同时也是频繁进行款式调整的汽车产品。新车有着更大的车窗和尾灯，加上尾翼作为装点。汽车广告商为了吸引男性买家的注意，将他们的汽车与美国军事力量联系在一起（例如 1949 年出品，配有顶阀发动机的奥兹莫比尔“火箭 88”型汽车）。在女性买家面前，汽车制造商则会将多彩的衬垫和软和的座椅作为卖点（与客厅家具迎合女性时尚的做法相呼应）。诸如纳什（Nash）、亨利·J. 凯撒和斯图贝克之类讲求经济性与高效性的厂家，认识到与三巨头竞争的困难，尤其是与通用公司。20 世纪 50 年代早期，手头不宽裕的消费者哪怕购买二手福特、雪佛兰汽车，也不会买新款纳什牌“漫步者”型汽车。广大的中产阶级车主会利用延长车贷、以旧换新的手段获得最新款的汽车。结果导致，1958 年的汽车周转时间降至 2.5 年，每台汽车上路行驶的时间比 1941 年时少了 3 年。作家们，比如万斯·帕卡德（Vance Packard）就在 1960 年抱怨说，美国汽车公司简直是在“生产废品”，只会故意生产比过去更容易损耗殆尽的车子。“计划内的报废”深植于频繁的设计变化之中，即使汽车本可以有更长的使用年限，也会在几年内变得过时。50 年代末对斯隆主义的失望，成就了大众汽车公司（Volkswagen）的市场机遇。俗称“甲壳虫汽车”的大众汽车产品承诺的三大特性：经济性；每年只做实用性革新；驾驶的舒适性——恰恰与三巨头的产品反其道而行之。三巨头也于 1960 年作出回应，推出考维尔（Corvair）、猎鹰（Falcon）、勇敢者（Valiant）几款廉价小型汽车，作为他们“全尺寸”产品雪佛兰、福特和普利茅斯的迷你版本。然而，数年之内，这些小型汽车不是开始增大尺寸，变得与标准化的美国汽车几无区别，就是因其糟糕的设计而声名扫地。美国人并不愿意接受小型的实用型汽车。60 年代期间，美国汽车体型增大，在“肌肉车”[①] 上，更为强大的发动机提供了惊人的强劲马力。自搭载 325 马力发动机的庞蒂亚克 GTO 起，这些产自工厂的大马力高速汽车，到了 1970 年时发动机已能够达到 400 马力以上，这对年轻男性买家尤其具有吸引力。1973 年与 1977 年中东石油生产商的两次禁运令之后油价上涨，导致了进口汽车产品的第二次涌入，这次是来自日本。“汽车城”底特律不情不愿地生产了更小型的汽车。然而，这些缩小尺寸的美国国产车质量良莠不齐，而日本的丰田（Toyota）、大产（Datsun，后改名为“Nissan”，即“日产”）和本田（Honda）汽车逐渐凭借它们在可靠性和价格上的优势，收获了忠实的消费群体。到了 1970 年，美国在世界汽车市场中所占的份额就仅剩 36%，相比之下，1953 年时这一比例为 76%。这还只是漫长下坡路的开端而已。

设计上不够安全的汽车，导致道路交通安全事故中的遇难者从 1948 年的 30246 名增至 1972 年的 54589 名，达到峰值（不过 70 年代的汽车数量也增加了）。尾气污染导致了雾霾，而 1975 年美国的汽车平均每加仑油耗英里数低达 13.5[②]。1965 年，联邦推出法案要求车内安装安全带和控制尾气排放的催化转化器。1975 年，美国国会又要求车企将其乘用车的每加仑油耗英里数在十年内提升到 27.5。轻型卡车的标准则只有 19.5。

当美国汽车逐渐变得更为安全、小型、做工精细（彻底提升了大部分

① “肌肉车”特别用于称呼活跃于 20 世纪 60—70 年代的一类搭载大排量 V8 发动机、具有强劲马力、外形富有肌肉感的美式后驱车。——译者注

② 转换为国内通行的汽车油耗单位，约合 17.4 升每百千米。——译者注

车型的使用年限），美国人却还没有做好充分准备将斯隆主义就此舍弃。1975 年颁布的燃油效率标准出现空子可钻，使得对小货车和多功能运动型汽车（SUV）的需求猛烈增长——它们被划入为轻型卡车制定的低燃油效率标准管理。随着油价趋于稳定，甚至开始下跌（经过对通胀的调整后，跌至 1973 年之前的水平），耗油量大的 SUV 型车令美国民众着迷。燃油价格的上涨及 2008 年的经济衰退，打消了美国人对诸如悍马（Hummer）这样的巨型 SUV 的热情，但到了 21 世纪 10 年代，SUV 又卷土重来，替代了小尺寸的实用型汽车。此外，在这种热衷于汽车体型大、功率高的斯隆主义文化留存的同时，美国人还几乎从未放弃过斯隆主义的其他方面——包括频繁的车型更新，以及让通用公司连年大获成功的“全系列车品”模式。通用公司建立起的与汽车档次相对应的社会地位阶层体系，随着中档车的消失（庞蒂克和奥兹莫比尔）而土崩瓦解，而它和其他汽车公司（包括进口车企）却还在销售从“入门级”普通车型到“旗舰级”奢华车型的全系列产品，提供给那些“达到”一定社会地位并想要显露出来的人们。油电混合动力车的问世，以及越来越普及的“插电式”电动汽车，只是对一个多世纪以来对化石燃料的依赖进行挑战的开端。

如果美国人一直不愿意放弃斯隆主义，他们将会全然接受另一种长期趋势——私人汽车。直到 20 世纪 60 年代，美国家庭中都只有 15% 拥有一辆以上的汽车，大部分家庭只能凑合着用一辆必须和全家人共用的汽车。然而，在 60 年代中期，福特“野马”（Mustang）汽车和其他的“小马车”（Pony car）[①] 的流行，体现了一种对待汽车的新态度。这些车辆专为单身的年轻人设计，他们容易被高度个性化的风格和车型吸引。小型奢侈款车品，尤其是 70 年代的德国宝马系列汽车的到来，迎合了居住于城市、延迟或排斥家庭生活的年轻职业人员们的个人主义气质，也吸引了很多模仿者。

① 指一类灵感来自 60 年代福特野马车的美国国产车款。——译者注

到了 1970 年，拥有两辆及以上汽车的家庭比例已达到了 28%。2012 年时只有 34% 的家庭只拥有一辆汽车，31% 拥有了两辆，35% 拥有三辆及以上。一个愈加普遍的社会预期可以解释这一趋势：每个到达驾驶年龄的人都应拥有一辆私人汽车（以及进入劳动力市场的已婚女性人数增长，需要汽车用于通勤需要）。很多家庭拥有工作用车、游玩用车（有时是敞篷式的皮卡车、SUV 或者跑车），甚至还有接送儿童用车（通常是面包车）。和电视机、计算机等其他现代机器一样，汽车与其说是家庭同享的运载工具，不如说是一种个人表达和自主性的体现手段。到了 2014 年，每 1000 个美国人就拥有 797 辆汽车。在英国，这个数字是 519 辆，在中国是 205 辆，在印度是 32 辆。

汽车从未如今天一般，在美式生活中具有重要意义。然而，有些迹象可能表明对汽车流动力的痴迷正在走下坡路，尤其是在年轻人之间。美国 16 岁青年中持有驾照的比例从 1998 年的 43.8% 下降到 2014 年的仅 24.5%。新法规令他们在 16 岁的年纪获得曾经梦寐以求的驾照变得更加困难，此外，如前文所述，增长的驾驶成本也成了年轻驾驶者的拦路虎。

汽车对美国人产生的影响是复杂的：汽车提供了一方隐秘天地供人们驰骋，也提供了一种展示财富、品位和个性的方式。汽车拓宽了住宅的选择，即便这让美国人不得不把好几小时的时间花在交通上，才能到达他们想去的地方。汽车象征着工业主义的美国方案：接受一个有时会失去自我个性的工作，换取收入与空闲时间，再作为独立的个体参与到汽车文化中去。在让个人的流动与隐私权利得到满足的同时，汽车也造就了一种对燃油发动机的依赖。这些结果并不能令所有人满意，尤其是那些长期盼望社群对都市与社会价值更为小心呵护的人们。但大部分的美国人仍然满意于（又或许是沉溺于）他们的汽车。

第 16 章 影像与声音的机械化

第二次工业革命中，大批量生产的不只是耐用消费品，还有文化。传统的艺术与娱乐体验仅限于独一份的图像和演出，而它们逐渐可以被复制到可以广泛散布的录音或影片中去，传播到数以百万计的受众们。曾经只能以有缺憾的（或虚构的）形式保存在素描与油彩中的事物，现在能够凭借化学手段被精准记录下来，效果与亲眼所见无异。曾经，艺术活动只能偶尔在热闹的人群中得到欣赏，而到了如今的电子通信时代，艺术活动得以出现在家庭的私密空间中，或是在黑暗的影厅里，成为一种日常的体验。地方性的文化艺术走向了整个国家，甚至是全世界。一系列主要来自 19 世纪末和 20 世纪上半叶的发明，转变了艺术与娱乐的含义。这一章节中，我们将从留声机、照相机和电影这些由机械、化工技术带来的革新说起，接着讲述广播、电视这些运用电子技术的传播媒介。

留声机

在托马斯·爱迪生发明留声机之前，对记录与复制声音的渴望困扰了人们几个世纪。这样的幻想一遍遍地出现，以至到 19 世纪 40 年代，一位德裔美国人约瑟夫·法伯尔（Joseph Faber）试图用键盘操纵一个连接着一根橡胶舌头、两片橡胶嘴唇的象牙制簧片，从而人工制造出声音来。1877 年，心灵手巧的爱迪生在试图研制一种记录电报信息的机器装置时，偶然发现了一种制造声音的特殊方法。那台机器高速运转，试图重现摩斯电码的点线符号，最后弄出了一点声响。鉴于刚刚发明的电话技术（见第 10 章），爱迪生发现，利用声波对膜片的振动，可以让一根金属针往在圆筒上滚动的纸张或锡箔等常见材料上压出凹坑。当那根金属针被放置在刚刚录制好的凹槽上，让之前的那个圆筒再次滚动时，膜片的振动会再现他刚刚说出的词语。爱迪生希望，有了这个能够复制、重播语音短讯的简单机器后，能用电话中继器来取代电报中继器，使信息传播通过录音而不再是编码讯息完成。尽管大众惊奇地发现这台机器可以记录和保存人的声音，但与电话的技术水平相比，其实反而是一次退步。爱迪生 1877 年制造的留声机纯粹是用机械学手段来传送声音的——并没有受到电学或磁学的辅助（要等到 40 多年以后，人们才对留声机进行了基于电磁学原理的革新）。

爱迪生看到了这种机器的诸多潜在用途：口述记录、音乐刻录，甚至是用作电话答录机器。然而，他似乎并不重视他制造的留声机在家庭娱乐消遣中的商业潜力。到了 1878 年，爱迪生振奋于电力照明的可能性及其潜在商业价值，为此，他在之后十年里搁置下了留声机的研发工作（图 16.1）。

亚历山大·格雷厄姆·贝尔对留声机的潜力有着更清晰的认识。他和他的堂弟奇切斯特·贝尔（Chichester Bell）开始尝试改进这种机器，并用蜡质纸板包裹的圆筒替代了爱迪生所用的锡箔刻录方法。1887 年，爱迪生了解到了贝尔的工作，他控告贝尔侵犯了他的专利权，并重新开始改进和营销留声机。即便爱迪生还在生产留声机和刻录声音的“唱筒”，他还是失去了对这项技术的合法控制权。数年内，其他的公司，特别是哥伦比亚唱片公司（1893 年）、维克多留声机公司（1901 年）加入市场竞争，挑战

图 16.1　年轻的爱迪生在展示他 1878 年发明的唱筒式留声机
资料来源：由美国国会图书馆印刷与摄影部提供。

了爱迪生的技术与产品，并最终赢过爱迪生一头。就这样，爱迪生失去了一个主要由他参与创建的行业的主导地位，正如在电力照明行业和我们将在后面介绍的电影工业中发生的那样。

最初，爱迪生很重视他制造的机器潜在的商业用途，于 19 世纪 80 年代末成功打造了一系列办公用录音设备。正如接下来发生在收音机行业的情况那样，是消费者们向发明家指明了他们所没有意识到的潜在市场需求。集市上的演艺人总能吸引大批观众来听当时还不甚完美的留声机音乐。作为回应，爱迪生在 19 世纪 90 年代效仿其他厂商，生产了点唱机和家用留声机，并集中精力研究提高音质的新技术。

早期留声机制造商还将大量精力投入到为音频录制提供稳定能源输入上。在电力发展早期，使用电池和小型电动机对于大众市场而言过于昂贵和不切实际。19 世纪 90 年代，其他公司都在生产廉价的、依靠发条驱动的机器，而爱迪生不得不亦步亦趋。

事实证明，改进留声机比仅仅提出它的原初理念要难得多。直到 1900 年，爱迪生才找到了大批量生产录音制品的方法，而不再需要靠现场反复录制的方式来小批量制造唱筒。将原始录音制成一个内表面凸起与录音凹槽相对应的“阴模”，接着就可以用阴模来制造大量的复制品。

不过，爱迪生的唱筒式留声机碰上了竞争对手——唱盘式留声机，由埃米尔·贝利纳（Emile Berliner）于 1887 年发明。唱针在唱盘正反两面的凹槽内滑动，而不像在唱筒上那样上下变移。而且唱盘的冲压工艺较为便宜，摆放和储存较为便捷。爱迪生坚持销售唱筒式留声机——正如他在其他厂商欣然接纳交流电的时候仍然坚守着直流电那样——就这样，他在市场份额上输给了维克多唱片公司，后者自 1901 年成立之后，很快成为唱盘式留声机和录音唱盘生产行业的主导者。尽管 1912 年爱迪生在继续生产唱筒的同时，将高音质唱盘加入了他的产品之列，最终还是在 1929 年结束了自己的留声机唱片生意。

起初，录音及录音回放技术都只能通过声学原理实现。其原理即：留声机在录音时通过一个锥形喇叭将声波输送到膜片所在位置。而当人们在家中用留声机播放音频时，这个喇叭则起到将唱盘凹槽和膜片中的唱针产生的声音扩大出来的作用。当时的音质十分有限。人们往往只刻录那些相当响亮且不复杂的声音。歌剧音乐中的人声尚能勉强录制，但整个交响乐团就得不到较好的录制效果，低频率的音色会丢失。很多人认为那个喇叭很难看，尤其是当它被摆在客厅时。这促使维克多公司研制了手摇留声机，它的喇叭被隐藏在一个精致的木质橱柜内，与体面的家具完美相称。

尽管声学原理的留声机工艺更趋复杂，留声机仍免不了跟随收音机的脚步，采用电子原理录音、扩音。1927 年，电子留声机正式投入市场。电子录音技术（电磁式麦克风取代了喇叭）与传统声学录音技术相比，可录制的音域拓宽了 2.5 个八度。很快，音响师就开始通过收集多个麦克风的音频进行音量、音调的调试，来录制一个比现场音乐会体验更“高级”的音频。留声机中有一根电磁唱针，可将唱盘凹槽放出的声波转换为电子信号，经由电子管（将会在下一章节探讨）放大后，被再次经由电磁扬声器转换为声音。所有这些都使旧技术体系制造的充满劣质金属质感的尖细声音遭到淘汰，留声机工业也得以与新近面世的收音机相抗衡。

1948 年，哥伦比亚唱片公司的皮特·戈德马克（Peter Goldmark）用黑胶取代了当时常用的虫胶唱盘，开创了密纹慢转（LP）唱盘，将每分钟转数从传统唱盘的 78 次降到了 $33\frac{1}{3}$ 次。这使得人们每面都可以听到 20 分钟的音乐，而不像从前那样每面只能听到一首 3—4 分钟的单曲。例如说，一张现代唱片专辑已能收录完一整套交响乐曲或一整部音乐剧的曲目。美国无线电公司（RCA）研制了另一种每分钟 45 转的唱盘格式，可以被叠放在更宽的转轴上，对唱盘上的曲目进行自动连续播放。这一唱盘格式很受年轻人欢迎，他们想在自己的“45 式”唱盘上听到各种各样独立录制的短曲目。对于 20 世纪 50 年代中期涌现出来的摇滚音乐，这些唱盘完美贴合了它们的录制需求。1957 年，立体声唱盘、唱机（可同时录制双音轨，提供更广阔声场）出现。从一开始，立体声设备就吸引了耳朵刁钻、爱好“高科技”产品的音响发烧友们。录音技术区分出了年龄、品味截然不同的听众群体。

声音的机械化改变了“听”的内容与方式

在最初的构想中，留声机是用来保留十分特殊的声音的（比如用于在办公室里有效完成口述记录，或保留名人、亲人的声音）。但到了 19 世纪 90 年代，留声机成为一种大批量生产的机器，专为播放预先录好的商业化音乐和语言类节目而设计，且主要用于家庭场景。它成了当时伴随家庭电气化而涌现出的一大批新式家用电器（例如真空吸尘器、电炉、电熨斗等）之一，在这之前已出现如生铁炉、缝纫机这样减轻家务压力的早期家用器械。

留声机所带来的不止这些。它让娱乐消遣成为私人化的享受，而曾经的人们只有在音乐厅、餐馆这样的公共场合和社交聚会才能获得此类娱乐。随着商业化唱片被分销到国家的偏远角落，它还把全国的，甚至是全球的文化艺术介绍给了每个在客厅里闲坐的人。一个蒙大拿州巴特市居民在家独处的时候，也能够听到伟大的意大利男高音恩里科·卡鲁索（Enrico Caruso）演唱歌剧。而在此之前，只有那些有能力有意愿到纽约观看公共演出的人们才有机会听到这样的音乐，哪怕身处意大利米兰市也是如此。到了 1900 年，除了可以录下自己至亲家人的声音之外，数以万计的家庭留声机还被用来再现“名人”的声音或音乐——而“名人”这个身份很大程度上也是被这项新技术创造的（图 16.2）。

留声机还大大扩充了个人选择，唱片的大量发行迅速提供了尽可能广泛的音乐种类——从格调高雅的歌剧音乐，到流行小调和喜剧节目。音乐听众几乎不费吹灰之力就能从一张唱片切换到另一张。留声机唱片提升了人们的品位（这正是维克多公司红封系列唱片收录世界闻名的歌手和器乐独奏者作品的目的所在），维克多公司还为消费者们提供了种类广泛的流行音乐，从校园体育助威曲、夏威夷民谣小调到美国黑人布鲁斯、爵士乐，无所不包。在留声机的录制之下，音乐与歌唱被抽离出它们的原始社会情境（音乐厅、教堂或酒吧）与历史时代（是莫扎特时代乐曲或是中世纪教堂音乐），成了私人生活的一部分。被录制的音乐从前是，现在也是人们视作“壁纸”一般的背景声音，常常在“听者”在做其他事情的时候影响他

图 16.2　大约 1910 年的一张广告图片中，签约维克多唱片公司的意大利明星男高音歌手恩里科 · 卡鲁索占据画面中心，倚靠着一台维克多牌手摇留声机。这张图片推广着一种理想：平凡的美国人也能共享世界级明星的嗓音

资料来源：由美国国会图书馆印刷与摄影部提供。

们的情绪。

唱机成为一种别具现代色彩的用具。为了吸引那些追逐技术前沿的消费者，制造商一直在对留声机进行更新换代。1907 年出品的维克多牌手摇留声机、1908 年出品的爱迪生 4 分钟“琥珀”（Amberol）牌蜡质唱筒进一步激起了消费者们的期望。购买者见识到了技术迭代的日新月异，仅仅是去年的新技术放到今年已然过时。制造商们还供应了不同价位的一系列产品，从为儿童认识录音而准备的入门级留声机，到吸引富人入手的奢华型留声机应有尽有。这些营销策略，比起 20 世纪 20 年代的美国汽车产业乃至今天的智能手机产业都惯用的“年度款式更新”“全系列产品”策略，都要先行一步。留声机与唱片的配合销售，也成了“剃须刀配刀片”式营销手段的早期案例：像爱迪生、维克多这样的制造商出售留声机（等同于剃须刀，或者说，硬件），主要是为了开拓市场，让唱片（等同于刀片，或者说，软件）能够得到持续购买。

或许留声机所带来的最大影响，在于开创了一种能流行一时的现代音乐形式，即“热歌”。录音技术制造了一种新型的感官体验：耗上两到三分钟——只是吃块糖（或其他时长相似、转瞬即逝的享受）的时间，去享受音乐的愉悦。在纽约“叮砰巷”（Tin Pan Alley）[①] 的歌曲创作“工厂”中，唱片工业取代了曲谱，成了大批量生产的流行音乐的主要传播方式。维克多和“叮砰巷”的成功都仰赖于“热歌”的销售，它们常常是简单、结合时事且“抓耳”的小曲，吸引着一大批想要跟上潮流的受众。短时间内，这样的曲调会被四处播放，通常会播放到人们腻烦为止。由于歌曲是否成功是无法预测的，而且这些歌曲总是会迅速“过气”，因此必须时时刻刻都有大批量的歌曲被产出。一种对新鲜事物的持续期待感由此催生，成了现代流行文化的标志。奇怪的是，这种猎奇文化还导致人们对不断变迁的老歌产生怀旧之情。随着年龄增长，人们将特定的歌曲与艺术家与自己的青春岁月相联系，这些旋律的回荡牵连起他们的某段时光。一个中年人会想要听 20 世纪初正年轻时的“热歌”，比如《闪耀吧，满月》（*Shine on*

① 位于纽约百老汇大街附近的第 28 街，聚集了大量的音乐出版公司。街上常有各公司聘请的音乐人弹奏自家公司的音乐作品，汇集成“叮砰”作响的嘈杂音乐声，因此得名。后引申为一种流行音乐类型。——译者注

Harvest Moon)；恰似 20 世纪 80 年代婴儿潮一代人长大后，仍然会着迷于披头士的歌曲——发行于 1968 年的《嘿，裘德》(*Hey Jude*)。“经典老歌”与时下新歌相得益彰同时出现。留声机就这样以微妙的方式，改变了流行文化。

摄影技术与电影

如果说，唱片工业所做的事是将声音机械化地复制给数百万计的听众，那么胶片也在对视觉影像做着相同的事情。摄影技术在某种意义上并不是难事：人们发现了对光具有敏感性的物质，就能够将一台称作“摄影机”的设备对准一个人或一处景观，通过一块特殊处理过的摄影底片接收反射光线，精准捕获其影像。摄影机的原理基于一个有数百年历史的科学奇观：光线透过暗室[①]的一面墙上的小孔，即可将外界景物（人、建筑或风景）投射在暗室内与之相对的墙面上，形成一个上下颠倒的投影。当这个“暗室”被微缩为一个小盒时，被反射在暗室一端的图像就能被摹印，从而生成对外界景物的一份拷贝。自然而然地，发明家们开始探寻化学上的手段，以记录更完美的复制品。1827 年，法国人尼塞福尔·尼埃普斯（Nicéphore Niépce）利用一种感光型的天然沥青，第一次成功拍摄出了照片。然而，曝光速度太慢，根本不实用，尼埃普斯也没办法通过终止化学反应来定格图像。1835 年，他的一位年轻同伴，路易·雅克·曼德·达盖尔（Louis Jacques Mandé Daguerre），意外地开发了一项新技术：他在将一片镀银的铜板放入一个微型暗盒之前，先用碘液进行了处理。接着，透过镜头，将铜板暴露在景物之下，4—10 分钟后再用含汞烟气处理铜板，这样一张正片就出现了。1837 年，他发现一种盐的溶液能够终止光敏材料在光下的

① “暗室”即词组 camera obscura 的拉丁文原意。

反应过程，从而定格图像，这一问题最终也得到破解。他把最终获得的金属质地图像称作“达盖尔银版”，并于 1839 年将这项技术公之于众，以此换取了法国政府发放的 6000 法郎 / 年的津贴。

当达盖尔冲洗着自己的底片时，英国人威廉·亨利·福克斯·塔尔博特（William Henry Fox Talbot）公开了一种摄影术，用到的是已浸泡过盐和硝酸银的感光纸，而硝酸银会在光照下变暗。最终获得的负片图像可以经过硫代硫酸钠处理，生成很多的副本。或许是因为纸质材料的颗粒质感，塔尔博特的照片不像达盖尔银版那么清晰。

1851 年，达盖尔和塔尔博特的摄影术都遭到淘汰，取而代之的是玻璃板的使用。英国雕塑家、业余摄影师弗雷德里克·阿切尔（Frederick Archer）发现，将火棉胶（一种由硝化纤维素溶于乙醚、乙醇形成的糖浆状混合物）涂抹在玻璃板上，可以作为一种理想的卤素盐载体，而卤素盐则是一种接受曝光前的硝酸银处理、曝光后的硫酸亚铁处理后，能够在玻璃上形成负片图像的感光材料。负片上的黑暗区域，正是光线照在玻璃上的区域——光线越强，负片暗度越深。摄像师接着就会准备一张涂满氯化银的纸，放置在玻璃负片之下，接受光照。这样，一张正片图像就产生了。此后，经过硫代硫酸钠洗涤，被冲印出来的图像就被定格了。这种方法为图像提供了与达盖尔摄影术一样的清晰度，同时也像塔尔博特摄影术一样便于复制副本。阿切尔的湿版摄影术，让相片——尤其是知名人物的肖像——得以大规模产销（图 16.3）。

然而，整个摄影的流程不胜其烦，得到的底片还要在拍摄完成后立即冲洗。接下来的二十年内，摄影师们都在寻找方案，克服“湿法”洗印过程中所受的限制，好让拍摄前的溶液处理环节能够提早更多、拍摄后的冲洗环节能够推后更多。直到 1871 年，人们发现为感光板镀上混有赛璐珞明胶的溴化银盐可以同时达到这两个目的（即“干法”），这个问题得以解决。

美国人乔治·伊士曼（George Eastman）很快意识到，新的化学溶

图 16.3 （约）1858 年，一个德国摄影师正在他的湿版火棉胶摄影机和冲洗设备旁摆拍
资料来源：汉斯·赛格尔与艾尔温·辛茨,《西里西亚博物馆年鉴：古文物与工艺美术》。

液既然能成功运用在玻璃上，那也可以用在纸张上。1888 年，他转而研究成卷的赛璐珞胶片，使其能够曝光生成一系列连续的照片。柯达（Kodak）摄影机应运而生。这一创举摒除了早期摄影术中用到的昂贵设备和繁冗的曝光、冲洗流程，因而彻底改变了摄影。拍照不再是专业人士的独门秘技。柯达使业余者也能够轻松拍下照片。一卷（包含约 100 张图像，直径 2.5 英寸）胶片被拍完之后，人们需要把整台摄影机邮寄到纽约罗契斯特市的伊士曼冲洗中心。“您只需按下按钮，剩下的交给我们”是伊士曼的座右铭。柯达的广告可谓妇孺皆知，最早的柯达相机品牌名“布朗尼”（Brownie）就是取自一套流行故事书中的精灵角色，后来成了柯达经济适用型产品系列的名字。柯达公司推崇“抓拍”的摄影方式，尤其鼓励家长们趁自己的小孩尚未褪去童年的天真可爱时，尽快用摄影机捕捉他们的美好瞬间。这些生活快照，往往取代了那些由专业人士们使用传统摄影流程拍摄的，正式的全家福照片。在 1900 年的英美两国，每十个人中就有一人拥有一台快照相机。

与电力行业的爱迪生类似，伊士曼已经注意到创建一个全新技术体系的优越之处。通过同时生产摄影机和胶卷并且提供胶卷冲洗服务，伊士曼为消费者们呈现了一整套摄影体验。他研发的摄影术流程赋予了每个人成为摄影师的权利，也让伊士曼公司收益颇丰，单单冷落了作为中间人的专业摄影师。而伊士曼的研究人员仍在持续改进更新摄影术的每个环节。1913 年，伊士曼 - 柯达公司成立了实验室，并于 20 世纪 30 年代成功发明了彩色胶片（图 16.4）。

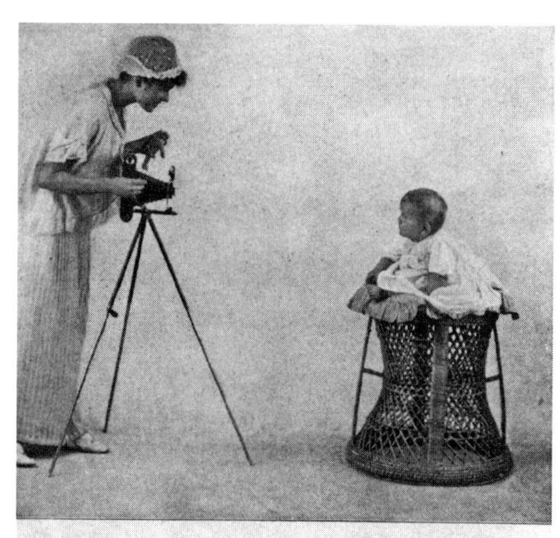

图 16.4　一张典型的柯达快照摄影机广告页，介绍一个母亲是如何用摄影机捕捉小孩童年期间的那些有特殊意义的天真时刻，而不像使用长曝光时间摄影机的传统摄影工坊那般，只能拍摄生硬的摆拍照片

资料来源:《圣尼古拉斯》1915 年 9 月刊，第 20 页。

胶卷在摄影术中的应用造就了电影业的兴起。然而，制作电影的首批试验在 19 世纪 70 年代就开始了。这些试验的灵感来自长期以来人们使用“抽认卡”（flash card）[①] 来记忆单词的传统，这也奠定了电影的制作原理，即当我们看见对动态场景的一系列快速、连续播放的静

① 正反面分别有问题和答案用于记忆单词的卡片。

态描摹时，我们的眼睛就会被欺骗，误以为自己感受到了“运动”（和动画片类似）。这一视错觉被用在了一种流行玩具“活动幻镜”（zoetrope）[①] 上，“活动幻镜”中有一连串图画，旋转起来的时候看起来就像动起来一般（比如一个跳舞的小人）。由于胶片摄影中单张图像曝光所需时长已经缩减了许多，人们已能够通过一连串快速、连续的照片来创造这种动态场景的幻象。

托马斯·爱迪生将电影视为“可以用眼睛看的留声机”，是他发明的留声机的一种潜在补白。当 1888 年伊士曼开始在自己的摄影机中使用赛璐珞胶卷时，爱迪生等人意识到这种胶片也有被用在电影制作中的潜力。爱迪生的助手威廉·迪克森（William Dickson）研制了一种机械装置，保证穿孔的胶片条带能够均匀地穿过摄影机，与快门的开关、光线透过镜头进入机器保持同步。尽管 19 世纪的魔术灯展上就经常有投影在屏幕上的图像出现，但是爱迪生没有研制出投影机，而是让迪克森制造了一种可供胶片在爱迪生灯泡前滚动的“活动电影放映机”（kinetoscope）。1894 年，当这种机器被引进饭店大堂、游乐园和购物商场时，被用于上演“窥视秀”（peep-show）[②]，一时间大受欢迎。

爱迪生的专利产品限制了之后数年美国的技术革新，但他忽略了申请国际专利（除英国外）。在 1895 年的法国，卢米埃尔（Lumiére）兄弟发明了电影放映机。放映机在异国的成功激起了爱迪生等人的兴趣，他们从 1896 年开始面向美国市场生产放映机。起初，他们认为放映机的用处就是成为现场歌舞杂耍秀的一个部分，是电影本身的新奇（而不是其讲述的故事）吸引人们去观看这些短片。然而，仅一个十年内，这些电影就成了演出剧院的竞争对手。

从电影业开始发展之时起，电影人 / 发明家们就在畅想声音与影片的

---

① 传入我国后俗称“西洋镜”。——译者注

② 一种娱乐形式，是供人们投币后透过放映机的小窗口观看的图片或影片。传入我国后俗称“西洋景”。——译者注

配合，从而大大拓宽市场的可能性。迪克森就为活动电影放映机配备了一台与电影以相同速度运行的留声机。不过，这只是运行同步性所制造的把戏：声音与动作画面必须以相同速度精确地运转，而当影片变得越来越长时，这项简陋的技术就力不从心了，因为唱片的录制时间相对较短。只有当一份原声带能够被完美附着在电影胶片本身上面时，真正的同步性才实现，音频才能与视频精准配合。到了 1927 年，一项创新性的音影结合技术出现，可将声波转换为电脉冲，接着由电脉冲调节光强，光强的不同模式被拍摄到一条与影片并行的“声轨”上。当这样的有声电影的副本被放在影院的放映机上时，通过声轨显现的光将再现这些不同的光强模式，再经由光电池的转换对电脉冲进行调节。这些电信号在穿过电子放大器（基于电子管技术）的过程中，经由电磁扬声器，被重新转换为声波。这不仅实现了音频和视频的精准配合，还将电影原声的音量加大到足以充满一座空旷的电影艺术宫。为电影工作室重新安装有声摄影棚，以及为影院重新安装有声放映机和扬声器都是很昂贵的，但到了 20 世纪 20 年代末，有声电影还是成了电影制作的常规制式。

很快，电影人就开始试图破解最后一道难关，即如何拍摄彩色电影。早在静态摄影用上彩色胶卷之前，电影就已经通过染色被赋予了多彩的视觉效果。1935 年，特艺集团（Technicolor Corporation）发明了首项能够拍摄真正彩色电影画面的技术。但由于其成本较高，到了 20 世纪 40 年代后期，也只有 12% 的好莱坞电影是彩色的。此后，特艺集团的专利到期，再加上来自电视机的竞争，导致这一比例上升至 1954 年的 50% 和 1970 年的 94%（图 16.5）。

大规模生产的影像与声音：电影带来的影响

本书讨论的绝大部分新技术都是为了满足某个长期公认的需求而开创

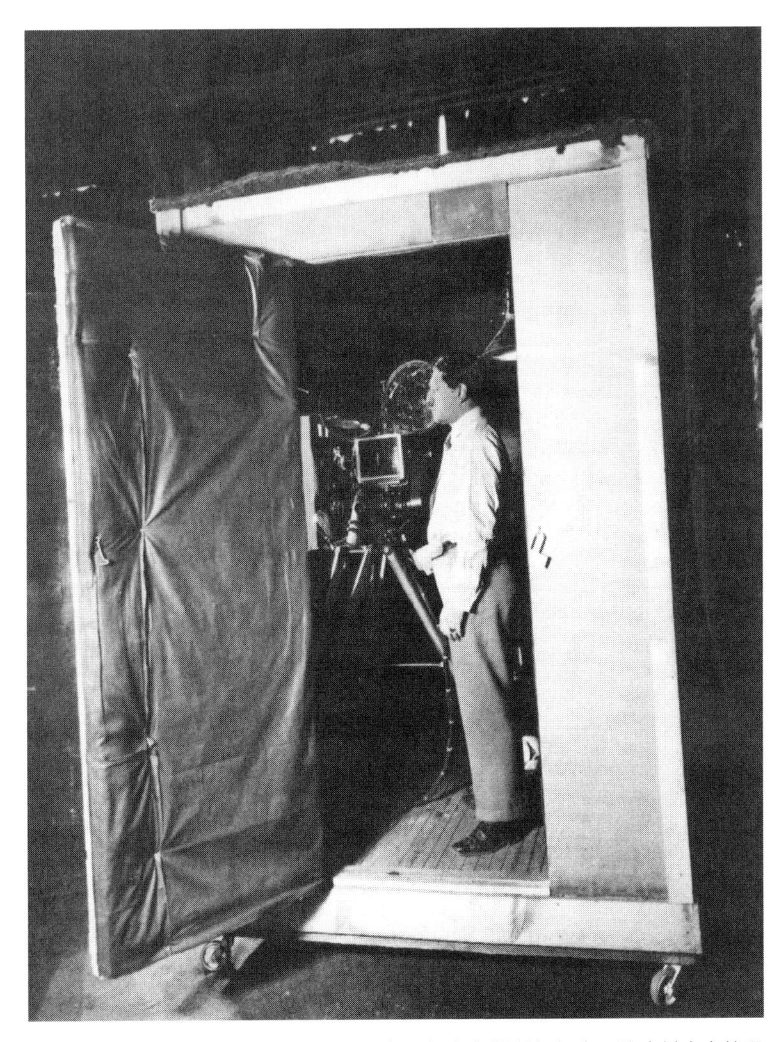

图 16.5　1926 年的早期有声摄影机：摄影机必须被封闭起来，防止其自身的噪音干扰声音录制，严重降低移动灵活性

资料来源：由美国国会图书馆印刷与摄影部提供。

的。尽管美国和欧洲的人们早已（在幻灯机表演[①]中）体验过投影图像，并且用类似活动幻镜这样的“客厅玩具”进行过对动态图像的模拟试验，在电影发展初期还是没有人能预料到，电影将释放出一个庞大的娱乐工业。

① 幻灯片机通过一个或多个透镜，利用光源将幻灯片投射到幕布上，该机器是投影仪的前身。

随着收入和休闲时间的增加，大众娱乐的需求还是为新的技术发明开拓了广袤的市场。

早期的电影制片人会总结普通人会习惯和喜欢的事物。1893 年问世的爱迪生活动电影放映机就安装在游乐场等地，向前来光顾的人们提供一些杂技、轻歌舞剧表演短片。1896 年，以投影形式呈现的电影出现，但最初它们只是轻歌舞剧中的一幕戏，除了移动的影像所带来的更逼真的视觉体验之外，与魔术灯展上的把戏没有什么两样。但它抓住了人们对逼真动效的好奇心——海滩上飞溅的水花、罪犯的处决现场、火车迎面驶来的幻象、体育英雄们的健身动作。很多早期电影以旅行为主题。一些早期电影创造幻象的方式，比如通过电影接片技术让人或物出现、消失，以及通过影片《汤姆叔叔的小屋》(*Uncle Tom's Cabin*)（1903 年上映）中所用的双重曝光技术来创造天使降临带走逝者的奇幻场景。乔治·梅里爱（Georges Mèliés）执导的著名影片《月球旅行记》(*A Trip to the Moon*)（1902 年上映）将原本只存在于童话故事中的神奇魔法呈现在大众眼前，主要讲述了一艘太空飞船在月球上着陆的故事。他的作品成了现代特效电影制作的开山之作。温瑟·麦凯（Winsor McCay）在如《恐龙葛蒂》(*Gertie the Dinosaur*)（1914 年上映）这样的电影中采用了卡通动画的手法来展现奇思妙想。这是无法在现场戏剧中复刻的作品。滑稽秀[①]里的性挑逗桥段，不仅在舞台作品上也越来越常见，还被电影制片人模仿。例如,《搅乱理发店的罪魁祸首》(*What Demoralized the Barber Shop*）就呈现了被掀起的裙摆和裸露的小腿。

渐渐地，电影制片人开始发现，电影展现出了为讲述故事提供崭新方法的潜力：1903 年，美国人埃德温·波特（Edwin Porter）执导的《火车大劫案》(*The Great Train Robbery*)，运用运动镜头和剪辑加工，在户外拍

① Burlesque，一种诞生于 19 世纪下半叶的英国，充满直白、粗俗的幽默的戏剧娱乐演出，由一些喜剧小品、短剧构成，有时伴有脱衣舞表演。——译者注

出了快节奏的动作场景，在 12 分钟的故事里涵盖了枪战、快车、英勇的女孩和复仇结局。不同的摄影机拍摄角度增强了戏剧性和变化性。D.W. 格里菲斯（D.W. Griffith）在他的代表作品《一个国家的诞生》（*Birth of a Nation*）（1915 年上映）中充分发挥了这些技术，运用了近景、远景和运动镜头，来讲述南北战争的故事及其余波，还颂扬了臭名昭著的三 K 党[①]。格里菲斯的影片长度达到了令人惊讶的 3 小时 15 分钟。

“五分钱”影院（约 1905 年出现）出现于雪茄商店的后房或废弃店铺之中，为普通工人提供影片观看。“五分钱”影院的票价通常只有一张歌舞杂耍秀戏票的五分之一，20 分钟左右的时长也与工人们忙碌的时间安排相适应，通常在他们辛苦的工作日结束后、回家的电车出发前上演。事实上很多移民而来的观众懂的英语不多，但这在默片时代里并不重要。工人观众们很喜欢动作电影和低俗喜剧，现场还会有激动人心的钢琴伴奏，为影片中必不可少的追逐场景增添几分刺激。卫道士们谴责这种“五分钱狂热”腐化了妇女儿童的道德观——他们也观看这类演出的热情令社会精英们忧心忡忡。然而，另有些人很快就意识到，影院不过是一种类似沙龙的地方，电影制片人也会根据可能的审查制度进行自我调整。

早期电影制片人会尝试控制，甚至消除，行业内的竞争。正如在其他行业中一样（例如电话、汽车和广播），电影行业的领军人物也尝试创造专利权的垄断。1908 年，爱迪生的公司同获准使用他的专利电影摄影机及其他设备的多家电影公司一道，与比奥格拉夫电影公司（Biograph Company）、柯达公司合伙创办了电影专利公司（MPPC）。这些公司通过搭建专利池，试图创建一种合法的垄断机制以控制全美的电影制作、发行和放映。MPPC 对电影的标准化作出要求：电影胶卷论长度售卖，在影院中每周更换三次，并且要与一段 15 分钟的节目捆绑销售。1912 年，政府

---

① 三 K 党（Ku Klux Klan）是成立于 19 世纪，由美国南部白人组成的秘密帮会。他们的主旨是阻挠奴隶解放运动，并采用恐怖手段压迫黑人群体。——译者注

提起诉讼反对这一垄断经营做法，终于在 1917 年将其依法院命令解散。然而，在此之前早已成立的专利协会未受影响。

竞争者们竞相供应更具市场吸引力的竞品，将专利“托拉斯”[①] 逐出了电影行业。要与“托拉斯”抗衡，关键是要针对“托拉斯”经常制作的那种通常廉价而老套的单本电影[②]，提供另类的电影消费选择。这一选择就是现代“剧情”电影。一些独立发行商开始推行这一新事物，如卡尔·拉姆勒（Carl Laemmle）、阿道夫·朱克（Adolph Zukor）、威廉·福克斯（William Fox）。他们引进欧洲的“史诗”电影版权和原片胶卷，制作他们自己的电影。例如，朱克买下了由法国制作，由知名英国女演员莎拉·伯恩哈特（Sarah Bernhardt）主演的四本电影《伊丽莎白女王》（*Queen Elizabeth*）（1912 年上映）的版权。这是规避 MPPC 的专利侵权诉讼的一种策略而已。朱克意识到，“体面”的中产阶级受众——而不只是工人阶级——也会被吸引来影院观影，只要为他们提供一个如舞台戏剧一样，具备完整剧情发展的故事就好。

第一座电影宫（movie palace）修筑于 1913 年的纽约，与戏剧式的剧情片一同到来。电影宫中长毛绒的观众席，与装点得如同中国式古塔或西班牙式大庄园的华丽大厅相映成趣。它们或修建在城市中心的商业街区，或修建在靠近电车车站的居民区。这些电影宫保留着歌舞杂耍秀和戏剧演出的视觉元素，包括门廊、内嵌式售票处、突出的华盖以及色彩斑斓的宣传海报。很多电影宫占地面积广阔，纽约的一些电影宫能够容下 5300 个座位。它们还配有交响乐团和穿戴制服的领座员，以此吸引那群被“五分钱”影院的穷酸外表吓退的、身处富裕阶层以及希望爬上富裕阶层的人们。

---

① 英文 trust 的音译，垄断组织的高级形式之一，由许多生产同类商品的企业或产品有密切关系的企业合并组成。——译者注

② 在胶片时代中，称一盒胶片所能容纳的电影时长为“一本”，实际时长与影片帧率有关，一般在 10—20 分钟之间。——译者注

这些高端观影厅中有管风琴伴奏（而非一般钢琴）和专门聘用的身着肩章、穗带点缀的制服的引座员们。最终，电影业收益从 1921 年的 3.01 亿美金上升到 1929 年的 7.2 亿美金，其规模已是四倍于所有体育赛事及现场戏剧演出门票的销售额。就这样，一项最初取悦于移民工人的娱乐活动摇身一变，成为面向社会各阶层的“大众”娱乐（图 16.6）。

“明星”，是这些独立发行商们的又一发明。最初，从属于专利协会的

图 16.6　电影宫时代的典范：约 1933 年于芝加哥建成的格拉纳达大剧院。留意这些精心设计的墙面、露台和华丽的管风琴壁龛

资料来源：由美国国会图书馆印刷与摄影部提供。

电影制片人们甚至不愿提及演员的姓名（因为担心要为演员支付“明星”级的薪酬）。独立制片人卡尔·拉姆勒意识到，观众们会想要从重要角色的饰演者身上获得认同，尽管只能从荧幕中了解他们。1910 年，他创造了现代的第一位电影“明星”，佛罗伦丝·劳伦斯（Florence Lawrence）。她早先出演过比奥格拉夫公司出品的电影，却只能被人们视作“比奥格拉夫女郎”。劳伦斯之后很快又涌现出了许多广为人知的闪耀新星，例如查理·卓别林（Charlie Chaplin）、玛丽·毕克馥（Mary Pickford）和道格拉斯·范朋克（Douglas Fairbanks），他们很快就凭借自己的外貌以及影迷杂志（最早出现于 1911 年）上的采访报道收获了大批拥趸。电影爱好者，尤其是年轻人和女性影迷，痴迷于、崇拜于演员们的个人魅力，也密切地关注着他们现实中的（或被加工过的）私人生活。观看他们最爱的演员出演的电影，给予了电影观众们一种与自己的偶像成为贴身好友的快感，偶像在银幕上的巨大形象令这种感觉更显真实。

很快，独立制片人们就掌控了电影行业的所有环节。这群从业者中又出现了五大巨头：福克斯（Fox）、米高梅（MGM）、派拉蒙（Paramount），以及随着有声电影时代到来而出现的雷电华（RKO）及华纳兄弟（Warner Brothers）。这些行业巨擘精通于吸引最广大的观众群体，迎合观众的好恶，掌握着价值取向的秘诀。五巨头掌控着庞大的美国电影市场，继而压低电影制作、发行的固有成本，使其低于市场较小的国家并从中获利。这使它们更易于打入外国的娱乐市场。到 1918 年，美国为全世界电影市场生产输送了 85% 的电影。这些充满浪漫色彩而快节奏的影片对观众的吸引力之大，确保了美国电影在流行文化生产中的统治地位保持至今。

1909 年以后，电影界人士们开始将电影制作的重心从纽约一带迁至加利福尼亚的好莱坞，以充分利用好莱坞明媚的阳光、多样的地理环境和廉价的劳动力。这一迁移并不必然影响影片的内容，因为大部分制片人已经扎根于纽约和芝加哥的城市移民社群，他们制作的影片仍在反映东部电影爱好者的喜好。到 1915 年，默片工业已经成了热爱电影的移民群体流行文化和美国中产阶级高雅品位的混合体。

音视频实现同步播映，是电影统治美国文化的开始。电影的普及程度迅速上升：1926 年至 1929 年，每周电影票的销量几乎上升了 55%。曾经操着浓重的欧洲口音或沙哑的嗓音，在默片中摆着夸张姿态的电影明星们，让位于有着自然的嗓音和更善于展现隐秘情感的表演风格的演员。大量常驻本地影院的钢琴演奏者，曾发展了用音乐配合银幕影像的艺术技巧，如今丢了工作。他们的才华只得转移到好莱坞的有声摄影棚中去。此后，音乐从多个方面形塑了电影：罗伊・罗杰斯（Roy Rogers）和吉恩・奥特里（Gene Autry）出品的“歌唱的牛仔”系列电影，与巴斯比・伯克利（Busby Berkeley）精美的歌舞电影在同时期出现。在默片时代，观影者可以交谈，甚至会对银幕中的人物“还嘴”。但有了声音后，观众们在银幕前需要保持沉默，这样才能听清影片中所说的话。观赏电影成为一项更“孤独”的活动。很明显，电影是 20 世纪 20 年代至 30 年代间最流行的大众娱乐形式。早在 1930 年，每周就有 1 亿张电影票被售出。1946 年，观影人数达到顶峰，在具备观影条件的人群中有四分之三的人每周都会去看电影。对年轻人来说，去看电影成了常事，每个月他们都要光顾电影院 8 次及以上。电影促进了一种大众文化的产生，与书籍、现场演出构成的精英文化不同，同样也有别于街头的传统“民间”文化。电影为不同阶级、不同地域的人们所共享。

电影在观众与表演者间创造了一种新型关系，让表演者成了“明星”。对于观影者来说，明星像高不可攀的圣人，又像是可以平等相待的朋友。理论上，每个人都可以成为电影明星，即使只有极少数人能达到这份极致。明星们以从前闻所未闻的速度走红（然后通常也会迅速失去热度）。

即使电影的创作者们触动了大部分美国人的生活，电影制片人并不能够随心所欲。在大萧条早期，电影工作室尝试用带有轻度暴力、色情题材的电影赢回观众。然而这受到了来自宗教界群体的施压，他们尤其担忧这些电影为儿童带来不良影响，电影界被迫从 1934 年起施行《电影制作守则》，严禁出现影像形式的暴力及公开的性行为。这并不代表美国电影普遍用来鼓舞与教化观影者。美国电影的商业特性确保了电影技术是用来娱乐大众的，无论采用喜剧、冒险片还是爱情片的形式。

在更深层次上，电影彻底改变了娱乐业。一部书中（或现实生活中）的故事或许长达数个小时（或数年），但在电影的故事叙述中，它们都被压缩了。投影屏幕上的特写镜头、频繁的场景切换的视觉效果，尤其是再加上被放大的声音效果后，猛烈地刺激着人们的感官。久而久之，观影者往往视这种极限视听体验为常态，期盼获得更多的刺激。从现代惊悚片和动作英雄片中惯用的烟火制造术中可以窥见，长期以来的电影创作往往倾向于表现动作场面，为此不惜牺牲角色的性格成长，甚至牺牲基本的情节。

随着电视机的到来，好莱坞电影的霸权在 1946 年达到电影观众顶峰之后快速衰弱下来。到了 1953 年，近半的美国家庭都拥有了一台电视机，电影观众也随之缩减了一半。电影业的回应是，提供黑白电视屏幕所不能提供的视觉体验：3D 电影（1951 年面世）、变形镜头式宽银幕电影技术[①]（1953 年面世）所呈现的盛大表演场面以及专为年轻人和恋人们（他们希望在父母的监视之外享受娱乐消遣）制作的电影。职业放映商们通过露天汽车影院吸引家庭和年轻情侣观影，这种形式在 20 世纪 50 年代达到全盛。到了 60 年代，一些老电影院中开始播映 X 级影片[②]。1968 年，现代电影分级制度体系取代了 30 年代《电影制作守则》的旧限制，电影业依靠含有性、暴力、粗话元素的“R 级”（限制级）影片赢回了坐在电视机

---

① 一种由 20 世纪福克斯公司研发的电影摄影技术。在电影拍摄时使用特殊的镜头将视野更宽阔的图像变形压缩到标准的一帧画面中，在放映时又将画面重新伸展至 1∶2.35 的比例。——译者注

② 在美国从 1968 年起实施的电影分级制度中，X 级代表“严加限制”，不予公开放映，常常只能在一些指定影院放映。——译者注

前收看乏味节目的观众们，另将合家欢类电影定为“G 级”（普通级），在 1970 年加入居于两者之间的“PG 级”（辅导级），1984 年又加入“PG-13 级”（特别辅导级）。有了分级制度，尤其是出现 PG-13 分级后，含有暴力、性暗示元素的影片越来越多了。自 70 年代以来，在好莱坞试图吸引年轻观众（往往是男性观众）的努力下，动作冒险片中的暴力桥段有了越来越多的画面呈现，情节也更为简短，代表作品有克林特·伊斯特伍德（Clint Eastwood）主演的《警探哈里》（*Dirty Harry*）和西尔维斯特·史泰龙（Sylvester Stallone）主演的《第一滴血》（*Rambo*）。有限的对白部分篇幅，也为美国电影行销世界各地提供了方便。

虽然这些新技术都没能扭转影院观影人数下降的趋势，但开创了电影这种面向大众的视觉艺术形式的电影摄影机等技术，还是在很大程度上取代了现场戏剧，以及其他故事叙述形式（包括书籍）。电影与留声机、快照摄影机这些主要的“个人技术”一起，改变了我们的视听方式。这一事实，在我们的下一个话题——广播与电视中，呈现得更为真切。

第 17 章

家庭中的电子媒体

1900 年，美国人正为从刻着凹槽的唱盘里听到声响、从成卷状的赛璐珞胶片上看到动态图像而惊奇不已，不过他们很快就习惯了在家中放着留声机就能畅享音乐、到电影院坐在银幕前就能观赏影片的娱乐生活。曾经，人们想要参加娱乐活动的话，只能聆听或参与本地的歌唱、器乐演奏团体的演出，或观看特定时间上演的现场戏剧。这些公众共享的愉悦时刻逐渐被一些新生事物取代，娱乐活动转型成为更具私密性的体验，如在家中听唱片音乐、在电影院安静的人群中看电影。然而，这些体验通常是与全国乃至全球的数百万人共享的。对比传统的娱乐活动，这种新体验更为被动，但人们对于体验的内容与时机却有着更多的选择。

尽管这一切已经是革命性的变化，但我们才刚刚迎来一场媒介与娱乐的根本性转变。一系列更为神奇的、基于电子学的技术革新使留声机和胶片都几乎成了原始物件：20 世纪初，发明家们已经找到了无须线缆或唱片就能够传输人声和音乐的方法；20 世纪 20 年代中期，获得了这项技术的掌控权的公司通过名叫“收音机”（radio）的简易接收器，每天都能将声音播送到千家万户中；到了 30 年代后期，一些与广播工业紧密联系的实验室又更进一步，成功以无线的方式将动态图像和声音同时传输到了电视机上，从此，摆放在人们客厅中的就是电视机而不再是收音机了。广播与电视让娱乐活动进一步融入家庭生活，并同时扩展了它们所共筑的大众文化，其影响甚至胜过了留声机和电影。

这意味着，会有心思偶尔光顾街区里的咖啡厅、倾听某个社区里的天才闲扯，或聚集在家附近的棒球场、看一场小镇球队间的比赛的人越来越少了。相反，人们会在每周三晚八点守在收音机前，收听国家级名人的表演；每周四晚九点，在各自家庭的私人空间中，会有数百万人同时在电视机前收看同一部情景喜剧。留声机和电影逐渐遭到冷落，取而代之的是“免费”的、在美国被高度商业化的广播、电视两大宣传媒介。不过，到了20 世纪 80 年代，广播技术所形成的大众文化，让位于有线“窄播”[①] 和卫星电视，更有磁带录像机（VCR）这样的新型电子设备和后来的流媒体技术出现，为个人体验更广阔的世界提供了新的选择途径，允许个人决定体验什么、何时体验。那种虽然已私人化，但仍被共享的 20 世纪大众文化，已经变为个性化、碎片化，但全球供给的当代文化。

广播的发展历程

与我们已经探讨过的诸多技术不同的是，广播是纯粹科学探索的衍生产物。物理学家们花费了很长时间探索磁与电之间的关系。直到 19 世纪 60 年代，詹姆斯·克拉克·麦克斯韦提出关于电磁波的理论，科学界才认识到电磁波的存在。19 世纪 80 年代，当麦克斯韦和海因里希·赫兹（Heinrich Hertz）通过实验尝试制造和稳定电磁波时，他们的兴趣只在于理解自然。赫兹自己曾声称，将广播进行商业化是不可能的。1894 年，奥

① 传播学名词，与“广播”相对，是指因受众分流而产生的新的传播形式（尤其是在互联网出现后），内容更具针对性，面向特定受众传播。——译者注

利弗·洛奇（Oliver Lodge）将这样一种“无线”装置作为科学小摆设向公众展示：它装有一个火花隙发射器和一个两端开放式的线圈，释放火花穿过线圈即放射出电磁波（也就是无线电的原理），继而被一个接收装置探测到。

然而，很快就有诸多发明家，包括意大利人古列尔莫·马可尼（Guglielmo Marconi），开始深入研究在实践中用这些神秘的电磁波替代电报，甚至电话线的可能。马可尼对将这一发现运用在大众娱乐上并不感兴趣，他看准的市场是船舶靠岸时的通信需求——在无法架设线缆的情况下传输讯息。人们也希望，海上无线电通信的出现能够减少船舶的失踪。发展无线电通信技术对海军及国际商业有显而易见的好处，除此之外仅仅是给有线电报企业带来了一些竞争。（图 17.1）

搞懂了科学原理以后，无线电的理念就变得相当简单，不过是电流放

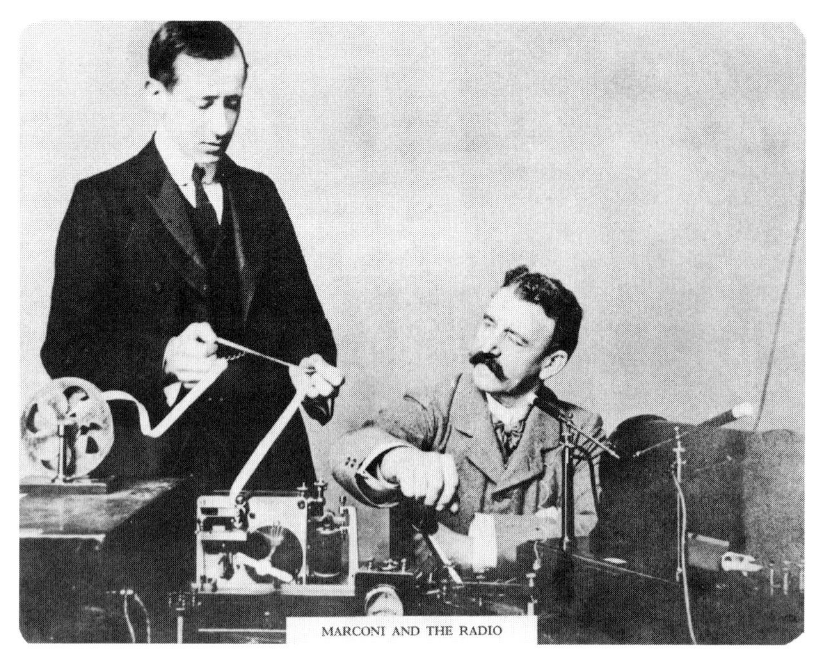

图 17.1　古列尔莫 · 马可尼和他的无线电报机器。请注意含有信息编码的条带

资料来源：由美国国会图书馆印刷与摄影部提供。

射电磁波的过程。这些科学发现进而影响了电气设备。其关键之处在于制造足够强大的信号传送器，以及足够敏锐的信号接收器，能够保证所传输信息的连贯性。洛奇的火花发射器仅可生成断续的摩斯电码信号，但它们也能够被远处的接收器接收。马可尼从电报技术中借鉴了几个关键理念：将传送器和接收器都接地放置，使用中继装置增强接收器中的电流，以及使用发电报用的手键来传输摩斯电码。1901 年，在英国科学家约翰 · 弗莱明（John Fleming）的帮助下，马可尼成功实现了信号的跨大西洋传输，从威尔士传输到了纽芬兰。

一些有远见者并不认为无线电只是电报的替代物而已，他们看到了无线电的潜在功能，并将目光投向了一种基于连续传输技术的无线电话的研发可能性，使其被调制后（类似有线电话）可在没有线缆的情况下传递语音信息。一项关键的革新就是交流发电机，由供职于通用公司的雷吉纳德 · 费森登（Reginald Fessenden）① 研制。它能将直流电转换为交流电，附带着产生持续不断的无线电波，到了 1906 年，人们成功将这种无线电波用来传输人声。但费森登的交流发电机不能克服用电过度和故障频繁的问题。

另一条通向无线人声通讯的途径是真空电子管。“爱迪生效应”，即在灯泡中观察到的变色现象，引发了科学家们持续数十年的好奇。爱迪生本人已经在实验中尝试过在灯泡中嵌入第二根电极，以消除这种变色。结果证明，新电极的添加开启了一种与灯泡完全无关的新的可能性。英国的约翰 · 弗莱明首先注意到电子只会从热电极运动到冷电极，电子阀就这样诞生了。由于电流只会单向流动，产生电磁波的交变电流会被“转译”成直流电流，在接收器那端产生声波。最初的真空电子管看起来很像一个灯泡。

一位美国创新家、企业家李 · 德 · 弗雷斯特（Lee De Forest）创造了

① 又译雷金纳德 · 范信达。

一种基本参照弗莱明的二极管设计的真空电子管，却并不承认自己欠弗莱明的情分。进而 1906 年，德・弗雷斯特在真空电子管中加入了第三根电极，采用了栅栏状设计，从而大大扩增了另外两个电极（阴极是一根加热的灯丝，阳极是一根屏极）之间的电子流。德・弗雷斯特并不理解电子的科学知识，他误认为在电极间穿行的是被电离的气体。不过无论如何，这一改动显著改善了无线电波的接收与传输。德・弗雷斯特的电子三极管被贝尔公司（隶属于美国电话电报公司）买下，最初被用来扩增长距离传输的电话信号，这使得该公司在无线电技术的进一步发展中取得了主导地位。当时业界的关键角色有美国电话电报公司（AT&T）[①]、通用电气公司，以及买下了埃德温・阿姆斯特朗（Edwin Armstrong）发明的改良型三极管的专利权的西屋电气公司（图 17.2）。

第一次世界大战加速了技术的进步以及公司间对无线电控制权的合并。1914 年至 1918 年间，无线电接收器和传送器的生产量都大大提升了。由于美国海军在战时只能使用遗留的英国马可尼专利无线电设备，造成军事失利，美国政府鼓励通用电气公司买下马可尼在美国的分部，成立美国无线电公司（RCA）。很快，AT&T 与西屋电气就作为小股东加入了 RCA。这些公司随后整合了他们各种各样的无线电专利技术。这样做的目的是出于“国家安全”考虑，赢得美国在越洋无线通信事业中的主导权，同时这一专利池[②]也确保了美国的无线电技术发展都由几家连锁的商业公司长期掌控。

很快，家用无线电通信设备的市场销售潜力对这些公司来说日渐显要。早在 1916 年，RCA 和全国广播公司（NBC）未来的领导人大卫・萨尔诺夫（David Sarnoff）意识到，无线电与“有线”电话不同，无法将信息限制在个人范围内，因此公司们不太容易对这些通信业务收费。萨尔诺夫意识到，比起电话，无线电通信会更像留声机：无线电能够将本来只能在公

① 其前身是贝尔电话公司。

② 专利池（Patent Pool）是由多个专利权人组成的专利许可交易平台。

No. 841,386. PATENTED JAN. 15, 1907.

L. DE FOREST.

WIRELESS TELEGRAPHY.

APPLICATION FILED AUG. 27, 1906.

2 SHEETS—SHEET 1.

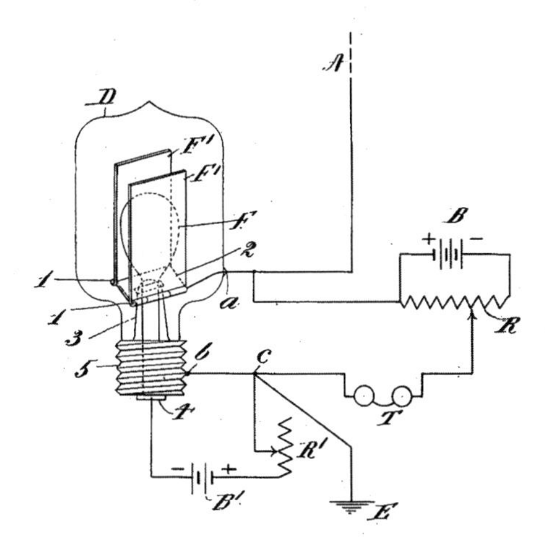

Fig. 1.

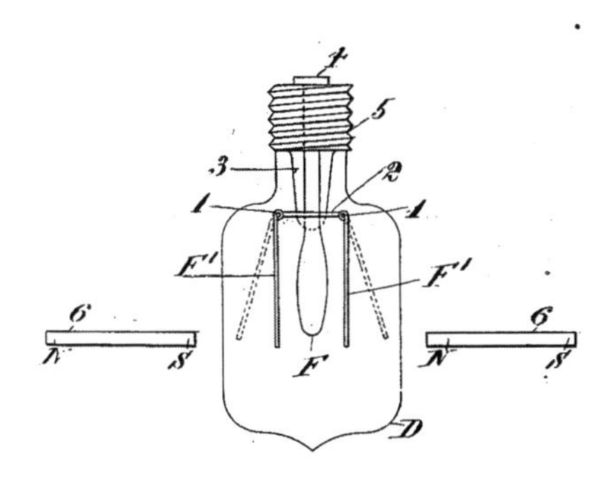

Fig. 2.

WITNESSES:

Frank G. Parker

John Buckler,

INVENTOR:

Lee de Forest

by Geo. K. Woodworth

Atty.

图 17.2　1906 年德 · 弗雷斯特在他的专利申请中描绘的真空电子管。这一装置同时对交流无线电波进行了扩大与整流，将其转换为能够变为声波的直流信号，对电话、广播的长距离通信起到了至关重要的作用

资料来源：由美国专利与商标局提供。

开演出，或昂贵的唱片中才能获得的娱乐体验带入寻常百姓家。起先，无线电跟随其前身留声机的步伐，成为一种记录私人信息的设备，但后来转型成了一台承载商业娱乐功能的机器。

然而，这些大公司在认识无线电在大众娱乐上的潜力时还是慢了一步，这时还得靠业余爱好者来指明道路。从无线电的发端开始，业余无线电“发烧友”们就开始通过自制的“结晶态”接收器（早于“固态”晶体管出现）和原始的信号传送器，彼此之间进行通信。20 世纪 10 年代期间出现了能够播送音乐、谈话类广播节目的业余广播装置，它们被架设在无线电爱好者们的卧室或鸡舍里，用 5 瓦特的信号传送器向其他志同道合的无线电爱好者放送广播。1920 年，西屋电气意识到，播送广播节目是向个人销售小型无线电装置的一个方式。于是西屋电气便在位于匹兹堡市一座大厦顶楼的小屋里建起了 KDKA，一个百瓦特级广播电台。其他公司也闻风而动，纷纷提供体育、宗教和新闻节目，到了 1923 年，美国的广播节目受众已达百万之多。

借着 RCA 积攒的专利池，通用与西屋开始将他们的商业重心放在家用无线电设备上，而 AT&T（彼时正在脱离 RCA）为广播电台建起了信号发射机。那些业余爱好者中，有一部分人自己成了生产商，轻松地避开了这一即将形成的垄断局面。到了 1922 年，播送广播节目的电台已达到 600 家，大部分都独立于专利池中的大企业。公众压力迫使 RCA 给予其他公司生产无线电接收设备的许可，也正是这些公司带来了大量的技术改进。RCA 很快通过发展广播电台网络，找到掌控无线电广播事业的新途径。

美国的广播文化：一种商业化的娱乐技术

无线电虽然在一开始是作为一种没有线缆的电报兼电话来使用的，但很快便成了一种大众媒介技术，而这一技术是基于几家大企业把控的信号发射机网络和小成本制造的家用接收机发展起来的。问题在于如何让分散的个人收听者付费获得广播信息和娱乐服务，而服务的提供商又要如何获益。发射机的所有者没有办法向家庭中的信号接收者收费。当其他国家发展了各种形式的公共广播服务（例如，必须持年度许可证运营）时，美国则形成了一小群相互竞争的广播电台网络，通过各自的广告招商获得制作节目的资金。

1920 年，当广播媒介在美国正式登场时，大部分地方性电台还在依靠唱片音乐，以及一些抱着对在公众面前抛头露面的向往，或是依靠对上广播节目抱有纯粹新鲜感的人们自愿提供的表演。然而，到了 1923 年，唱片艺人们开始起诉这些电台侵犯版权。此外，最初热销的无线电收音机销量下跌，也令生产商们出资扶持广播事业的意愿下降了。行业亟须找到新的收入来源。起先，供职于 RCA 的大卫·萨尔诺夫呼吁政府提供津贴或（向无线电接收机用户）收取许可证费用，以此资助广播事业。但在 20 世纪 20 年代美国自由资本主义当道的时期，这些提议被认为不适合国情。

在 1922 年的纽约，由 AT&T 运营的一家广播电台探索出了另一套更适应美国国情的解决方案：他们为长岛的一个房地产开发商制作了一段十分钟的广告。第二年，AT&T 连接了众多地方电台（通过长途电话线路）形成一个小小的“电台网”。这一举措既分担了面向更广大听众群体制作广播节目的成本，又为广告客户们提供了更广阔的市场，胜过任何一个地方台。

AT&T 通过建立电台网进行垄断经营的威胁，令 RCA、西屋、通用等被排除在 AT&T 网络之外的企业恐慌起来。当 AT&T 于 1923 年宣布销售无线电接收机的方案时，这些公司又担心这个电话行业巨头正在制造垄断的边缘。在法律诉讼的威胁下，双方于 1926 年达成了一个妥协方案：AT&T 出售其电台，而 RCA、通用和西屋建立起新的电台网——全国广播公司（NBC），租用 AT&T 的长途线路进行运营。一年内，NBC 就已经坐拥位于纽约市、新泽西州的红蓝网[1]，与独立电台合办的哥伦比亚广播公司（CBS）相抗衡。

直到 1927 年，牢固的商业电台网体系建成之后，联邦无线电委员会（Federal Radio Commission）才正式成立。其职责仅限于为电台分配波段，而不干涉广播节目制作或建立公共服务广播。1931 年，法院下令迫使通用和西屋退出 RCA-NBC 联盟。在 1943 年的一起指控 NBC 违反反垄断法的诉讼中，法院强制要求 NBC 将“蓝网”，也就是后来的美国广播公司（ABC）出售。然而，这些大公司之间紧密的联系，仍确保着广播（及后来的电视）行业处在高度的集中管控之下。

其他国家的广播事业都有着各自不同的发展道路。广播以及后来的电视仍具有公共性质，成了政治宣传与文化振兴的媒介。比如说，1922 年有一群英国的无线电收音机制造商资助了一个面向全英国的中央广播设施。但 1926 年时，它成了一家半自主性的公共广播公司，即英国广播公司（BBC），在政府的许可下进行垄断经营，运营资金来自邮局销售强制性无线电许可证所得。BBC 试图在节目编排中融入教育意义和家庭娱乐性质，以提升国家的文化水平。

相反，美国无线电事业的商业特性，使广播成了全国广告主们的一种工具，以及大众文化的一种表现形式。NBC 开始运营的头两年里，他们效仿 BBC 的范本，在节目制作时加入了“严肃”的古典乐和平缓的舞曲。不过，在 1928 年到 1929 年的播出档期中，第一批情景喜剧、冒险节目及综艺节目出现了。电台网系统间的竞争性，促使节目制作者（通常就是广告代理商）将大众市场中的重要份额交付给赞助商操持。这造就了迎合大众的需求，而非陶冶大众情操的娱乐产业。

---

① 来自 NBC 于 1927 年确定的市场策略：红网播出娱乐和音乐节目，蓝网播出新闻和文化节目。据说这种颜色的划分方式来自早年工程师们用红蓝色图钉标识来区分不同电台成员的做法。——译者注

正如电影产业一样，广播产业在开始时向传统媒体借鉴了很多，歌舞杂耍秀的演唱者和喜剧演员们，如埃迪・坎特（Eddie Cantor）和杰克・本尼（Jack Benny）都有他们自己的广播节目。这让现场演出的杂耍剧院走向了最后的消亡。很快，电台的节目制作便开始反映出无线电技术的独特魅力，其作为直播媒体的即时性优势（与留声机、电影相反）被充分利用于特殊事件的现场报道。尤其大受欢迎的是电台广播对体育赛事、政治会议，甚至是对 1927 年查尔斯・林德伯格（Charles Lindbergh）著名的跨大西洋飞行壮举的媒体报道的播送。新闻报道短小精悍，其中播音员的嗓音及独特语气是一大特色。广播技术还塑造了一批电台明星。电台中的歌声逐渐柔和，开始是出于珍惜灵敏的麦克风设备，后来是为了迎合围坐在客厅里收听电台的听众们所需的亲切感。平・克劳斯贝（Bing Crosby）轻吟低唱的风格于 1929 年首次被人们听到，并成了行业标杆。包含音乐和喜剧元素的综艺节目尤其适应于电台节目。地方电台甚至雇佣了他们自己的乐队，或在当地的舞厅里进行现场直播。然而从总体上看，电台确实可能限制了地方乐手的就业机会。

无线电广播创造了“肥皂剧”这种独特的美国艺术形式，即在每个工作日的下午时段以 15 分钟的片段播出的、专为家庭主妇们制作的剧集（由肥皂生产企业或类似赞助商赞助）。对于很多常年居家的女性来说，在大萧条时期能从她们的电台“邻居”口中听到别人的悲惨故事，似乎让她们自己的生活困局显得更好过一些。情景喜剧（sitcom）也火热了起来。在 20 世纪 30 年代早期，有三分之二的电台听众会收听《阿莫斯与安迪秀》（*Amos 'n' Andy*），一部加深了种族刻板印象的喜剧秀，其主角是两个总是一事无成的黑人男性（尽管这部剧的主角其实是由两个白人男性扮演的）。不少西部、悬疑与儿童探险主题的节目直接取材于漫画书及其他廉价又“低俗”的杂志。《西斯科小子》（*The Cisco Kid*）（一篇西部题材的故事）和《超人》（*Superman*）是仅有的几个后来被搬上电视的电台节目。前一年在电台上流行的节目，后一年就会引来其他节目的普遍效仿。随着 1935 年听众调查的出现，这一趋势日渐增长。这就是现代评级反馈制度的开端。

当然，商业性是美国无线电广播的核心。这些电台网实际上已经将他们的大批听众“卖”给了来自品牌产品（尤其是汽车、化妆品、香烟和软饮）企业的广告客户。广告客户会利用电台的评级高低，为他们的产品挑选出能接触到最广泛受众的广告宣传平台。如果所有这些都让你听上去感到很熟悉，那十分合理：那些我们与电视相联系的基本运营模式，绝大部分在广播电台时代就有迹可循了。

无线电收音机可能是两次世界大战间隙时期最重要的新式家用消费品了。在 20 世纪 30 年代早期，收音机凭借超低的售价，进入了大部分美国家庭之中。1932 年，有大约 1700 万美国家庭配备了收音机。一项 1938 年的调查表明，40% 的美国家庭会在一个平凡的冬夜中打开收音机。夜间节目单中混杂了为不同年龄层和不同性别的听众准备的节目，鼓励全家人一起收听。收音机成了家庭中的“新壁炉”，而机器本身也常常被设计成壁炉的样子（图 17.3）。

对 20 世纪 30 年代、40 年代的美国人来说，收音机当然要比电影重要多了。买下一台收音机后，它的内容都是免费的。在大萧条时期生活的人们负担不起电影的票价，但依然能够从收音机中听到偶像明星的声音。即便人们不得不忍受越来越多的广告（还常常以比电台节目更大的音量播出），他们还是可以听到艺术家的录音作品和摇摆乐队的表演，而不必购买昂贵的唱片。这削减了留声机的销量，即便留声机已经在电子管扩音、电话筒录音和扬声器重放技术上取得了改进。然而与此同时，随着便宜的台面式收音机模型问世，收音机的售价大大降低（降了 90%）。

不过，收音机价格的降低并非娱乐行业向广播娱乐转变的唯一原因。与观看电影不同的是，听众不必离开屋子去到镇上某个有潜在危险的角落、与陌生人坐在相邻的位置上，也不必购票。相反，电台听众可以安全地待

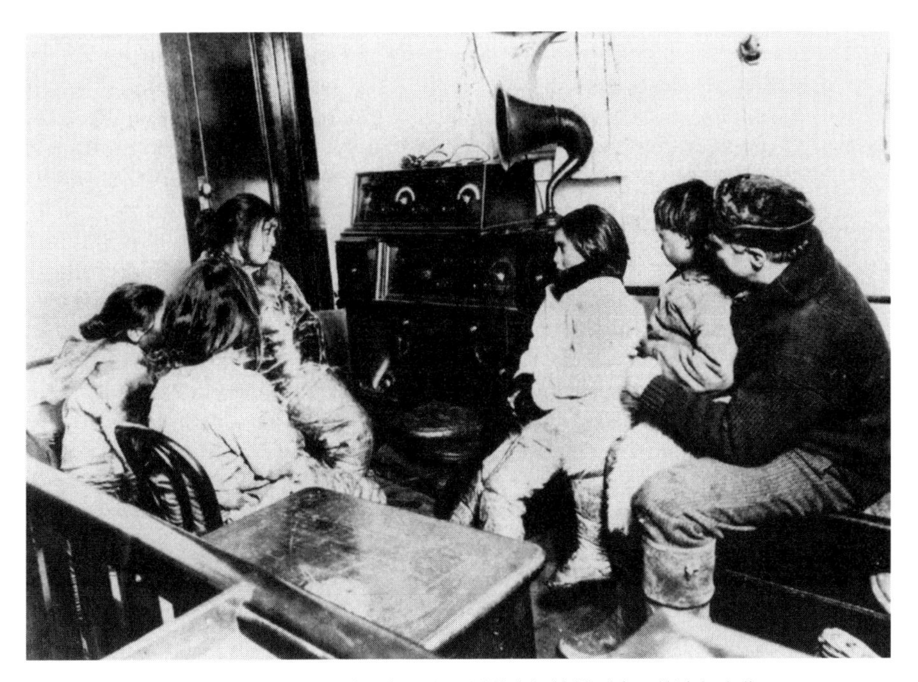

图 17.3　即使是在最偏远的社区，人们都可以通过收音机接触到全国的流行文化
资料来源：由美国专利与商标局提供。

在家人身边，随自己的意愿将电台开启或关闭、调整音量或频段。甚至在工作时或躺在床上都可以收听。无论过去，还是现在无线电广播都完美适应着家居生活。随着终日在家的亲人、孩子的人数逐渐减少，广播为居家的女性们排遣了孤独寂寞。最重要的是，广播绝妙地调和了大多数美国人向往的两样东西：私人生活与信息、娱乐共享社群，这增强了自留声机开始，将由电视继续下去的发展趋势。

无线电广播留下的遗产是复杂的。美国国内的电台网之间有限竞争[①]关系，导致电台在节目制作中有意将最重要的市场份额交付给了广告客户。尽管看来如此，但大多历史学家们并不认为这只是开创了一种大众文化那么简单，广播或许十分有助于将收听同一地方电台节目的不同族裔的人群

① 有限竞争指在有限、公开的领域竞争价值公开的采购项目。

连接起来。但是，即便是在电台网的节目中，也存在着多种多样的节目设置，它们不全是“低档”的情景喜剧和肥皂剧。20 世纪 30 年代中，NBC 会在每周四晚播送古典音乐会，向上百万人推广“严肃”音乐。与此同时，广播大大减少了人们围在家中的钢琴旁歌唱的场景，人们的谈话也会随着综艺节目《保罗・怀特曼在克拉夫特音乐厅》(*Paul Whiteman's Kraft Music Hall*)或者《飞侠哥顿》(*Flash Gordon*)最新剧集的开播而被打断。广播带来的不仅仅是被动的私人娱乐体验，还需要听众利用想象力（电影，以及后来的电视，对观众想象力的需求都不如广播）将烘托气氛的音乐、声效在脑中转化为一处纽约的街景，或是一片阿拉斯加的森林。广播就是这样一种将流行性、商业性，甚至还有教育性熔于一炉的独特娱乐形式。

与电影产业类似，随着 1950 年以后主要的赞助商转投电视业，无线电广播事业也发生了改变。1960 年，最后一部广播肥皂剧停播了。尽管电视在娱乐业占有明显优势，可移动性依然是广播相对于电视的一大保留优势。在 20 世纪 50 年代，车载收音机几乎成了汽车的标配，廉价的晶体管收音机开始出现。于是，收音机成了行驶在高速路上的驾车者以及年轻人的宠儿。广播也成了人们获知新闻的主要来源，它凭借从早到晚的持续在场，方便了人们的生活。1953 年，正当电台网的节目资源被电视媒体抢走之时，摇滚乐唱片的出现填补了这个空缺（也为面向年轻群体的广告宣传提供了媒介平台）。人们很快就从广播上听到了这些音乐。艾伦・弗雷德（Alan Freed）及沃尔夫曼・杰克（Wolfman Jack）等一众电台主持人与年轻听众们同声同气，也与摇滚音乐紧密相关。广播事业不但得以存续，还茁壮发展了起来。事实上，电台总数从电台网的黄金年代——1945 年的 973 座，上升至 1981 年的 9049 座。

广播还略为滞后地成了多元文化的堡垒，尤其是自 20 世纪 70 年代起，人们开始发觉到调频（FM）广播的潜力。尽管 1933 年埃德温・阿姆斯特朗就已经将 FM 申请了专利，基于调幅（AM）技术的电台网与制造商们（尤其是 RCA）还是不怀好意地阻碍了 FM 的早期成功。直到 1961 年，FM 电台开始用立体声效播音时，它才逐渐流行开来——起初，它也只是吸引了一批喜爱古典音乐、小众音乐，品味刁钻的听众们而已。1971 年国家公共广播电台开始播音以后，FM 还促进了教育型电台的发展。AM 电台也留存下来，并开创了“听众热线”节目的先河。到了 80 年代，由早期广播节目吸引到的大量听众，被分割为若干个体量小而忠实于某一特定节目类型（软摇滚、经典老歌、乡村乐、宗教音乐、爵士乐、古典乐，或是新闻与谈话类节目）的收听群体。还是在 80—90 年代，政府管制的放宽允许电台播送更多的广告，促进了大企业对地方电台的收购——这虽然为广播事业创造了效益，但也削减了本土的节目内容、损害了节目的多元性。

电　视

和广播类似，电视的起源也可以追溯到科学发现。电视发轫于一项 1883 年的发现，即硒的电阻率随着光线的改变而发生变化。保尔·尼普柯夫（Paul Nipkow）用一个带有螺旋孔洞的旋转圆盘做试验，尝试将图像以点阵的方式保存在硒光电管的一系列条带上。这些光点可以通过电子的方式传输到接收器处，理论上，只要将这个过程逆转过来，就可以生成出一模一样的图像。硒在光下的反应速度缓慢，加上尼普柯夫设计的圆盘十分低效，仅是传输图像的质量都会受限，更不要说传输电影了。1897 年，终于有人发现了能够取代机械圆盘进行图像扫描的手段。德裔科学家卡尔·布劳恩（Karl Braun）发明了阴极射线显像管（CRT），可以靠发射电子束快速发送电子信号，激发其真空管内壁的磷光性表面，生成能够在显像管外可以看见的图像。起初，CRT 主要用于科学研究，以波的形式显示电子信号；但在经过了一些改进后，它开始被用作电视的显像管，将传输过来的图像通过电子的方式逐行地显示出来。电子束最终解决了“尼普柯夫盘”存在的问题，同时，光电管（1905 年发明）的出现也解决了硒反应缓慢的问题。这种设备将光线转换为电信号的速度远快于硒，令静态照片和文字的传输成为了可能（一战结束后不久，一种原始的传真机就出现了）。然而，这些早期电子设备不足以记录和扫描动态图像，也就不能够用来播送电视节目，也不能制造出能将电视信号通过逆转过程变为光信号的接收机。事实上，像英国人约翰·贝尔德（John Baird）这样的电视机变革者，一直试图建立一个基于机械圆盘原理的、切实可行的系统，但直到 20 世纪 30 年代都没有什么进展，他设计的屏幕显示的图像始终没有超过 240 个条带（不到 40 年代时达到的标准水平的一半）（图 17.4）。

问题在于，电视摄影机完成对某个画面的扫描，是以一个个小条块为单位的，通常呈现为从左到右的一系列条带。这必须以飞快的速度运行，否则动态图像将会断续、模糊。1931 年，人们估计，要想获得良好的图像传输质量，每秒必须要有 700 万像素的传输量。当时，研究者们还在拼命尝试达到四千像素的水平。扫描技术的革命，还需要电子技术的进步。

运用全电子扫描技术的电视机，是由美国大企业设立的工业研究实

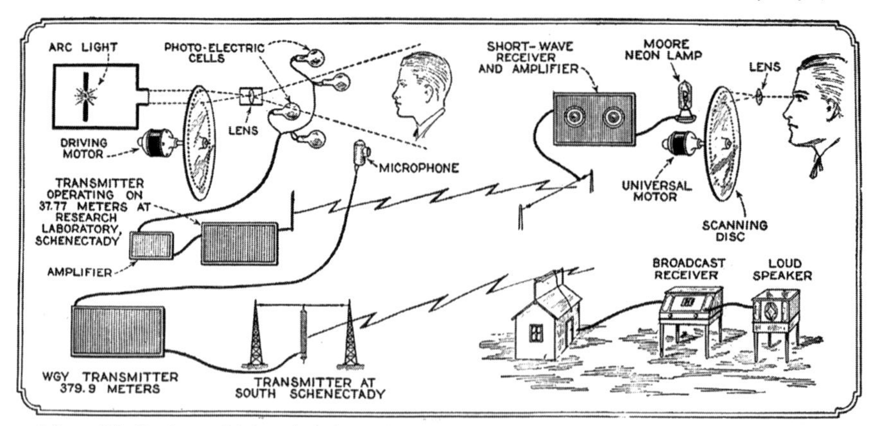

图 17.4　一份使用“扫描圆盘”技术的机械式电视系统示意图

资料来源：维基共享资源网。1928 年 4 月首次刊登于《无线电新闻》，版权未更新。

验室研制生产的。这一成果主要由握有无线电产权的几家公司，即 RCA/NBC、CBS 和 AT&T，着手完成。这些公司想要继续主导下一代新兴媒体技术，不再重蹈 19 世纪 70 年代西联电报集团错失电话事业掌控权的覆辙。独立发明家费罗・法恩斯沃斯（Philo Farnsworth）发明了早期电子式电视系统，另一位独立发明家艾伦・杜蒙特（Allen DuMont）在 20 世纪 50 年代曾推动过一个短命的电视网络的修建，他们都为电视技术额外带来了一些重要的进展。

然而，即便对电视技术的研究要早于 1926 年和 1927 年时电台网的建立，其研究进程还是十分缓慢。1923 年，俄罗斯裔科学家弗拉基米尔・兹沃里金（Vladimir Zworykin）为他的电子式电视摄影机申请了专利，但当时他的发明能够获得的图像质量太差，因此他在西屋电气的雇主选择不再跟进这一项目。七年以后，兹沃里金成了 RCA 的实验室掌门人，这给他提供了更多的资源来改进电视技术。但大萧条又耽搁了研究进程。兹沃里金和他在 RCA 的团队受到了费罗・法恩斯沃斯的挑战，后者的系统虽然只能够传输亮度很高的图像，但已经包含了一些优质扫描系统所需的要素。到了 20 世纪 30 年代，RCA 和法恩斯沃斯在一系列专利诉讼中纠缠不清，最终双方达成一个协定：各自持有一些重要的“专利定位”（patent position），靠交互授权的方式让电视技术有利可图。1939 年，这项协定终于达成。1941 年，FM 音频技术被电视业采用，即便如我们所见，它在广播电台中的使用曾因触碰了 AM 技术的利益而被阻挠。

电视技术碰到的下一个关卡，是政府的管控。虽然 BBC 于 1936 年首次推出电视服务，NBC 也随即于 1939 年在纽约世界博览会上展示了电视技术，但是要在全国范围内获得审批，产品必须要实现标准化。1941 年，联邦通讯委员会选定了 525 线电视屏幕、30 帧 / 秒、6 兆赫频宽作为标准，这也成了整个 20 世纪电视机的标准。然而，第二次世界大战自然而然地耽搁了电视的推广进程。1946 年，只有八千个美国家庭安装了电视，1949

年时这个数字上升到了一百万，1951 年是一千万，到了 1960 年达到了四千五百万——占美国家庭总数的 90%。

早期的电视，就是在广播的音频轨道上添加图像。广播信号从地方电台传输到家庭天线和显像管式电视机中，其接收内容很大程度上仅限于三家从无线电广播、节目制作起家的电台网，并且是黑白形式。电视机十分厚重（尤其是需要将显像管及其电子枪安装在电视机背后以及其他显像管的基座上）。观看者要直接操纵电视机身上的装置，不得不时常调整电视机顶部的“兔耳”式天线，以接收没有“雪花片”干扰的清晰图像。到了 20 世纪 60 年代，晶体管（见于第 20 章）取代了昂贵的、过去时常容易烧坏的显像管（除了用于呈现图像的那一根）。20 世纪 50 年代，安有超声装置的遥控器开始出现，70 年代中期时遥控器被改进为红外线系统，80 年代时遥控器成为大部分新式电视机的标准配备。即便电影中出现了色彩，为电视“着色”的故事仍是曲折的。早在 1941 年就有人开始了相关试验，但昂贵的成本阻碍了彩色电视机的商业应用。最早的彩色电视机出现在 1953 年，但因为其售价高昂，且广播电视网缺乏对彩色节目的制作，它的销量一直不温不火。直到 60 年代中期，彩色电视价格下降、节目制作量上升，才足以说服消费者替换掉老式的黑白电视机。

1974 年，磁带录像机（VCR）出现了。这种磁带式机器允许观看者们录制电视节目方便之后观看，或是在家庭电视机上播放电影的录制版本。然而，在 1996 年被日本厂商推出数字化视频设备（DVD）后不久以后，模拟信号 VCR 就被大规模取代了。DVD 又转而被互联网上的数字化视频信息流取代（“数字技术”内容，详见第 20 章）。

尽管 20 世纪 40 年代末有线电视开始使用，特别是在一些无线信号接收效果不佳的地域，但是无线电视仍然是更为廉价的选择。60 年代，联邦通讯委员会还应广播公司的要求，对有线电视进行了限制。然而，这些限制令在 1972 年以后逐渐解除，卫星技术使得远距离信号传输成为可能。接着，有线电视网络规模激增，通过线缆将新制作的节目播送到了千家万户。“家庭影院频道”（Home Box Office，1972 年创立）是首个有线电视网络。1976 年，泰德·特纳（Ted Turner）也跟上潮流，将他在亚特兰大的电视台信号发送到了一颗卫星上，最终把它传输到了一个全国性的有线电视网络系统中。

另一些技术革新改变了电视机的外观。鼓鼓囊囊的 CRT 让电视机显得脑满肠肥，逐渐被一系列扁平屏幕的电视机取代。首先是 1964 年发明的等离子电视，它显示图像的原理是给氖气、氙气通电，从而放射光线。等离子电视造价高昂，它的扁平屏幕技术逐渐被液晶显示（LCD）电视机取代。LCD 电视机的像素点由两层玻璃偏振滤光片形成（每个像素点又可细分为原色组成的亚像素），在这些玻璃滤光片之间有一个液晶薄层，可通过电子转换开 / 关状态（即扭曲状态或不扭曲状态）。这决定了屏幕背后的冷阴极荧光灯（CCFL）是否释放光线，使其透过玻璃滤光片产生彩色影像。这项技术之后，随之而来的是发光二极管（LED）电视，其中半导体材料 LED 取代了 CCFL，放射出光线形成图案之后，可透过 LCD 屏幕供人观看。

尽管这些技术从 20 世纪 60 年代就有了萌芽，但直到 1996 年前后索尼（Sony）和夏普（Sharp）公司为了推动等离子电视的市场销售而整合了各自的技术，它们才终于获得了商业化运作的可能。到了 2006 年，LED 电视中使用的半导体组件已被改进，使其能够与等离子电视、LCD 电视相抗衡，甚至逐渐让它们淡出。这些平板显示器不但拥有更高的分辨率，还允许使用更大尺寸的屏幕。到了 2009 年，像横跨在达拉斯牛仔橄榄球队体育馆上空的 160×72 英寸巨型 LED 屏幕，足以让看台上的粉丝们观看到比赛精彩部分（或者争议部分）的回放。最终，2009 年的电视信号开始从传统的模拟制式转向数字制式，画质得到大大提升。不久之后，数字电视便能够通过无线路由器，用 Youtube、Netflix 等应用程序与计算机网络（见第 20 章）相连接，以获取视频信息流。自 20 世纪 50 年代早期黑白显像

图 17.5　一张拍摄于 2009 年的照片：当时的牛仔体育馆出现了巨型扁平式高清晰度电视（HDTV）屏幕（160×72 英寸），改变了人们从看台观看橄榄球比赛的方式

资料来源：维基共享资源网。已获创作共享许可，由 Mahanga 拍摄。

管电视出现以来，所有这些技术革新，多方面、深层次地改变了电视的观看方式（图 17.5）。

电视与“黄金档家庭”的起源

如我们所见，电视产业发展所依赖的那批主要企业和广播产业是相同的，几十年来，三家从无线电广播起家的广播电台网（NBC，CBS 和 ABC）始终掌控着电视产业。很快，电视就主导了流行文化，正如第二次世界大战后的广播一样。到 1954 年，战争刚过去九年，已有 55% 的美国家庭安装了电视机（广播产业花了 37 年才达到这一百分比）。1967 年，美国家庭平均每天要在电视机前消耗五个小时。和广播一样，商业化电视将大量市场份额交付给了全国的广告客户。

确实，那时电视节目的形式，甚至某些特定节目，都是直接照搬广播的。美国的电视业模仿了广播电台统一的节目时长，并不时穿插广告。电视业还吸纳了电台对每日节目的分配规则：早间谈话类和比赛类节目，下午肥皂剧，傍晚儿童节目，而晚上是黄金档。各种各样的电视节目，如《通用电气剧场》(*GE Theater*)、《天网恢恢》(*Dragnet*，警匪片)、《伯恩斯和艾伦》(*Burns and Allen*，情景喜剧)、《埃德·沙利文秀》(*The Ed Sullivan Show*，综艺节目）和《会见新闻界》(*Meet the Press*，新闻节目)，还有人们所熟悉的情景喜剧以及西部、侦探题材的节目，都取自广播节目。

电视业与电影业的联系同样十分紧密。尽管早期电视业和早期电影、广播事业一样以纽约市为中心，1951 年后的电视业还是迁移到了遍布电影工作室、摄影棚的好莱坞。电影在灵活性方面明显超越了实况播送的电视。“放送事故”和时点控制问题都能在影片的剪辑中得到修正。1951 年，露西尔·鲍尔（Lucille Ball）和德西·阿纳兹（Desi Arnaz）开风气之先，在好莱坞制作了他们的第一部情景喜剧剧集《我爱露西》(*I Love Lucy*)。电影公司创立了电视分部（比如哥伦比亚影业旗下的“银幕珍宝”Screen Gems)。电视网行业的新贵 ABC 为了提高收视率，雇用了知名影人华纳兄弟，于 1955 年拍摄了西部系列情节剧《夏延》(*Cheyenne*)。这种合作模式被大量效仿：截至 1959 年，已有 32 部西部剧集出现，充满着每个无线电波段。1960 年，ABC 的《义胆雄心》(*The Untouchables*) 的开播，同样引发了人们对警匪“动作”片的狂烈热情。电视的优势在于结合了广播电台的私密性、即时性和电影的视觉形象，这种优势鼓励快节奏的情节安排。

尽管这些电视内容都植根于大众间流行的广播、电影娱乐，早期的电视推广者还是憧憬着，这种新式设备能通过将人文艺术内容、有教育意义的纪录片，尤其是实况转播和时事专题的节目送入美国人的客厅，来提升他们的文化水准。诚然，20 世纪 50 年代的电视业将黄金档时段留给了如《克拉夫特电视剧院》(*Kraft Television Theater*) 这样广受好评的戏剧，

《明星猜猜看》(*What's My Line*) 这样的益智问答类节目，爱德华 · R. 莫罗 (Edward R. Murrow) 主持的新闻节目《此刻请看》(*See It Now*)。但电视上也会放映歌舞杂耍秀影响下的演出，比如米尔顿 · 伯利 (Milton Berle) 从 1947 年演到 1956 年的“身体喜剧”，还有从 1948 年播到 1971 年，每周日一期的埃德 · 沙利文综艺秀。

早期的商业化电视网还会在每周日下午播放公益性质的节目 [比如《大巴车》(*Omnibus*)，与后来的公共电视节目《新星》(*Nova*) 十分相像]。但 20 世纪 50 年代末的广告主们对“严肃”的戏剧和纪录片失去了兴趣。这一定程度上是因为那时几乎家家户户都拥有电视机，广告商们总会被吸引到更受大众欢迎，并能够拥有更高收视率保障的节目制作方那边去。1964 年，每周日在电视网上播出的教育类节目将档期让位给了国家橄榄球联盟的比赛转播，这就把数百万计的收看者“卖”给了百威啤酒与通用汽车公司。

然而，节目制作风向的改变，不止是从吸引大众到吸引大众商品生产商来做广告的一次转变而已。新制作的电视节目，成了将电视收看及其技术的特征整合以后诞下的一颗怪胎。不期然地，电视没有向人们提供分享新鲜、独特内容的机会，而是成了一个以重复熟悉而传统的内容为主的媒介。起初，常有现场演出 (大多数在纽约市举办) 通过线缆网络，散播到各地的地方广播电视台，电视台继而将现场演出节目定向发送到美国家家户户的天线上。直到 1955 年，还有 87% 的电视网联播节目，仍在夜晚黄金档进行着音乐综艺秀和戏剧表演节目的现场实况转播。观众们享受着现场演出的即时性带来的神秘魅力，而电视网向急于吸引全国观众的广告客户们销售着黄金时段，并以此获利。

这幅图景受到了一个理念的挑战，即：电视节目应该是能够被录制，从而可以重复观看的。到了 20 世纪 60 年代，这一理念在电视业界成为主流。在电视网内没有多少节目可播的早期阶段，缺乏现场演出作为播出素材来源的地方电视台就需要那样的节目，尤其是在非黄金时段的收视时间段。此外，要想在加利福尼亚收看在东海岸开始于晚八点的现场演出，人们不得不守在下午五点钟，这就为录制这些节目供夜间收看创造了经济诱因。早期的一个解决方案是，播放电影界已经出售给地方电视台的老电影和动画片，作为“午夜场”或午后电影档。在 20 世纪 30 年代、40 年代，这些节目将新生代观众带入了好莱坞电影的世界。另外，一些不在电视网系统中的电视电影公司制作了大量电视剧集，投给了多家地方电视台。人们借鉴 30 年代收听广播时出现的做法（用收音机重放“副本”——即对实时直播节目进行留声机录制，用于延后收听），将电视节目进行录播，即电视监视器前的摄影机把在纽约直播的节目录进胶片，以供西部时区的观众稍后观看。1956 年，随着录像带的发明，更先进的录播技术也开始出现了。

从 1955 年开始，这些录制好的电视节目令“重播”成了可能：地方电视台在每个工作日的下午时段定时播放若干“条”已经在每周一次的黄金档上首播过的情景喜剧或西部片。从 1958 年开始，每到夏季收视率有所下降时，电视网就会重播已经连播过 39 周的一整季剧集，而还有不少人乐意再看一遍。可见，电视节目并不一定都要是现场直播的。

随着岁月变迁，电视连续剧也从《反斗小宝贝》（*Leave it to Beaver*）这样的 20 世纪 50 年代的家庭情景喜剧，转变为 70 年代流行的，由同年龄段的演员们主演的“好伙伴”型情景喜剧，比如《玛丽·泰勒·摩尔秀》（*Mary Tyler Moore*）就以一群新闻编辑部的伙伴们为主要角色。80 年代有讲述酒吧常客生活的《欢乐酒吧》（*Cheers*），21 世纪头 10 年左右有刻画了一群滑稽的“技术宅”生活的《生活大爆炸》（*The Big Bang Theory*）。许多情景喜剧在首播后又重播了数十年，被有着怀旧情结，想要珍藏坐在电视机前无忧无虑的青春回忆的观众们看了又看。它们也吸引了一些对过去人们的品位、幽默和价值观感兴趣的新观众。

不但对过往节目的重播成了电视节目编排的主要内容，新节目本身也变得十分俗套。比如说，情景喜剧只会依靠那几个确定后就永不改动的角色，以及那些简单的场景设定——不是家庭生活就是别的什么群体生活（就好比在某个城郊的客厅之中）。但让这些剧集获得生命力的，是一个个“情景”，其中都要包含一个“危机事件”，最终问题会迎刃而解，一切都发生在 23 分钟内。这些老套的剧情直到现在仍令人感到舒适且有着奇妙的吸引力。事实就是，收看者知道接下来会发生什么，这让他们能够感受到自己也是剧情的一部分。其他类型的电视节目也有着同样令人舒适的套路式剧情（西部片、警探片等）。

电视节目极少与时下的主流文化背道而驰，毕竟三家电视网都在为吸引同一批中产阶级广大观众群而相互竞争。例如，电视在 20 世纪 50—60 年代成了对城郊生活近乎完美的表达方式。电视的情景喜剧中歌颂家居生活，在动作冒险节目中让人们警惕都市生活的危险，同时也在商业广告中引诱观众们去城郊的快餐连锁店和购物中心消费。电视巩固了人们享受家居私密性的趋势（这一趋势由广播媒体建立），这也难怪在 1954 年出现了一种全家人端着托盘，坐在“盒式”电视机前享用的“电视机晚餐”。

进一步的技术革新让电视机彻底改观，最终削弱了电视网三巨头的势力，从根本上分化了收视人群，这些革新涵盖了：每个家庭拥有多台电视的格局、有线电视以及新产品对传统电视的取代。固态技术取代了显像管，令电视更为廉价且易于搬运。客厅里的大电视柜（通常由家里的父亲控制）不再一家独大。自从 20 世纪 60 年代，就开始有新增的电视机被放置在地下的家庭活动室，甚至是儿童的卧室，这打破了一家人同时观看电视节目的格局，创造了为特定年龄段、特定性别、特定品位的小范围观众群设计电视节目的可能性。在 1975 年，已经有 43% 的美国家庭中容纳了两台及以上的电视机，而到了 2010 年，这一比例已经上升到了 83%，其中有 28% 的家庭已经容纳了三台及以上的电视机——而当时有很多美国人正在独居，家中没有孩子。截至 1965 年，彩色电视机的问世已经使电视收视量增长了 20% 之多。而卫星通信（1963 年出现）这样的新技术，使得新闻和体育赛事能够瞬间为全球所知——以至于影响了美国人对越战的看法。

最重要的技术革新自然是 20 世纪 80 年代的有线电视技术。线缆不仅提升了信号接收的清晰度，还带来了更多的电视频道（信号每天 24 小时在线，而不会在午夜断开）。这些特性造就了有线电视的吸引力，尽管收看有线电视不再像无线广播电视一样是免费的了（电视广告曾经是免费观看无线电视所需要付出的"代价"，而大部分有线电视仍带有广告）。有线电视的早期支持者认为，多种多样的频道的收看渠道一旦拓宽，就能终结那种用单调无奇的节目去追求"最小公分母"，试图调和所有人的口味的"广播"模式了：有线电视将会推动"窄播"模式，面向有更高要求、更专门化的受众人群。电视网先前不得不为主流观众所占据的巨大市场份额而竞争不休（当只有三家主要电视网时，这不失为一个理智的选择），如今能够掌控一个完整的体量较小的受众群。例如，1981 年的音乐电视（MTV）用摇滚音乐短片抓住了年轻人市场；泰德·特纳于 1980 年开创了有线电视新闻网（CNN），并于 1994 年创办了特纳经典电影频道，取悦了新闻迷和老电影爱好者们。

起初，有像教育频道、探索频道、艺术与娱乐频道及精彩电视台（Bravo）这样勇于创新的有线电视网，推出的新节目吸引到了一批爱好小众乃至曲高和寡的观众。然而，有线电视频道很快就发现，新近的纪录片、音乐会和戏剧的版权，相对于一个有线电视频道能吸引到的小体量观众群来说，有些过分昂贵了。他们和很多其他有线电视网便开始转向低成本、频繁重播的节目，去吸引专门化的观众群而不是精英阶层的观众群。比方说，艺术与娱乐频道（A&E）会反复重播一些被同时卖给多家媒体的犯罪题材剧集。精彩电视台于 20 世纪 80 年代放弃了"电影与艺术"的节目设置，推出了面向青年的节目编排，2003 年更是播出了时尚"真人秀"节目《粉雄救兵》（*Queer Eye for the Straight Guy*）。还有些电视台的节目制作专门迎合福音派宗教信仰人群（"视博恩"基督教广播网，以及后来的家庭频道）、体育运动爱好者（娱乐体育节目电视网旗下的诸多频道）、儿童（尼克儿童频道）、劳动女性（WE 频道）、非裔美国人（黑人娱乐电视台）、年轻男性（Spike 频道）的兴趣与品味，甚至还为怀旧的老年人观众准备了重播节目（电视乐土频道、天线频道和 ME 频道）。

这些“窄播”电视网所吸引的，只是美国流行文化的几个零散圈层，截然相反与传统电视网长期以来希望用“合家欢”类型的情景喜剧或是音乐综艺节目来吸引的广泛收视群体。这些有线电视频道向他们的广告客户承诺，他们的节目收视人群或许体量不大，但节目定位针对性强，这将省下将广告产品推销给根本不会购买该产品的人群所产生的资金“浪费”。因此，尼克儿童频道上的广告会主推儿童商品，而 ME 频道则会主推为老年人准备的健康产品。有线电视技术使这一转变成为可能，商业电视网要向投放广告的公司寻求广告收入，公司要为他们投放的广告寻求针对性强的受众，新的电视技术从此变得不可或缺。同时，节目制作仍旧保持着多样性（尽管不总是要求节目内容要“催人奋进”），而庞大的电视台数量掩盖了一个事实：有线电视台的所有权愈加收拢在少数几家公司手中（通用电气 -NBC、福克斯、迪士尼 -ABC、时代 - 华纳、维亚康姆和 CBS），这与广播电台网三巨头时代的广播及电视业没什么两样。结果就是，少数的多媒体公司同时掌控了广播业和有线电视业，以及大部分电影和电视节目的制片档案处。

另一些技术上、商业上的变革也影响了电视的收看。人们似乎要在有线电视频道和卫星电视频道之间永无止境地做出抉择，再加上遥控器的出现，使得人们养成了“无限调台”（channel surfing）的习惯，来避免无聊的节目桥段和广告。作为回应，电视节目制作人提供了能够让人快速着迷的节目，希望能够防止观众们“换台”（flipping channels）。由此造成的一个影响是，每组镜头的时长变短了（从 1978 年到 90 年代初期，电视广告的长度减少了 2.3—3.8 秒），演员之间的对话片段也变短了。你会留意到，

20 世纪 50—60 年代的情景喜剧，相比于今天，叙事节奏要多慢有多慢；同样你也会留意到，电视广告变得短小而紧凑。

VCR 和 DVD 机进一步减少了电影院的上座率。到 1990 年，电影磁带的租赁与销售总额相当于电影票房总额的两倍以上。这些录像设备还能供观众对节目进行“时间点切换”（time shifting），在遇到广告时可以“快进”（fast forwarding）。基于计算机技术的、在智能电视和移动联网设备上可播放的节目，不但进一步削弱了电视网节目的传统主导地位，还重创了有线、卫星电视公司对市场的掌控力。

经历了这些变革以后，电视仍是最为重要的娱乐方式和信息媒介。自 1961 年联邦通讯委员会主席牛顿·米诺（Newton Minnow）宣称电视是一片“广阔的荒原”以来，批评界就不乏对电视的抱怨。他们认为电视没能达到教育美国国民、提振文化水平的目的。原因之一是，广播和电视从一开始就是广告和娱乐的载体。当播送节目的对象只是想象中的“普通”美国消费者（这也如广告客户所愿）时，这或许已经对文化事业造成了一种 20 世纪 50 年代批评家们称之为“格雷欣法则”（Gresham’s Law）的影响。根据这一理论，节目制作呈现出向“最小公分母”下沉的趋势，并将价值建立在即时的满足之上。随着有线电视的发展和频道的增多，海量的电视节目演播时间无可避免地影响了节目质量。当电影工业在 40 年代风头正劲时，每年也只有大约 800 部电影产出，而电视网必须把每周的 168 小时都装满节目。有线电视和流媒体的时代里，这种难题只能是愈发加剧。

是否仍要维持商业化节目运作模式的主导性，成了电视节目质量讨论的一部分。正如美国无线电广播业起家时未能成功发展起一个公共性的广播系统一样，美国的电视业建立起非营利性频道也是一个缓慢的过程。20 世纪 50 年代，福特基金会和部分学院建立了一批教育电视台。讽刺的是，1967 年，正当“曲高和寡”的节目几乎被电视网彻底抛弃之时，美国成立了公共广播系统（PBS）。然而，和 BBC 不同的是，PBS 并不制作节目——

它几乎就是一个分销网络，节目内容的创作都来自独立运作及附属运作的公共电视台。美国的公共电视媒体常常处于资金匮乏的境况，还不得不依靠BBC的现成节目来维持播出，对美国人的文化生活可谓影响甚微（亦有一个很大的例外：儿童节目）。

很多舆论界人士指责美国电视业的商业主导性，原因是媒体在担负教育公众、提振公众文化的责任上令人失望。另一些声音指出，应该责备的是电视机本身，连同它的技术性能。电视不能很好地适应一种与过去或未来产生连续性的欣赏体验（正如有线电视新闻对轰动效应的追求所示），也无法对复杂的议题进行分析。窄小的电视屏幕被安置在私人家居场景里，创造了一种亲密性的幻想，对脱口秀中名人的狂热崇拜、对情景喜剧中人物产生令人舒服的亲切感，都体现出了这一点。和广播类似，电视也已经成了离群索居者或孤独者们形影不离的“朋友”，总在被置于开启状态。具有教育意义的、引人不安的题材通常不会出现在小屏幕时代的电视上（尽管在大型扁平式屏幕电视机的时代中，这发生了些许改变），批评家们声称，人们看到这样的内容时会把电视关掉。然而观众使用电视、理解电视节目内容的方式是各异的，这反映出了他们的年龄、族裔、性别及教育背景。也有迹象表明，电视正在丧失其对美国人的想象力与时间的控制力，尤其是对年轻人群。

无论如何，电视在美国式生活中扮演的角色还是无人能够否认的。和其他的视听技术一样，电视，以及使用电视的方式，始终在适应美国文化，乃至推动这种文化的变革。电视反映了一个商业化的社会，一个渴望选择的民族以及家居生活的富足舒适。电视和广播、留声机、电影甚至汽车都一样，反映了一种在分享大众文化的同时享受私人生活的美式追求，同时强化了这种追求。很少有美国人乐意采用不同的方式生活——即便他们总在抱怨他们所收看的电视节目。

第 18 章

战争与和平中的飞机与原子弹

民用技术与军用技术总是同时进步的。尽管内燃机技术研制之初是为了用在工厂和私人运输业上，但军方很快就将它用在了飞机和坦克上。更早些时候，威尔金森的镗床很大程度上是为了制造加农炮而诞生的，后来却为瓦特蒸汽机的出现提供了可能性。20 世纪，对政府投入大笔开支用于军事研究表示支持的人们指出，军用技术对民用技术产生了显著的“溢出”效应——即使近年来这些跨界革新似乎数量变少了，好像军用技术和民用技术已经分道扬镳了似的。

对飞机与原子弹的军事研究解决了复杂的技术难题，使其广泛转化为民用技术成为可能。这两种技术的历史都开始于军事领域之外。飞机的研制是为了便于人们旅行、摄影和追求刺激。直到民间发明家解决了飞机航行的最基本问题后，军方才开始感兴趣——而这一切都发生于战争即将爆发的关头。两次世界大战都带来了研究经费的大量增长，推动了飞机技术的飞跃式进展。飞机在战争中所发挥的作用很快变得至关重要，以至于即使在和平时期，军方仍将巨额经费投入于飞机性能的提升——尽管只有在战争一方对另一方有明显优势时，才能显示出空军力量的决定性作用。民用飞机很大程度上借鉴了战斗机和轰炸机的设计，后来还采用了同样为空军而研发的喷气式引擎。事实上，大部分飞机制造商都是在靠军方的订单维持运营，直到 1945 年。

军事上的应用核研究，建立在数十年的科学探究基础之上。空投炸弹出现于第一次世界大战中，在第二次世界大战中已被广泛使用于工业和民间场合，这为 1945 年 8 月日本的两座城市被投下原子弹奠定了基石。原子核裂变的毁灭性力量，加上冷战导致的国际敌对与不信任，酿就了一场核军备竞赛。政府注资支持对核能的研究，某种程度上是为了给研制更为先进的核武器及“运载系统”上的巨额开销提供正当理由。事实证明，这项技术成果祸福参半，它在世界的能源领域占据了相当大的比例，但同时也留下了严重的环境危机。

学会飞行

数千年来，人类一直为御空飞翔的梦想而着迷。由于无法复制鸟类天生的飞行能力，人类只能寄希望于两种方法来实现飞行梦想。第一种方法是轻于空气的飞行器，这需要人们同时认识到：大气是有重量的，存在比空气更轻的气体——而这些原理直到 18 世纪才为人们所了解。第二种可能性是重于空气的飞行器，这需要人们认识到：当飞机有了足够的前进动力时，气流会通过被设计妥当的机翼下方，为飞机提供向上的气压，使飞机能够维持在空中航行。

1783 年，热气球和氢气球陆续在法国首次出现。之后的十年间，军方将气球用于勘测工作。变幻莫测的风向将它们阻挡在任何商业用途之外。人们进行了很多实验探究推进飞行器的方法，包括 1852 年亨利·吉法尔（Henri Giffard）对蒸汽发动机的使用。然而，直到拥有比蒸汽发动机具有更高功率重量比的内燃发动机被研制出来，推进技术才得以成功实现。这种发动机，搭配上一种被重新设计过的雪茄状气球和合适的螺旋桨，让可操纵的气球——飞艇在 1884 年成为现实。很快，德国的斐迪南·冯·齐柏林伯爵（Ferdinand Graf von Zeppelin）成了飞艇设计界最知名的人物。他第一次注意到气球是在美国的南北战争期间。1863 年，他在明尼苏达州进行了第一次升空飞行。齐柏林用一种刚性的外部框架建造飞艇，将内部设计为搭乘区域，还将大量的气球装在飞艇内部，以防止漏气导致飞艇坠毁。

第一次世界大战期间，这样的飞艇在军事勘探和投掷炸弹方面都展现出了实用性。在两次世界大战间隙，英国、德国和美国的军方及民间仍然对飞艇保持着很高的兴趣。不过，由于氢气十分易燃，飞艇着火的风险很高。1937 年，在新泽西州莱克赫斯特市，"兴登堡"（Hindenburg）号飞艇突如其来的爆炸，令飞艇的时代就此落幕。尽管如此，在今天，更先进的飞艇仍被用于体育赛事的电视转播，也会被用于运输大件物品，尤其是需要运送到偏远地区时。

与此同时，重于空气的飞行器技术取得了极大的提升。19 世纪的滑翔机实验让机翼的设计与操纵有了显著改进。奥维尔·莱特（Orville Wright）和威尔伯·莱特（Wilbur Wright）兄弟在尝试使用动力装置飞行之前，曾用滑翔机试验多年。然而，飞机相对于飞艇来说，研发进度还是稍微缓慢一些，因为需要一种更强劲得多的发动机来匹配它的重量。工程师们预计，一架飞机所需的重量功率比最好不超过 8 千克每马力。1880 年，最好的发动机达到了 200 千克每马力；到了 1900 年，由于汽车技术的发展，这一比例达到了 4 千克每马力；1903 年，莱特兄弟用来给他们的第一架飞机提供动力的发动机，重量功率比就是 6 千克每马力（图 18.1）。

莱特兄弟常常被人们当成业余者中的幸运儿，在那些受人尊敬的科学家们失败的地方获得了成功。莱特兄弟没有接受过太多正规教育，但他们在运营俄亥俄州代顿市的自行车行期间，获得了相当多的专业技能。莱特

图 18.1　拍摄于 1902 年的北卡罗来纳州基蒂霍克村，奥维尔 · 莱特在领航，右边是他的哥哥威尔伯，左边是丹 · 泰特（Dan Tate）。莱特兄弟在尝试使用动力装置飞行之前，曾用滑翔机试验多年

资料来源：由美国国会图书馆印刷与摄影部提供。

兄弟致力于使用科学方法进行实验。他们最先试验了风筝，接着改进为滑翔机，还常常用到一个自制的“风洞”[①]，测试不同的机翼和螺旋桨设计，仔细记录他们的试验结果。他们最重要的发现是，为飞机添加一个可调节的尾翼可以极大提高对飞机的控制力。获得了这项成功之后，他们最终才得以开始构建自己的发动机。

莱特兄弟在北卡罗来纳州基蒂霍克村的试验成功，在当时几乎是无人知晓的。接下来的数年，他们逐渐改良了设计，使他们的滑翔机逐渐能够实现受控的转弯动作，且能够在空中停留数个小时。1908 年在法国进行的

① 风洞是一种供气流在受控的速度下流动的空间或管道，用于测试新装置或机械，尤其是汽车和飞机。——译者注

一次演示彻底消除了公众的质疑。接着，大量欧美发明家都将他们的注意力转向飞行，且通常都能获得当地军事机构的支持。

个人交通方式的革命

到了 1909 年，能够飞行 20 英里的飞机很常见，有一架飞机甚至横穿了英吉利海峡。水上飞机于 1911 年被研制成功，这些飞机的起飞和降落都在轮船上完成。发动机本身就是众多创新尝试的交汇点。飞机所用的航空发动机需要消除发动机爆震问题（由点火过早导致），这个问题对汽车驾驶者来说只是一件恼人的小事而已，却能要了飞行员的命。航空发动机还必须能够在高海拔环境下压缩空气。到了第一次世界大战末尾，比起汽车上的发动机，航空发动机有其十倍的重量和百倍的制造成本。然而，生产飞机仍然是相对廉价的，这使得不少小型公司能够碰碰运气，试图研制出更好的飞机。20 世纪头十年，一家公司花费约 20 万美元就能上市一款新的机型，相比之下，30 年代时得花上百万美元，50 年代时需要上亿美元，70 年代时则需要数十亿。

不过，飞机产业的早期发展靠的是军事机构，而非民用航空。第一次世界大战将飞机的发展进度加快了几十年。1914 年，全世界只有 5000 架飞机，被用在乡村集市上进行冒险特技表演，这是它们的主要商业用途之一。那一年里，只有 49 架飞机是在美国生产的。到了 1918 年战争结束时，全世界的飞机生产量已经增加了 20 万架。所有的参战国都出资赞助相关研究项目。1918 年，飞机已能够飞上 15000 英尺（约合 4.572 千米）的高度，最大型的轰炸机拥有六台发动机和 150 英尺长（约合 45.72 米）的翼展。尽管如此，它们对战果的影响还是很局限的。

世界大战对美国产生了两个更深远持久的影响。首先，在战争的重压之下，政府向企业施压，迫使它们将专利共享（形成专利池），这一政策为两次世界大战间隙的技术进步奠定了坚实的基础。其次，美国人从安东尼·福克（Anthony Fokker）、伊戈尔·西科斯基（Igor Sikorsky）等一些欧洲移民那里学到了至关重要的专业技术。西科斯基因俄罗斯的政治动荡于1919年移居美国，福克也紧随其后，因为战后的美国看起来是发展飞机制造业最理想的地方。这些机遇确保了美国在1918年后成为飞机制造技术取得显著发展的宝地。1924年，一支来自美国空军的部队完成了环球飞行（用了175天）；1927年，查尔斯·林德伯格独自一人飞越了大西洋。这些都让美国在飞行事业中的优势尽数展现。

在两次世界大战间隙，飞机获得了多方面的改进。第一项改进是“应力蒙皮式”（stressed-skin）结构。充分利用新型结构材料，飞机能够靠外壳承重，从而淘汰早期飞机特有的内部支架。然而在1925年时，木材仍然是主要的建筑用料，金属要到十年后才占据优势地位。另一项革新是用气冷式发动机取代水冷式发动机。这一简化式设计大大减轻了发动机的重量，削减成本的同时大大加快了发动机转速。在多次风洞测试之后，设计者们将发动机移至机翼的前沿，并设计了新的整流罩（即发动机盖）。值得注意的是，与许多这类的革新一样，飞机襟翼的发明只有在与其他改动相搭配时才能体现出其重要性。可变速螺旋桨（1932年正式投入使用）使飞机能够在起飞和平稳航行过程中采用不同的速度。飞机的仪表盘也得到了改进，1929年出现了第一次“盲飞”①，20世纪30年代时仪表飞行已变得十分普遍。在此之前，飞行员们常常在遇到风暴时惨遭坠机。除冰系统和密封驾驶舱也是同时期的技术革新。

在两次世界大战间隙，美国军方（尤其是海军）仍在持续推进着大部分的技术革新。当时的波音（Boeing）、道格拉斯（Douglas）等飞机制造商都依赖于来自海军的高利润订单来支撑自己的技术研究和产品研发。当

① 盲飞指飞行员无法看到座舱外界，只能完全借助于座舱内部的各种仪表操控飞机进行飞行。——译者注

时，这些企业常常会为了将飞机投入民用而改装军用飞机。维修发动机的频次由一战期间的每航行 50 小时一次，减少到了 1936 年的每航行 500 小时一次，这主要是为了服务于民用航空。政府也支持商业航空事业的发展，修筑了机场，绘制了航线，制定了安全法规，设立了气象服务机构，还建起了横跨大陆的夜间飞行航标系统。

最终，商业航空在 20 世纪 20 年代成了现实，虽然商业化程度较为有限。美国政府于 1918 年开设了航空邮件服务，从 1925 年开始，这项服务承包给了主营邮政业务的民营航空公司（美国政府早在一个世纪以前就开创了用邮政订单补贴船舶公司的先例）。直到 30 年代后期，客运服务仍然只是一项次要业务。美利坚航空（American Airlines）、达美航空（Delta Airlines）、西北航空（Northwest Airlines，之后归属于达美航空旗下）和美国联合航空（United Airlines）都出现于 20 年代后期，通常都是作为飞机制造商的分部出现。被卷入政府交授航空邮件合同[①]的丑闻之后，美国军方组织简短邮递试验（12 名飞行员为此丧命），航空公司在 30 年代的反垄断举措下与制造厂商脱离关系。

商业航空在 20 世纪 30 年代才迎来它的成熟期。查尔斯·林德伯格于 1927 年独自一人飞越大西洋的壮举为公众们建立了对飞机的信心，商业飞机的投资激增。道格拉斯公司于 1936 年推出的 DC-3 型飞机是新一代飞机中的先驱，其运行过程中的每乘客英里[②]成本只有 1929 年时的四分之一。它的飞行速度更快，可飞行里程更远，最多能运载 28 名乘客。它还具有了更高的安全性。为了应对包括 1931 年橄榄球明星克努特·罗克尼（Knute Rockne）因飞机失事而身亡在内的早期飞行事故带来的公众恐慌，设计师

---

① 航空邮件丑闻，指 20 世纪 30 年代爆出的几家大型航空公司既从事飞机制造又从事航空运输的垄断行为。直接结果是航空运输业务被陆军航空队接管，其邮政经验的薄弱致使 12 位飞行员丧生。

② 乘客英里，航空公司计算搭载一名乘客，飞行 1 英里时的成本、收益等指标的基本单位。

们采用了一切能够想到的安全措施。事实上，DC-3 型飞机制造水平之高，足以让它们在半个世纪以后仍能在空中安全飞行。于是，航空公司得以为乘客提供集廉价、高速、舒适与安全性于一身的客运服务，使得空中旅行获得了商业上的可行性。首条营利性的客运专用航线于 1936 年启用，连接纽约和芝加哥。商业航空终于脱离了军方的资助与政府的邮政订单，从此自立门户（然而飞机制造商的研发工作并未完全独立）。尽管 1926 年全美的航空公司仅运载了 6000 名乘客，1929 年也仅有 173000 名，但这个数据到了 1941 年已升至 4000000 名。

如果说，对于飞机而言，20 世纪 30 年代是在产品改良方面突飞猛进的十年，那么 20 世纪 40 年代则见证了飞机在加工技术上的进步。用流水线少量生产发动机和机身样版的方式，在竞争中取代了“前 DC-3 时代”中所用的批量（间歇）生产模式。第二次世界大战期间军方的需求促进了

图 18.2　20 世纪 40 年代，用于生产四引擎式 B-24 轰炸机的福特威楼峦（Willow Run）流水线。大规模生产技术让美国成为“民主兵工厂”（Arsenal of Democracy）

资料来源：由美国国会图书馆印刷与摄影部提供。

生产模式向大规模生产转变（图 18.2）。战后，全世界范围内的飞机制造集中于少数几家公司——部分原因是，这些公司资助了代价不菲的研究，以研制更大型、更高速的飞机，从而提高飞行里程，同时进一步削减每乘客英里的飞行成本。

喷气式与活塞式

在螺旋桨 / 内燃式飞机的潜力得到充分发挥之前，一些研究者就开始致力于研究喷气式飞机。早在 1934 年，螺旋桨式飞机就能达到 440 英里 / 时的速度。根据空气动力学理论，更高的飞行速度是能够实现的，但螺旋桨无法承受这样的高速。然而，考虑到航程及尺寸，螺旋桨驱动的设计还是可以满足大部分需要。二战期间，远程轰炸机被研制出来，促进了战后各式各样的四引擎螺旋桨式飞机出现。在繁忙的国内航线中，这些飞机的使用削减了每乘客英里成本的一半，大大提高了洲际航空的可能性。然而，很多远见之士仍然没等这些改进发生，就开始了对喷气式飞机的研究。

用于发电的水力涡轮机已经预示了喷气式发动机的基本构造。在发电站里，水流推动着涡轮机的叶片，让发电机开始运转。而在喷气式发动机中，点火迫使一股气流喷出发动机尾部，推动飞机前进，而那股喷射气流又让一个小型涡轮机运转，驱动一台压缩机将足够多的气体引入发动机。在 20 世纪 30 年代，为了克服大量的设计问题，英国的弗兰克·惠特尔（Frank Whittle）① 与持怀疑态度的政府及私人投资者们轮番较量。当战争来临时，英国政府终于提供了一笔巨额资金，第一台可用的喷气式发动机在 1939 年研制成功（图 18.3）。

直到第二次世界大战末，参战国家经历了六年的激烈交战之后（它们

① 英国皇家空军准将，发明了涡轮喷气发动机。

图 18.3　1939 年，为喷气式飞机提供动力的惠特尔 W2-700 型喷气式发动机

资料来源：维基传媒。引自维基共享资源网，由 Farnborough 拍摄。

都意识到，喷气式飞机的高速度、长航程将提供巨大的军事优势），喷气式推进的棘手难题终于获得了解决。德国打算制造喷气式飞机，但还是迟了一步，以至于未能在战争结束之前发挥太多作用。尽管 20 世纪 50 年代以前，喷气式飞机很少在军事上得到应用，但到了 1945 年，喷气式发动机已经足够先进，显然能够成为未来的主流航空发动机。

1943 年，波音公司应军方的要求，成了美国第一家致力于研制喷气式飞机的企业。自此，波音试图用几年时间追赶上欧洲发明家们的成就。20 世纪 50 年代，英国（制造了哈维兰彗星式客机）和苏联都抢在美国人之前推出了自己的喷气式飞机。然而，美国企业组建了比英国竞争者们更为大型、拥有多领域专家学者的工业研究机构，足以解决多方面的设计难题（其中一些问题直到“彗星式”发生不只一次的坠机事故之后才得以浮现）。美国人还获益于冷战期间国防开支的迅速增长：到了 60 年代，军方资助了美国 90% 的飞机技术研究。到美国进入商业化喷气式飞机市场时，美国企业已能够建造更大型、更高功率的飞机，甚至能够达到比英国竞争对手更高的飞行速度（550 英里 / 时，对手只有 490 英里 / 时）。因此，当波音 707、道格拉斯 DC-8 分别于 1958 年、1959 年正式推出时，它们迅速成了世界飞机市场的主导机型。

喷气式发动机为技术革新出现时机的不确定性提供了很好的佐证。早在 1930 年，材料、燃料和空气动力学理论的发展就为之做好了准备。接着，人们投入了相当多的研究精力，本有希望将研究进度加快十年。然而，出于其复杂性，如果没有战争的发生，喷气式飞机可能在十年甚至更长时间内都无法研制成功。

第二次世界大战和核弹的诞生

空战的作用逐渐增强，促进了探测空袭的军事装备的研发，同时也促进了体积更大、精确度更高的炸弹的研发。雷达在第二次世界大战中扮演了重要的角色。早在 1922 年，马可尼就证明了无线电波可用于探测设备，因为它们可以反射空中的物体，回传到发射台。由于战争迫在眉睫，英国和德国在 20 世纪 30 年代的雷达技术上处于领先地位。到了 1939 年战争开始时，交战双方都握有雷达设备，能够在有飞机接近固定不动的军事设施时发出警告。但这些雷达在协助战斗机定位敌机方面还是有失精确。英国人在战争期间研制了可用在飞机上的雷达，并与美国共享了这一技术。正如我们在第 11 章所见，这一切都是起始于一战前的那场军备竞赛的延伸。

科学家们很快意识到，雷达有引导炸弹投向目标的潜力。近炸引信是一种装在小型雷达设备周围的引信，可引导一枚由飞机投放的炸弹在与陆上目标保持设定距离的位置时被引爆，以防炸弹过早或过晚爆炸。因为敌军的基地、机场、研究实验室和生产设施通常位于平民居住区附近，而轰炸并不是一项精确的军事活动（近炸引信只能保证杀伤力最大化，但不能保证炸弹在正确的目标处被引爆），自然，手无寸铁的平民往往比过去更容易成为牺牲者。

在一场赌注是要么彻底胜利、要么无条件投降的战争中，参战国几乎都会毫不犹豫地选择使用新式的技术力量，对任何存在潜在经济价值的目标和平民同时进行打击。例如，在二战后期，同盟国的一次对德国汉堡市为期十天的猛烈轰炸，造成 45000 名平民丧生。

原子弹就是在这样的情形下被研制出来的。正如喷气式发动机一样，数十年的研究工作已经奠定好了基础，但在战争期间，人们为了将炸弹的科学理论转化为实践，又投入了大量的研究精力。在 1919 年的英国，欧内斯特·卢瑟福（Ernest Rutherford）实现了第一次人为的核转变，将一个氮原子诱导分裂出一个氢原子核。1932 年，英国剑桥大学的科学家发现，锂原子在受电场作用加速喷射的质子的撞击下，被分裂成氦原子，这为爱因斯坦于 1905 年从理论上提出的质能转换公式 $E=mc^2$ 提供了首份证据。这些都是纯粹的科学实验。卢瑟福在 1937 年去世，那时他确信核能源将永远不会有什么实际应用。

从 20 世纪 20 年代后期开始，研究的进展越来越依赖于造价高昂的线性加速器——它能够给电子加速，直到速度快到足以测算其对原子的影响程度。当原子理论的成功应用看起来遥不可期时，政府不再愿意资助此类实验设施了。

第二次世界大战的开始将核科学研究进度推进了数十年。在战争刚开始的时候，德国似乎处在一个危险的领先位置上。1938 年，奥托·哈恩（Otto Hahn）和弗里茨·施特拉斯曼（Fritz Strassman）证明了他们可以通过用中子轰击铀元素来完成从物质到能量的转换。他们发现链式反应是可能发生的，在这种反应过程中，一个铀原子的分裂，或者说“裂变”，将会释放中子，继而将导致其他原子也发生裂变。这些发现造就了一项德国核科学研究计划。作为回应，1939 年，许多科学家（他们中许多人是来自中欧的难民）写信给罗斯福总统，恳求他资助一项重要的核科学研究项目。生于德国的阿尔伯特·爱因斯坦（Albert Einstein）就是其中之一。最终，罗斯福批准了。

讽刺的是，德国的研究从未获得过太大进展。在战争的首年，德国政府对自己能够快速制胜十分有信心，因此认为资助这样一个成本高昂的长期项目没有太大必要。在战争后期，同盟国的轰炸使其失去了架设必要的工业设施的可能。此外，战后许多德国科学家称，由于害怕纳粹可能会用这样的武器来做些不好的事情，他们故意拖慢了研究进度。

科学家们很快意识到，只有稀有的铀 235 同位素能够产生理想的链式反应。1940 年，两位英国科学家计算出，如果有一个微小的“临界质量”（或许比一磅还少）这么重的铀 235 同位素能够被分离出来，将能造出一枚与几千吨的炸药爆炸潜能相当的炸弹。他们还意识到，其爆炸产生的辐射可能会导致几英里外的人丧命。这一发现令科学家们开始付出巨大努力来提取铀 235。

问题在于，自然铀元素中只有 0.7% 是同位素铀 235。那些为分离极少量的同位素而费尽心力的英美两国科学家，被要求大范围布设铀 235 的分离工艺装置。同时，两国的科学家还发现，当他们用中子轰击更为常见的铀 238 时，它产生了一种被称为“钚”的新元素，比起铀 235，钚元素自身就有更高的爆炸潜能。

一场追逐可裂变物质的临界质量的竞赛开始了。这个被命名为“曼哈顿计划”的项目重视的是时间效率，而非经济成本。人们采用五种不同的方法尝试提取铀 235，其中气相扩散法、离心法、电磁分选法取得了成功。钚元素在重水或石墨作用下，通过链式反应成功合成。美国很快垄断了这些成果。起初，罗斯福批准了 5 亿美金作为研究经费，到了 1945 年夏，这一数字已高达 20 亿美金。

出于保密安全考虑，这一工作是在人员分隔的状态下进行的：研究问题某一方面的科学家们，对另一些科学家们的研究工作一无所知（尽管科学家们出于信息分享的需要，忽略了这一规定）。一支位于芝加哥的团队——意大利裔难民恩里科·费米（Enrico Fermi）是其中最有名的成员——于 1942 年 12 月首次实现了稳定持续的链式反应。他们在芝加哥大学的橄榄球馆合成了成堆的铀芯块，将其压缩在石墨块中。镉棒被用于吸收中子，起到阻遏到达临界质量的物质发生链式反应的作用，费米用计算尺计算实验结果时，这些镉棒被逐步抽出。在向一群静默无声的科学家们简要介绍了这一反应能够自我维持之后，他等待了 20 分钟，才命令将镉棒放回原处以终止实验。有两位科学家守在铀堆附近，时刻准备用镉溶液将它浸没，以防不测。团队最初想要在芝加哥外的阿尔贡实验室开展实验，但当时这处设施不能及时备好。如此危险的实验在一个主要人口中心进行，也表明了曼哈顿计划背后的战时恐惧。

费米的成就同时为发电厂和炸弹的技术进步提供了重要的原材料。对于炸弹，接下来的问题在于如何在准确时间引发不受控链式反应。在一种解决方案中，某一步骤需要将一枚铀 235 发射到大量铀 235 中。然而事实证明，这一方法在当时的钚元素的作用下是行不通的，围绕着大量钚元素的炸药反而会迫使钚元素发生内爆，超出临界密度后就会爆炸。①

科学家们仍然只能对爆炸可能达到的剧烈程度做出粗略估计，甚至不太能预测潜在的辐射释放量。1945 年 7 月，一枚钚弹在新墨西哥州阿拉莫戈多空军基地进行试验，大部分人认为它的爆炸将会和几百吨炸药的威力相当，而最终达到了接近两万吨。当炸弹被投掷在广岛市时，预估的是会有 10000 人死亡，但最终有 80000 人几乎在一瞬间丧命（在接下来的三个月中，核辐射和其他与核弹相关的原因，导致这一数字几乎翻倍了），96% 的城市建筑被破坏或摧毁。

---

① 钚的状态决定了炸弹的爆炸效果，当时的核武器使用的钚还未解决炸弹的预爆问题。

随着 1945 年 4 月德国投降，曼哈顿计划的初始动机也不复存在。一些科学家希望能够将核弹储存在机密之处，停止使用。然而，与日本的战争延续到了 1945 年夏天。另一些科学家开始游说，呼吁公开演示原子弹的爆炸威力，胁迫日本投降。由于担心这样一颗核弹爆炸失败，或者因投射到荒无人烟的实验基地，而无法成功让日本人得到教训，这一想法就此搁置了。取而代之的是，1945 年 8 月 6 日和 9 日，两枚原子弹被投掷在日本城市广岛和长崎（图 18.4）。如果美军当时直接进入日本本土的话，将会有大量的人员伤亡发生，这样看来，是否可以说明将平民生命作为代价牺牲就是合理的？时至今日，这一争议仍在持续着。日本人当时是否已经临近投降了？这两枚核弹是必须投放的吗？打击人口较少的目标是否也会有一样

图 18.4　装弹舱中的“小男孩”——摧毁广岛的那颗原子弹

资料来源：美国国家档案与记录管理局。

的效果？这两颗原子弹的使用是战争全面化趋势的高潮（见第 11 章），是对整个国家的技术与经济资源的总动员，也是为实现无条件投降而对平民区和军事目标进行的无差别打击。

尽管原子弹终结了一场世界大战，但是它差点就立即引发了下一场。苏联在二战中蒙受了最多的人员伤亡，并最终获得了胜利（尽管是在盟国的帮助下）。在对东欧的征服中，苏联感到了前所未有的安全。然而，美国亮出了这样新武器，世界就此改变。当苏联试图与美国的潜在核实力相抗衡的时候，冷战便开始了。

用恐怖抗衡恐怖的技术

尽管苏维埃世界与西方世界在 1941 年 6 月纳粹入侵苏联后结成了盟友，但美国人并不愿意将他们的核科学研究方案与这些共产主义者们共享。现在我们知道，有少数西方科学家早在 1942 年就已将英国、美国所做的一般性研究工作告知了苏联人。一些同盟国领导人，以及尼尔斯·玻尔（Niels Bohr）、阿尔伯特·爱因斯坦等物理学界领衔科学家认为，对苏维埃世界隐瞒原子弹的制造方案会造成战后的信任危机。然而美国的决策者们对苏联就充满了不信任，他们觉得美苏联盟对抗纳粹只不过是一次短暂的合作。西方的盟国们担心苏联对东欧国家有所企图，在原子弹研制期间，苏联的军队正驻扎在东欧地区的每个角落。有人认为，两枚原子弹的投放，很大程度上是在向苏联释放信号，告知苏联：西方世界将不会容忍苏联在战后对伊朗等地区进行侵略。

对广岛的轰炸结束后，尽管杜鲁门总统承诺美国将为了全人类利益看守好核弹，但美国的盟友们很快就开始他们自己的核弹研制工作。英国与法国的科学家们在曼哈顿计划中承担了重要的工作，两国政府意识到他们与美国人并不总能在战事优先级问题上达成一致，于是他们让本国的科学家着手研究自己的核弹。许多领衔的物理学家坚持主张核技术应实现国际化，这一想法获得了大量的公众支持。然而，政府的回应只是对他们的研究成果愈加保密。

1945 年，西方政界预计苏联需要至少十年才能拥有他们自己的核弹。然而，苏联在广岛被轰炸后就启动了他们自己的“曼哈顿计划”，并于 1949 年 8 月成功引爆了第一颗原子弹。实现核武器国际共管的希望到此终结。

早在世界大战之前，科学家们就已经意识到，核聚变——即原子（通常是较小的原子）结合形成新的原子——可释放的能量可能远远大于核裂变——即原子（一般是较大的原子）的分裂。然而，引发核聚变需要极高的温度。既然核裂变成了可能，科学家们又意识到核裂变产生的爆炸足以触发核聚变爆炸。1952 年，美国制造出了氢弹，其爆炸威力相当于 150 亿吨炸药。然而，苏联丝毫不落下风，次年就拥有了类似的武器装备。

1949 年，正当苏联加入“核俱乐部”之时，有人认为核弹再也不会被派上用场了，因为核战争简直是人们所无法设想的。人们对核辐射的危险性日渐增长的认知，也令这一观点越发深入人心。尽管观察者已指出，数以千计的原子弹爆炸幸存者们后来因核辐射中毒而悲惨死去，但政府当局仍然确信核辐射只局限于局部地区内。然而，1954 年，当美国在太平洋上的比基尼环礁进行氢弹爆炸试验时，就有距离爆炸地点一百英里外的日本渔船上的渔民因核辐射中毒而丧生。数年的谈判过后，美、英、苏三国于 1963 年签署了禁止开展大气层核试验的协定（图 18.5）。

科学家和政治家们逐渐认识到，核战争会导致地球成为一片不宜人居的焦土。然而，冷战的敌对与危机形势偶尔会令世界各国领导人设想那份不可设想的可能。1962 年，当苏联试图在古巴建立发射场地，使美国的大部分陆地国土都被置于核打击的范围之内时，美国似乎做好了冒险发动核战争的准备。苏联作出让步，但也说服了美国撤走其位于土耳其的导弹

图 18.5　1951 年，在弗伦奇曼平地（位于内华达州）试验场上进行的原子弹试验。士兵们被当作“小白鼠”，用于测试原子弹爆炸后产生的核辐射影响

资料来源：由美国国会图书馆印刷与摄影部提供。

基地。

冷战双方都意识到，寥寥几颗核弹就能够杀戮数百万人，这一事实足以成为遏制战争的理由。然而，没有哪一方会指望自己的敌手遵循理性行事。因此，两股敌对力量仍继续倾注数十亿美元用于研究和开发工作。这意味着核弹杀伤力越来越大（达到了与一亿吨 TNT 炸药相当的水平），数量也越来越多。核武器的大量储备是战略中的一环，可以向敌手证明己方的核力量足以承受对方“先发制人”的首次打击——至少从核弹数量上看有足够的存量，以备在这样的打击过后予以回击。到 1980 年，美国拥有了 9200 颗核弹头，而苏联拥有 6000 颗。双方的指导原则是“确保同归于尽”（mutually assured destruction）[①]，也就是 MAD 原则。为了避免战争，这些超级军事力量不得不做好毁灭世界的准备。美国和苏联偶尔也会批准削减他们的核武器储备，但永远不会让储备量低于足以实现“确保同归于尽”的水平。

MAD 原则的实现不仅有赖于核弹的大量储备，还需要有可靠的运载系统。广岛和长崎的原子弹是由标准轰炸机投掷的。它们有限的航行距离意味着美国军方必须在距离日本领土几百英里的范围内修筑飞机跑道。世界大战结束后，各国投入大量精力提高轰炸机的航程和尺寸。美国 1954 年制造的 B-52 型轰炸机（其后续机型目前仍在服役）能够飞行一万英里而无须补充燃料，并能达到 600 英里 / 时的高速度。然而，B-52 可能会在到达目标点之前被击落。随着核弹变得越来越小型，依靠导弹系统转而成了核大国们发射核弹的可行方案。导弹技术脱胎于两次世界大战间隙时美国人罗伯特・戈达德（Robert Goddard）的火箭学实验，以及德国人沃纳・冯・布劳恩（Wernher von Braun）研制的 V-2 型火箭弹。V-2 被纳粹用在了战争的最后阶段，具备 200 英里的最大射程，可达到接近 3500 英里 / 时的撞击速度。到 1953 年，美国已经部署了“阿贾克斯”（Ajax）近程导弹。洲际弹道导弹（ICBMs）的鼻祖“阿特拉斯”（Atlas）于 1960 年正式发射，具备 5000 英里的最大射程，且能够将打击落点控制在距目标两英里的范围内。随着电子瞄准系统的进步，20 世纪六七十年代的洲际弹道导弹系统精密度大大提高。越来越多的导弹开始由若干个弹头装配而成（即“多弹头分导再入载具”，也叫 MIRVs）。

1957 年，美国首艘核动力潜艇下水，并装配了“北极星”（Polaris）

---

① 一种核威慑学说，即在报复对方的核打击过程中，冲突各方都保有彻底摧毁对方的实力。——译者注

导弹。这种新一代潜艇的优点在于可以长时间在水下潜行，且几乎不可能被监测到（因为它们不会像柴油动力载具一样“呼吸”）。它们不仅是核轰炸机和洲际弹道导弹，还是用来遏制核打击的武器，因为它们容易“存活”下来。B-52、洲际弹道导弹和核潜艇这三大法宝，确保了核弹能顺利瞄准并打到敌军。

45 年来，MAD 原则确实有助于避免美苏双方开战。然而，其包含的逻辑却助推着成本高昂的军备竞赛。武器的增多，增加了一方先发制人的潜在可能性，另一方就会需要更多的武器才能确保自己的“生存能力”。随着远程导弹的面世，核弹的发射速度和运送精确度得到提高，发生意外的风险也随之增长了。一旦其中一方力量单方面认定另一方会发动全面的核打击，就会义无反顾地迅速发射他们自己的核武器。从 1950 年直到 1962 年的古巴导弹危机，美国对核弹的焦虑状态最为强烈。既为了减轻美国普通民众的忧虑，又为了让对手相信美国将会在迫不得已的情况下动用核弹，美国政府推进了一项完备的人防计划。学校中的儿童需要参与军事演练，让他们接受训练，学会双手抱头蜷缩在课桌底下。一份 1950 年的民防局海报建议，在没时间到达地下室或地铁站时，成年人可以跳入“任何方便容身的水渠或排水沟中”。在更宏观的层面上，有人讨论将城市重新设计，以防止人口过于密集。1956 年，一项为州际高速公路系统提供资金支持的法规得以通过，在一定程度上也是因其提供了一种在核打击迫近时将人口迅速撤出城市的手段。1957 年，数以千计的美国人在后院修筑了“防弹掩体”，配备了食物在内，并能够阻止邻居不慎闯入。人防体系让人们认识到核战争也许不会是世界末日，从而缓解了人们的恐惧（图 18.6）。

自 20 世纪 80 年代起，有人呼吁发展“核盾牌”，将来袭的导弹通过卫星击落。研究耗资高达数十亿美元，而很多科学家却怀疑这样的系统到底能否将所有来袭的导弹全部摧毁。哪怕只有少量导弹抵达了它们的目标，就会有百万余人丧生。

图 18.6　1961 年，在防弹掩体中的女性。请注意罐头食物和双层床铺

资料来源：由美国国会图书馆印刷与摄影部提供。

1991 年 12 月苏联解体之初，似乎核军备竞赛也将告一段落。开始时，西方国家和俄罗斯的军费开支都在剧烈下降。然而，美国作为世界唯一的超级大国并没有终结大规模杀伤性武器带来的威胁。由于钚元素是原子能发电过程中的天然副产品，要管控这一核武器重要组分的提取是很难的。生物和化学武器也为那些较弱小的国家和组织提供了另一种威胁或危害他者的手段，特别是这些武器制造起来要比核武器容易得多。

新的敌对势力的出现加剧了这一忧虑，很多美国决策者都认为，他们无法阻挡这些新敌人拥有和使用这些大规模杀伤性武器。1991 年和 2003 年的伊拉克战争，使人们更加担忧一些由看上去不太理智的小国家将会使用这样的武器。此外，随着苏联在阿富汗的战败，一批对西方国家，尤其是美国，抱有敌意的伊斯兰武装组织出现了，并影响着整个中东地区。2001 年，两架商务班机被劫持后，撞击纽约世贸中心双子塔并坠毁，这一事件原本牵涉不到精密的武器系统，但这次发生在美国领土之上的、骇人听闻的袭击事件，还是推动了反恐技术的再度革新，以及对恐怖分子将拥有并任意使用大规模杀伤性武器的恐慌。这种可能性成了美国再次发展导弹防御系统的理由——用以保护美国免受那些来自在报复威胁之下仍不停手的组织的侵袭。人们依然担忧恐怖分子要么会偷走核武器，或者用偷来的钚或浓缩铀来造新的核武器（毕竟对于恐怖分子来说，自行制造核武器成本太高昂了），又或者纯粹是引爆某种含放射性物质的非核武器装备（或许能够炸毁一座核电站，释放其中的放射性物质）。

与此同时，哪怕抛开这些安全议题，新的通讯及相关技术也已经在推进非核武器的革新。全球定位系统（GPS）使得人们能够在GPS信号接收器的协助下精准确定自己的位置。GPS信号接收器能够接收来自24颗GPS卫星中的4颗的信号，其定位功能是靠测算信号接收所需时间来实现的。不仅是对地面士兵，GPS对于尝试精准打击目标的轰炸机也同样实用。有人认为，二战中大部分的炸弹都并未成功瞄准它们的目标，在越战中依然是如此。自从20世纪50年代首批卫星被发射以来，军方就对GPS产生了兴趣。美国空军在70年代主导了一项研究工作，他们意识到，任一接收器的视野中都需要有4颗卫星，以确定一个精确的位置。接收器并不与卫星产生交互，只是接收来自它们的信号并计算位置，正是由于计算能力的进步让小型设备能够执行复杂的计算任务，才有实现卫星定位的可能。卫星本身携带了原子钟，能够发送代表它们所在定位的精准时间信号。首颗GPS卫星发射于1978年，而整个定位系统于1994年完成布局。在1991年的海湾战争期间，美军使用了九千多台GPS接收器帮助美军士兵在沙漠中确定行军路线。尽管70年代时，民间对GPS的兴趣有限，但是一旦这种技术存在，空军就要面临着批准私人使用许可的压力。1983年，一架载有美国公民的韩国客机在进入俄罗斯领空后被击落，这一事件展现了民用GPS技术的重要价值。GPS接收器自此普及开来，如今，智能手机就能够起到接收器的作用。

如今，卫星和飞机上各种各样的传感器能够探测到遥远处目标的极丰富的细节。用夜视探测器能够增强微弱的可见光，或是用红外传感器接收敌人的热信号。20 世纪 90 年代的雷达技术取得的进步，尤其是相控阵雷达装置，大大拓宽了探测的范围，还让通过窃听成千上万的无线电或电话通信来获取更多的情报成为可能（最新的辅助手段，是从私人电子邮件和社交媒体聊天记录中收集情报——这一做法充满争议）。到了 90 年代中期，联合监视和目标攻击雷达系统（JSTARS）开始出现在飞机上，用以扫描地面，找寻目标。安装在飞行的炸弹前端的新式制导系统，让轰炸的精准度更进一步。这些所谓的“制导”炸弹[①]在越战期间就被投入使用了（初始版本还曾被用在了二战之中），但直到 90 年代才变得更为先进和精密。一种情况是，士兵们能够利用“制导”炸弹上的电视摄像机传回的影像，来引导炸弹打击既定目标；另一些情况下，“制导”炸弹通过激光束照射的目标，传感器锁定目标的激光反射点，从而将炸弹引向目标；第三类情况下，“制导”炸弹能够利用红外传感器捕捉目标所产生的热量。GPS 系统也被用于制导技术。最新式的“制导”炸弹常常采用多种技术手段。“制导”炸弹或许不总是能击中“正确”目标，但它们让高海拔投弹轰炸成了可能，保护了低空飞行的机组人员免受防空火力的影响。

另一项新近发生的技术革新是隐形技术，即让飞机无法被雷达或声呐探测到（或者至少是难以被探测到）的技术。自二战以来，军方就渴望拥有隐形飞机。然而，直到 20 世纪 60 年代，随着碳纤维复合材料和高强度塑料之类的材料的进步，军方才制造出兼具结构强度和躲避雷达侦测能力的飞机。新的机身设计中减少了直角、小半径曲线和大平面，大大提升了隐形能力。隐形飞机还能通过淘汰产热的加力燃烧器式发动机来躲避红外探测。要满足这一条件，隐形飞机就失去了超音速飞行的能力。不过，美

① 制导的炸弹，也称为精灵炸弹（smart bomb）。

国政府于 1983 年研发了 F-117A 型战斗机，又于 1989 年研发了 B-2 型洲际轰炸机。看起来像是一只机翼的 B-2，于 1999 年和 2001 年顺利执行了在巴尔干半岛和阿富汗的轰炸任务——在直接从美国的军事基地起飞的情况下。

从 20 世纪 70 年代开始研发的巡航导弹，为美国军力增添了灵活机动性。和弹道导弹不同，巡航导弹受喷气式发动机驱动，沿低而平稳的航线飞行，这样就允许巡航导弹搭载传统的机翼、方向舵和襟翼结构进行航行。弹道导弹在发射时是可被探测的，而低空飞行的巡航导弹更容易避开防空屏障。巡航导弹可在空中、地面或海上发射（图 18.7）。

图 18.7　2002 年，“战斧”式巡航导弹

资料来源：美国海军。

尽管无人操纵式飞行器（UAVs），或者说无人机，最早在一战期间就已研制成功，且被广泛用于越战，但从 20 世纪 80 年代起，随着电子设备向微型化发展，无人机才开始越发重要起来，并被广泛用于军事侦察中。美国空军军械库中有着成千上万尺寸各异的无人机，翼展范围从“黑寡妇”的 6 英寸到“环球之鹰”的 116 英尺，应有尽有。大尺寸无人机中大多被用于收集情报，但也有少部分装配了导弹。军方还研制了很多种非致命性武器，包括让敌方战士暂时失明的激光武器和让电力设备短路的纤维武器。

近年来，无人机技术已进入民用领域。事实证明，航拍具有很高的实用性，还有许多公司在试验用无人机送货上门（图 18.8）。

加上如今无处不在的、被应用于协调补给与作战的计算机技术，这些军事技术革新似乎正在带来一次“军事革命”。任何被标识的目标，都有可能受到精准且通常是远程的打击，这一事实似乎令许多战争法则都失效了。因此，部分军事评论家认为，军事冲突将变得可预测，且几乎不会付出生命作为代价。航空母舰的改良，以及精准的远程轰炸，使美国在 1999 年的巴尔干地区、1991 年和 2003 年的对伊拉克作战中，都能够迅速部署压倒性的军事力量，且不产生美军人员的显著伤亡。然而，和以往相同的是，在新式的精密、机动武器在全球范围内流行开来之时，战争一方（美国）的技术优势反而会迅速让敌方受益。此外，高科技军队的优势也可能被“不对等作战”冲淡，即较弱势的敌方通过开展恐怖活动、对“软目标”采用自杀式袭击、蓄意破坏等手段攻击或防卫美国及其盟军，从而避免直接冲突。

20 世纪 50 年代，艾森豪威尔（Eisenhower）总统曾就军事工业综合

图 18.8　2005 年，美军 MQ-1C 型“勇士”无人机

资料来源：美国陆军。

体的危险性提出过警告。为了提升技术水平，军队已开始依赖于少数企业（然而还有成百上千的分包商借此受到军方依赖）。军用技术的复杂性，及其通常兼具的保密性，令高科技合同难以受到监控。更危险的是，这批企业有着强大的经济动因，去以各种方式游说支持发展某种技术——或许甚至会支持某项对外政策，以此增长对这类技术的需求。随着军事工业综合体中就业量的增长，许多国会议员都出于保住选民就业岗位的目的，而不去考虑他们所造的武器价值何在。

核　能

能源制造，是核科学最显而易见，但绝不是唯一的，非军事应用。其他的非军事应用还包括放射治疗法、考古学中的碳 14 年代测定法以及精密制造业中的辐射敏感型计量仪器。放射性同位素让科学家们能够追踪植物的呼吸作用过程，让工程师们能够找出管道中的裂缝，并提供烟雾探测器的工作机制。罪证化验室会利用放射性原理检测枪击残留物。影像和录像也要依赖核技术。造访过我们太阳系内外行星的深空探测器，也用到了基于钚元素的发电机。

然而，核能一边具有迄今为止最重大的经济效益，一边又是最具争议性的能源形式。因为在核弹中，极微量的铀元素就能产生大量能量，早期的核能支持者们希望核电能让电价“便宜到不用计价”。核弹的研究计划已经表明，链式反应是可以被诱导发生的。唯一的问题是，能否让核能发电的成本低到与燃煤发电、燃油发电相当。每个拥有核能力的国家[①]（随着其他发展中国家的追赶，核能力国家的数量稳步增长）都在推行自己的研究计划，因而在 20 世纪 50 年代，出现了大量设计各异的核反应堆。所有核

① 核能力国家即国内拥有核反应堆或者核武器的国家。——译者注

反应堆都是使用反应热来产生蒸汽，驱动涡轮机运转，但无论有无钚元素，核反应本身都能在铀或浓缩铀的基础上进行，且能够受水、重水等各种物质控制。美国于 1953 年撤销了对适用于发电的原子技术的战时限售令。其他国家也相继颁布了类似政策。自此，随着 50 年代中期对核能的利用成为可能，一些发展中国家很快就开始利用核电。实际上，这些国家在不同反应堆设计之中，面临着令人眼花缭乱的选择困局。

直到 20 世纪 60 年代，核能发电的安全性问题才开始浮现。核电行业回应称，他们从安全角度出发，对发电厂进行了彻底的改造。发电厂中的受控核反应，与核弹中的非受控核反应是完全不一样的，对发电站可能会爆炸的担忧大可不必。然而，如果反应堆芯没有如预期得到散热，反应堆将会发生崩溃并泄漏辐射，这就是所谓的“堆芯熔毁”。随着全世界建起成百上千的工厂，事故确实时有发生，每次事故都存在着向周围乡村地区释放大量辐射的威胁。1986 年苏联切尔诺贝利核反应堆发生的堆芯熔毁事故，或许可以仅被视为存在于一个没有抗议运动的国家中的、安全管控松懈的恶果。然而很多人认为，这场灾难导致的大规模污染，是核能发电发展无法避免的下场。尽管宾夕法尼亚州的三里岛核电站的运营单位声称，1979 年发生于此的事故——美国历史上最严重的核电站事故——并没有造成对任何人的伤害，但许多当地居民仍抱怨他们所患的疾病，运营单位的保险公司还为此赔付了 1400 万美元。单从统计数据上看，该地区的癌症患病率并没有明显提升。花在环境清理工作上的资金大约有十亿美元。许多人担心，随着反应堆的使用时间增长，反应堆可能会出现裂缝，导致放射性物质泄漏。近年来还出现了新的担忧，认为恐怖分子可能将核能发电厂作为袭击目标。

此外，核电站必然会产生大量的放射性副产物。20 世纪 50 年代，支持开发核能者寄希望于科学最终能够发现一些排除核污染的方法。同时，这些核废料在全世界已有上百个存储点。事实证明，有些存储点不如预期中那么安全，其周边的土壤和水体（偶尔还有当地的人居社群）已被污染。考虑到有些放射性物质的半衰期有一百万年（也就是说，需要一百万年时间，才能让它们失去自身放射性的一半），许多人开始质疑我们是否已经开始把我们的世界逐渐变得不再适宜居住。

相关问题还包括核电站的拆除。为了防范由设备劳损带来的事故风险，核电站一般被建议在运转 30 年后关停。美国的第一座核电站位于宾夕法尼亚州码头市（Shippingport），于 20 世纪 90 年代早期拆除。安全拆除核电站所需的成本高于一般建筑物。为了减少对人体的放射性影响，机器人也被派上了用场。

尽管存在这些问题，还是有很多国家依赖于核能源。在 21 世纪 10 年代早期，位于 31 个国家的超过 450 座核电站供应着全世界六分之一的电力。在美国，就有大约 100 座核电站——远超其他任何一个国家，生产了全国约 20% 的电力。对全球变暖问题的关切、原油价格的飙升，都引发了对核能源的再思考。然而，自从 1974 年起，美国就再也没有公共事业单位能够顺利启动核电项目，直到 2012 年时才有少量项目获得监管部门批准。在世界范围内，尤其是在亚洲，却有大量的核电项目在 21 世纪 10 年代早期得到了本国政府的批准。研究人员仍希望，核聚变能够在不产生任何放射性（从而不再存在堆芯熔毁的危险）的情况下产生电力，尽管多年的研究都未能实现这一目标（核聚变反应温度过高，以至于现存的物质都无法将其控制）。核聚变将会依靠其他原料的输入取得进一步发展，比如氘，一种更易获得、缺乏铀所具有的武器潜质的同位素。

第 19 章

世界大战后的技术进步

技术革新触及了战后世界的每个角落。大部分美国消费者注意到的是电视机和录像机、激光唱片[①]、空中旅行、新型合成布料和塑料、微波炉的来临，事实上，受到 1945 年之后的技术热潮影响，发生彻底转变的领域远及农业、矿业和医疗业。尽管这些革新植根于 20 世纪 20 年代和 30 年代，但很多新技术是在第二次世界大战期间被研发出来的。这些技术有赖于高成本且复杂的研究，几乎不会只是一个人、一个团队的发明成果。渐渐地，技术革新需要的不仅是商业公司的研究实验室，还有政府资助和高校研究。这些技术提供了大量的新产品和新服务，还转变了美国人工作的方式。它们加速了美国人逃离农业和矿业的趋势，甚至降低了产业工人的比例，为现代服务型经济打下了基础。

在本章中，我们只能对几个发生过技术革新的重要领域进行概述。然而我们需要意识到，这些技术的发展轨迹并不像它们看上去那样各行其道。

① 当原子受到电、热、光或化学反应的激发时，就会发出光，多个原子产生具有单一波长的自增强光流时称激光。爱因斯坦提出这种可能性，但在 1958 年才首次实现。激光当时只用来观赏，现在被用作焊接、切割、光纤、光盘和 DVD、医疗、聚变、军事武器及科学研究。

例如，塑料制造技术的革新就为医疗保健领域带来了革命。随着研究成果的延伸，不同领域的进步相互结合，迸发出了新技术出现的无限可能。

农场与矿场的工业化

如我们在第 7 章所见，19 世纪的美国人率先研制了诸多劳动节约型机械。战后时期，农场机械化取得了巨大进展。作为最显著的技术进步之一，燃油拖拉机在 20 世纪 10 年代至 20 年代间成为实用农具；两次世界大战间隙取得的新进展，又为拖拉机的广泛应用铺平了道路。20 世纪 20 年代，通用式三轮拖拉机（首次实现拖拉机运载耕种者）开始配有充气橡胶轮胎（提高了燃油效率和机动性）。20 世纪 30 年代，动力输出与升降装置的出现，使农具从拖拉机获得动力成为可能。然而，截至 1940 年，美国只有 150 万台燃油拖拉机。拖拉机的数量激增出现在第二次世界大战结束后（图 19.1）。

图 19.1　20 世纪 30 年代，得克萨斯州潘汉德尔的干旱尘暴区：年复一年的旱灾导致表层土壤形成尘暴，飘过美国西部和加拿大上空。第二次世界大战结束后，人们发展了更适应当地土壤和气候条件的栽种技术

资料来源：由美国国会图书馆印刷与摄影部提供。

拖拉机彻底改革了美国的农业。它们大量取代了人类与牲畜劳力。加上非农业运输中汽车与卡车对马匹的取代，拖拉机使得美国的马匹数量从 1916 年的 2700 万下降到 1938 年的 1540 万，进而释放出足够为 1600 万人口供应粮食的土地（曾经用于养马）。

拖拉机又为可收割、可打谷的联合收割机的出现做好了准备。尽管最初的联合收割机要追溯到 19 世纪，但直到 1945 年后，联合收割机才开始成为美国的主流农具。到了 1956 年，美国的农场上已有超过一百万台此类设备。五颜六色的收割机成群游走在农田上，一路北上穿越北美大平原，帮助农民们收割粮食。还有多种其他机器也被设计为能与拖拉机搭配使用的款式。

战后，用于收割其他作物的机械化设备也增多了。棉花采摘的复杂工序长期困扰着南方的农民。20 世纪 20 年代，得克萨斯州的约翰·拉斯特（John Rust）和马克·拉斯特（Mack Rust）为他们发明的一种棉花采摘机器申请了专利。然而他们很担心这项发明可能会让南方的穷苦农民们失去工作，故而尝试让自己的机器仅适用于小型农场，并限制农业合作社的使用（图 19.1）。1942 年，国际收割机公司（International Harvester）开始大规模制造可实用的"摘锭式"（spindle）采棉机：当连接着滚筒的细小锭子接触到了一株棉花时，棉花的纤维就会被附着在锭子上。然后，纤维会被气流吹入一个大型笼子中。这种机器能够揽下 40 个手工采摘者的工作，将采摘一百磅棉花所需的劳力从 42 小时的人工劳动时长降低至 40 分钟。1969 年，人们成功地制造出了烟草收割机。到 20 世纪 50 年代末，甜菜收割的机械化进程已经开始取代移民劳动力（尤其是在加利福尼亚州）。到 1968 年，一个三人小组用番茄收割机，就能够完成 60 个采摘工的工作（图 19.2）。

20 世纪 30 年代的农村电气化，也为农业机械化开辟了诸多可能性。诚然，许多农民先前已经安装了小型发电机，但直到 30 年代，低成本电力

图 19.2　1939 年，出现在艾奥瓦州的机械化玉米收割机。玉米收割的技术问题比小麦更复杂，但自 1939 年后得以解决

资料来源：由美国国会图书馆印刷与摄影部提供。

设备作为富兰克林·罗斯福新政（Franklin Roosevelt's New Deal）的一部分进入农村家庭之后，电动水泵、挤奶机甚至冷藏乳制品的冰箱才得到广泛应用。

战后，对农作物化学 / 生物学特性的改良越来越重要。直到最近，此类研究一直受由政府运营、分布于各州的公营农业研究所主导：即便机械制造商会通过销售改良后的机械获利，种子的改良（特别是还有未申请专利的播种、翻耕技术）也不会用于私人获利。为了增加产量，公营农业研究所已经在植株的杂交试验上花费了数十年。尽管此类研究很大程度上是在反复试错法的基础上进行的，研究者们仍受到了遗传学认知进展的指引（20 世纪 20 年代，发现植物生长激素；1934 年，开始人工合成植物生长激素）。1926 年，杂交玉米的成功培育将每英亩产量翻了不止一倍。小麦、棉花等诸多农作物也得到了改良。受到这些成果的鼓舞，这些政府的研究所自此源源不断地培育产量更高、质量更优，且能抗真菌、虫害的新品种。通常来说，只有培育出了抗逆性更强的植株品系（如棉花、甜菜和番茄），且它们能够同时成熟，才有可能实现机械化收割。近几十年间，很多人担忧这些研究成果会减弱遗传多样性，限制我们应对未来环境变化的能力。自 20 世纪 80 年代起，由企业运营的工业研究实验室就开始用直接向植株嵌入遗传物质的方式，取代耗时的杂交育种过程。由于这些遗传物质来自无法在自然状态下发生杂交的生物体，人们开始担心，科学家创造出的作物品种可能会对环境或人体健康产生未曾设想过的副作用。

农药的广泛应用是战后最重要的技术进展之一。1939 年，DDT 在瑞士研制成功。第二次世界大战期间，政府加大了对杀虫剂研究的支持力度。在战后研制的多种农药中，DDT 都是基本成分。面对 20 世纪 30 年代时曾造成过巨大损失的蝗虫灾害，农民们不再毫无防备，对其他害虫也是如此。然而，DDT 等农药被发现对环境具有不可预见的有害影响。在 1972 年 DDT 被禁用之前，人们已为 DDT 是否应该被禁用这一问题激辩了数十年。如今，其他一些对环境有害影响较小的农药已经面世。杜邦公司也在战争期间推出了 2-4D 除草剂，这也成了许多战后研制的化学药剂的基本成分。除草的繁重工作基本上化繁为简。1940 年，农民用在杀虫剂和除草剂上的开支只有 300 万美元，到了 1954 年，他们的花销达到了 1.7 亿美元。美国政府鼓励出口此类产品，并将它们视为美国技术革新的成功案例，力求用它们根除意大利等地的疟疾。然而，环境方面的担忧限制了通过大面积喷洒农药来消灭疾病的努力。

畜牧养殖业者从众多新药中获益颇丰：磺胺类药物和青霉素都降低了畜禽疫病的发生率，家禽还被强制喂食了维生素。从 20 世纪 40 年代起，人工授精技术使得公牛的精液能够被运往世界各地，而无须运输公牛本身。对圈养的猪、牛，尤其是鸡的机械化饲养，让传统农场工作显得越来越像工厂工作。许多人担忧这种“工厂化农业”存在的健康风险和伦理问题：动物被限制行动自由，疫病会在彼此紧挨的动物之间迅速传播。

在将廉价食物送到美国乃至全世界数百万民众口中这一方面，这一系列革新具有显著优点。在 1950 年至 1980 年期间，每位劳动者每年农产品产量逐年增长 6%，两倍于工业及服务业的劳动生产率增长速度（图 19.3）。农民在每英亩棉花田上所耗的劳动时长从 1939 年的 99 小时下降至 1962—1966 年间的 40 小时，在相同时段里，每英亩小麦田上的劳动时长从 8.8 小时下降至 2.9 小时。

相比生产率，美国农民的生活方式发生了更大的改变。汽车和无线电广播的到来，终结了农场生活和农业社群的相对孤立性、自足性。农民开始定期走访邻近城镇。更重要的是，农场的数量从 1950 年的 560 万个下降到了 1980 年的 240 万个，农业劳动力人口从 1910 年的 1240 万人，降至 1940 年的 850 万人，最后跌至 1970 年的 275 万人。1940 年时的 270296 名黑人佃农，到 1959 年时仅剩 73387 名。黑人向北方工业城市的迁移，是战后数百万农村人口为谋求职位而向城镇中心转移运动中最鲜明的组成部分。

小镇本土的买卖生意，往往连通着小镇自身，和小镇的学校、教堂一起日渐衰微，并最终走向终点。农村家庭变得同城市家庭一样，一家人挤在收音机旁（之后，又成了电视）。农民们变得越来越像商人：他们的成功

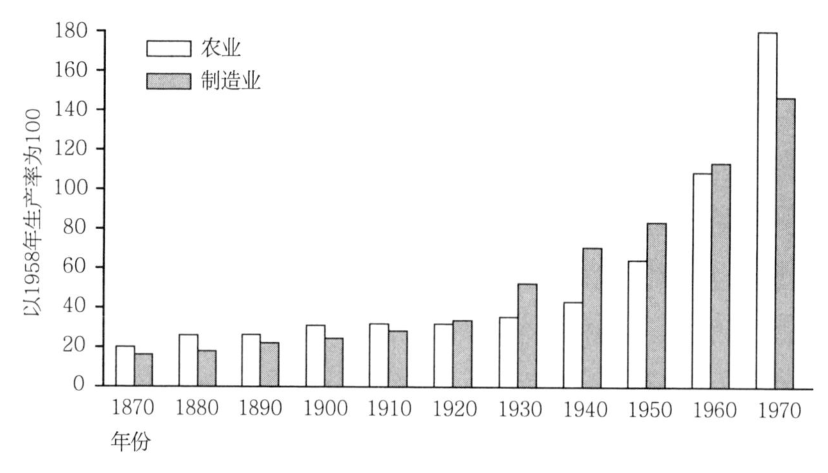

图 19.3　农业与制造业的生产率（人均）变迁图。注意 20 世纪生产率的急剧增长，尤其是 1945 年后的农业生产率

依赖于紧跟新的技术潮流，筹集资金买下这些机器和药剂（机械化也使他们得以拥有更广阔的农场面积）。尽管农业生活中的价值观能够保存，例如自力更生、辛勤劳作，但农民与美国社会中的其他人之间在眼界上存在的鸿沟已经弥合了许多。

和农场一样，20 世纪的矿场劳动生产率也在技术革新的影响下得到了飞速增长。电力的发展让许多地表之下的矿场作业实现了机械化（其他能源产生的火花有导致地下气体爆燃的风险）。1890 年，美国只有四分之一的煤炭是靠机械切割的；1950 年，几乎所有的煤炭都实现了机械切割。矿业部门迅速采用了最新式的切割工具，本书的第 13 章曾提及此类工具。同时，将材料装载到推车上并将推车牵引到地表的流程，也实现了机械化。

第二次世界大战后，意义最为重大的变革发生了：连续采煤机于 1948 年出现了。这一载具前部配备了旋转刀片，将煤炭传送到一个由传送带和穿梭矿车构成的拖运系统。1969 年，这种机械已将产量提升到原来的三倍，达到 15.6 吨每工作日。露天开采作为一项更简单的新型采矿方式得到应用，特别是在西部，因为那里的近地表处存在厚煤层。经过爆破，再由大型推土机将土壤推除，煤炭就会显露出来，用卡车轻松运走。到 20 世纪 70 年代，为了显露地下煤炭，足有 2 层楼高的土方机械可以一次性推除 325 吨“表层土壤”。

进入了战后时代的矿业部门，面临着与农业类似的问题。尽管产值快速增长，美国矿业所需的劳动力数量还是下降了。以煤炭为例，石油作为燃料使用的增长恶化了这一状况。1925 年还需要超过 50 万名工人才能提取出 520 吨煤炭，到了 1981 年，劳动力总量仅为 20.8 万名工人的煤炭工业开采了 7.74 亿吨煤炭。即便是激进的工会，在这样的环境下，也无法阻挡煤炭工人数量与收入（相对于其他行业）的下降。

合成纤维和塑料

另一个在二战结束后取得快速发展的领域是合成材料。其研究和生产的成本之高，决定了这一领域的研究由工业研究实验室主导。尼龙，曾于1939 年在世博会上展出，直到 1945 年后才全力进驻民用市场。1945 年的商店中，为了抢购尼龙丝袜，人们几乎要爆发骚乱。尼龙丝袜惊人的市场成功，自然而然地促使杜邦等化学品公司研发其他的合成纤维。尼龙在弹性和防水性上都不尽如人意。大量的研究支出，使得后来的纤维在上述两个方面都有所超越。1948 年，丙烯酸奥纶问世；1949 年，涤纶问世。

从一开始，奥纶就被广泛应用于地毯等一系列产品中。事实证明涤纶要更为成功，以至于成了美国市场上最重要的合成纤维。事实上，涤纶已不单单只是一种商品：它成了那个时代的象征。20 世纪 70 年代的涤纶长裤和夹克衫廉价而不易起皱，受到了年轻一代的欢迎，相比前辈，他们追求一种更为乐天派的生活方式。尽管就连穿着 20 世纪 60—70 年代涤纶衣物的人们都觉得这种料子现在看起来十分浮夸，涤纶——常以其他名字出现——仍然是服装行业的常青树。近几十年来，研究者们一直致力于给予涤纶更自然的外观和触感。

塑料在新的消费社会中扮演着更加重要的角色。20 世纪 30 年代，一些重要的新型塑料被研制出来：脲醛树脂、亚克力（1935 年用于制造“普列克斯”有机玻璃）、人造荧光树脂和乙烯树脂（提高了唱片上的凹槽数）。尽管塑料的制造成本在 20 世纪 30 年代有所下降，但仍比木材、金属更高昂，因此只能在天然产品性能表现不佳时派上用场，否则毫无用武之地。第二次世界大战期间，面对原材料短缺的危机，政府下令尽可能使用塑料。结果，在 1939 年之后的十年里，塑料产量增长了六倍。大规模经营方式对压低价格起到了重要作用，塑料生产商们正是受益于此。1939 年的塑料产量（以吨计）是钢铁产量的 1%，但在 1979 年后，塑料产量超越了钢铁（图 19.4）。

世界大战结束后，相关研究仍在继续进行：目标是研制一系列塑料，使每种塑料都能适应于一类特定产品的特性。当然，这项研究得益于科学界对各种分子的性质认识的深入。聚苯乙烯于 1933 年在英国被研制出来，但其生产流程的复杂性问题直到 1940 年才得以解决。在战争期间，聚苯乙烯被用于军事用途（特别是在雷达上），后来又被应用于胶片、铜版纸、模塑制品、线缆、瓶子和管道中。1945 年之后的十多年中，聚苯乙烯产量以每

图 19.4　美国国家标准局在测试塑料的耐候性[①]

① 耐候性指材料应用于室外时，对如光照、冷热、风雨、细菌等各类环境因素造成的综合破坏的耐受能力。——译者注

年近 50% 的速度增长，成为第一种年产量超过 10 亿磅的塑料。笼统地说，塑料制造商们开拓了玩具、地板、餐具、箱包、家具、鞋等一系列产品的市场。可被反复加热并恢复原状的各类热塑性塑料，在 20 世纪 50 年代占据主导地位，一些小企业或许缺乏制造塑料本身所需的资源，热塑性塑料使他们从此能够对塑料进行重塑，以满足他们对生产线的任何追求。特百惠（Tupperware）塑料保鲜容器于 1950 年问世，事实证明，它在许多方面优于天然产品：重量轻、气密性好、容易抓握且不易破损。特百惠标志着塑料制品又收获了家居领域的认可。

随着纤维和塑料制品种类增多，这些新产品越来越难找到市场中的生态地位。研发人员们开始追求越来越独具一格的产品特性，研究成本也随之上升。新的合成材料必须与市面上已有的材料竞争。杜邦公司发觉莱卡（Lycra）弹性纤维、科芬（Corfan）人造革和奎阿纳（Qiana）人造丝的销售情况不如预期。在 1964 年杜邦推出芳纶时，人们确信，这种强度是钢的五倍的纤维会有显而易见的销路。可事实并非如此。该公司又花费了 7 亿美元的研发成本之后，才在防弹夹克和飞机零部件等领域中取得进展。到 20 世纪 60 年代末，化工制品企业开始意识到，他们不太可能重复尼龙连带的巨大利润。对合成纤维和塑料的研究仍在继续，但化工领域的下一个奇迹可能会发生在别处。

尽管作出了模拟天然产品的尝试，但在战后世界中，塑料还是被认为是“非自然的”。无处不在的塑料让许多人将当代现实本身视为更具可塑性、暂时性的存在。塑料还影响了人类健康：在塑料干洗袋的危险性下降之前，第一批塑料干洗袋曾导致数十名儿童窒息而死；聚四氟乙烯炊具也被发现具有毒性。塑料对环境造成的影响引发了人们更大的担忧：塑料包装大大增加了美国的垃圾产生量，即使塑料能够生物降解，也是一个缓慢的过程（而且在降解时可能会释放有害化学物质）。从 20 世纪 80 年代起，塑料制造业就开始鼓励回收利用，但迄今为止，这在经济层面上只对某些塑料的制造商具有吸引力。人们对塑料制造还存在能源消耗方面的担忧，但塑料制造通常比其替代材料能耗更低。

医疗业的研究进展

自 1945 年以来，医疗技术取得的巨大进步和其他技术革新类似，让医疗技术研究规模增大，且越来越依赖政府资助。尽管在第二次世界大战之前，政府对医疗保健和相关研究的支持都很少，但是到 20 世纪 90 年代初，政府资助占据了医疗保健开销的 40%，以及研究经费的 60%。有些人对研究目标提出了质疑，称其相比研究女性易患病，更倾向于研究男性易患病；相比代表患者利益，更倾向于代表医生和研究人员的利益，或者说更希望产生利益，而非解决紧迫的医疗或社会问题。即使如此，我们也很难否认医疗技术取得的巨大进步。在 20 世纪 80—90 年代，政治活动家们成功地为乳腺癌和艾滋病的研究争取了更多的资金。

制药行业是医疗领域中私人研究仍占主导地位的部门之一。当然，制药研究的历史可以追溯到 1945 年以前。虽然一些天然药物，如乙醚，已有数千年的使用历史，但疫苗在 1798 年才首次出现（天花疫苗），麻醉剂首次使用（氯仿）时也已是 1847 年。现代医药时代始于 19 世纪晚期。当时的德国化工企业开始进行药物研究和生产。染料（当时化工企业的主要产品）和药物之间有一个相似之处，即前者必须黏附在布料上，同时不受清洁剂的影响，而后者必须攻击特定的细菌或病毒，同时不对接受治疗中的人体造成伤害。当时的研究主要是反复试错（如今也差不多如此，只是程度较轻），因为人们对体内的化学反应知之甚少。19 世纪 80 年代细菌学说被人们接纳——再加上奎宁治疗疟疾、汞治疗梅毒的历史，以及 19 世纪 80 年代路易·巴斯德研制的狂犬病疫苗、1891 年的白喉疫苗和 20 世纪初的结核病疫苗的成功——极大地推动了药物研究。19 世纪后期，许多国家建立了公共卫生机构，这为疫苗及其他药物的需求提供了重要来源。

20世纪初，美国企业追随德国的行业先驱，其中帕克-戴维斯（Parke-Davis）公司于 1902 年建立了第一所实验室。19 世纪 90 年代，制药压片机的出现，使得在药物上标注药品名成为可能，从而普遍取代了原本由药剂师完成的制药工艺。第一次世界大战开辟了一个体量相当大的军用市场，战后又让美国企业获得了德国的专利使用权。在两次世界大战间隙，许多公司扩展了他们的研究工作。施贵宝（Squibb）公司于 1920 年申请了一项专利，1930 年申请了 21 项，1940 年申请了 164 项。经过第二次世界大战的进一步助推，美国制药企业在战后许多药物研究领域都保持了主导地位。

日渐增多的研究效果显著。抗菌红药水是美国人 20 世纪 20 年代的主要科学发现之一。加拿大多伦多大学的研究人员于 1921 年分离出了胰岛素，英国人亚历山大·弗莱明（Alexander Fleming）于 1928 年在伦敦发现了青霉素。第二次世界大战期间，美国陆军召集了各大学研究人员和 20 家制药公司，共同研发大规模生产青霉素的工艺（自 1944 年起成功实现大规模生产），辉瑞（Pfizer）等公司由此建立了大规模的基础研究设施。20 世纪 30 年代，德国和法国的染料制造商发现了磺胺，并发现它能够有效杀灭一系列细菌，一连串的磺胺类药物由此诞生。另一些研究者在 20 世纪 30 年代合成了维生素，并研制了能够对抗过敏反应的抗组胺药（图 19.5）。

这些成功大大激励了战后的研究工作。青霉素对治疗梅毒和裸露伤口很有效，但对结核病和大肠杆菌无效。战后早期，人们生产了多种抗生素——一类对抗有害微生物的有机化学药物。抗生素和青霉素被誉为“灵丹妙药”，因为事实证明，它们可以有效对抗由微生物引起的各种疾病，包括淋病、结核病和细菌性肺炎。“开处方”成为医疗行业的核心工作，1951 年的一项法案规定了一系列只能凭处方购买的药物。有些患者会向医生施压，要求医生开出含有抗生素的处方，即使他们患上的是抗生素无效的病毒性感染疾病。对处方过量的担忧，导致美国政府从 1962 年开始坚持进

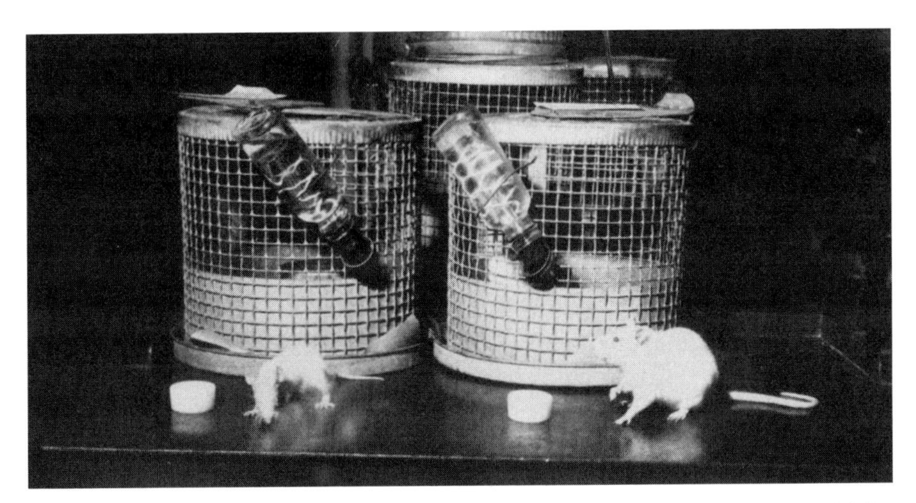

图 19.5　1943 年的帕克－戴维斯实验室：维生素的早期实验。左右两边的小鼠吃同样的食物，但左边的小鼠食物中缺少维生素 B_2

资料来源：由美国国会图书馆印刷与摄影部提供。

行临床试验：制药企业必须证明某一特定药物对某一特定疾病有效。虽然临床试验能够阻止对疾病没有任何已知效果的药物上市（尽管有些人声称，获批药物中有一半是效果有限或无效的），但它们无法阻止医生为患有完全不同的疾病的患者开出或许无效但确实获得了批准的药物。从一开始人们就在担忧细菌会因抗生素的处方过量而进化出对抗生素的耐药性，这样的担忧在 20 世纪 90 年代十分普遍。由此，一些欧洲国家规范了医生的处方实践，但这一理念在北美尚未得到广泛支持。部分原因在于制药企业鼓励医生开出某些用于治疗平常小病的特定药物，而不是根据官方批准的用途对症下药。

在生物化学进步的重要性开始浮现的 20 世纪 70 年代以前，研究人员经常依靠“随机筛选”来测试每种新化合物的一系列潜在效应——新的利尿药、血管舒张药就是靠这种方式发现的。20 世纪 50 年代，第一批用于调节情绪的精神药物问世（著名的“安定”出现于 20 世纪 60 年代初）。也是在 20 世纪 50 年代初，乔纳斯·索尔克（Jonas Salk）等人研制出脊髓灰质炎疫苗，从这一可怕的疾病的魔爪中挽救了无数人的生命。

然而，大多数药物都有些许副作用，我们应当报以谨慎态度，不应随意歌颂药品的进步。每年都有数十万人因为药物不良反应或对镇静剂的依赖而住院。1959年至1962年期间，“反应停”[①] 造成了数千名欧洲儿童罹患严重的出生缺陷（如四肢残缺）。经历了“反应停”事件的恐慌之后，为了更好地评估药物可能存在的副作用，新药获批的程序更严格了。20世纪80年代期间，政府对新药的审核程序进行了简化，以便新药能够更快地进入市场。虽然支持者认为这提高了药品革新的速度，但批评者坚称，其所带来的结果是我们都沦为了“小白鼠”。

从20世纪70年代起，以大学为主导力量的生物学研究进展彻底改变了制药行业。例如说，以往的药物研究人员一直在寻找对控制血压有理想效果的药物，而现在他们知道了哪些酶会影响血压，并且可以利用对化学反应的科学认知和实验室实验手段来研制药物，从而影响这些酶。更重要的是，科恩（Cohen）和博耶尔（Boyer）在1973年研发的一种技术手段[②]使“生物技术”应运而生，后者可被定义为通过操纵细胞特性来生产特定蛋白质的技术。虽然人体依赖于50万种不同的蛋白质，但研究只关注于少数的关键蛋白质（如胰岛素和人类生长激素）。值得注意的是，生物技术既能提高既有药物的生产水平，也能促进新药的研制。新药通常是由小型初创公司研制的，这些公司主要由有大学教育背景的研究人员组成。但大型药企已经将这些公司成功收购，或与之合作，因为这些初创公司能为药品的大规模营销、生产带来必不可少的专业知识，更不用说还有大量的资金和药物试验过程中积累的经验。美国在生物技术方面一直处于世界领先

---

① 即沙利度胺（thalidomide），推出之始，科学家声称它能在妇女妊娠期控制精神紧张，防止孕妇恶心，并且有安眠作用，因此又被称作“反应停”。20世纪60年代前后，“反应停”在欧美国家得到广泛应用。——译者注

② 指DNA重组技术。——译者注

地位，这在很大程度上是缘于美国各大学的研究实力、新生物技术在美国申请专利的便利性以及大学与药企之间长期存在的密切联系。

战后最具社会影响力的药物研制成果是避孕药。几十年来，避孕药研究一直受社会主流观念阻碍。在 20 世纪早期，出售或宣传节育器具是违法的。虽然避孕套并不难得到，但阴道隔膜（发明于 19 世纪 30 年代，在固特异研制出硫化橡胶后不久）和子宫帽却只能通过走私渠道才能进入美国。由于医学界拒绝支持节育措施，这些器具经常被误用（例如，误将阴道隔膜放在体内好几天）。由此引发的感染只会加剧医生对节育的抵触。直到 1930 年，将节育器具运往美国才成为合法行为——但仅仅是出于预防疾病的考虑。

当时有大量公司涌入这个行业，几年之内，美国人在避孕上的消费就达到了数亿美元。在 20 世纪 30 年代后期，美国医学协会（American Medical Association）终于认可了玛格丽特・桑格（Margaret Sanger）等人（几十年来，他们一直在为免费供应节育措施而奔走）的观点，开始了对各州及联邦政府的游说，争取传播节育常识和器具的权利。

药物研究者很快加入到了研制避孕药的争论中。或许是因为他们几乎都是男性，他们完全专注于控制女性而不是男性的生育力。尽管男性生殖系统要简单得多，但许多研究人员认为，具有周期节律的女性生育力比持续不断的男性生育力更容易管控。另一些研究者则称，由于女性承担了怀孕的大部分代价，她们更有可能对节育采取负责任的态度。无论如何，在 20 世纪后半叶，有 13 种截然不同的女性避孕方法被研发出来，但自避孕套面世之后，就再也没有新的男性避孕方法出现了（尽管一些研究者曾探索过注射睾酮是否可以达到这一目的）。研制避孕药的关键在于，研究发现天然激素黄体酮能够阻止排卵。之后，他们花了数年时间研发孕激素——一种人造的黄体酮类似物，可以人为地阻止排卵。含有孕激素和雌激素的避孕药片发明于 1951 年，但直到 20 世纪 60 年代才开始得到大规模销售。

这种药通过模拟身体在怀孕期间的反应，实现对排卵的完全阻断。避孕药是节育技术的重大进步，也被恰如其分地誉为引发 20 世纪 60 年代“性革命”的一个重要因素（尽管远非唯一因素）。虽然多数参与研制避孕药的研究者主要是出于对人口控制的兴趣，但避孕药可以说在社会意义上产生了极其重大的影响，它让女性获得了对自己身体的掌控感，从而改变了她们与家人、伴侣和宗教组织互动的方式。

避孕药并不是节育问题的完美解决方案，其严重的副作用令很多女性无法服用；避孕药服用还与癌症存在相关性；而且，服用避孕药多年的女性在往后的生活中将很难受孕。许多人质疑使女性的自然生理节律紊乱是否是明智之举。然而，对于月经初潮普遍偏早、绝经普遍偏晚、较一个世纪以前生育后代数量偏少的现代女性，其一生中可能会有比一个世纪以前多达十倍的月经周期数量。至少有一部分女性会觉得她们正常的月经周期使她们感到不适，而避孕药会缓解她们的荷尔蒙波动。

药物远不是医疗技术进步的唯一领域，诊断工具也取得了显著发展。1895 年，就在伦琴（Roentgen）研究矿物盐特性时偶然发现 X 射线之后不久，X 射线仪器得到了首次使用（伦琴拒绝为该设备申请专利），到了 20 世纪 30 年代，对 X 射线仪器的各类改进比比皆是。20 世纪 50 年代，它们被连接到电视上；在 70 年代，它们又被数字化。CT（计算机断层扫描）扫描仪能够利用发射 X 射线收集到的数据，产生计算机合成的三维图像。CT 技术于 1973 年在英国研发成功，但通用电气很快就成了 CT 技术的领导者。超声诊断技术是第二次世界大战期间对声呐的研究的一个衍生品，在战后不久便得到普遍使用。磁共振成像（MRI）技术发明于 1982 年，它依靠无线电波和磁场，而不是辐射来产生图像，并且能够拍摄到软组织的图像。MRI 技术起源于基础科学研究，其发展依赖于超导体、磁体的进步。与 CT 扫描仪一样，MRI 技术需要精密的算法来转译数据，因此先前拥有 CT 技术使用经验的公司又在 MRI 技术领域中占据了绝对优势（图 19.6）。

早在 18 世纪，人们就认识到人体有电流产生，但直到 20 世纪才出现了测量人体产生电波的技术。第一幅用于测量心脏活动的心电图出现于 1903 年，到 1912 年时已经发展成了相当先进的形式。之后，又出现了用于测量大脑活动的脑电图。任何去过现代化医院的人都知道，如今有大量的电子设备被用于诊断工作。

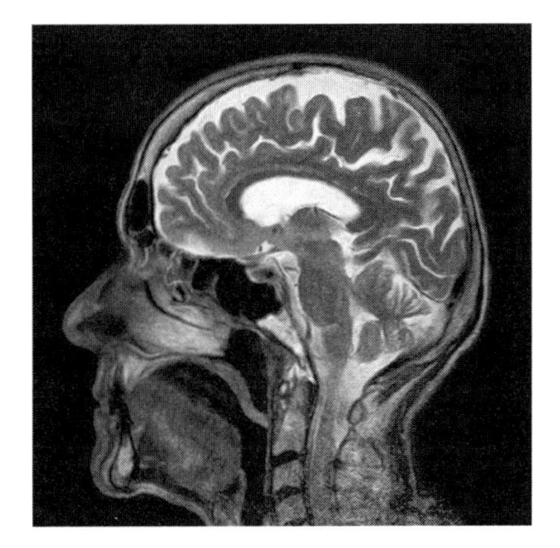

图 19.6　一份人类头颅的 MRI 影像

资料来源：维基传媒，GNU 自由文档许可证。

1945 年后，核医学得到了迅速发展。到了 20 世纪 90 年代，每年住院的 3000 万美国人中，有三分之一接受过某种形式的核医疗手段。核素骨扫描检测出癌症的时间，能比 X 光检查提前一年多。为了保护周边组织，脑瘤的治疗通常要用到极细的射线束（目前超声波也能够用于切除肿瘤）。当然，那些患有其他类型癌症的患者也常会接受放射治疗。

一些更具侵入性的诊断技术也得到了改进。光纤的发展为内窥镜检查法带来了革新，先前的插管方法并不舒适，而且只能从有限的视角观察体内器官。基于玻璃制造技术和物理学的进步，1957 年，密歇根大学首次将光纤应用于医学，相关设备也于 1961 年实现商业化。学术研究者还研制了一种内窥镜，在内窥镜的末端安装了可以传输数据的计算机芯片，也在 1981 年实现了商业化。

许多人造装置被研发出来，用于辅助或替代功能异常的人体部位。人造关节和假肢显著提高了数百万残障人士的生活质量。1913 年出现了第一台用于治疗肾衰竭的透析机，1943 年出现了第一颗人工肾脏。然而，其他重要器官的复制则更为困难。心脏起搏器在辅助心脏衰竭治疗上十分有用。20 世纪 60 年代，研究者曾预计，只需几年时间和几百万美元，就能实现人造心脏的大规模生产。投入了几亿美元、进行了无数的实验之后，产出的人造装置仍然是高成本且效果不佳。事实上，在过去的二三十年里，心脏病和（大部分类型的）癌症领域的各种相关研究对死亡率的影响都微乎其微。

在认识到医学研究的成就的同时，也要注意到其局限性，这一点十分重要。我们尤其应该注意到，营养学和公共卫生学方面的发展，也对我们的健康及长寿产生了显著影响。美国人的平均预期寿命从 1920 年的 54.1 岁，延长至 1940 年的 62.9 岁，1950 年的 68.2 岁，1980 年的 73.7 岁，2000 年的 77 岁。当然，在整个 19 世纪中，这些领域的发展是降低死亡率的主要原因，许多观点就此认为：即使是在 20 世纪，这些领域的发展也比医学的进步更重要。出生率的下降也对女性的健康状况产生了显著影响，也在一定程度上改善了子女获得照料的程度。

最后，我们应该注意到技术的变革是如何改变医生和医院的角色的。随着诊断设备的进步，人们开始把人体看作可被修理的机器，医生的声望也随之升高。这种现象的一个早期影响是，医生在分娩过程中取代了接生婆的作用——尽管起初这造成了死亡率的上升。在 1870 年以前，医院被病人视作为将死之人准备的收容所——甚至是蒙着死亡阴影的陷阱——他们在这里只能够被迫与朋友和家人分隔。随着疾病的微生物学说和麻醉剂的发展，医院开始被视作好像真的能够让人们慢慢痊愈的场所。19 世纪 80 年代，许多医院里成立了诊断实验室。美国第一所护理学院成立于 1873 年，到了 20 世纪 20 年代，四分之一的医院都配有护理学院。直到 1900 年，美国都还只有 15% 的医生供职于医院，但到了 1933 年，这一比例达到了 83%。

自此，医学界在 20 世纪上半叶收获了前所未有的声望。医生的职业教育和自我形象的确促进了新医疗技术的迅速传播。然而，时间一长，患者们却开始反抗现代医患关系中非人性化、机械运转的本质。在战后的世界中，人们对大多数职业的敬意都有所减少，医生也未能幸免。民意调查显示，在 20 世纪 60 年代，四分之三的受访者对医生抱有信心；到了 20 世纪 80 年代，这一比例还不到三分之一（类似的结果在医学研究中也能找到）。如今，许多人在寻求医疗建议时会首先求助于互联网。尽管医学在上个世纪取得了很大成就，但有些重要的东西总会被遗忘——给每位患者的人性化关怀。在某些方面，护理工作受到的影响更大：医学研究者们时常设计仪器供医生熟练运用，然而护理工作也常常会因这些仪器而变得机械化，某些特定的护理技能被削弱，护理工作中的安抚意味也有所淡去。

医疗保健成了一桩大生意，人们为治疗特定疾病研发出了越来越先进的技术，全社会为医疗保健而支付的费用也随之逐渐上升。几十年来，美国在医疗保健方面的投入在国民收入中的占比远高于其他任何国家（但与其他大多数发达国家相比，美国人的预期寿命并没有显著提高）。尽管如此，不断上涨的医疗开支仍成了全球公共政策关注的焦点。许多研究指出，一些特殊检查和手术几乎没有或根本没有效果（例如，有研究表明，与三年一次的检查相比，一年一次的子宫颈抹片检查并不能显著降低患宫颈癌的风险）。有些检查中，因无法避免的错误诊断而产生的代价可能高于准确诊断带来的好处；有些检查筛查出的疾病无法治愈，只是徒增烦恼。

尽管存在这些潜在的可节省开销之处，但社会将不得不做出一些艰难的抉择。我们在设计交通枢纽和公路时，对建设标准的决策（是否划分车道？是修天桥还是安装交通信号灯？），恰恰隐含着我们为人的生命赋予的价值。或许我们需要在医疗领域做同样的事情，并将研发出社会能够负担得起的治疗手段作为我们的研究目标。

第20章

我们的数字时代

历史学家或许会说，计算机引领了第三波工业化浪潮。第一波（基于蒸汽机技术）和第二波（基于电力和石油能源）已经彻底改变了制造业、运输业和通讯业，第三波技术革新浪潮则从根本上改变了信息的获取途径和机器的操作方式，其影响之深远能够匹及早先任何一次技术突破，以不确定的种种方式影响着人们的工作、娱乐、学习和社会生活。21世纪初，计算机及其相关技术对美国人的生活是如此之重要，以至于值得我们用一章来论述它。计算机技术的演变以一系列的转型为标志：数字技术不断更新迭代驱动计算机逐步微型化；反反复复的技术标准竞争；从政府、企业应用到个人应用的转变；从硬件革新到软件和计算机服务革新的逐渐转变。

数据的处理和数字计算机的起源

现代计算机起源于蒸汽机时代英国数学家查尔斯·巴贝奇（1791—1871）的想象。为了修正天文学和航海中使用的手动计算的数学表，巴贝奇在1812年构想了一种由蒸汽驱动的复杂机器。他构想中的“差分机”

（Difference Engine）由数千个齿轮、杠杆等常见机器部件组成，当它们按指定的模式操作时，就能执行复杂的计算任务。巴贝奇设计的装置包含了现代计算机的所有要素（数据输入和存储、指令程序、处理单元和输出装置）。然而，由于对技术参数的要求如此之严格的机器制造成本和制造难度都很高，这台机器和他后来设计的“分析机”（Analytical Engine）都没有被成功造出。

不过，到了 19 世纪末，政府和大企业发现他们需要对大量的数据进行存储、检索和计算。例如，在 1880 年的人口普查中，5000 万美国人口普查信息的人工统计和整理工作进行了五年仍未完成。为了加快这一进程，同时使 1890 年的人口普查更有效，人口统计局急切地采用了一位年轻的前任雇员，赫尔曼·何乐礼（Herman Hollerith）的发明成果。何乐礼发明了一套通过在卡片上打孔来记录文数字[①]式数据的系统。当卡片被送进机器时，机器上的针脚穿过打好的孔，接触下面的金属表面，形成电触点，数据就被记录下来了。1896 年，何乐礼创立了制表机公司（Tabulating Machine Company），将他的数据处理设备销售给大型保险公司、百货公司和铁路公司。1924 年，何乐礼的公司更名为国际商业机器公司（IBM），并制造了加法计算机等各类计算机器。这些设备中很多都是电力驱动的，但计算过程必须靠手敲数字键的机械方式来完成。当然，这些商用机器运行很慢，而且容易出现人为错误。

直到大学和政府出现研究需求，更复杂的计算机器才得以问世。从 1927 年开始，麻省理工学院工程师范内瓦·布什（1890—1974）延续了巴贝奇的工作。他的“微分分析机”（Differential Analyzer）首次使用了齿轮、滑轮、凸轮和连杆，能够机械地表示方程式中的数字和各种函数，可用于电功率和天文学计算。这台模拟计算机构造很复杂，需被装配得极

① 文数字（Alphanumeric）指拉丁字母及数字字元的集合，常用于作为显示，识别编号用。

为精确。随后，布什的机械式模拟计算机的电子版本问世（原理是用电压变量来表征数据）；它计算得更快，但并不总是那么准确。

两次世界大战间隙，由于真空电子管得到改进，电子计算机拥有了替代模拟计算器的可能性。电子管是一种阀门式结构，“0”代表关闭，“1”代表打开（以每秒十万次脉冲的速度进行开关）。这种电子阀门的高速开关，令二进制（或者说，数字）系统进行数据处理成为可能，数字及其他数据可以用数字 1 和 0 的多种组合来表示，每种组合（或者说，每个字节）由 8 位编码组成。

第二次世界大战期间，第一台数字计算机出现了。在英国军方的资助下，“巨像”（Colossus）计算机破解了德国人的密码，宾夕法尼亚大学的 J. 普雷斯伯·埃克特（J. Presper Eckert）和约翰·莫奇利（John Mauchly）研制了电子数字积分计算机（ENIAC），用以改善枪支的弹道性能。与早期的数字计算机不同，ENIAC 是可编程的，于二战结束后的 1946 年被核物理学家迅速采用。它体型笨重（重达 50 吨，占用了 3000 立方英尺的空间），结构复杂（使用了 18000 个真空管），成本昂贵（消耗了 160 千瓦的电力）。尽管如此，ENIAC 还是十分可靠，它能在两小时内解决一个需要 100 个数学家用机械式计算器花上一年才能完成的问题。其主要的缺点是，为这些庞然大物编程是一项需要技术且耗时的任务，需要好几天时间来重新布线。许多早期程序员都是女性数学家，尤为著名的是格雷斯·默里·霍珀（Grace Murray Hopper），她曾致力于通用自动计算机（UNIVAC）开发，也是发明 COBOL① 编程语言的先驱人物。

1951 年，由兰德公司（Rand Corporation）的埃克特和莫奇利研发的 UNIVAC 计算机，拉开了计算机从专供军用转向民用的序幕。这款计算机的电子存储单元能储存程序和数据，并被美国政府用于编制人口普查统

① 即“面向商业的通用语言”（Common Business-Oriented Language）的首字母缩写。——译者注

计表。1954 年，IBM 将“650”投入商业市场，将兰德公司拖入竞争。它比 UNIVAC 更为袖珍，凭借其庞大的销售、售后服务人员队伍，以及对业务需求的熟悉，赢得了采购经理们的购买忠诚度。大多数 IBM 计算机都是供人租用的。到 20 世纪 50 年代末，IBM 大约掌控了 70% 的计算机市场。1964 年新推出的改进型“大型”计算机，特别是 System/360，使 IBM 长期保持着这一主导地位。这款计算机凭借其在机器之间传输程序和数据的能力，及在各种用途中的适应力（尽管其最先进的版本主内存只有 8 MB），一举统治了商业市场（图 20.1）。

到 20 世纪 60 年代，大多数计算机体型虽然很大，但仍然十分脆弱，需要被存放在有空调的房间里，以防止真空电子管过热。身着白大褂的技术人员往计算机中输入打孔卡片，然后读取机器“吐出”的、打印在大量打孔纸上的数字和代码。打孔卡片成了一种象征，代表着计算机貌似能把人简化为抽象数据的力量。20 世纪 60 年代的激进学生们抗议技术的统治

图 20.1　几位女性程序员手持一系列军用计算机中的部件，从左侧最早出现的 1945 年款 ENIAC 计算机，到右侧的 1962 年款 BRLESC-I 计算机。请注意计算机的微型化趋势

资料来源：美国陆军。

地位和臃肿低效的官僚体系，他们发现，IBM 的计算机卡片上印着“请勿折叠、卷曲、损毁”的字样（因为经过这般改动后的卡片无法被计算机读取），而大学对那些计算机卡片的使用，似乎正是在对学生等群体进行去人性化——或者说“损毁”——这令人感到讽刺。到了 1969 年，税务和警察部门实现了计算机上的个人信息共享。征信调查公司的电子数据库中已经存储了 2000 万美国人的数据。在《2001 太空漫游》这样的电影中，出现了功能强大的计算机失去理智的桥段。计算机看起来神秘而冰冷：被关在由空调控制气温的大房间里，没有感情，由超高效率的技术狂们运行——但这种情况并不会延续多久。

晶体管和芯片：新式个人设备和微型化计算机

从 20 世纪 50 年代中期开始，晶体管及其衍生产品不仅改变了传统的模拟技术产品，如收音机、唱片和照相机，还使功能越来越强大的计算机实现了小型化，个人电脑（PC）从此诞生。晶体管是一种半导体电子阀及放大器，它取代了相对笨重、易损且往往不可靠的真空电子管，从而允许电子穿过固体材料，消除了对真空环境的需求。1948 年，这种半导体元件由约翰·巴丁（John Bardeen）、沃尔特·布拉顿（Walter Brattain）和威廉·肖克利（William Shockley）领衔的贝尔实验室成功研发。英雄般的个人发明家时代早已远去。事实上，美国军方为早期的晶体管研究提供了大量资金支持，最初是为了发展雷达技术。与真空管相比，晶体管更小型、更坚固，不会因过热而被烧坏，而且耗能更少，开关速度更快。

1958 年，晶体管技术革新开启了下一阶段，来自得克萨斯仪器公司（Texas Instruments）的杰克·基尔比（Jack Kilby）和来自飞兆半导体公司（Fairchild Semiconductor）的罗伯特·诺伊斯（Robert Noyce）发明了第一个集成电路——由两个半导体组件和一块硅晶体组成（最终实现了更多半导体组件的集成）。集成电路使许多电路实现微型化，包括晶体管及相关元件。集成电路还极大简化了许多电子设备，特别是电视、收音机和立体声唱机。其中一种尤为重要的新产品是手提式电子计算器（1971 年上市）。

1971 年，英特尔（Intel）用体积更小但功能更强大的计算机芯片（微处理器）取代了集成电路板，成千上万个、甚至是数百万个晶体管都可以印刻其上。英特尔联合创始人之一戈登·摩尔（Gordon Moore）提出，每块芯片上的晶体管数量将每 18 个月翻一番——也就是今天为大众所熟知的“摩尔定律”（Moore’s Law）。

这些固态技术的引入，让留声机、照相机等设备随之发生了彻底变革。也许是因为还没有意识到在电子消费品中应用晶体管的商业潜力，贝尔实验室的母公司 AT&T 对其他公司放开了晶体管的使用许可，特别是日本的索尼公司（Sony）。结果是，那些新公司、小公司在他们的许多电子产品中都安装了晶体管，其中包括晶体管收音机（索尼于 1957 年推出），青少年常常将其改装，以便躲开烦人的父母，听自己想听的音乐（尤其是新发行的摇滚音乐）。手提式晶体管收音机虽然达不到家用立体声音响的高音质，但很便携。

1963 年，菲利普（Phillips）公司发明了新一代晶体管音频播放技术——盒式磁带放音机（cassette player）。这种设备取代了 20 世纪 30 年代发明的基于磁学原理的模拟磁带录音机，后者由于磁带“卷盘到卷盘”（reel-to-reel）的设计过于笨重，播放起来很复杂，所以主要由专业人士使用。相比之下，盒式磁带（与模拟磁带相像）可被轻松地送入放音机内，这就在缺唱针和转盘不可的黑胶唱片之外，为人们提供了一种充满吸引力的替代选择。从 20 世纪 70 年代开始，盒式磁带放音机被改装成车载音响和便携式音响（一种体型更大、音量更响的重低音收音机及放音机）。1980 年，索尼又推出了另一种盒式磁带——随身听（Walkman）。这是一个半复古半革命性的设备，既复兴了早期无线电收音机的耳机，同时又让听音乐者能够任意走动（同时也让听音乐者沉浸在自己的世界里）。盒式磁带也让另一个传统理念——可记录性（recordability）——再次焕发生机，而 19 世纪 90 年代末的留声机就放弃了这一理念。这在知识产权领域十分耐人寻味，因为个人的可记录性也就意味着普通消费者可以借此规避版权问题。盒式磁带录像机（VCR）出现于 1974 年，摄录一体机出现于 1983 年（见第 17 章），消费者不仅可以个性化地观看电视节目，甚至可以录制他们自己的视频。

所有这些媒体设备，都是通过模拟传输手段来记录和播放声音与影像的。然而，一场数字革命很快随之而来，将微处理器技术的优势发挥得淋漓尽致。这场革命始于 1983 年，菲利普推出了首款商用光盘（CD），取代了盒式磁带。在 CD 唱片中，声波的振幅不再以模拟手段复制，而是以每秒数千次的速度被转换成数字信号。激光在光盘上交替刻印出螺旋式排列的小凹点和空点，光盘播放机内的激光在无凹点处反射到传感器上（读取为 1），在有凹点处发生漫射（读取为 0）。接着，这些数字信号被转换成模拟电子信号，然后再被转换成声波（在 1996 年出现的 DVD 中，也可以被转换成视频）。

爱好音乐的人们对 CD 一度担心音乐信息在数字化过程中发生丢失。然而，事实证明 CD 的音质相当不错（当声波每秒被采样 5 万次时，谁还能分辨出其中的差别？）。此外，CD 不存在磁带的背景噪音，而且更不易磨损。CD 录音的复刻也比盒式磁带录音快得多。到了 1991 年，各类音像店突然淘汰了黑胶唱片和磁带。不过，数字化 CD 的胜利也只是昙花一现。到了 1996 年，CD 的销量开始停滞不前，同时 MP3 格式的录音不再需要一个物理载体（如唱片、磁带或光盘），而是可以通过互联网传输。这让上百个小时的音乐文件都能被瞬间存储和获取。

数字技术在摄影领域获得了同等重要的应用，取代了一个多世纪以来用化学手段拍摄图像的技术。由贝尔实验室的维拉德·博伊尔（Willard Boyle）和乔治·史密斯（George Smith）于 1969 年发明的名为“电荷耦合元件”（CCD）的微型传感器，能够测量微小离散点（被称为“像素”）的光强度，并将其转换成电荷。在 CCD 进行采样时，这些像素可被存储为数字编码，及时生成高分辨率的图像，以电子形式传输。虽然这项技术最初的成本十分高昂，用途局限于天文学、医学和军事领域，但数据压缩和存储技术的进步使个人数码相机在 1990 年首次出现在美国。数码相机很快就取代了用化学手段生成照片的传统胶卷相机。数码相机省去了传统胶片处理工序中的漫长等待和胶片浪费，还允许使用者在无须重新装入胶卷的情况下拍摄数百张照片。

核心技术革新出现在了媒体设备领域，但电子时代的下一件新产品是微波炉。作为二战时期雷达技术的一个衍生品，自 1967 年起，微波炉就成了一种实用的家用厨房电器。这种电炉能够使用高频电磁波均匀地加热食物，而不是像传统烤箱那样从外到内地加热，让烹饪速度大大加快。微波炉很快就被广泛采用，特别是在那些成年人要外出工作的家庭（后来的微波炉又增添了数字控制功能）。微波炉让做饭变得容易许多，尽管有些人担心微波炉不仅会牺牲风味，有时还会牺牲营养，而且会使人们对认真烹饪和享用食物的重视程度降低。从晶体管收音机和手提式计算器，到 CD、数码相机和微波炉，这一系列新的消费性电子设备已经改变了我们听、看、吃的方式，且不止于此。

不过，晶体管和数字技术的出现带来的最为翻天覆地的转变，发生在计算机及所有与其相关、由其衍生而来的设备。晶体管计算机于 1953 年首次出现，并于 1957 年由飞歌（Philco）公司推向市场，用于科研应用。1959 年，IBM 用速度快 6 倍、而租金减少一半的“7090”型晶体管计算机取代了老式的“709”真空管计算机。作为第二代数字计算机，它的改进之处在于磁芯存储器（由微小磁环及从中穿行的导线组成）、磁带读带器（部

图 20.2　在 1959 年生产的 IBM 1401 中使用的早期晶体管。晶体管不仅体积小，而且既不需要创造真空环境，也不需要长时间预热

资料来源：维基共享资源网，获知识共享许可，由 Marcin Wichary 拍摄。

分取代了打孔卡片）和可以存储数据的磁盘驱动器。此外，这些新机器可以读取用日常语言和数学函数编写的高级计算机语言，极大地简化了编程。FORTRAN（“公式翻译”）和 COBOL（“面向商业的通用语言”）对于一群新的技术工人——计算机程序员来说，是特别重要的计算机语言（图 20.2）。

1965 年，数字设备公司（Digital Equipment Corporation）推出了基于集成电路的微型计算机——PDP-8，成为新一代的计算机。这款计算机只有一台小型冰箱的大小，比早期计算机运行速度快很多。1975 年的一代计算机，装配了微处理器。电路的彻底微型化，使大部分计算机功能元件能够被放进一块芯片，也让个人电脑（PC）成为可能。第一款获得商业成功的个人电脑是 H. 爱德华·罗伯茨（H. Edward Roberts）设计的“牛郎星 8800”（使用英特尔的 8080 微处理器）。1975 年通过《大众电子》（*Popular Electronics*）杂志促销的“牛郎星”，实际上就是一个面向业余爱好者的玩具：没有显示器，使用的是电传键盘[①]。尽管如此，“牛郎星”还是让很多人相信，计算机也可以被普通人使用。仅仅两年后，康懋达商业机器公司（Commodore Business Machines）就推出了一款更实用的个人电脑，配有显示器、键盘和盒式磁带播放器（用于运行磁带上的程序），能够生成图形和电子表格（图 20.3）。

① 电报、传真机所使用的，用通信渠道发送和接收信息的打字机。

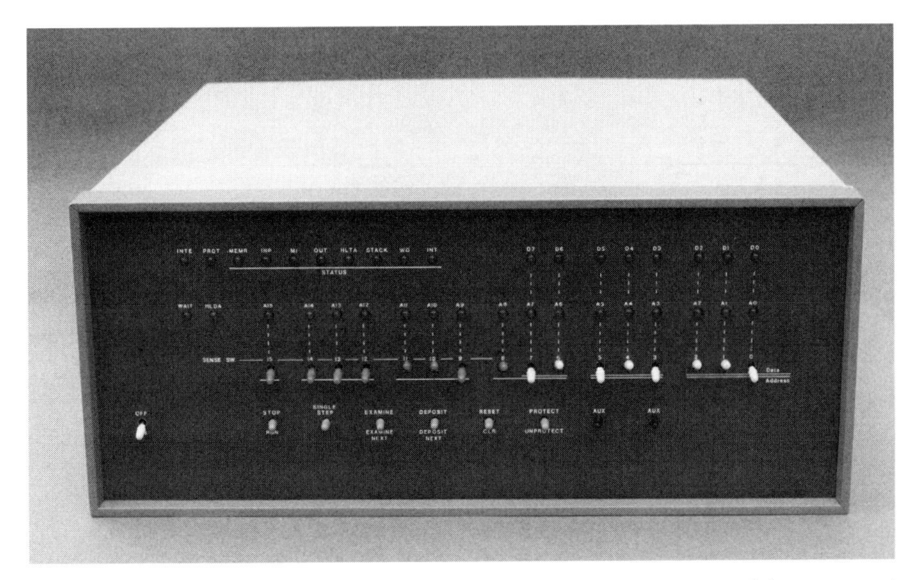

图 20.3　这台由微型仪器与自动测量系统公司（MITS）出品的“牛郎星 8800”（Altair 8800）电脑通过 1975 年的《大众电子》杂志向业余爱好者们进行促销。虽然还很原始，但它开启了大众使用个人电脑的时代

来源：维基共享资源网，获知识共享许可，由 Cromemco 拍摄。

1977 年推出的“苹果 II”（Apple II）获得了更持久的成功，配有米色的塑料外壳、盒式磁带驱动器、键盘和显示器。易于使用的苹果 II，让加利福尼亚州的两位开发者——22 岁的史蒂文・乔布斯（Steven Jobs）和 27 岁的斯蒂芬・G. 沃兹尼亚克（Stephen G. Wozniak）——声名远扬。1978 年，苹果电脑公司对其系统进行了大量改进，首次使用了 5.25 英寸软盘及驱动器，这种软盘比盒式磁带更进一步之处在于允许随机存取数据。尽管有了这项突破，但它只能存储 113 KB 的数据，而且成本达到近 500 美元。直到 1981 年，计算机巨头 IBM 才意识到，他们有必要向市场推出其第一款个人电脑，随即上市了一款存储空间不超过 640 KB 的中型计算机。

和个人电脑同等重要的，是新软件的开发——比如易于使用的操作系统，以及文字、数据处理工具包。1981 年，26 岁的威廉・盖茨（William Gates）（昵称为比尔・盖茨，Bill Gates）为 IBM 公司开发了微软磁盘操作系统（MS-DOS）。当时工作于西雅图的比尔·盖茨和他的同学好友保罗·艾伦（Paul Allen）已经是资深的软件开发者了。1975 年，当他们还是哈佛大学的本科生时，为“牛郎星”计算机编创了一种新版本的 BASIC 编程语言，免去了用机器语言（或用有一定难度的 FORTRAN 或 COBOL）编写程序的需要。然而，盖茨和艾伦拒绝将他们的命运与生产“牛郎星”的 MITS 公司绑定在一起，而是保留了他们软件的版权。随后，盖茨成为一名自由职业的软件开发者，并在 1978 年将他新注册的微软（Microsoft）公司搬到了西雅图地区。当 IBM 聘用他编写一个新的操作系统时，盖茨从西雅图电脑公司（Seattle Computers）购买了一个程序，其改良后的版本成了 MS-DOS——一种基于文本的 16 位操作系统。随后，盖茨从 IBM 手中获得了独立销售 MS-DOS 系统而无须与 IBM 个人电脑捆绑销售的合法权利。从出售 MS-DOS 的使用许可（截至 1984 年，MS-DOS 已售出了 200 万份副本），到使其在几年内成为主流操作系统，盖茨一路财源猛进。IBM 个人电脑的“山寨机”，或者说 IBM 兼容机（从 1983 年的康柏电脑开始）的生产厂商们研究出了版权归 IBM 所有的基本输入 - 输出系统（BIOS）的替代品，在他们与 IBM 的合力下，配备 MS-DOS 的计算机行销整个市场。1981 年的那次首次合作，真正的赢家是微软，而不是 IBM。IBM 和它的“山寨机”还从英特尔等芯片制造商以及其他零部件供应商那里获取了必要的计算机组件，这使得其技术集中度不如一些前代产品。微软还开发了商业软件工具包（包括文字处理软件 Word 和电子表格处理软件 Excel），这节省了许多手工编程的时间。个人电脑成了一种不再需要熟练技术人员也能操作的计算机。

许多电脑发烧友更钟爱苹果电脑，尤其是 1984 年得到大幅改进的麦金塔（Macintosh）电脑。这款机器提供了一个“图形交互界面”，用户可以用“鼠标”点击显示器屏幕上的图片或“图标（icon）”，让电脑执行命令。麦金塔电脑还配备了音响系统和高分辨率黑白显示器。但是，乔布斯和沃兹尼亚克的团队很快就解散了，尽管苹果公司培养了忠实的“Mac”[1] 用户，并将他们的电脑送进了许多学校之中，但事实证明，IBM（及其“山寨品”）与微软产品的紧密联系在市场上仍占据压倒性优势，使苹果公司难以挑战。

最重要的是，微软在 1984 年开发了一款新的操作系统“视窗”（Windows），与麦金塔电脑有很多相似之处。虽然微软的 Windows 是 MS-DOS 操作系统的延伸，但 Windows 用鼠标激活图片或图标的操作方式取代复杂的打字输入指令，大大简化了操作。如今为人们所熟知的鼠标的发明仅仅比 Windows 的出现早一年。Windows 还可以同时运行多个应用程序，允许用户将数据从一个应用程序传输到另一个应用程序。更引人瞩目的是 1990 年推出的 Windows 3.0。在前几代系统的成功基础上，Windows 95 于 1995 年问世，并在两个月内售出了 700 万套。

让个人电脑对用户更加友好

除了这些基本的技术革新外，数据储存和传输方面的改进，以及新的输入和输出设备出现，极大地扩充了计算机的容量和用途。正如我们所看到的，1976 年，用于存储数据的盒式磁带系统被速度更快的外接式磁盘驱动器取代，这种磁盘驱动器能够快速进行信息的随机存取。这种“软盘”是一张可弯曲、有磁性的 5.25 英寸卡片，容量为 320 KB，可容纳的数据量相当于 3054 张 IBM 穿孔卡片。软盘驱动器使在小型台式机上轻松存储和传输数据成为可能。1981 年，索尼推出了 3.5 英寸硬盘（不再是柔软质地）。它不仅更小型，而且容量更大，几年之内就达到了 1.44 MB。

更重要的新产品是希捷（Seagate）公司的内置式硬盘（1980 年推出）。这种坚硬、镀有磁性材料薄层的金属盘，具有在当时看来无与伦比的

① Macintosh 的简写。——译者注

超大容量，足以存储 5 MB 的数据。紧随其后的是 1984 年索尼公司推出的 CD-ROM。一开始，CD-ROM 磁盘容纳了 550 MB 的预写入数据（软盘只有 1.44 MB）。基于 CD 播放机所用的激光技术，CD-ROM 大大增加了程序的大小。例如，为了容纳更多的功能以及适配 Windows 的特殊要求，文字处理程序的大小发生了激增。CD-ROM 驱动器提供了存取和访问图片的途径，还包括更为复杂的电子游戏图像。到了 1985 年，整部百科全书都可以存储在一张 CD 上，其中第一部是《格罗里埃电子百科全书》，这是一本 900 万字的工具书，只占了 CD 可用空间的 12%。即使是权威的《不列颠百科全书》，也选择将其厚重的工具书改为双碟片 CD 套装。1992 年，商用 CD 刻录机（或者说"烧录机"）以 1.1 万美元的售价上市，到 1995 年时就"仅售"995 美元了——不过正如许多计算机领域的新产品一样，此后它的价格仍在急剧下降。

与输入和存储设备的显著进步同步发生的，是计算机外接设备技术的进步。打印机发生了非同寻常的技术进步：击打式打印机（运作方式类似老式电动打字机）能够产出高质量印刷品，但速度慢且成本高昂。点阵打印机比较便宜，但印出的字迹质量相对较差。到 20 世纪 80 年代末，激光打印机问世，克服了前代产品的速度和印刷质量问题。就在 1987 年，激光打印机的零售价还是 2600 美元，但在接下来的十年里，随着激光打印机成为个人电脑的标准配置，其价格也急剧下降。

下一场技术进步发生在扫描仪领域。在此很久之前传真电报技术就出现了，可以通过电报线缆传输无线电或电话信号来复现图像。这一过程十分缓慢，且基本上只能在 20 世纪 20 年代后期开始出现的电报局办理。现代扫描仪基于与数码相机相同的技术，于 80 年代中期初次应用于计算机扫描仪，但一台机器成本高达 4 万美元，而且无法准确翻印大量印刷材料。20 世纪 90 年代的又一轮技术进步使扫描仪成为复现图像的常用工具，从此图像能够通过磁盘以及后来的互联网，在电脑之间传输。

所有这些技术进步的背后，是看上去永无休止的计算机提速，也就是微处理器（或者说芯片）的功能升级：英特尔从 1979 年的“8088”16 位微处理器（有 2.9 万只晶体管）转向 1993 年的奔腾（Pentium）微处理器（有 310 万只晶体管）。这一进步趋势与“摩尔定律”的预测十分相近。不仅如此，1983 年的个人电脑上的 18 MB 硬盘，到 1993 年变成了 10 GB 的存储元件 10 年内，存储容量发生了千倍级别的增长。到了 21 世纪初，100 GB 及以上的数字存储器已经十分普遍，很快又出现了存储量达到 3 TB（等于 3072 GB）的高级型号。随机存取存储（RAM）器的容量也大幅增加，从 20 世纪 90 年代初的 4 MB 标准运行内存，到 2003 年的 256 MB 甚至 512 MB，截至 2017 年，高端个人电脑上的运行内存已升级至 3 GB。

随着个人电脑的功能变得越来越强大，其外观变得越来越小型而便携。直到 2000 年，大多数个人电脑都是桌上（desktop）设备，有着独立的显示器、键盘和计算机处理单元（CPU）。1981 年，爱普生（Epson）公司推出的“HX-20”成为第一台笔记本电脑，但它的屏幕上只能显示 4 行文字。逐步发生的技术进步（包括触摸屏的出现、电池性能提升和 LCD 屏幕的出现等），让可以放在“膝上”（laptop）使用的笔记本电脑成了继桌上电脑之后的又一种选择。平板电脑也经历了类似的发展历程，2005 年触屏平板电脑取代了用触控笔操作的早期机型，自此平板电脑成了家庭中常见的新宠。苹果公司以 2010 年推出的 iPad 再度引领潮流，紧随其后的是使用安卓（Android）操作系统的平板电脑。

从 20 世纪 80 年代中期开始，用于运行文字处理、电子表格编制等程序的软件每 18 个月就会更新换代一轮。随着计算机变得越来越“用户友好”，在 1983 年到 1988 年间，全美正在使用中的计算机数量从 1000 万增加到了 4500 万。计算机逐渐被作为工具为许多常见的商业、娱乐活动服务——包括文档制作、计算、信息检索、游戏、音乐和电影。到 2016 年，85% 的美国人家里都有电脑。这一切都是由英特尔、微软等一系列零部件公司共同完成的，而不再像 20 世纪 50-60 年代时期只有像 IBM 那样占主导地位的整合型生产商。

互联网的起源

互联网的发展，是迄今为止个人电脑领域最重要的转变。互联网是一种数字应用的网络，电子邮件、网站都属于数字应用。它的兴起，标志着软件和计算机服务业取代硬件成为技术革新的首要方向。尽管如今互联网被用于访问娱乐、知识和商业内容，但它最初却是发轫于工程师和军事家的技术界。20 世纪 50 年代末，麻省理工学院（MIT）的科学家们发现，他们可以通过电话线将分散的工作站连接到巨型主机上，从而实现主机处理器的“分时操作”[①]。调制解调器是将其变为可能的一项至关重要的革新，其名称“Modem”是它两种功能的首字母缩写：调制（Modulating），即信息的数字化，使信息得以通过电话线传输；解调（Demodulating），即信息的重新数字化，以供计算机读取。1962 年，调制解调器的研制本来是出于为防空事业传输数据的目的，之后很快就被用在了商业及政府用途上。直接通过电话线进行数据的长距离传输成本高昂，于是出现了“包交换”（packet switching）技术，即把信息分成更小的数字编码包，通过调制解调器、“节点”（node）（即所连接的计算机）传输到最终目的地。到了 1969 年，美国军方已经开发了一个分散式计算机网络，一定程度上是为了防止无可替换的独家数据在集中式计算机资源遭受核攻击时被彻底摧毁。美国军方高级研究计划署的第一个网络“阿帕网”（ARPANET）最初只连接了位于加利福尼亚州和犹他州的 4 台主机。这一网络在军事上的应用逐渐扩展至发送电子邮件和在电子公告栏上发布消息。1973 年，以太网技术出现，

① 即把主机处理器的运行时间分为很短的时间片，按时间片轮流把处理器分给各联机作业使用，提高资源利用率。——译者注

使数据包能够通过线缆传输，网络连接从而获得了经济上的可行性——即使是在军事和政府之外。到了 20 世纪 70 年代，用于在发展初期的计算机网络之间传输数据的关键软件被成功开发，信息包的传输系统也随之大为改进，从而使“互联网”成为可能。传输控制协议（TCP）将消息转换成数据流，然后在目的地将它们重新整合为消息。互联网协议（IP）解决了跨多节点、甚至跨网络标准传输中的数据包路径选择问题。有了公共领域的 TCP/IP 软件，众多网络间的信息传输最终才能够实现。1983 年，军方失去了对互联网的控制，同时，政府机构开发了自己的网络，节点被划分为“域”（domain），包括大家熟悉的“gov”“mil”“edu”“com”“org”和“net”。

在 20 世纪 90 年代，商界和大学的互联网服务供应商让带有调制解调器的个人电脑接入互联网成为可能。1992 年时，互联网站点仍被大致分为政府网站、教育网站、非营利网站和商业网站。直到 1995 年以后，“公司网址（.com）”才开始占据主流。当电子数据包通过电脑服务器传送到用户的个人电脑端时，电脑用户需要导航工具来定位所需的电子文件。最早的定位工具叫做“地鼠”（Gophers）（1990 年由明尼苏达大学开发，用明尼苏达大学的吉祥物命名），它可以向局域网，或通过“Telnet”远程登录软件向远程用户提供（按一定“主题”组织的）文件列表。

“地鼠”系统演变成了万维网（World Wide Web），它允许用户端计算机通过“界面浏览器”（interface browser）与文档相链接。第一个浏览器出现于 1990 年，当时的 CERN（总部在瑞士日内瓦的一个国际科学组织）成员蒂姆·伯纳斯 - 李（Tim Berners-Lee）开创了超文本传输协议（HTTP），将大型服务器与其用户端计算机（通常是个人电脑）之间的信息传输标准化。1992 年 1 月，一种基于文本的网页浏览器出现了，个人电脑从此能够同时访问文本和媒体，但它仍然需要用户输入冗长的网址。1993 年，伊利诺伊大学的马克·安德里森（Marc Andreesen，当时 23 岁）

开发了一款名为“马赛克”（Mosaic）的图形网页浏览器，并在 1994 年发展成为“网景”（Netscape）[第二年，微软也推出了“探索者”（Explore）浏览器]。这一浏览器允许用户通过点击鼠标来访问网页或电子站点——现如今这早已司空见惯了。图形浏览器的发展，以及互联网服务（特别是“美国在线”公司）的营销所带来的变化可谓巨大。随着网上编程语言（包括 Java）的进一步发展，网络用户可以在线浏览声音、动画等多种媒体形式。网站的激增导致了对搜索引擎的需求，最早的搜索引擎是 1994 年推出的“莱科思”（Lycos），但它很快被“雅虎”（Yahoo）（1995 年推出）和之后的“谷歌”（Google）（1996 年推出）取代。

迄今为止，个人电脑的现代图景中的最后一块拼图，就是计算机设备通过路由器实现无线联网。无线保真局域网（Wi-Fi）于 1985 年成为可能，当时美国政府开放了一些免许可无线频段供自由使用。研究者付出了大量努力，将路由器传输标准化，以及在提升传输速度的同时保持成本实惠。到了 1999 年，Wi-Fi 已经可以在家庭和办公室中使用。

数字技术的外延：电脑游戏和智能手机

我们不应忽略一系列基于数字革命或与数字革命相伴而生的新技术，其中尤为重要的当属电脑游戏。威廉・辛吉勃森（William Higinbotham）于 1958 年编创的名为“双人网球”（Tennis for Two）（后来更名为“Pong”）的游戏，是一个拙陋的开端之作。作为史上第一个可视电子游戏，它的内容只不过是一个数码点在短杠上弹射来弹射去，开始时也仅仅是计算机科学家们的消遣之作。1961 年，游戏“星际飞行”（Spacewar!）随之而至，成了电脑迷们的又一个新玩具，玩家们在黑白屏幕上操纵粗陋的宇宙飞船，用闪烁的数码光点歼灭敌手。又过了十年，市面上才出现包装完备的电子游戏，供商业（“街机”）和家庭使用。诺兰・布什内尔（Nolan Bushnell）

编创的“雅达利”（Atari）街机电游（1972 年推出）挤掉了自 20 世纪 30 年代以来所有机械/电子弹球游戏的市场。随着留声机从公用走进家庭，雅达利于 1975 年上市了一款“Pong”专用的家庭终端设备，于 1977 年又发行了“雅达利 2600”游戏主机，用户可以通过电视机玩各种各样的游戏卡带里的游戏。更多刺激、快节奏的游戏出现了，如“太空入侵者”（Space Invaders）（1978 年推出），以及越来越多的日本产新游戏，包括广受欢迎的“吃豆人”（Pac-Man）（1980 年推出）和“大金刚”（Donkey Kong）（1981 年推出）。大量同质化的游戏涌入市场、激烈竞争（由于许多公司生产的游戏卡带都可以在雅达利游戏机等操纵设备上玩），使得这股电子游戏热潮在 1983 年陷入了短暂的萎靡。但两年以后，任天堂（Nintendo）娱乐系统再次掀起了游戏热潮，它充分利用了进步迅速的数字处理器技术，并推出了功能更强大的游戏机，严控其他公司的游戏卡带接入系统。凭着在游戏中躲避大猩猩向他扔来的木桶等废物，任天堂数码世界中的英雄，马里奥（Mario），吸引了全世界数百万计的男孩们。然而，世嘉（Sega）公司推出的“刺猬索尼克”（Sonic the Hedgehog）很快就挑战了马里奥的地位，凭借在管道等数码障碍物间急速穿行的身影，索尼克第一时间吸引了年纪较大而更爱追求刺激的游戏玩家（图 20.4）。

20 世纪 90 年代，随着游戏文件的增大和可视化调色板的日渐丰富，游戏中的动作节奏也加快了，尤其是在暴力场面中。早期的例子包括“街头霸王”（Street Fighter）和“真人快打”（Mortal Kombat），它们最先是在街机和酒吧中出现，后来也进入了家庭。随着“毁灭战士”（Doom），一款基于电脑的奇幻游戏出现，这类“你死我活”式的游戏在激烈程度上迅速升级。推动这一切的，是游戏买家人群从儿童到年轻人的转变，年轻人们对更快节奏的电子游戏永无厌足的需求，导致了“侠盗猎车手”（Grand Theft Auto）（1997 年推出）和“光晕”（Halo）（2001 年推出）这类游戏的大热。

图 20.4　20 世纪 70 年代末的电子街游，“Pong”，一种简单的电子版乒乓球游戏。“Pong”在更刺激、偶尔含有暴力行为的街机游戏出现之前，为年轻人们提供了娱乐消遣。这些街头游戏机是投币式留声机和活动电影放映机的后代

资料来源：纽约州罗契斯特市美国国家玩具博物馆。

电子游戏所做的，不只是稍微增强了一点感官体验而已。游戏厂商们创造了一个能够让玩家深度参与、有时甚至具有成瘾性的游戏环境，从而试图让玩家们沉溺于游戏进程之中。他们采用种种方式为玩家创造身临其境之感，如在当年的惊险游戏“Pong”“吃豆人”中，玩家只要操纵控制杆、按钮和鼠标就能为游戏画面赋予勃勃生机；又如任天堂的 Wii 游戏系统（2006 年推出）的控件能够追踪玩家的肢体动作，从而改变了众多新推出的游戏。游戏设计师年复一年地添加新的层次：图像、声音和触觉灵敏

性，鼓励游戏玩家们“活到老，玩到老”，而不是仅在童年时期玩。游戏制作者们也会尝试在游戏中交替设置大量的挑战与奖赏，吸引玩家们沉浸在游戏中。游戏设计师们会聘请心理学家找出游戏中让人感到挫败或无趣的部分，之后进行去除，从而使玩家的游戏进程更为流畅。对很多玩着雅达利、任天堂长大的玩家们来说，这些游戏对他们的精神，甚至身体，产生了如此强大的吸引力，以至于他们长大后仍割舍不掉这些“玩具”。有一批数量惊人的玩家进入成年生活很久后，仍在继续玩着更刺激的电子游戏，为此，他们或是牺牲了经营亲友关系的时间，或是牺牲了花在一些更具持续性、且更不那么“虚拟”的自我提升上的时间。

蜂窝式移动电话和智能手机是数字革命进一步发展的产物，它们从根本上改变了人们的通讯方式：移动电话让人与人之间能够自由灵活地联络，智能手机将电脑微缩为掌上便携的信息和娱乐设备。

移动电话的构想可以追溯到无线电广播的开端，军方和警方是最早采用无线电话机的群体。1921 年，底特律警察局研发了一种单向无线电调度系统，可以给巡逻车里的警察发信息，让他们给总部回固定电话。到了 1931 年，无线电通信成了双向通信。二战期间，通用和摩托罗拉（Motorola）为军方研制了移动步话机。然而，由于成本、电源要求以及晶体管结构的脆弱性，民用移动电话研发进程缓慢。1946 年，AT&T 在圣路易斯推出了一项实验性的移动电话服务，可用于从固定电话呼叫车载移动电话。到 1964 年，150 万部电话加入了升级后的 AT&T 通信系统，但仍需一位接线员来联系移动电话端，而移动电话端又需要与车载电池和天线相连接。民用波段收音机（因采用集成电路而变得小型且廉价）成了 20 世纪 70 年代末的流行，为驾驶员们提供了一个彼此联络的方式，也常被他们用来躲避交警的超速监测。

直到能够接收和传递移动电话信号、并最终传输到信号接收端的手机信号塔出现，重大变革才开始发生。早在 1973 年，摩托罗拉的马丁·库珀

（Martin Cooper）就生产过 2.5 磅重的“砖头机”（Brick）移动电话。但是日本和西欧的企业在推进蜂窝技术（仍基于模拟无线电信号）方面要快一步，这项技术将移动电话从汽车上解放出来，让电话实现了完全的移动性。1983 年时，仅用美国产的蜂窝式移动电话打 30 分钟的电话，就要花 12 小时才能把电量重新充满。一只移动电话重约 0.85 千克，定价为 4000 美元。直到 1989 年，移动电话才小到可以装进口袋里。到了 1992 年，同很多产品一样，移动电话服务向数字化转型（2G 技术，即第二代通信技术）。手机短信从此开始出现。公众对移动电话的接受是一个缓慢的过程——直到移动宽带技术的出现大幅提升了移动电话服务的速度。到了 2002 年，通过手机访问互联网成为可能（3G 技术）。到了 2009 年，第四代蜂窝技术实现了视频数据流的传输（图 20.5）。

同时，自从 20 世纪 90 年代后期以来，多种多样的单用途个人设备进入市场（MP3 播放器、数码相机、个人数字助理、GPS 导航仪）。苹果出品的 iPod 快速占领了下载音乐市场，成了最引人瞩目的单用途电子设备。所有这些产品逐渐与移动电话整合起来，形成了智能手机。早期的手机有 2001 年推出的塞班（Symbian）和 2002 年推出的黑莓（BlackBerry）。然而，真正的突破之作当属 2007 年由苹果公司推出的 iPhone，它结合了 iPod 便携式媒体播放器、微型电脑与移动电话（和黑莓笨重的键盘设计不同，iPhone 是靠触摸屏操纵的）。恰如 20 世纪 80 年代个人电脑和 Windows 系统出现时一样，苹果很快也遇到了与之竞争的另一种操作系统，这次是 2008 年推出的安卓系统（谷歌旗下产品）。正如 20 世纪 80 年代的微软那样，谷歌的安卓系统向所有智能手机制造商开放（通过广告盈利）。智能手机将个人电脑、MP3 播放器、数码相机、移动电话等令人惊叹的技术成就全部收入囊中，以我们多年后才能完全理解的方式，彻底改变了每一个人的通讯、娱乐及信息获取途径。

图 20.5　在这张 2007 年拍摄的照片中，马丁 · 库珀手举着他于 1973 年研制的摩托罗拉蜂窝式移动电话。请注意这部电话的大小

资料来源：维基传媒，已获创作共享许可，GNU 自由文档许可证，由 Rico Shen 拍摄。

计算机，以及关于技术的新一轮论战

数字革命为美国人的生活带来的剧变是一把双刃剑。日新月异、经久不息的计算机产品升级彻底变革了消费者对技术的期望。与 20 世纪 20 年代的汽车业变革不同的是，并非时尚潮流在推动新电脑及其附件的购买潮流。确切地说，永无止境的更新换代总在个人电脑、平板电脑和智能手机的一个或多个零部件上发生，创造了对更换产品的持续需求，然而，消费者已然容忍了这种负担，因为接二连三的新产品购入给他们带来的每一次惊喜，都让他们觉得物有所值，这让消费者期待技术进步会持续发生。到了 21 世纪 10 年代，计算机的技术革新步伐日渐放慢。

计算机改变了人们对时间的体验。它开创了“24/7”文化，让市场与娱乐业在每天的任何一个小时都保持“在线”。如果说 19 世纪出现的火车战胜时间（与空间）靠的是蒸汽机的力量，那么计算机完成这场胜利靠的就是用电子的高速度传输信息和通信；通过互联网，可以对地球上任何时间、任何地点上传的图片、文本、音频与视频实现随时存取。智能手机让所有这一切变为举手之劳，在任何有互联网服务的地方都可以通过智能手机轻松访问。在计算机的参与下，人们生活的节奏大大加快了。数字技术的大众参与在极短的时间内变得司空见惯：让 5000 万美国人拥有收音机花了 38 年，让同样多的人购买电视机花了 13 年，而万维网推出仅仅四年后，就有了 5000 万美国用户。计算机和互联网还大大加速了许多活动事项，从收发邮件、检录信息到买卖股票。超文本链接帮助互联网用户更快、偶尔更深入地了解一个话题或兴趣领域。谁还需要为了获取信息而去图书馆搜寻书籍呢？谁还需要去影院、唱片店或是等着某个电视节目播出，才能听到或看到最新最热的音乐或视频呢？就此而言，大家也不必紧跟时下的娱乐产品，通过流媒体服务，人们就能随时在线获取大量过往的娱乐产品了。

与此同时，获取海量信息的高速和便利减少了人们的注意时长，以及他们阅读长篇书籍或思考晦涩的文章或图像的意愿。愿意在一个话题上深入探究的人越来越少了——甚至，愿意关掉电脑和智能手机、走到图书馆中去使用非数字化的信息源的人也越来越少了。“网上冲浪”意味着从一个网页快速地划到另一个网页。电脑执行多任务的功能，促使使用者希望能够用它同时做多件事情。电脑的高速度制造了压力，加速了生活的节奏。例如，电子邮件和短信通讯已经制造了一种预期，即信息应该在数小时内、甚至几分钟内得到及时回复，通信也随之成了一件草率的事。发短信已经取代了言语交流。正如托马斯·埃里克森（Thomas Eriksen）悲观地评论道，“越来越多的人习惯于生活在一个这样的世界里：多姿多彩的信息碎片漫天飞过，却缺乏秩序与连贯性——而人们还不把这当成问题。”电脑破坏了“慢时光的愉悦”（比如钓鱼或品味一门技艺），相反，它制造了一种“当下的暴政”①。

个人电脑对人们维持关系的方式产生的影响还要更深远一些。正如威廉·吉布森（William Gibson）在他 1984 年出版的小说《神经漫游者》（*Neuromancer*）最早提出的观点：电脑创造了一个虚拟社会，为人们提供了更广阔的体验与知识，而无须人们花大钱去亲身游历。有充分的证据证明，人们使用电脑（尤其是电子邮箱）来维持和贴近家庭及特殊利益集团成员间的关系，这对一个如 21 世纪的美国社会这般流动性强、人员分散的社会来说尤为重要。网络公告栏与邮件用户清单服务为分散各地的专业人士及上千个话题的狂热爱好者们提供了海量的观点和信息获取途径。对于比尔·盖茨等许多人来说，计算机创造了一个轻点鼠标就能访问的新世界，让用户们在家中就能够交友、探索世界和做生意。电子邮件和社交媒体甚至通过为家人团圆、老年人聚会创造可能，增进了一些原本流于浅表的人际关系。互联网为病弱者、孤独者，或是那些貌似因过于忙碌而没时间约朋友享用一顿长午餐的人们，提供了一个他们从前无法接触到的世界。

当然，能够持续访问互联网的智能手机彻底改变了年轻一代的生活。比如说，16 岁青少年对获得驾驶执照的需求及意愿减弱，这些新技术在其中起到了重要作用。从某种意义上说，20 世纪 90 年代的“互联网闲逛”代替了 20 世纪 30 年代的街头闲逛，成了新一代年轻人社交、摆脱家庭束缚的普遍方式。靠着在触摸屏上动一动手指，浏览脸书（Facebook）、推特（Twitter）、照片墙（Instagram）平台来寻求偶遇，可比手握汽车方向盘四下溜达来得更高效、安全而廉价。

---

① Thomas Eriksen, Tyranny of the Moment: Fast and Slow Time in the Information Age (London, Pluto Press, 2001), 20.

然而，就在电脑与互联网容许人们获得更广阔的文化视野的同时，它们也将每个人孤立在了键盘和触摸屏前，从而减少了面对面社交。广播与电视都为人们在自己家中的私密空间里参与大众文化提供了可能，个人电脑和智能手机不过是加速了这一趋势，让使用者成了由网页、聊天室和电子邮件构成的瞬息万变的全球文化中，一个个孤立的参与者。批评者坚持认为，虚拟社会并不能成为真实社会的替代品。如许多教育家所指明的那样，孩子们花在玩电脑游戏的时间，占据了他们本该与同伴们在真实世界的游戏与交谈中进行社交的时间。有人认为，电子游戏助长了日益严重的肥胖症趋势。要掌握与人沟通和协商的社交技巧是需要时间的，而把这些时间花在电脑上，或许会导致这些社交技巧的衰退，尤其是当与现实中的人产生的关联被“电脑时间”取代时。到了 2015 年，美国青年每天花在看电子屏幕产品上的时间达到了约九个小时，部分原因正是智能手机的兴起。

计算机无疑深刻影响了工作与经济领域。早在 1948 年，麻省理工学院的诺伯特·维纳（Norbert Wiener）就在他所著的《控制论》（*Cybernetics*）中预言，机械动力的时代已经到达了它的顶点，而未来世界的财富与影响力将来自于信息与通信。计算机的生产成本不再来自原材料和制造过程，而是造出其第一批产品所需的研发经费。（例如软件，甚至微处理器也是——它的原材料成本仅占极小部分。）以及，尽管计算机并没有使绝大多数职业实现自动化，从而像 20 世纪 50 年代早期很多人所担忧的那样导致大规模的失业，但是计算机确实冲击了人们所做的工作、所从事的职业。不仅旧的职业分类体系几乎消失不见，而且互联网等技术（例如廉价的卫星电话服务）开创了全球劳动力市场，基本上抹去了远程办公的劣势。举例来说，请注意近年来为美国市场工作的低收入国家服务与营销从业人员数量的增长。

毫无疑问，计算机丰富了个人选择，给了人们更多的自由。用电脑进行转账等交易活动之便利，大大扩展了市场规模（比如出现于 1994 年的亚马逊，以及网上购物对“实体”店铺作用的削弱）。一些曾经以大宗货物形式出现的产品（诸如音乐唱片、书籍、杂志、报纸与录像）被数字化，从而能够进行瞬时的电子传输。通过互联网进入全球市场的便捷性往往能创造公平竞争的市场环境（至少现在是这样），小型创业公司也能够与大企业竞争。诚然，互联网面临着无法将货品递到人们面前的巨大障碍，它无法满足消费者想要摸、闻、测试产品的需求。但互联网还是让个人选择近乎不受限制，也让信息公开不可避免，尽管保守型社会试图避免让其民众浏览到色情与政治类信息。

与此同时，这种选择范围的猛烈扩张也可能导致个人的困惑。自 20 世纪 90 年代后期起，个人电脑与手机成了多功能设备，被用作传真机，邮局、电话、复印机、收音机甚至是电视机。它们的便携形式，比如平板电脑和智能手机，让使用者摆脱了固定的台式电脑。除了教育和商业，互联网还成了购物、娱乐甚至赌博的场所，这打破了工作与娱乐的传统界限，有时候还干扰了人们的工作效率，让雇主们大为光火。

如今，所有这些信息或许就这样塞满了人们的生活，创造了戴维·申克（David Shenk）所说的“信息烟尘”（data smog）。此外，海量的网址意味着每个网址所分享的信息更少，助推了“一种文化分裂”，“让实体社区不再如此重要，让人们不必再跳出他们自己的偏见、假设和一贯的思维方式”。申克认为电脑使用者需要更多的“过滤器”，来让他们集中精力。[①]

尽管有些人认为像申克这样的批评家们只是在杞人忧天，但他们也赞同计算机革命造成了有关隐私性和犯罪的新问题。手段熟练的黑客们能够获取私人或有价值的档案，恶意软件会通过电子邮件或用户下载的文件传送病毒，破坏上百万台个人电脑上的数据。计算机公告栏上、聊天室里的网络骚扰狂已成为一种严重的焦虑源，尤其是当他们找天真无知的儿童下

① David Shenk，Data Smog: Surviving the Information Age（San Francisco: HarperOne，1997），125.

手时。假消息会被快速传播，有时来源于海外。互联网可用于联络相距千里而志趣相投的人从事积极的文化、政治和慈善活动，但也被用于招募和动员恐怖分子。广告主们发现，给人们的电子邮箱塞满并不需要的商业信息（即垃圾邮件）是格外简单而廉价的事，即便要承受几乎所有人的怒火他们也不放弃。对全球范围内网页的自由访问，无可避免地引发了关于地方政府是否有权限制对淫秽、赌博等信息的访问的问题，而这些信息并不被允许在街道上出现。

有人声称数字革命的影响被夸大了。罗伯特·戈登（Robert Gordon）在他的巨著《美国增长的起落》（*Rise and Fall of American Growth*）（2016 年出版）注意到，计算机技术对经济增长并未产生预想中的长期积极影响。他认为，计算机的功能升级自 2006 年起就开始大大减缓，甚至于对数字技术的大量投资并未对在校学生的成绩产生显著的影响。

正如许多技术一样，计算机革命是一把双刃剑。它所带来的访问信息的便利性，既能拓宽人们的经验，也能造成强迫性行为及感官过载①。互联网能够开创全球性的联系和理解，却也会减少基于现实互动的地方性文化影响。互联网加剧了能够上网者与不能上网者之间的不平等。网络空间是一个充满争议的地带，有人视互联网为市场和娱乐场所，而有人则希望它能够成为超越国界与时区的学习与社会运动发生地。和许多技术一样，计算机革命产生了太多种影响——而且常常是出乎人们意料的。

① 因一时接受过多信息或刺激而无法承载的精神症候。——译者注

第 21 章

技术世界中的现代美国人

正当我们编写本书第三版时，世界上已出现了许多担忧的声音，认为大部分重要的科学技术革新已经发生完了，未来的产品与加工技术革新也将因此迟缓下来。然而，还有些人担心的是，诸如人工智能、自动驾驶汽车及增材制造（即 3D 打印技术）这些新技术将会在很多方面改变我们所认知的生活。本书提供的一个认识是，技术创新的进程是无法预料的。不过，还有一个认识是，技术创新对社会产生的影响是十分深远的。有些影响被普遍认为是“好的”，而另一些则令人担忧。因此，面对任何可能的技术未来，未雨绸缪都是明智之选。

本章，我们将简要回顾近代的技术预测史。我们将理解，几十年来的人们一直怀着喜忧参半的感情看待技术。我们将重点关注，在人们眼中，技术是如何影响就业率、经济繁荣、环境以及个人生活的。

技术预测古今

1939 年的纽约世博会上，通用公司的“未来世界”（Futurama）展览鼓舞美国人们放眼展望 1960 年——到那时，他们将在超级高速公路上驾驶着“安全又高速”的无线电控制汽车。1941 年的预测者准确预知了制药业、核能源业和电视业的增长潜力。不过，他们也预言了长时程天气预报、光合作用和预制装配式住房领域（最终并未实现的）重大进展。他们的预测成功率在那些敢于预测未来的人们中尚属中规中矩。即便有人认为自己察觉到了新技术出现的早期阶段，要预见它将会达到多大的成功也是很难的。第一辆“无马型马车”上路行驶后几十年，城市规划者仍然无法想象汽车注定要在美国社会中扮演主要角色。近年来，影像电话的失败令生产商大为失望，而蜂窝式移动电话和传真机的成功则让他们大为惊喜。

更刺激的，是对新兴技术领域的探索进行猜测。科幻作家们甚至在时空旅行成为可能的几个世纪以前，就曾经幻想过时空旅行——尽管他们并不能够很精准地预知这种旅行会以何种特定形式进行。（另一方面，在科学家们发现电磁波的存在之前，没有人能想象到无线电广播这种东西。）

因此，我们在预测未来的整体技术革新速度时应格外谨慎。美国机械制造技术协会（National Machine Tool Builder’s Association）总经理曾在 20 世纪 20 年代中期忧心忡忡地表示，发明创造的时代正在走向终结。有着“后知后觉”的我们现在知道，即便两次世界大战间隙没有多少新产品进入市场，研究仍在继续进行着，且在战后把大量新产品推向市场。

如今，我们有充分的理由对未来的技术革新速度保持既悲观又乐观的态度。一些经济学家指出，过去数十年里大部分发达经济体迟缓的生产效率增长，说明至少加工技术革新速度已经放慢了。接着，许多经济学家和历史学家提出，我们在科学与技术的发展道路上，或许已经到达了一个“收益递减”点：我们已经完成了大部分重要的科学发现，更进一步发展的价值会倾向于减少。通过计算工业研究实验室对经济增长的影响可知，平均每个研究员产生的影响只有大约 1950 年的七分之一。然而乐观者还是指出了一个简单的事实，即技术革新总是无法预料的。在过去两个世纪的大部分时间里，技术革新速度都在上升，但增速并不均匀。我们还是可以去想象未来技术会对生活产生大量影响的。自动驾驶汽车和卡车可能会省下大量的交通运输成本。人工智能或许会让计算机在大量依靠数据分析的任务上取代人类。我们还可能见证近期的新技术发挥重要作用：正如第一次和第二次工业革命的影响都花了数十年才完全显露出来，计算机芯片正被植入工厂、家庭和办公室中的大量设备，这一不断增长的“处理力”要发挥出最显著的作用，或许只待些许时日。悲观者或许会担忧，成长中的服务业比起衰落中的制造业，更缺乏发生革新的机会，而乐观者则指出，计算机，特别是人工智能，可能将会给服务业带来一场革命。悲观者或许担忧美国不再像从前一样能在诸多技术革新领域中起主导作用，而乐观者则指出，随着越来越多的国家开始发展创新潜力，全球的技术革新速度将会提升。

一场持久的矛盾：现代技术批评家与未来学家

20 世纪 30 年代，如刘易斯・芒福特（Lewis Mumford）这样的未来学家预测，电力将让城市摆脱污染空气的工业，而即时通信将允许社区分散化，允许人们选择自己生活与工作的地方。然而，正如我们在第 14 章所指出的，30 年代的很多美国人都对现代技术深表怀疑，认为技术要对大萧条负责，并指责机器取代了工人的位置。查理・卓别林 1936 年发行的影片《摩登时代》（*Modern Times*）就描绘了一个极少工人的工厂，老板坐在舒适的办公室里通过电视机监视着流水线上的工人，甚至还试验着一种机械的午餐送饭机，迫使工人们一直守在工作岗位上。

对于技术未来的观点分歧持续到了 1945 年以后。美国人对“技术解决方案”（technological fix）有着普遍的信心——相信技术能够解决一切问题，且需要耗费的精力与成本比改变社会行为或政治现实要少。要克服空气污染和化石燃料枯竭问题，发展核能源比试图劝说人们节约要高效得多。这种技术乐观主义渗入了如赫尔曼・卡恩（Herman Kahn）和艾尔文・托夫勒（Alvin Toffler）这样的“未来学家”的思想之中。20 世纪 50 年代，卡恩因支持美国“设想那份不可设想的可能”，乐观地考虑核战争可能造成的后果，而声名狼藉。自从 20 世纪 60 年代后期，他主张能源及其他资源并无耗尽的危险。他错误地预测，技术革新意味着人们到了 2000 年时将能够实现工作时长减半。1967 年，在《公元 2000 年》（*The Year 2000*）一书中，卡恩预言，一种由科学家（而不是政治家和商人）来作主要决策、人们终生学习、享受有保障的个人收入以及充足的闲暇的未来图景将成为现实。即便卡恩担心这些改变会有损职业伦理，创造出一个没有动机或伦理标准的享乐主义社会，但他有足够的信心认为，少数受教育的技术人员将会管控和供养起其他人群。

托夫勒的《第三次浪潮》（*The Third Wave*）（1980 年出版）断言，下一次技术浪潮将断绝人类对化石燃料的依赖，转向无限能源（来自谷物的酒精燃料，以及核能与太阳能）。传统的集中式大众化媒体将让位给交互式、提供个性化选择的媒体。拜微电子学的进步所赐，消费者将能够设计自己的产品，并由技术熟练的人类劳动力操纵机器人进行制造。劳动不再是艰苦的，也不必再被局限于集中化的独裁主义工厂或办公室中；家用电脑终端将让工作“重返”家庭，人们可以根据个人需求调整工作时间。托夫勒从技术未来中找到了环境污染、资源耗竭、工作与社交生活的疏离等问题的解决方案。

这些观念受到了一群技术悲观主义者的发声挑战。这些人与许多 19 世纪的浪漫主义者分享同样的信念，即技术已经拥有了实际上的“自主权”，或者说技术已经脱离了社会需求，受机械规则操纵。他们担心技术会使人失掉人性。奥尔德斯・赫胥黎（Aldous Huxley）所著的《美丽新世界》（*Brave New World*）和乔治・奥威尔（George Orwell）所著的《1984》，连同他们笔下由人们被动接受的虚假快感支配的技术未来，和控制思想的

“老大哥”，成了萦绕在不少思想活跃的美国人心头的幽灵。托夫勒赞扬着居家工作，而悲观主义者担忧这样的工人会感到与社会隔绝，且他们更没办法联合其他工人为薪资或工作条件的改善而抗争。技术变革步伐的不断加快，好像只是把人类推入了这样一个世界：机械器件代替了社会生活，污染和富足带来的新问题取代了辛劳、不安与匮乏带来的旧关切。很多人担心核战争——他们与许多科学家分享着一种强烈的怀疑，即造价昂贵的导弹防御系统是否能够提供对抗核打击的技术解决方案。他们在内心深处担忧的是，技术看上去并没有让人们获得幸福或是构建了社会的和谐。他们怀疑，卡恩和托夫勒的乐观主义预测不会都将成为现实——这一怀疑确实是正确的。1979 年的三里岛核电站部分熔毁事件和 1986 年的“挑战者”号航天飞机坠毁事件加剧了人们的疑问，即专家们能否成功找到复杂问题的技术解决方案。当一些技术悲观主义者似乎在抱着怀旧情怀回望一个“回不去的”过去，并对未来满怀恐惧时，也有另一些人在提倡着一种与工作的尊严、清洁的环境、更少物质享乐主义的文化“相称”的技术。

技术、工作岗位和战后经济

正如第 14 章所指出，技术革新是 1945 年后经济繁荣的重要原因。我们所注意到的发生于两次大战间隙以及二战后数十年的生产效率提升，离开了生产技术的进步，都是无法实现的。

我们在第 14 章中提出，产品革新与加工技术革新之间的不平衡，是造成大萧条期间失业潮的原因之一。然而，我们在那一章中也指出，自工业革命开始，加工技术革新就未对失业率产生过长期的影响。挑战之处在于将技术所取代的工人迁移至生产新产品或提供新服务的工作岗位上。二战结束后不久，许多产业工人都在担忧，既然战后不再需要军工厂，且新技术将夺走很多工作岗位，那么大萧条时代的失业潮可能会死灰复燃。但是，战后的数十年里，美国工人所体会到的失业率水平较低，同时还享有用更高的收入去消费各种各样的新老产品及服务的经济能力。然而，20 世纪 70 年代和 21 世纪初的两次失业率增长时，人们担忧于技术革新至少要对此负部分责任，也是情有可原的。

在大萧条期间，国会曾考虑立法设立每周 30 小时工作制。经历了数十年的战后繁荣，美国工人倾向于将增长的收入用于消费，而不是寻求缩短工时。美国工人的工作年份要比大部分欧洲国家的工人都更长得多（在欧洲国家，通常会有更长的休假时间）。如果未来还会有加工技术革新继续发生（见下文），那么关于缩减普通美国人的工作时长的讨论或许将会再次发生。如果被取代的工人不清楚可以去向何处，争议就更有可能发生了。

尽管 20 世纪 60 年代仍在延续着繁荣，但自动化技术的幽灵还是缠上了工薪阶层。在国防部的订单资助下，麻省理工学院的一群工程师们从 1945 年开始，利用数控机床研发现代电脑控制工厂的前身。到了 20 世纪 60 年代初，这些设备进入了民用制造业，令熟练机械师们忧心忡忡。与此同时，团结在工会中的码头工人面临着集装箱化变革，印刷工面临着新式排版机器和计算机，一种叫连续采煤机的大型机械（和露天开采技术一起）威胁着传统矿工。因为担忧数控机床和后来的机器人将取代熟练机械师，工会开始要求为被取代的工人制定再培训计划，并为那些留下的工人提供更高级的职位分类。到了 20 世纪 80 年代，集成计算机技术进一步削弱了机械师的角色，设计师可以直接通过电脑终端设置好机器的程序。电脑能够在生产流程中追踪和协调材料的运输流，这不仅实现了集中化控制，还削减了工作岗位。薪资高且以男性为主的工厂工人、建筑工人所起的作用明显降低：这样的工人在 1950 年仍占到劳动力的四分之一，到了 80 年代就只有八分之一了。

20 世纪中，服务业吸纳了许多被制造业淘汰的工人。由此，人们有理由担心在服务业中被淘汰的工人会在未来无处可去。对电脑将取代大批服务行业工人的担忧，尚未成为现实：事实上，经济学家们已经花了数十年努力寻找计算机革命对工人生产效率的显著性效应。然而，人工智能（AI）的发展或许能让计算机在很多岗位上取代人类，包括基于数据分析的决策制定工作。当然，我们无法预测 AI 的未来。近年来，声音与图像识别等领域中发生了飞速进步，而事实证明，其他类型的“人类推理”更难以复刻。重要的是，计算机在现代信息技术产生的海量数据中识别出“模式”的能力越来越强。由此，有分析师预测，有三分之一之多的服务业工作岗位或许将在之后十几二十年里被取代。然而，AI 也带来了新产品的诞生：例如，在药物研究中，AI 通过分析现有药物的起效模式，或许能够揭示新的化合作用。AI 或许还能彻底变革人事招聘流程，它能帮助公司将申请者与岗位更好地匹配，从而减少岗位的人事变动（尽管公司必须留意 AI 算法是否公平地对待每一位申请者）。

制造业的加工技术革新也在持续发生着。工业机器人的使用持续增加，意味着一些汽车工厂的运转已经只需要十年前工人数量的二分之一。然而这些机器人仍然只是在执行一些十分简单的任务，与工人的操作常常是分离的——通常工人们仍然在主导着最终装配中的复杂任务。科幻小说中能够与人类交互的机器人，或许也会随着 AI 的发展而出现：能够在语音指令下执行复杂动作的机器人或许将变革工业生产。AI 已经在实验室等场所指导着机器人了（图 21.1）。

我们也应提及 3D 打印，一种通过在电脑程序指挥下缓慢添加物料的方式创造物品的做法。塑料尤其适用于 3D 打印，但金属也可以，或许还有更合适的新材料正在研发之中。3D 打印已经让一次性物品的生产成本降低：这些物品的生产不再需要熟练工人进行粗放式的机器加工。能够通过这种方式生产的商品范围正在扩展：如 3D 打印制成的鞋能够适配特定的脚型，飞机引擎与航天器中十分复杂的组件也可以这样打印出来。重要的是，打印技术可以大大节省昂贵原材料的使用。在这一点上，3D 打印机创造的就

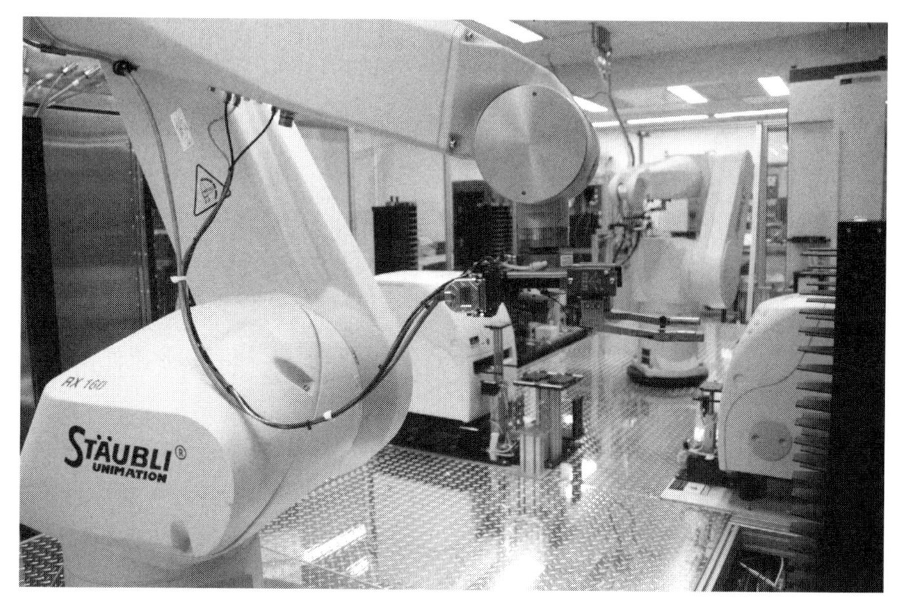

图 21.1 一所医学研究实验室里的工业机器人
资料来源：国立卫生研究院，国家人类基因组研究所化学基因组学中心，维基传媒共享平台。

业岗位或许比它们所替代的岗位要更多，因为它们让我们制成从前无能为力的产品。然而，随着技术的提升，打印机将在小批量生产商品的工厂中逐渐替代工人。

要预测自动驾驶汽车与电动汽车的影响，恐怕更难。这两种技术类型近年来都进步飞快。电动汽车或许最终会变得更易于生产，因为它们包含更少的组件——但这将取决于电池技术的进一步发展。如果大部分人放弃拥有汽车，而只是在需要的时候招呼一辆车，那么自动驾驶汽车或许会导致汽车产量大大减少。自动驾驶的汽车与卡车（以及我们在第 18 章讨论过的无人机）可能会导致运输与快递业的就业量大幅降低（AI 还有望在规划递送路线方面远胜于人类）。此外，如果自动驾驶汽车能减少交通堵塞和设立停车场的必要，它们将改变城市的样貌，减轻修建某类基础建设的需求。

数十年来，许多美国人都担忧技术向国外快速转移使美国蓝领工人丧失了 20 世纪 50—60 年代享有的优势。例如，日本等环太平洋的亚洲国家成了机器人技术的革新者。低成本的电子通信手段让低工薪国家的保险公司与计算机公司也能请得起服务人员。运输成本降低和市场全球化，允许制造商们雇佣其他国家的低收入工人。或许是前文中概述的这些技术的出现，导致了工业岗位再次迁移回到美国。随着机器对工人的取代，雇佣低工薪外国工人逐渐失去优势。将计算机自动化机械放置在编程者的附近好处很多，这样方便编程者快速发现问题，并及时处理问题。3D 打印的一个好处在于，能够对消费者需求的转变作出及时反应：因此，将打印设施设置在市场附近是合理之选。但问题仍未远去：就业岗位借着机器人的形式重返美国，是否帮到了想在制造业内求职的众多美国人？

环境保护主义与增长

1945 年后加速的技术变革，还迫使美国人重新评估了现代工业主义对自然环境的影响。从大约 1900 年开始，野生动物保护，以及农业与林业可持续发展就激起了美国人的兴趣。新环保主义有着更丰富的关注点：关注农业、矿业和制造业对“生物圈”的影响。在《寂静的春天》(*Silent Spring*)(1962 年出版）中，蕾切尔・卡森（Rachel Carson）展现了化学杀虫剂（尤其是 DDT）以及化肥对水质和食物链的危害。她激励了许多科学家去研究精炼、汽车、矿场和工厂所产生的、广泛存在而始料未及的环境代价。然而，对自然世界“权利”的古老敬意仍保留在环保运动的核心中。巴里・康芒纳（Barry Commoner）在其著作《封闭的循环》(*The Closing Circle*)(1970 年出版）中所宣扬的“生态学四原则”简洁地总结了这一观点：

万物彼此相连

万物皆有归宿

自然知道最优选

没有免费的午餐①

随着可证明技术与发展造成了生态代价的迹象越来越多，环保主义者的忧虑也在不断增长。1943 年，充满魅力的新兴都市洛杉矶经历了它的第一次“雾霾”，原因是浓雾与工业废气、汽车尾气的混合排放。发生于 1965 年 11 月的纽约电力故障影响了 3000 万民众，这表明了美国人对这一复杂而有瑕疵的能源 / 动力系统的依赖已经到了什么样的地步。1972 年，美国 95% 的能源供应都来自燃烧化石燃料。1973 年时的美国人，占据着世界人口的 6%，却使用着世界能源的 35%。也是在那年，OPEC（石油输出国家组织）油价上涨及其对美国购买石油的临时禁令，不加掩饰地显露出美国对海外石油资源的依赖。由储油罐、危险废弃物处理厂和垃圾填埋场导致的地下水污染在 20 世纪 60 年代开始成为一个严重的问题。爱运河（Love Canal）位于纽约州的尼亚加拉瀑布附近，曾被排满工业废弃物，于 20 世纪 50 年代成了一处住宅开发项目，却于 70 年代中期开始发生环境衰退。1980 年，在居民们因罹患怪病而抱怨不已之后，爱运河被宣告为污染灾区，719 个家庭被疏散。1967 年的石油泄漏污染了加利福尼亚州的海滩，1969 年的 2.5 亿加仑原油污染了圣巴巴拉海峡美丽的海岸沿线，反对沿岸石油开发的呼声开始高涨。1969 年，流经克利夫兰的凯霍加河突然着火，正是因为一处原因不明的石油泄漏。70 年代早期，生态学家们开始抨击露天采矿的做法破坏了自然风光。

环保运动远比反自动化运动要成功得多：在 1965 年《水质量法案》（Water Quality Act）通过与 70 年代早期之间，好几份与环境问题相关的议案成了法律。1970 年 4 月 22 日开始的“世界地球日”（Earth Day）对

① Barry Commoner, *The Closing Circle*（New York: Random House, 1971）, 33, 39, 41, and 45.

环境问题给予了国家媒体的关注。1967 年通过的《空气质量法案》(Air Quality Act) 要求各州向华盛顿提交控制空气污染的方案 (图 21.2)。1970 年通过的《国家环境政策法案》(National Environmental Policy Act) 要求存在潜在环境风险的工业片区开发商进行环境影响研究，同年美国环境保护署成立。1972 年，杀虫剂 DDT 最终被禁止使用。在伊利湖、华盛顿湖 (西雅图)、凯霍加河流域，当地对数十年来的工业污染与水污染的清理所做的努力都相当成功。洛杉矶、匹兹堡和纽约市的举措也成功减轻了空气污染。1966 年，加利福尼亚被要求在所有新车上安装催化转化器。为了应对对海外石油的依赖、国内原油资源枯竭的威胁，从 20 世纪 70 年代晚期开始，人们开始将大量关注投向太阳能、地热能和风能 (及其他新能源)。2015 年时，全美几乎 10% 的能源来自太阳能、风能等可再生能源。这一进步得益于持续的技术革新大大削减了风能和太阳能的使用成本——要进一步应对这两种能源都无法在全时间段均匀产出的状况，电池技术的

图 21.2　1973 年的纽约，雾霾笼罩了乔治 · 华盛顿大桥

资料来源：国家档案与记录管理局。

发展尤为重要。

环境保护是一项充满了争议的事业。美国人既想要清洁的空气和水，又担忧环境规制可能会对就业率和生活成本造成影响。通过制度规范来保护环境的理念于 20 世纪 70 年代获得了两党的共同支持，但事关特定的规章制度时，两党产生过一些激烈的政治斗争。科学家指出，自 80 年代开始，人类活动导致了危险的全球气温增长，这令斗争愈发激烈。一些政界领导人支持采用强有力的政策来对抗“温室气体”排放，而另一些则否认全球变暖现象的存在，或是提出气候问题可以靠“技术解决方案”解决而无须政府政策。在这场两极分化的辩论中，我们可以察觉到一个更为明显的分歧：一方相信技术将“解决”技术所造成的一切问题（以及环境保护主义是对商业的威胁），一方认为社会道德规范也需要被改变。以及，正如我们在第 15 章所指出的，改变价值观是十分困难的，因为美国人仍然对大排量汽车有需求。

技术与个人生活

围绕着技术对职业与环境的影响所开展的知识斗争，常常会激起更广泛的担忧——关于技术革新对个人生活带来的影响。从工业化进程开始，远见者就预测机械化将导致逐步而普遍的工作简易化以及大众富裕。如我们在第 12 章所见，乐观主义者假定家庭机械化将为女性腾出时间，让她们能够更广泛地参与公共与经济生活。著名的经济学家 J. M. 凯恩斯（J. M. Keynes）于 1931 年写道，在不远的将来，“人类将要面对的是他们真实、持久的问题——如何利用这份从棘手的经济问题中抽身后获得的自由，如何填满这段由科学和复利为他们赢取的闲暇时光，才能活得聪明、愉快而美满。”[1] 进一步的机械化只会为所有人释放出更长、更宽裕的闲暇时间。然

① John M. Keynes, *Essays in Persuasion*（London, 1931, Norton, 1963）, 370.

而多出来的空闲时间也令许多人感到不安：20世纪早期，文化保守派人士曾为工薪阶层度过空闲时间的方式而感到焦虑。不过，战后生产效率的大幅增长更多地导致了消费的增长，而不是闲暇时间的增长。

西蒙·佩丁与伯特兰·罗素（Bertrand Russell）等20世纪早期知识分子们主张，技术将开创一种大众消费文化，旧的阶级划分将在这种文化中消失。大批量生产的服装将减少社会区隔，尤其是在工作之外。收音机、留声机和电影将抹平不同种族、不同宗教人群之间的隔阂。在二战后诞生的“富裕一代”中，这些期望看似成为现实。流行杂志为传统奢侈品正在成为大众消费品这一显而易见的事实而喜悦，营造出所有美国人都在迈向中产阶级，一派其他国家向往的氛围。20世纪50年代到60年代早期，学院派社会学家预测，社会阶层的趋同是后工业时代消费社会无可避免的结果。即便工作是无聊而重复性的，工作仍是为了消费与休闲的自由与舒适，而不得不付出、且终将尽如人意的代价。

知识分子们时常挑战那种将加工商品与大众娱乐等同于“美好生活”的倾向。这种批判扎根于19世纪早期的浪漫主义运动之中，并在20世纪早期人们对于技术对文化的影响越来越失望的声音中延续着。当技术统治论者称赞着生产效率带来高薪资与消费选择时，像埃里希·弗洛姆（Erich Fromm）这样的人文知识分子们就会质疑称，大批量的装配工作致使工人伤残。这样的劳动阻碍工薪阶层调动他们的积极性与想象力，而这些正是超越被动的休闲、被操纵的消费所需的。这些批评者们声称，大批量生产工作减损了劳动者产生自发性与归属感的能力。

战后人们的富裕生活也招致了类似的批评。美国社会学家万斯·帕卡德和威廉·怀特（William Whyte）发觉，大众消费产生的并非幸福的家庭，而是索求身份地位的消费者。经济学家斯塔凡·林德（Staffan Linder）在《受折磨的有闲阶级》（*The Harried Leisure Class*）（1970年出版）中认为，富裕生活并未带来更多的闲暇。随着实际工资增长，拥有空闲时间所耗的“代价”反而上升了，迫使“理性的”工薪阶层额外加班到晚上，追求经济效益最大化的目标又诱使他们通过购买节省时间的机器设备（例如带有遥控器的立体声音响，反例则是书籍），来加强他们对空闲时间的“消费”。讽刺的是，这意味着人们的闲暇时光总在所谓“消耗品”间仓促度过。人们或许渴望社群连接与自我表达，但商品阻碍了他们享受时光，享受彼此。另一位经济学家，弗雷德·希尔斯（Fred Hirsch）所著的《增长的社会极限》（*Social Limits to Growth*）（1976 年出版）指出，社会和谐并未达成。相反，这个庞大“中产阶级”成员在崩溃的边缘挤作一团，他们发觉，他们拥有的越多，与他们竞争且比他们拥有更多的人就会越多。最后，经济学家提勃尔·西托夫斯基在其（Tibor Scitovsky）著作《无快乐的经济学》（*The Joyless Economy*）（1976 年出版）中主张，美国人在技术与经济上的成功，使他们更缺乏在闲暇的时光里、精致的消费中享受技术的胜利果实的能力。相比于精致的休闲与消费所需的技巧来说，人们更看重发明与经商的技能。因此，美国人把从工作中省下的大部分时间，用来看电视、开车或者购物，而不是培养艺术修养、读书、交流或者哪怕是烹饪美食。技术本身成了目的，而非通向目的的手段。这些忧虑一直延续到了 21 世纪。

特定的技术激起的忧虑亦是特异的。我们或许会对通信技术加以特别关注。正如我们在第 20 章所指出的那样，蜂窝移动电话、电子邮件和社交媒体使与人们保持联系成了一件更容易的事。然而，令人担忧的是，人们会因此分散原本投入到亲密的人际联系中的精力。我们用与家人共进晚餐的时间给朋友发短信，把夜晚的时间交给电脑而不是用来交谈。我们因时刻把注意力放在我们的电子邮箱和短消息上而压力丛生。我们为这些新通信技术所付出的代价，或许不如我们所收获的裨益那般显而易见，但不应被视而不见。

政府施策与技术革新：前车之鉴

我们不应产生这样的印象，即技术是人类社会中的某种自发产生的决定性变化因素。技术既影响又受影响于政治、经济、社会、文化等领域的发展。技术所受影响最为显著的时期或许是其发展早期，即关于技术可能性的基本问题尚待探究的时期。在那一阶段中，社会通过各种方式识别其需求与欲望，以及满足这些需求与欲望的最佳方式，尽管这种识别并不完美。一旦某种技术（尤其是某种技术体系）被置于合适的位置上，它就会生发出自己的某种动力，从而限制进一步技术探索的范围。

政府应该如何鼓励产生有益影响的技术革新，并阻碍产生有害影响的技术革新？我们在本书中讨论过的大部分技术革新都出现于民间，或出自独立创新者之手，或出自工业研究实验室的成果。在这种情况下，政府最清晰的职责就是维护专利体系，以此奖励创新者，适度避免他人改动和借鉴他们的创新成果。或许这些专利仍有一些地方有待改善——有人曾宣称工业研究实验室有滥用专利体系之嫌，称其进行了一系列微小修订，主要是为了排挤行业内的竞争者——但将政府开支用于此处确实没有什么正当理由。

美国的一些技术革新得到过政府的支持。政府总是对军事技术充满兴趣。人们对于军事研究成果向民间溢出的程度存在旷日持久的争论。我们当然希望，如果花在军事研究中的钱能被花在非军事研究中，民众本应受益更多。然而，出于种种原因，这在政治上并不可行。不过我们无法否认的是，技术溢出效应已大量出现。早年间，军用枪支、船只与民用枪支、船只之间的差别很小（政府军火库在美国制造业体系发展中起到了重要作用）。在上世纪，许多人认为军用与民用技术之间已经渐渐分道扬镳了。军用飞机着重于高速度与机动性，相对不那么关注成本。商用班机则努力降低客运成本，高速、机动或许并无大用。

这一观点不应被过分推崇。许多人会认为，商业班机是来自军事研究最重要的一项衍生物。飞机制造业不仅在一战时期得到了推动，还在两次大战间隙获得了海军方面持续的研究资助。飞机因其复杂性而非常适合由工业研究实验室组织研发：即使飞机的商业化程度在未来逐渐加深，这些实验室在两次大战间隙还是严重依赖于政府资助。在随后的二战期间，喷气式发动机的研发成了获益于军事研究投入从而取得飞速进展的领域之一。

并非所有政府给予的研究资助都针对军方。太空计划就是一个例子（尽管军事上的动因不可或缺）。这一计划已经为我们带来铁氟龙[①]（Teflon）、通信卫星，以及收获来自太空实验和太空探索本身的广泛的未来收益的承诺。原子能委员会（Atomic Energy Commission）已经为控制并利用原子能和平发电做出了许多努力（尽管许多人或许希望它从未这么做）。许多政府部门资助了计算机的早期发展。医药与农业研究是另外两个政府长期发挥积极作用的领域。

此外，美国政府有着支持科学研究的悠久传统。许多技术革新（例如X射线、激光和生物技术）的发生都是基于政府支持的科学探索项目。随着科学知识的前沿发生了越来越多的技术革新，拥有可以不断产出成果的科研机构越发重要。至少从20世纪20年代起，美国科学家就开始利用这一现实，游说政府以争取更多的支持。讽刺的是，这种政府支持长期基于一种误导性的信念，即技术就是应用科学。近年来人们认识到，技术是且应该是一项对科学本身产生价值的投入，这一认识促使人们更为重视企业-大学合作。在技术研究中的保密性需要及盈利动机，与作为科学进展之依据的研究成果公开披露，之间寻求平衡，是此时的一大挑战。随着美国的自由市场传统与欧盟成员国为首的国家资本主义模式相抵触，关于政府参

---

① 铁氟龙，也称特氟龙、特富龙，为聚四氟乙烯的代称，该材料具有抗酸抗碱、抗有机溶剂的特点，常用作不粘涂层，于1938年被发现。

与的争论成为全球性议题。

如我们前文所见，预测技术变迁的未来进程是富有挑战性的。当政府试图通过支持某种特定技术来挑选赢家时，它们往往猜错了。然而，政府施策可以针对特定的目标正当地予以倾斜。改善环境就是其中最为明显的目标。例如，政府的法规鼓励汽车行业为减少排放付诸相当的创新努力。随着技术变得越来越复杂，关于安全与健康风险的忧虑也开始增多：政府施策在这方面也起到了重要作用，如药物筛选领域。政府或许也希望能够施策保证产品革新与生产技术革新之间保持大致平衡，尽管这在实际操作中可能比较困难——因为技术革新具有不可预测性。

技术与社会变迁

本书是关于技术革新与社会变迁之间的复杂联系的。美国长期存在着这样一个信条，即期望技术发明能够解决一切社会问题。另一个普遍观念是，美国之所以有特殊优势，是因为美国人的创造力。近来的发展趋向表明，这些正统观念至少是不完整的：美国的优势，随着全球卫星通信技术体系与电脑芯片的可移植性的到来，已经逐渐消失。其他民族对分享技术革新所带来的红利的愿景，挑战了美国的教育体系、美国的文化，以寻求新的竞争方式。当美国落后于基础建设技术时，其他对手正在持续推进。技术在解决问题的同时，或许已经创造了几乎一样多的问题——即便我们可能会争论哪一组问题更糟糕一些。无论你对现代工业主义的批判会有什么看法，事实是：技术没有——或许不能——替我们做选择。我们希望造就什么样的社会，取决于我们如何在发展与环境、商品与空闲时间、改变与维续之间权衡选择。技术帮助我们了解到那些选择，为我们提供指引。然而，作出何种选择，仍需我们来决定。

索 引

B

C

D

E

F

G

H

J

K

L

M

N

O

P

Q

R

S

T

W

X

Y

Z

扩展阅读

第 1 章

Blandford, Percy, *Old Farm Tools and Machinery: An Illustrated History* (London: David & Charles, 1976).

Braudel, Fernand, *Capitalism and Material Life: 1400–1800* (New York: Harper and Row, 1975).

Cowdrey, Albert, *This Land, This South: An Environmental History* (Lexington, KY: University Press of Kentucky, 1996).

Cronon, William, *Changes in the Land: Indians, Colonists, and the Ecology of New England* (New York: Hill and Wang, 1983).

Danbom, David, *Born in the Country: A History of Rural America* (Baltimore, MD: Johns Hopkins University Press, 2017).

Fraser, Evan and Rimas, Andrew, *Empires of Food: Feast, Famine, and the Rise and Fall of Civilizations* (New York: Free Press, 2010).

Hindle, Brooke, ed., *America's Wooden Age: Aspects of Its Early Technology* (New York: Sleepy Hollow Press, 1975).

Innes, Stephen, *Labor in a New Land: Economy and Society in Seventeenth-Century Springfield* (Princeton, NJ: Princeton University Press, 1986).

Mann, Charles, *1493: Uncovering the New World Columbus Created* (New York:

Knopf, 2011).

Sarson, Steven, *The Tobacco-Plantation South in the Early American Atlantic World* (New York: Palgrave, 2013).

第 2 章

Adams, Sean, *Home Fires: How Americans Kept Warm in the Nineteenth Century* (Baltimore, MD: Johns Hopkins University Press, 2014).

Bridenbaugh, Carl, *The Colonial Craftsman* (Chicago, IL: University of Chicago Press, 1961).

Bushman, Richard, *The Refinement of America Persons, Houses, Cities* (Vintage: New York, 1993).

Cowan, Ruth Schwartz, *More Work for Mother: The Ironies of Household Technology from the Open Hearth to the Microwave* (New York: Basic, 1983).

Crowley, John, *The Invention of Comfort: Sensibilities and Design in Early Modern Britain and Early America* (Baltimore, MD: Johns Hopkins University Press, 2001).

Jensen, Joan, *Loosening the Bonds: Mid-Atlantic Farm Women, 1750–1850* (New Haven, CT: Yale University Press, 1986).

Leavitt, Judith, *Brought to Bed: Childbearing in America, 1750 to 1950* (New York: Oxford University Press, 1986).

Rorabaugh, W. J., *The Craft Apprentice: From Franklin to the Machine Age in America* (New York: Oxford University Press, 1986).

Strasser, Susan, *Never Done* (New York: Basic, 1981).

Ulrich, Laurel Thatcher, *Good Wives: Image and Reality in the Lives of Women in Northern New England*, *1650–1750* (New York: Oxford University Press, 1982).

Zimmerman, Jean, *From Scratch: Reclaiming the Pleasures of the Hearth* (New York, 2003).

第3章

Griffin, Emma, *Liberty's Dawn: A People's History of the Industrial Revolution* (New Haven, CT: Yale University Press, 2013).

Jacob, Margaret C., *The First Knowledge Economy: Human Capital and the European Economy, 1750–1850* (Cambridge: Cambridge University Press, 2014).

Landes, David, *The Unbound Prometheus: Technological Change and Industrial Development in Western Europe from 1750 to the Present*, 2nd ed. (Cambridge, MA: Cambridge University Press, 2003).

Mokyr, Joel, *The Lever of Riches* (Oxford: Oxford University Press, 1990).

Stapleton, Darwin, *The Transfer of Early Industrial Technologies to America* (Philadelphia: American Philosophical Society, 1987).

Stearns, Peter, *The Industrial Revolution in World History*, 4th ed. (Boulder CO: Westview Press, 2013).

Szostak, Rick, *The Role of Transportation in the Industrial Revolution* (Montreal: McGill-Queen's University Press, 1991).

Wrigley, E.A., *Continuity, Chance, and Change: The Character of the Industrial Revolution in England* (New York: Cambridge University Press, 1988).

第4章

Chapman, S.D., *The Early Factory Masters* (Newton Abbot, England: David and Charles, 1967).

Conners, Anthony J., *Ingenious Machinists: Two Inventive Lives from the American Industrial Revolution* (Albany: SUNY Press, 2014).

Dublin, Tom, *Transforming Women's Work: New England Lives in the Industrial Revolution* (Ithaca, NY: Cornell University Press, 1994).

Jeremy, David, *Artisans, Entrepreneurs, and Machines: Essays on the Early Anglo-American Textile Industries* (Aldershot, England: Ashgate, 1998).

Rivard, Paul, *A New Order of Things: How the Textile Industry Transformed New England*

(Lebanon NH: University Press of New England, 2002).

Rose, Mark, *Firms, Networks, and Business Values: The British and American Cotton Industries Since 1750* (Cambridge, England: Cambridge University Press, 2000).

Schulman, Vanessa Meikle, *Work Sights: The Visual Culture of Industry in Nineteenth-Century America* (Amherst, MA: University of Massachusetts Press, 2015).

Szostak, Rick, "The Organization of Work: The Emergence of the Factory Revisited," *Journal of Economic Behavior and Organization* 11, 1989, 343-358.

Tucker, Barbara, *Industrializing Antebellum America: The Rise of Manufacturing Entrepreneurs in the Early Republic* (London: Palgrave, 2008).

Tucker, Barbara, *Samuel Slater and the Origins of the American Textile Industry* (Ithaca, NY: Cornell University Press, 1984).

Wallace, Anthony, *Rochdale* (New York: Knopf, 1978).

第 5 章

Angevine, Robert G. *The Railroad and the State: War, Politics, and Technology in Nineteenth-Century America* (Stanford, CA: Stanford University Press, 2004).

Berg, Maxine, *The Age of Manufactures* (Oxford: Routledge, 1985).

Chandler, Alfred D., Jr., *The Visible Hand: The Managerial Revolution in American Business* (Cambridge MA: Harvard University Press, 1977).

Channon, Geoffrey, *Railways in Britain and the United States, 1830-1940: Studies in Economic and Business History* (Aldershot: Ashgate, 2001).

Evans, Chris and Alun Withey, "An Enlightenment in Steel?: Innovation in the Steel Trades of Eighteenth-Century Britain." *Technology and Culture* 53:3, July 2012, , 533-560.

Gudmestad, Robert, *Steamboats and the Rise of the Cotton Kingdom* (Baton Rouge: Louisiana State University Press, 2011).

Hindle, Brooke, and Steven Lubar, *Engines of Change* (Washington:Smithsonian Books, 1986).

Jones, Christopher F., *Routes of Power: Energy and Modern America* (Cambridge, MA: Harvard University Press, 2014).

Knowles, Anne Kelly, *Mastering Iron: The Struggle to Modernize an American Industry, 1800–1868* (Chicago, IL: University of Chicago Press, 2013).

Lamb, J. Parker, *Perfecting the American Steam Locomotive* (Bloomington: Indiana University Press, 2003).

Miner, Craig, *A Most Magnificent Machine: America Adopts the Railroad, 1825–1862* (Lawrence: University Press of Kansas, 2010).

Monroe, Elizabeth, *The Wheeling Bridge Case* (Boston, MA: Northeastern University Press, 1992).

Nye, David E, *Consuming Power: A Social History of American Energies* (Cambridge MA: MIT Press, 1998).

Sale, Kirkpatrick, *The Fire of His Genius: Robert Fulton and the American Dream* (New York: Touchstone, 2001).

Taylor, George Rogers, *The Transportation Revolution 1815–1860* (New York: Rinehyart, 1951).

第6章

Hounshell, David, *From American System to Mass Production, 1800–1932* (Baltimore, MD: Johns Hopkins University Press, 1984).

Mayr, Otto and Robert Post, eds., *Yankee Enterprise: The Rise of the American System of Manufacturing* (Washington, DC: Smithsonian Press, 1981).

Montgomery, David, *The Fall of the House of Labor* (New York: Cambridge University Press, 1987).

Morris, Charles, *The Dawn of Innovation: The First American Industrial Revolution* (New York: PublicAffairs, 2012).

Rolt, L.T.C, *A Short History of Machine Tools* (Cambridge, MA: MIT Press, 1965).

Rorabaugh, W.J., *The Craft Apprentice: From Franklin to the Machine Age in America* (New York: Oxford University Press, 1986).

Rosenberg, Nathan, *Technology and American Economic Growth* (White Plains, NY: Torchbooks, 1972).

Scranton, Philip, *Endless Novelty: Specialty Production and American Industrialization, 1865–1925* (Princeton, NJ: Princeton University Press, 1997).

Smith, Merritt Roe, *Harpers Ferry Armory and the New Technology: The Challenge of Change* (Ithaca, NY: Cornell University Press, 1977).

第7章

Danbom, David, *Born in the Country: A History of Rural America* (Baltimore, MD: Johns Hopkins University Press, 2017).

Daniel, Pete, *Breaking the Land: The Transformation of Cotton, Tobacco, and Rice Cultures since 1880* (Urbana, IL: University of Illinois Press, 1985).

Fitzgerald, Deborah, *Every Farm a Factory: The Industrial Ideal in American Agriculture* (New Haven, 2003).

Hurt, R. Douglas, *American Agriculture: A Brief History* (Lafayette, IN: Purdue University Press, 2002).

Marcus, Alan, *Agricultural Science and the Quest for Legitimacy* (Iowa State University Press, Ames, IA, 1985).

Olmstead, Alan and Rhode, Paul, *Creating Abundance: Biological Innovation and American Agricultural Development* (New York: Cambridge University Press, 2008).

Smith, Andrew, *Food in America*, 3 Vols. (Santa Barbara, CA: ABC-CLIO, 2017).

Williams, Michael, *Americans and their Forests: A Historical Geography* (New York: Cambridge University Press, 1989).

Williams, Robert C., *Fordson, Farmall, and Poppin Johnny: A History of the Farm Tractor and Its Impact on America* (Urbana, IL: University of Illinois Press, 1987).

第 8 章

Adas, Michael, ***Dominance by Design: Technological Imperatives and America's Civilizing Mission*** (Cambridge, MA: Belnap Press of Harvard University Press, 2006).

Barter, Judith, ed., ***Apostles of Beauty: Arts and Crafts from Britain to Chicago*** (Chicago, IL: Art Institute of Chicago, 2009).

Betjemann, Peter, ***Talking Shop: The Language of Craft in an Age of Consumption*** (Charlottesville: University Press of Virginia, 2011).

Gilbert, James, ***Work without Salvation: America's Intellectuals and Industrial Alienation, 1880–1910*** (Baltimore, MD: Johns Hopkins University Press, 1977).

Hughes, Thomas, ***Human-Built World: How to Think about Technology and Culture*** (Chicago, IL: University of Chicago Press, 2004).

Jackson, Kenneth, ***Crabgrass Frontier*** (New York: Oxford University Press, 1985).

Marx, Leo, ***The Machine in the Garden*** (New York: Oxford University Press, 1967, 2000).

Nye, David, ***American Technological Sublime*** (Cambridge: MIT, 1996).

Segal, Howard, ***Technological Utopianism in American Culture*** (Syracuse: Syracuse University Press, 2005).

Shi, David, ***The Simple Life: Plain Living and High Thinking in American Culture*** (1985, Athens, GA: University of Georgia Press, 2007).

第 9 章

Barr, Jason, ***Building the Skyline: The Birth and Growth of Manhattan's Skyscrapers*** (New York: Oxford University Press, 2016).

Field, D.C., "Internal Combustion Engines" in Charles Singer et al., eds., ***A History of Technology*** (Oxford: Oxford University Press, 1958).

Graham, Margaret B.W. and Alec T. Shuldiner, ***Corning and the Craft of Innovation***

(Oxford: Oxford University Press, 2001).

Greene, Ann Norton, ***Horses at Work: Harnessing Power in Industrial America*** (Cambridge, MA: Harvard University Press, 2008).

Hall, Christopher G.L., ***Steel Phoenix: The Fall and Rise of the U.S. Steel Industry*** (New York: Palgrave Macmillan, 1997).

Hochfelder, David, ***The Telegraph in America, 1832–1920*** (Baltimore, MD: Johns Hopkins University Press, 2013).

Hughes, Thomas P., ***Networks of Power: Electrification in WesternSociety 1880–1930*** (Baltimore, MD: Johns Hopkins University Press, 1983).

Jones, Christopher F., ***Routes of Power: Energy and Modern America*** (Cambridge, MA: Harvard University Press, 2014).

Landes, D., ***The Unbound Prometheus***, 2nd ed. (Cambridge, MA: Cambridge University Press, 2003).

Meikle, Jeffrey L., ***American Plastic: A Cultural History*** (New Brunswick, NJ: Rutgers University Press, 1995).

Melosi, Martin V., ***The Sanitary City: Urban Infrastructure in America from Colonial Times to the Present***, 2nd ed. (Pittsburgh: University of Pittsburgh Press, 2008).

Misa, Thomas J., ***A Nation of Steel: The Making of Modern America 1865–1925*** (Baltimore, MD: Johns Hopkins University Press, 1995).

Mowery, David C. and NathanRosenberg, ***Technology and the Pursuit of Economic Growth*** (Cambridge: Cambridge University Press, 1989).

Roberts, G.K. and J.P. Steadman, eds., ***American Cities and Technology: Wilderness to Wired City*** (London: Routledge, 1999). (See also the companion reader, edited by G.K. Roberts.)

Smil, Vaclav, ***Still the Iron Age: Iron and Steel in the Modern World*** (Cambridge MA: Heinemann, 2016).

Smith, Carl, ***City Water, City Life: Water and the Infrastructure of Ideas in Urbanizing Philadelphia, Boston, and Chicago*** (Chicago, IL: University of Chicago Press,

2013).

Tebeau, Mark, ***Eating Smoke: Fire in Urban America*** (Baltimore, MD: Johns Hopkins University Press, 2002).

Wermeil, Sara E., ***The Fireproof Building: Technology and Public Safety in the Nineteenth Century American City*** (Baltimore, MD: Johns Hopkins University Press, 2000).

第10章

Basalla, G., ***The Evolution of Technology*** (Cambridge: Cambridge University Press, 1988).

Carlson, W. Bernard, ***Tesla: Inventor of the Electric Age*** (Princeton, NJ: Princeton University Press, 2013).

Cerveaux, Augustin, "Taming the Microworld: DuPont and the Interwar Rise of Fundamental Industrial Research," ***Technology and Culture*** 54:2, April 2013, 262–288.

Chandler, A.D., ***The Visible Hand*** (Cambridge, MA: Harvard University Press, 1977).

Curry, Helen Anne, "Industrial Evolution: Mechanical and Biological Innovation at the General Electric Research Laboratory," ***Technology and Culture*** 54:4, October 2013, 746–781.

Hounshell, D. and J.K. Smith, Jr., ***Science and Corporate Strategy: Du Pont R. and*** D. ***1902–1980*** (Cambridge, MA: Cambridge University Press, 1988).

Israel, Paul, ***Edison: A Life of Innovation*** (New York: John Wiley and Sons, 1998).

Jonnes, Jill, ***Empires of Light: Edison, Tesla, Westinghouse, and the Race to Electrify the World*** (New York: Random House, 2003).

Layton, Edwin T., Jr., ***The Revolt of the Engineer: Social Responsibility and the Engineering Profession*** (Baltimore, MD: Johns Hopkins University Press, 1986).

Oldenziel, Ruth, ***Making Technology Masculine: Men, Women, and Modern Machines in***

America 1870–1945 (Amsterdam: Amsterdam University Press, 1999).

Reich, Leonard, *The Making of American Industrial Research* (Cambridge, MA: Cambridge University Press, 1985).

Wasserman, Neil H., *From Invention to Innovation: Long Distance Telephone Transmission at the Turn of the Century* (Baltimore: Johns Hopkins University Press, 1985).

第 11 章

Bacon, Benjamin, *Sinews of War: How Technology, Industry, and Transportation Won the Civil War* (Novato, CA: Presidio, 1997).

Bilby, Joseph, *A Revolution in Arms: A History of the First Repeating Rifles* (New York: Westholme, 2006).

Black, Jeremy, *War and Technology* (Bloomington, IN: Indiana University Press, 2013).

Gat, Azar, *A History of Military Thought* (New York: Oxford University Press, 2001).

Hacker, Barton, ed., *Astride Two Worlds: Technology and the American Civil War* (Washington DC: Smithsonian, 2016).

Hagerman, Edward, *The American Civil War and the Origins of Modern Warfare* (Bloomington, IN: Indiana University Press, 1988).

Headrick, Daniel, *Tools of Empire: Technology and European Imperialism in the Nineteenth Century* (New York: Oxford University Press, 1981).

McNeill, William, *The Pursuit of Power* (Chicago: University of Chicago Press, 1982).

O' Connell, Robert, *Soul of the Sword: An Illustrated History of Weapons and Warfare* (New York: Free Press, 2002).

Priya, Satia, *Empire of Guns: The Violent Making of the Industrial Revolution* (New York: Penguin Press, 2018).

Smith, Merritt Roe, ed., *Military Enterprise and Technological Change: Perspectives on the American Experience*(Cambridge, MA: MIT Press, 1985).

Volkman, Ernest, *Science Goes to War: The Search for the Ultimate Weapon* (New York: Wiley, 2002).

第12章

Bix, Amy Sue, "Equipped for Life: Gendered Technical Training and Consumerism in Home Economics, 1920–1980," *Technology and Culture* 43:4, October 2002 728–754.

Brown, Clair and Joseph A. Pechman, *Gender in the Workplace* (Washington, DC: Brookings Institution Press, 1987).

Corn, Joseph J., *User Unfriendly: Consumer Struggles with Personal Technologies, from Clocks and Sewing Machines to Cars and Computers* (Baltimore, MD: Johns Hopkins University Press, 2011).

Cowan, Ruth S., *More Work for Mother* (New York: Basic Books, 1983).

Creager, Angela N.H., Elizabeth Lumbeck and Lorna Schiebinger, eds., *Feminism in Twentieth Century Science, Technology, and Medicine* (Chicago, IL: University of Chicago Press, 2001).

Cross, Gary and Robert N. Proctor, *Packaged Pleasures: How Technology and Marketing Revolutionized Desire* (Chicago, IL: University of Chicago Press, 2014).

Davies, Marjorie, *Woman's Place Is at the Typewriter* (Philadelphia: Temple University Press, 1982).

Goldin, Claudia, *Understanding the Gender Gap: An Economic History of American Women* (New York: Oxford University Press, 1990).

第13章

Jacoby, Sanford M, *Employing Bureaucracy: Managers, Unions, and the Transformation of Workin American Industry* (London: Psychology Press, 2004).

Lewis, Robert, "Redesigning the Workplace: the North American Factory in the

InterwarPeriod," *Technology and Culture* 42:4, October, 2001, 665-684.

Mazzolini, Roberto, "Innovation in the Machine ToolIndustry" in David C. Mowery and Richard R. Nelson, eds., *Sources of Industrial Leadership: Studies of Seven Industries* (New York: Cambridge University Press, 1999).

Montgomery, David, *The Fall of the House of Labor* (Cambridge, MA: Cambridge University Press, 1987).

Nelson, Daniel, *Frederick W. Taylor and the Rise of Scientific Management* (Madison, WI: University of Wisconsin Press, 1980).

Nye, David E., *America's Assembly Line* (Cambridge, MA: MIT Press, 2013).

Rolt, L.T.C, *Tools for the Job* (London: B.T. Batsford, 1965; reprinted 1986).

Scranton, Philip, *Endless Novelty: Specialty Production and American Industrialization 1865-1925* (Princeton, NJ: Princeton University Press, 1997).

Taylor, R.W., *Principles of Scientific Management* (Eastford CT: Martino Fine Books, 2014; originally published 1911).

第 14 章

Beaudreau, Bernard C., *Mass Production, the Stock Market Crash, and the Great Depression: The Macroeconomics of Electrification* (Westport, CT: Authors Choice Press, 1996).

Bernstein, M., *The Great Depression* (Cambridge, MA: Cambridge University Press, 1987). Churella, Albert J., *From Steam to Diesel: Managerial Custom and Organizational Capabilities in the Twentieth Century American Locomotive Industry* (Princeton, NJ: Princeton University Press, 1998).

Field, Alexander J., *A Great Leap Forward: 1930s Depression and U.S. Economic Growth* (New Haven, CT: Yale University Press, 2011).

Freeman, Christopher, J., Clark, and L. Soete, *Unemployment and Technical Innovation* (New York: Praeger, 1982).

Gorman, Hugh S., *Redefining Efficiency: Pollution Concerns, Regulatory Mechanisms, and Technological Change in the U.S. Petroleum Industry* (Akron, OH: University of Akron Press, 2001).

Jones, Christopher F., ***Routes of Power: Energy and Modern America*** (Cambridge, MA: Harvard University Press, 2014).

Meikle, Jeffrey, ***Twentieth Century Limited: Industrial Design in America***, 2nd ed. (Philadelphia: Temple University Press, 2001).

Mensch, G., ***Stalemate in Technology*** (New York: Ballinger, 1979).

Porter, Glenn, ***Raymond Loewy: Designs for a Consumer Culture*** (Wilmington, Del.: Hagley Museum and Library, 2003).

Szostak, Rick, ***Technological Innovation and the Great Depression*** (Boulder, CO: Westview Press, 1995).

Tobey, Ronald C., ***Technology as Freedom: The New Deal and the Electrical Modernization of the American Home*** (Berkeley, CA: University of California Press, 1996).

第15章

Belasco, Warren, ***Americans on the Road: From Autocamp to Motel*** (Baltimore: Johns Hopkins University Press, 1997).

Best, Amy, ***Fast Cars, Cool Rides: The Accelerating World of Youth and their Cars*** (New York: New York University Press, 2006).

Casey, Robert, ***The Model T: A Centennial History*** (Baltimore: The Johns Hopkins University Press, 2008).

Clark, Sally, ***Trust and Power: Consumers, The Modern Corporation and the Making of the United States Automobile Market*** (New York: Cambridge University Press, 2007).

Cross, Gary, ***Machines of Youth: America's Car Obsession*** (Chicago IL: University of Chicato Press, 2018).

Flink, James J., ***The Car Culture*** (Cambridge, MA: MIT Press, 1975).

Franz, Kathleen, ***Tinkering: Consumers Reinvent the Early Automobile*** (Philadelphia: University of Pennsylvania Press, 2005).

Gelber, Steven, *Horse Trading in the Age of Cars: Men in the Marketplace* (Baltimore: Johns Hopkins University Press, 2008).

Lucsko, Robert, *The Business of Speed, The Hot Rod Industry in America, 1915–1990* (Baltimore: Johns Hopkins University Press, 2008).

McCarthy, Tom, *Auto Mania: Cars, Consumers, and the Environment* (New Haven, CT: Yale University Press, 2009).

McShane, Clay, *Down the Asphalt Path: The Automobile and the American City* (New York: Columbia University Press, 1996).

Scharff, Virginia *Taking the Wheel: Women and the Coming of the Motor Age* (Santa Fe: University of New Mexico Press, 1992).

Sloan, Alfred P., *My Years with General Motors* (New York: Doubleday, 1963).

第 16 章

Abel, Richard, *Americanizing the Movies and "Movie-Mad" Audiences, 1910–1914* (Berkeley, CA: University of California Press, 2002).

Anderson, Tom, *Making Easy Listening: Material Culture and Postwar American Recording* (Minneapolis: University of Minnesota Press, 2006).

Barba, Samantha, *Movie Crazy: Fans, Stars and the Cult of* Celebrity (New York: Palgrave, 2001).

Cross, Gary, *Consumed Nostalgia: Memory in the Age of Fast Capitalism* (New York: Columbia University Press, 2014)

Day, Timothy, *A Century of Recorded Music* (New Haven: Yale University Press, 2000).

Eisenberg, Evin, *The Recording Angel: Music, Records, and Culture from Aristotle to Zappa* (New Haven: Yale University Press, 2005).

Enticknap, Leo, *Moving Image Technology* (London: Walflower, 2006).

Gomery, Douglas, *Shared Pleasures: A History of Movie Presentation in the United States* (Madison: University of Wisconsin Press, 1992).

Jenkins, Reese V., *Images and Enterprise: Technology and the American Photographic*

Industry(Baltimore, MD: Johns Hopkins University Press, 1975).

Maltby, Richard, *Hollywood Cinema*(Maiden, MA: Wiley-Blackwell, 2003).

Milner, Greg, *Perfecting Sound Forever: An Aural History of Recorded Music* (New York: Faber and Faber, 2009).

Musser, Charles, *The Emergence of Cinema* (Berkeley: University of California Press, 1990).

Suisman, David, *Selling Sounds: The Commercial Revolution in American Music* (Cambridge: Harvard University Press, 2009).

West, Nancy, *Kodak and the Lens of Nostalgia* (Charlottesville: University Press of Virginia, 2000).

第17章

Barnouw, Erik, *Tube of Plenty: The Evolution of American Television* (New York: Oxford University Press, 1990).

Cross, Gary, *An All-Consuming Century: Why Commercialism Won in Modern America* (New York: Columbia University Press, 2000).

Douglas, Susan, *Inventing American Broadcasting, 1899–1922* (Baltimore, MD: Johns Hopkins University Press, 1987).

Douglas, Susan, *Listening In: Radio and the American Imagination* (Minneapolis: University of Minnesota Press, 2004).

Edgerton, Gary, *The Columbia History of American Television* (New York: Columbia University Press, 2007).

Hong, Sungook, *Wireless: From Marconi's Black-Box to the Audion* (Cambridge: MIT Press, 2001).

Kompare, Derek, *Rerun Nation: How Repeats Invented American TV* (New York: Routledge, 2005).

Lenthall, Bruce, *Radio's America: The Great Depression and the Rise of Modern Mass Culture*(Chicago, IL: University of Chicago Press, 2007).

Smulyan, Susan, *Selling Radio: The Commercialization of American Broadcasting,*

1920–1934(Washington, DC: Smithsonian Institution Press, 1994).

Spigel, Lynn, *Make Room for TV: Television and the Family Ideal in Postwar America* (Chicago, IL: University of Chicago Press, 1992).

Wurtzler, Steven, *Electric Sounds: Technological Change and the Rise of Corporate Mass Media*(New York: Columbia University Press, 2007).

第18章

Bilstein, Roger, *Flight in America 1900–1983*, 3rd ed. (Baltimore, MD: Johns Hopkins University Press, 2001).

Boyer, Paul, *By the Bomb's Early Light* (Chapel Hill: University of North Carolina Press, 1994).

Constant, Edward, *The Origins of the Turbojet Revolution* (Baltimore, MD: Johns Hopkins University Press, 1980).

Frazier, Eric F. and Richard D. Easton, *GPS Declassified: From Smart Bombs to Smartphones*(Lincoln: University of Nebraska Press, 2013).

Friedman, Richard, *Advanced Technology Warfare: A Detailed Study of the Latest Weapons And Techniques for Warfare Today and into the 21st Century* (New York: Harmony Books, 1987).

Martel, William, ed., *The Technological Arsenal: Emerging Defense Capabilities* (Washington, DC: Smithsonian, 2001).

O'Hanlon, Michael, *Technological Change and the Future of Warfare* (Washington, DC: Brookings Institution Press, 2000).

Van Creveld, Martin, *The Age of Airpower*(New York: Public Affairs, 2011).

Van der Linden, F. Robert, *Airlines and Air Mail: The Post Office and the Birth of the Commercial Aviation Industry* (Lexington, KY: University Press of Kentucky, 2001).

Van Vleck, Jenifer, *Empire of the Air: Aviation and the American Ascendency* (Cambridge, MA: Harvard University Press, 2013).

第19章

Bronzino, Joseph, Vincent Smith, and Maurice Wade, *Medical Technology and Society: An Interdisciplinary Perspective*(Cambridge, MA: MIT Press, 1990).

Bud, Robert, *Penicillin: Triumph and Tragedy*(New York: Oxford University Press, 2007).

Dawson, M. Joan, *Paul Lauterbur and the Invention of MRI*(Cambridge, MA: MIT Press, 2013).

Gelijns, Annetine C., and Nathan Rosenberg, "Diagnostic Devices: An Analysis of Comparative Advantage" in David C. Mowery and Richard R. Nelson, eds., *Sources of Industrial Leadership: Studies of Seven Industries*(New York: Cambridge University Press, 1999), 312-358.

Henderson, Rebecca, Luigi Orsenigo, and Gary P. Pisano, "The Pharmaceutical Industry and the Revolution in Molecular Biology: Interactions Among Science, Institutions, and Organizational Change" in David C. Mowery and Richard R. Nelson, eds., *Sources of Industrial Leadership: Studies of Seven Industries*(New York: Cambridge University Press, 1999).

Jones, David S, *Broken Hearts: The Tangled History of Cardiac Care*(Baltimore, MD: Johns Hopkins University Press, 2013).

Kinkela, David, *DDT and the American Century: Global Health, Environmental Politics, and the Pesticide that Changed the World*(Chapel Hill: University of North Carolina Press, 2011).

Liebenau, Jonathan, *Medical Science and Medical Industry*(New York: Palgrave, 1987).

May, Elaine Tyler, *America and the Pill: A History of Promise, Peril, and Liberation*(New York: Basic Books, 2010).

Meikle, Jeffrey, *American Plastic: A Cultural History*(New Brunswick, NJ: Rutgers University Press, 1995).

Podolsky, Scott H., *The Antibiotic Era: Reform, Resistance, and the Pursuit of a Rational*

Therapeutics (Baltimore, MD: Johns Hopkins University Press, 2015).

Schlebecker, John T., *Whereby We Thrive: A History of American Farming 1607–1972* (Ames, IA: Iowa State University Press, 1975).

Tone, Andrea and Elizabeth Siegel Watkins, eds. *Medicating Modern America: Prescription Drugs in History* (New York: New York University Press, 2007).

第 20 章

Abbate, Janet, *Inventing the Internet* (Cambridge, MA: MIT Press, 1999).

Berlin, Leslie, *Troublemakers: Silicon Valley's Coming of Age* (New York: Simon and Schuster, 2017).

Campbell-Kelly, Martin and Garcia-Swartz, Daniel, *From Mainframes to Smart Phones: A History of the International Computer Industry* (Cambridge, MA: Harvard University Press, 2015).

Ceruzzi, Paul, *A History of Modern Computing* (Cambridge, MA: MIT Press, 1998).

Cohen, Bernard, *Howard Aiken: Portrait of a Computer Pioneer* (Cambridge, MA: MIT Press, 1999).

Gordon, Robert, *The Rise and Fall of American Growth* (Princeton, NJ: Princeton University Press, 2016).

Haigh, Thomas, Priestley, Mark, and Rope, Crispin, *ENIAC in Action: Making and Remaking the Modern Computer* (Cambridge, MA: MIT Press, 2016).

Herz, J.C., *Joystick Nation* (Boston: Little Brown, 1997).

Kline, Stephen, Nick Dyer-Withford, Grieg De Peuter, *Digital Play: The Interaction of Technology, Culture, and Marketing* (Montreal: McGill-Queen' s University Press, 2003).

Lister, Martin, ed., *The Photographic Image in Digital Culture* (London: Routledge, 1995).

Lubar, Steven, *InfoCulture: The Smithsonian Book of Information Age Inventions* (New York: Houghton Mifflin, 1993).

Raessens, Joost and Jeffrey Goldstein, eds., *Handbook of Computer Games Studies* (Cambridge: MIT Press, 2005).

第21章

Corn, Joseph, ed., *Imagining Tomorrow: History, Technology and the American Future* (Cambridge, MA: MIT Press, 1986).

Cross, Gary, *Time and Money: The Making of Consumer Culture* (New York: Routledge, 1993).

Gordon, Robert, *The Rise and Fall of American Growth: The U.S. Standard of Living Since the Civil War* (Princeton NJ: Princeton University Press, 2016).

Kahn, Herman, *On Thermonuclear War* (Princeton, NJ: Princeton University Press, 1962).

Mokyr, Joel, Chris Vickers, and Nicolas L.Ziebarth, "Technological anxiety and the future of economic growth: Is this time different?" *Journal of Economic Perspectives* 29:3, 2015, 31-50.

Mowery, David C., and Nathan Rosenberg, *Technology and the Pursuit of Economic Growth* (Cambridge, MA: Cambridge University Press, 1989).

Reuss, Martin and Stephen H. Cutcliffe, eds., *The Illusory Boundary: Environment and Technology in History* (Charlottesville: University of Virginia Press, 2010).

Scheffer, Victor, *The Shaping of Environmentalism in America* (Seattle: University of Washington Press, 1991).

Segal, Howard, *Technological Utopianism in American Culture* (Syracuse: Syracuse University Press, 2005).

Shaiken, Harley, *Work Transformed: Automation and Labor in the Computer Age* (New York: Henry Holt, 1984).

Smil, Vaclav, *Global Catastrophes and Trends: The Next Fifty Years* (Cambridge MA: MIT Press, 2012).

Smith, Merritt Roe and Gregory Clancey, *Major Problems in the History of American*

Technology(Boston: D.C. Heath, 1998).

Turkle, Sherry, *Alone Together: Why We Expect More from Technology and Less from Each Other*(New York: Basic Books, 2012).